SPANNUNGSOPTIK

VON

DR. GUSTAV MESMER
AERODYNAMISCHES INSTITUT AACHEN

MIT 197 ZUM TEIL FARBIGEN ABBILDUNGEN

BERLIN
VERLAG VON JULIUS SPRINGER
1939

ISBN-13: 978-3-642-98406-8   e-ISBN-13: 978-3-642-99219-3

DOI: 10.1007/978-3-642-99219-3

Vorwort.

Zu Beginn des vorigen Jahrhunderts beobachteten SEEBECK und BREWSTER die Eigenschaft der Gläser, bei Verspannungen optische Doppelbrechung aufzuweisen. Um die Mitte des Jahrhunderts formulierten NEUMANN und WERTHEIM die Gesetzmäßigkeiten dieser Doppelbrechung. Vor etwa 50 Jahren erkannte MESNAGER die Möglichkeit, durch Messung dieser Doppelbrechung unbekannte technische Spannungszustände zu bestimmen. Durch die Veröffentlichungen von HÖNIGSBERG (1907) und vor allem durch die zahlreichen Arbeiten von COKER (seit 1910) wurde dann ein weiter Kreis von Ingenieuren auf das Verfahren aufmerksam und eine Reihe von Spannungsfragen wurde mit seiner Hilfe gelöst.

Nach den zusammenfassenden Berichten von HEYMANS (1921), DELANGHE (1927) und WÄCHTLER (1928) erschien 1931 das erste umfassende, sowohl für den Physiker wie für den Ingenieur geschriebene Werk von COKER und FILON: „A treatise on photoelasticity" mit 720 Seiten und einem Schrifttumsverzeichnis praktisch aller bis 1929 erschienenen Arbeiten, die etwas mit dem Verfahren zu tun haben. Dieses Buch ist unentbehrlich für jeden, der die physikalischen Grundlagen des Verfahrens, seine Geschichte und die mit ihm bis 1929 behandelten Probleme lückenlos kennenlernen will.

Für den Ingenieur, der das Verfahren schnell praktisch anwenden will, war naturgemäß das Werk von COKER und FILON zu umfangreich und zu teuer, außerdem wurden gerade um diese Zeit neue Meßmethoden entwickelt; die Verlagsbuchhandlung Julius Springer entschloß sich daher 1931, für den praktischen Gebrauch ein kürzeres Buch über das seit 1928 bei uns als „Spannungsoptik" bezeichnete Verfahren herauszubringen.

Durch eine Reihe von widrigen Umständen verzögerte sich die Fertigstellung. Inzwischen erschien das Bändchen von FÖPPL und NEUBER: „Festigkeitslehre mittels Spannungsoptik" (1935), das über die Münchner Arbeiten berichtet, sowie das ausgezeichnete kleine Werk von FILON: „A manual of photoelasticity for engineers" (1936), das die Erfahrungen des Londoner Laboratoriums kurz zusammenfassend darstellt, außerdem sei auf den Aufsatz zur Systematik der Spannungsoptik von BAUD (1938) besonders hingewiesen.

Die Fülle von spannungsoptischen Arbeiten, die inzwischen in fast allen Kulturländern durchgeführt wurden, ließ es wünschenswert erscheinen, zusammenfassend und möglichst vollständig über die bisher entwickelten Versuchsmethoden und behandelten Probleme zu berichten. Dem Anfänger werden damit die Möglichkeiten und Grenzen des Verfahrens gezeigt, dem bereits Erfahrenen ergeben sich neue Anregungen. Ein zeitlich und sachlich geordnetes Schrifttumsverzeichnis über die Arbeiten seit 1930 kann dabei das nähere Studium von Einzelfragen erleichtern.

Für den Konstrukteur, Statiker oder Maschineningenieur wurden kurze einführende Kapitel über die Theorie der ebenen elastischen Spannungszustände und über die optischen Grundlagen vorangestellt, dabei wurden nur geringste mathematische Kenntnisse vorausgesetzt. Es folgen dann die eigentlichen Kapitel über die Grundlagen, Auswertverfahren und Versuchstechnik der Spannungsoptik mit einigen Farbenaufnahmen, die insbesondere dem Neuling einen Begriff von den zu erwartenden Erscheinungen geben sollen, schließlich wird eine kurze Übersicht über bereits behandelte Anwendungen gegeben.

Möge dieses Buch dazu beitragen, daß das schöne Verfahren bei Ingenieuren und Physikern, bei Lehrern und Praktikern, im Laboratorium und im Konstruktionsbüro weiter verbreitet wird. Seine schnelle und bequeme Möglichkeit, auch in verwickelteren Fällen die gefährlichen Spannungen einer Konstruktion örtlich festzustellen und in ihrer Größe abzuschätzen, die einfache Sichtbarmachung von Momentennullpunkten, neutralen Schichten usw. rechtfertigen die Anwendung des Verfahrens auch in Fällen, in denen nur angenäherte Übertragung seiner Ergebnisse auf die wirkliche Konstruktion möglich ist.

Der Verfasser verdankt einer Reihe von Herren liebenswürdige Unterstützung bei dem Unternehmen. So sei hier gedankt Herrn Prof. Dr.-Ing. W. PRAGER (Istanbul) für die ursprüngliche Anregung zur Herausgabe des Buches, Herrn Prof. J. P. DEN HARTOG (Cambridge, Mass.) dafür, daß er eine Reihe von vorzüglichen Aufnahmen eigens für dieses Buch herstellen ließ, Herrn Dr. R. V. BAUD (Zürich), Herrn Dr.-Ing. H. L. SUPPER (Colombes, Seine) und Herrn Z. TUZI (Tokyo) dafür, daß sie Originalabzüge einiger ihrer schönen Bilder zur Wiedergabe zur Verfügung stellten, sowie Herrn Dr. R. EHRINGHAUS (in Firma Winkel-Zeiss, Göttingen) für einige Bilder von spannungsoptischen Geräten.

Schließlich gebührt ganz besonderer Dank der Verlagsbuchhandlung Julius Springer für das entgegenkommende Verständnis, das sie der langen Verzögerung des Manuskriptes entgegenbrachte sowie für die gewohnte Sorgfalt, mit der sie auf die Bebilderungswünsche des Verfassers einging.

Aachen, im Juni 1939.

G. MESMER.

Inhaltsverzeichnis.

Erklärung mehrfach verwendeter Abkürzungen.

a	vgl. S. 33		A	vgl. S. 47		α	vgl. S.	48
b	,, ,, 33		C	,, ,, 117		β	,, ,,	56, 70
c	,, ,, 47		E	,, ,, 19		γ	,, ,,	3
d	,, ,, 42, 48		F	,, ,, 15, 18		δ	,, ,,	47
h	,, ,, 9		G	,, ,, 21		ε	,, ,,	3
k	,, ,, 50		H	,, ,, 23		ζ	,, ,,	32
l	,, ,, 3		J	,, ,, 47		η	,, ,,	3
m	,, ,, 48		K	,, ,, 67		λ	,, ,,	47, 62
n	,, ,, 48		M	,, ,, 48		μ	,, ,,	9
p	,, ,, 44		N	,, ,, 11		ξ	,, ,,	3
q	,, ,, 9, 44, 68		P	,, ,, 15, 178		ϱ	,, ,,	27
s	,, ,, 27		Q	,, ,, 178		σ	,, ,,	11
t	,, ,, 47		S	,, ,, 11, 23		τ	,, ,,	11
u	,, ,, 7		T	,, ,, 11		φ	,, ,,	13, 60
v	,, ,, 7		X	,, ,, 3		Δ	,, ,,	22
x	,, ,, 7		Y	,, ,, 3		Φ	,, ,,	3
y	,, ,, 7		Z	,, ,, 62		Ψ	,, ,,	5

Zahlen in eckigen Klammern beziehen sich auf das Schrifttum am Schluß des Buches.

I. Grundgleichungen der ebenen elastischen Zustände.

1. Ebene Kraftfelder.

Es gibt zwei Arten von zweidimensionalen Kraftfeldern. Der eine Zustand liegt vor, wenn eine ebene Platte durch Rand- oder Massenkräfte, die in ihrer Ebene wirken, belastet und wölbungsfrei in ihrer Ebene verformt wird. Ist die Plattendicke klein gegenüber den Ausdehnungen in der Plattenebene, sind die Randkräfte gleichmäßig über die Plattendicke verteilt und ist die Platte homogen, so darf man annehmen, daß die Platte in jedem Punkt der Ebene gleichmäßig über ihre ganze Dicke beansprucht wird, d. h., daß sich die Spannungen überall gleichmäßig über die Plattendicke verteilen. Auf den Plattenoberflächen greifen keine Kräfte an, also wirken auch auf allen zur Plattenoberfläche parallelen Ebenen keine Spannungen. Dieser so definierte Zustand heißt „ebener Spannungszustand" (Abb. 1).

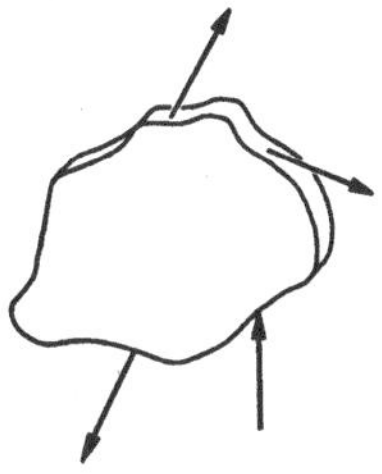

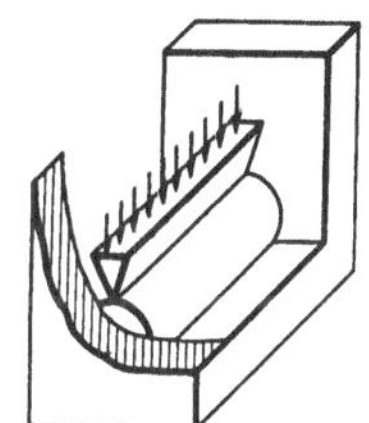

Abb. 1. Ebener Spannungszustand.

Der andere zweidimensionale Zustand tritt auf, wenn in einem prismatischen Körper größerer Länge in jedem Querschnitt, der senkrecht zur Erzeugenden steht, der gleiche Spannungszustand herrscht. Man stelle sich z. B. eine zylindrische Walze vor, die längs einer Erzeugenden gleichmäßig aufliegt und längs der gegenüberliegenden Erzeugenden gleichmäßig belastet wird. Wenn man von den Störungen an den Enden absieht, herrscht in jedem Querschnitt derselbe Spannungszustand (Abb. 2). Durch den Massenzusammenhang können sich bei dieser Belastung und Verformung alle Massenteilchen nur in Ebenen bewegen, die senkrecht auf den Erzeugenden stehen. Der Zustand wird daher als „ebener Verzerrungszustand" bezeichnet. In ihm bleibt jede ebene Scheibe, die durch solche Ebenen aus dem Zylinder geschnitten wird, auch während der Verformung eine ebene Scheibe konstanter Dicke. (Jede einzelne Scheibe verhält sich wie eine Gelatinescheibe zwischen parallelen glatten Glaswänden, wenn sie durch Randbelastung verformt wird und dabei reibungslos, aber stets in festem Kontakt an den Glaswänden gleitet.)

Abb. 2. Ebener Verzerrungszustand.

Es wird sich zeigen, daß die beiden angeführten Zustände große Ähnlichkeit miteinander haben, und daß beide denselben einfachen Bedingungen genügen müssen.

Die auf die ebenen Kraftfelder bezüglichen Ausführungen der drei folgenden Abschnitte sind nun möglichst einfach formuliert worden; es werden neben den einfachsten Tatsachen der Differentialrechnung keinerlei Kenntnisse vorausgesetzt. Der in der Festigkeitslehre bereits bewanderte Leser möge diese Abschnitte überspringen.

2. Der Verformungszustand.

Zur Veranschaulichung des folgenden diene der ebene Verzerrungszustand in einem ausgedehnten Zylinder. Da in allen Ebenen senkrecht zur Erzeugenden dasselbe vor sich geht, genügt die Betrachtung einer einzigen Ebene.

Zeichnet man in einer solchen Ebene kleine Figuren, z. B. Kreise oder Rechtecke, so ist jede Figur der Vertreter (die Projektion) eines Zylinders, der auf seiner ganzen Länge gleichartig beansprucht ist. Wird der Körper durch Kräfte verformt, so verformen sich auch die Figuren; die Kreise werden eiförmig, die Rechtecke zu schiefen oder krummlinigen Vierecken. Sind die Verformungen klein (z. B. Dehnungen unter 5%) und wählt man sehr kleine Kreise oder Rechtecke, so werden sie nach der Verformung etwa elliptisch oder etwa zu Parallelogrammen. Dies wird um so genauer der Fall sein, je kleiner die Verformungen und je kleiner die ursprünglich gezeichneten Figuren sind. Der in der Differentialrechnung übliche Übergang zu „unendlich kleinen" Größen führt schließlich zu mathematisch exakten Ellipsen und Parallelogrammen als Verformungsbild der ursprünglichen Kreise und Rechtecke. Gerade Linien innerhalb dieser kleinen Figuren bleiben dann auch im verformten Zustand gerade. Dieser Zustand liegt oft auch sehr genau bei größeren Verformungen und bei Figuren endlicher Abmessungen vor, wenn sie nämlich mit all ihren Teilen als in einem gleichförmigen Verformungszustand liegend betrachtet werden können, d. h. wenn sich der Verformungszustand ihrer einzelnen Elemente innerhalb der Figur nur vernachlässigbar wenig ändert. Ein gleichförmiger Verzerrungszustand kann auch in einem größeren Bereich streng vorliegen, z. B. beim reinen Zugversuch an einem von ebenen parallelen Seitenflächen begrenzten Körper.

Bei den elastischen Verformungen fester Körper handelt es sich normalerweise nur um sehr kleine Verformungen, d. h. die durch die Verformung entstehenden Figuren weichen nur sehr wenig von den ursprünglichen Figuren ab. Um das Bild anschaulicher zu gestalten, wurden jedoch in den folgenden Abbildungen stets sehr erhebliche Verformungen gezeichnet, für die die angegebenen Näherungsformeln in Wirklichkeit gar nicht mehr streng gelten würden.

Um im verformten Zustand die „Verzerrung an einem Punkte", d. h. eines kleinen Elementes um diesen Punkt herum, zu beschreiben, genügt also die Angabe, wie sich die Figur verändert hat; beispielsweise genügt die Beschreibung des Parallelogramms, das aus dem ursprünglich gezeichneten kleinen Rechteck entstanden ist, oder die Beschreibung der Ellipse, die ursprünglich als Kreis eingezeichnet war.

Ein Parallelogramm kann durch drei Größen beschrieben werden, nämlich durch einen Winkel und die Längen der beiden anliegenden Seiten. Zur Beschreibung der Verformung eines kleinen Rechtecks reichen also ebenfalls drei Größen aus: die beiden durch die Verformung erfolgten Dehnungen der beiden Rechteckseiten und die Änderung der ursprünglich rechten Winkel zwischen den Seiten. In diesem Sinne ist eine Drehung des Rechtecks als starrer Körper keine „Verformung".

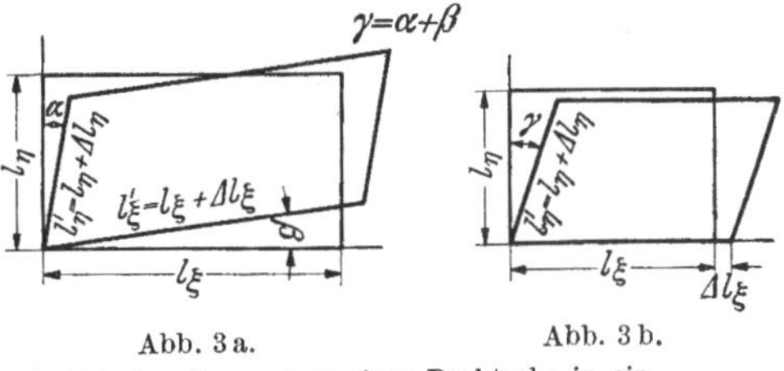

Abb. 3 a.   Abb. 3 b.

Abb. 3. Verzerrung eines Rechtecks in ein Parallelogramm, Schiebung γ.

Die Dehnung definiert man üblicherweise als das Verhältnis der Längenzunahme zur ursprünglichen Länge, man bezeichnet sie mit ε. Es ist

$$\varepsilon = \frac{\Delta l}{l} = \frac{l'-l}{l},$$

dabei ist $l' = l + \Delta l = l(1+\varepsilon)$ die durch die Verformung hervorgerufene, l die ursprüngliche Länge der Strecke. Die Änderung des rechten Winkels, die „Schiebung" bezeichnet man mit γ und mißt sie als Winkel im Bogenmaß (Abb. 3 a u. b). Für die in Betracht kommenden kleinen Winkeländerungen γ ist $\sin \gamma = \mathrm{tg}\, \gamma = \mathrm{arc}\, \gamma$. Weiter unten (S. 5) wird auf diese Darstellung noch näher eingegangen.

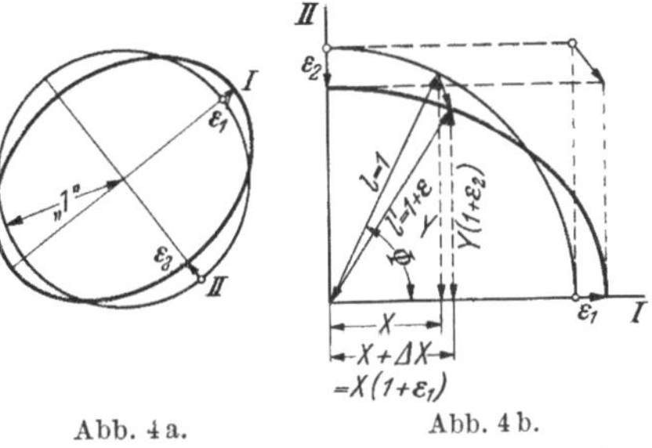

Abb. 4 a.   Abb. 4 b.

Abb. 4. Verzerrung eines Einheitskreises in eine Ellipse, Hauptdehnungen ε_1 und ε_2.

Wenn man die Verformungen in allen möglichen Richtungen untersuchen will, ist jedoch die Untersuchung der aus Kreisen hervorgegangenen Ellipsen zweckmäßiger. In einer Ebene ist eine Ellipse mit gegebenem Mittelpunkt durch drei Größen bestimmt, nämlich durch die Länge ihrer beiden senkrecht aufeinander stehenden Hauptachsen und durch deren Richtung gegen ein gegebenes Achsenkreuz.

Zur Vereinfachung sei im ursprünglichen Kreis die Länge des Radius als Einheit angenommen, zur Beschreibung der Ellipse kann man dann statt der Länge der Hauptachsen unmittelbar deren Dehnungen ε_1 und ε_2 benutzen. Die Längen der halben Hauptachsen sind $(1+\varepsilon_1)$ und $(1+\varepsilon_2)$ (Abb. 4 a). ε_1 und ε_2 sind sehr kleine positive oder negative

Größen; sie erreichen im elastischen Bereich, z. B. bei Stahl, Werte bis zu etwa 0,001, bei Leichtmetallen 0,003, bei Zelluloid etwa 0,004.

Zur näheren Untersuchung der einzelnen Kreisradien werde nun ein rechtwinkliges Koordinatensystem so über die Ellipse gelegt, daß der Koordinatennullpunkt im Mittelpunkt der Ellipse und die beiden Koordinatenachsen in den Ellipsenhauptachsen I und II liegen. Die den „Hauptdehnungen" ε_1 und ε_2 entsprechenden Achsen seien mit X und Y bezeichnet. Die Kreisgleichung lautet dann $X^2 + Y^2 = 1$, für jeden Kreispunkt ist $X = \cos \Phi$ und $Y = \sin \Phi$ (Abb. 4b).

Die *Längenänderung* eines Strahles in der Richtung Φ gegen die Hauptachse I (X-Achse) ist aus der Abbildung zu entnehmen:

Ein Strahl der ursprünglichen Länge $\sqrt{X^2 + Y^2} = 1$ hat nach der Verformung die Länge $1 + \varepsilon = \sqrt{X^2(1 + \varepsilon_1)^2 + Y^2(1 + \varepsilon_2)^2}$. Wegen des kleinen Betrages von ε_1 und ε_2 gegen 1 gilt:

$$1 + \varepsilon \approx \sqrt{X^2 + Y^2 + 2\,X^2\,\varepsilon_1 + 2\,Y^2\,\varepsilon_2} = \sqrt{1 + 2\,X^2\,\varepsilon_1 + 2\,Y^2\,\varepsilon_2}$$

$$\approx 1 + X^2\,\varepsilon_1 + Y^2\,\varepsilon_2 = 1 + \varepsilon_1 \cos^2 \Phi + \varepsilon_2 \sin^2 \Phi.$$

Die Dehnung ε eines Strahles unter dem Winkel Φ gegen die ε_1-Achse hat also den Wert:

$$(1) \qquad \varepsilon = \varepsilon_1 \cos^2 \Phi + \varepsilon_2 \sin^2 \Phi = \varepsilon_1 + (\varepsilon_2 - \varepsilon_1) \sin^2 \Phi = \frac{\varepsilon_1 + \varepsilon_2}{2} + \frac{\varepsilon_1 - \varepsilon_2}{2} \cos 2\,\Phi.$$

Die *Drehung* eines Strahles, der um den Winkel Φ gegen die X-Achse geneigt ist, errechnet sich ähnlich: Durch die Verformung dreht sich ein Radius mit dem Endpunkt A (Koordinaten X, Y) um einen kleinen Winkel, dessen Größe im Bogenmaß durch die Projektionen der kleinen Dehnungsgrößen $\varepsilon_1 X$ und $\varepsilon_2 Y$ auf die zum Radius senkrechte Gerade $A'B'C'$ gegeben wird (Abb. 5). Es ist:

$$A'B' = Y\,\varepsilon_2 \cos \Phi$$

also

$$C'B' = X\,\varepsilon_1 \sin \Phi,$$

$$A'C' = -Y\,\varepsilon_2 \cos \Phi + X\,\varepsilon_1 \sin \Phi$$

(ε_2 wurde wie in Abb. 4 negativ gewählt, daher hier mit negativem Vorzeichen eingesetzt.)

Der Winkel Φ des Radius verkleinert sich also um einen kleinen Betrag

$$(2\mathrm{a}) \qquad \Delta\Phi = \frac{A'C'}{1} = -\varepsilon_1 \sin \Phi \cos \Phi + \varepsilon_2 \cos \Phi \sin \Phi$$

$$= -\frac{\varepsilon_1 - \varepsilon_2}{2} \sin 2\,\Phi.$$

(Für $\varepsilon_1 > \varepsilon_2$ ist $\Delta\Phi$ negativ für kleine positive Φ.) Die größte Drehung erfahren somit die Strahlen, die um den Winkel $\Phi = \pm 45°$ gegen die Hauptachsen geneigt sind. Ihr Drehungsbetrag hat den Wert $|\Delta\Phi| = \left| \frac{\varepsilon_1 - \varepsilon_2}{2} \right|$. Die Drehung verschwindet, wenn ε_1 und ε_2 gleich groß sind, d. h. wenn infolge eines „hydrostatischen Spannungszustandes" oder

z. B. durch eine Wärmedehnung des Körpers eine nach allen Seiten gleichförmige Dehnung oder Verkürzung vorliegt.

Betrachtet man zwei Radien, die ursprünglich senkrecht aufeinander standen, so ergibt sich deren gegenseitige Verdrehung aus dem Unterschied der beiden einzelnen Drehungen. Bildet der eine Strahl mit der X-Achse den Winkel Φ, also der zu ihm senkrechte Strahl den Winkel $\Psi = \Phi \pm 90^0$, so ist $\sin 2\,\Psi = \sin (2\,\Phi \pm 180^0) = -\sin 2\,\Phi$, so daß die gegenseitige Verdrehung der beiden Strahlen, d. h. die Änderung des rechten Winkels zwischen ihnen den Wert annimmt:

$$(2\,\mathrm{b})\quad \varDelta R = \gamma = \varDelta \Phi - \varDelta \Psi = -\tfrac{\varepsilon_1 - \varepsilon_2}{2}(\sin 2\,\Phi - \sin 2\,\Psi) = -(\varepsilon_1 - \varepsilon_2)\sin 2\,\Phi$$
$$= 2\,\varDelta \Phi.$$

(Da sich für $\varepsilon_1 > \varepsilon_2$ nach Gleichung (2a) ein Strahl mit dem kleinen positiven Winkel Φ rückwärts dreht [negatives $\varDelta \Phi$], soll die entsprechende Schiebung γ auch als negativ bezeichnet werden.) Von allen rechten Winkeln, deren Scheitel im Mittelpunkt der Ellipse liegen, erfährt der die größte Änderung, dessen beide Schenkel unter $\pm 45°$ gegen das Hauptachsenkreuz geneigt sind. Ihre gegenseitige Verdrehung beträgt

$$\varDelta R_{\max} = \gamma_{\max} = 2\,\varDelta \Phi_{\max} = \pm (\varepsilon_1 - \varepsilon_2).$$

In den Hauptachsen selbst ($\Phi = 0°$ oder $90°$) ändert sich der rechte Winkel nicht, und zwar sind die Hauptachsen das einzige senkrecht aufeinander stehende Geradenpaar mit dieser Eigenschaft.

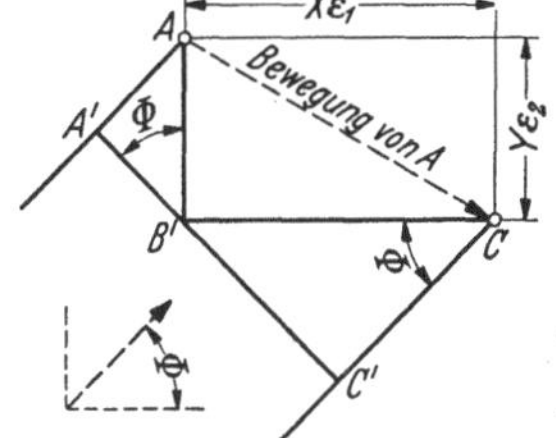

Abb. 5. Bewegung eines Endpunktes eines Strahls Φ.

In Richtung der Ellipsenhauptachsen erfolgen also die größten und kleinsten Dehnungen, in den unter $45°$ dagegen geneigten Richtungen die größten Schiebungen. Als Maß der „Schiebung in einer Richtung" gilt hierbei die Änderung eines rechten Winkels, dessen Schenkel parallel und senkrecht zu dieser Richtung sind.

Schiebungsfrei sind die Zustände allseitig gleichförmiger Ausdehnung oder Verkürzung, dehnungsfrei ist nur der völlig verformungsfreie Zustand. Die Beziehungen der Dehnungen und Drehungen der Radien zum Winkel Φ kann man noch dahin zusammenfassen, daß man in einem Diagramm zu jeder Dehnung ε die zum gleichen Winkel gehörige Drehung $\varDelta \Phi$ des Radius (bzw. die halbe Schiebung $\gamma/2$) aufzeichnet. Es ist [vgl. Gleichung (1) und (2b)]:

$$\varepsilon - \tfrac{\varepsilon_1 + \varepsilon_2}{2} = \tfrac{\varepsilon_1 - \varepsilon_2}{2}\cos 2\,\Phi; \qquad \tfrac{\gamma}{2} = -\tfrac{\varepsilon_1 - \varepsilon_2}{2}\sin 2\,\Phi.$$

Durch Elimination von Φ folgt hieraus:

$$(3)\qquad \left(\varepsilon - \tfrac{\varepsilon_1 + \varepsilon_2}{2}\right)^2 + \left(\tfrac{\gamma}{2}\right)^2 = \left(\tfrac{\varepsilon_1 - \varepsilon_2}{2}\right)^2.$$

Dies ist die Gleichung eines Kreises, wie er in Abb. 6 dargestellt ist, diese Darstellung des Verzerrungszustandes wurde erstmalig von Mohr[1] angegeben. Für jeden Punkt des Kreises gilt:

$$\frac{\gamma/2}{\varepsilon - \dfrac{\varepsilon_1 + \varepsilon_2}{2}} = \frac{-(\varepsilon_1 - \varepsilon_2)\sin\Phi\cos\Phi}{\dfrac{\varepsilon_1 - \varepsilon_2}{2}(1 - 2\sin^2\Phi)} = \frac{-\sin 2\Phi}{\cos 2\Phi} = -\operatorname{tg} 2\Phi,$$

also muß man jedem Punkt des Mohrschen Kreises einen Wert Φ zuordnen, wie es in Abb. 6 geschehen ist. Einer Richtung Φ der Wirklichkeit entspricht demnach in der Figur ein Kreispunkt mit dem Radiuswinkel -2Φ; der höchste und tiefste Punkt des Kreises mit dem Radiuswinkel $\pm 90°$ ($\gamma = \gamma_{\max}$) entspricht der größten Verschiebung unter $\Phi = \mp 45°$ usw. Der ganze Kreis der Figur (360°) entspricht einer Veränderung des Wertes Φ von 0 bis 180° bzw. 180 bis 360°. Zwei einfache Beispiele mögen diese Darstellung veranschaulichen:

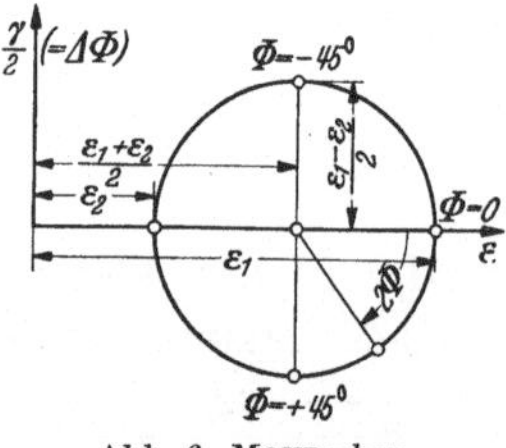
Abb. 6. Mohrscher Verzerrungskreis.

Beim schiebungsfreien Zustand schrumpft der Kreis zu einem Punkt auf der Achse zusammen (Abb. 7). Einer allseitigen Dehnung entsprechen positive, einer allseitigen Verkürzung negative Werte von ε.

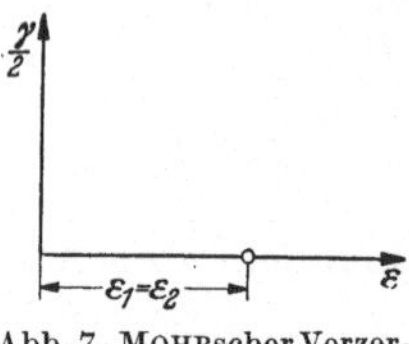
Abb. 7. Mohrscher Verzerrungskreis bei allseitiger gleichmäßiger Dehnung, $\gamma = 0$.

Das zweite Beispiel ist der Zustand reinen Schubes (reiner Schiebung). Dieser Zustand liegt vor, wenn bei der Verformung ein ursprünglich rechtwinkliges Koordinatennetz ohne Längenänderung der beiden Achsen nur in sich „verschoben" wird. Die Achsen dieses Netzes seien mit u und v bezeichnet, der Betrag der Schiebung, d. h. die Änderung des rechten Winkels zwischen der u- und der v-Achse mit $\bar{\gamma}$ (Abb. 8). Zunächst müssen die Hauptachsen dieses Zustandes festgestellt werden. Ein eingezeichnetes Quadrat, dessen Seiten parallel zur u- und v-Achse sind, verzerrt sich wegen der unveränderlichen Längen zu einem Rhombus. Die Diagonalen eines Rhombus stehen senkrecht aufeinander, d. h. die Diagonalen des Quadrates verdrehen sich bei der Verformung nicht gegeneinander. Wegen der soeben besprochenen Eigenschaften der Drehung stellen sie also die Richtungen der Hauptachsen dar, die wieder mit X und Y bezeichnet werden sollen. Man sieht außerdem sofort, daß ein in das Quadrat eingezeichneter Kreis sich bei einer kleinen Schiebung zu einer Ellipse verformt, deren Hauptachsen um $\pm 45°$ gegen die u-Achse geneigt sind. Die unter $\pm 45°$ gegen die X- und Y-Achsen

---

[1] Mohr, O.: Über die Darstellung des Spannungszustandes und des Deformationszustandes eines Körperelementes und über die Anwendung derselben in der Festigkeitslehre. Ziv.-Ing. (1882,) S. 113.

geneigten Geraden (d. h. also die u- und v-Achse) haben demnach von allen senkrecht aufeinanderstehenden Geradenpaaren den größten gegenseitigen Verdrehungsbetrag erfahren. Das Bild des Verzerrungszustandes im $\frac{\gamma}{2} - \varepsilon$ — Diagramm ist demnach ein Kreis zwischen den Linien $\frac{\gamma}{2} = +\frac{\bar{\gamma}}{2}$ und $\frac{\gamma}{2} = -\frac{\bar{\gamma}}{2}$ (Abb. 9). Die zur größten gegenseitigen Schiebung ge-

hörenden Dehnungen (in u- und v-Richtung) verschwinden, der Kreis hat den Nullpunkt des Koordinatensystems zum Mittelpunkt. Die größten auftretenden Längenänderungen (in der X- und Y-Achse) haben die Beträge $\varepsilon_1 = +\frac{\bar{\gamma}}{2}$, $\varepsilon_2 = -\frac{\bar{\gamma}}{2}$, diese Werte kann man auch unmittelbar aus Abb. 8 ableiten. Der Zustand des reinen Schubes ist also gleichbedeutend mit dem Zustand, der bei einer Dehnung und gleichzeitigen Querkürzung um den gleichen Betrag erreicht wird. Der Inhalt eines Elementes bleibt dabei erhalten, die „mittlere Dehnung" verschwindet, es ist

$$\frac{\varepsilon_1 + \varepsilon_2}{2} = 0.$$

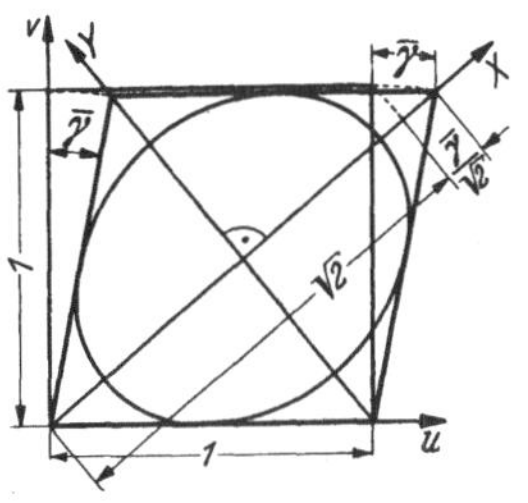

Abb. 8. Verzerrung eines Quadrates bei reiner Schiebung.

Im folgenden sei noch einmal auf eine andere Darstellung der Dehnungen und Schiebungen in einem allgemeinen Koordinatensystem x, y eingegangen.

Die allgemeine Verschiebung beruhe darin, daß ein Punkt x, y, der Ebene in x-Richtung

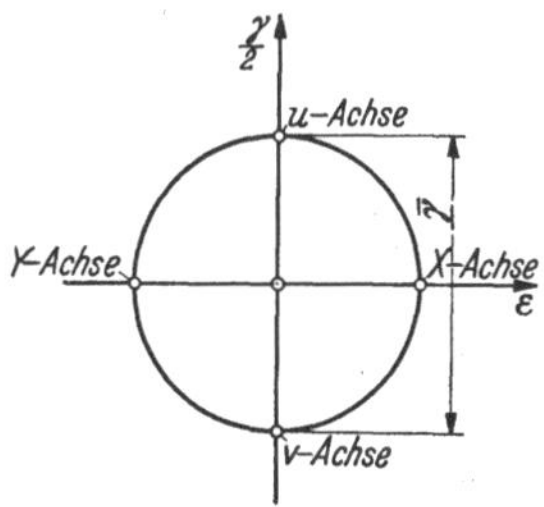

Abb. 9. MOHRscher Verzerrungskreis bei reiner Schiebung.

um den Betrag u, in y-Richtung um den Betrag v verschoben wird, daß er also nach der Verformung an der Stelle $x+u$, $y+v$ liegt. Ist u und v für alle Punkte x, y konstant, so ist die ganze Ebene ohne innere Verformung als fester Körper verschoben. Die eigentliche Verformung beruht also auf der Änderung der Werte u und v von Ort zu Ort. Eine ursprünglich der x-Achse parallele Strecke der Länge l, deren linkes Ende bei $x = x_0$ liegt, ändert ihre Länge um den Unterschied $\varDelta u$ der Verschiebungen u ihrer Enden. Die „bezogene" Verlängerung $\varepsilon = \dfrac{\varDelta u}{l} = \dfrac{\varDelta u}{(x_0 + l) - x_0} = \dfrac{\varDelta u}{\varDelta x}$ geht für sehr kleine Werte $l = \varDelta x$ über in den Grenzwert $\dfrac{\partial u}{\partial x}$. Nimmt man an, daß die gesamte betrachtete Länge in einem Bereich gleichartiger Verformung liegt, so gilt dieser Grenzwert streng auch für endliche Abmessungen von l. Der Einfachheit halber sei gesetzt $l = \text{„}1\text{"}$ (z. B. 1 cm, 1 mm oder $1\,\mu$). Es entsteht dann das Bild der Abb. 10, aus der man wegen der hier wie bisher überall vorausgesetzten geringen Größe der Verschiebungen unmittelbar abliest:

$$(4\,\mathrm{a}) \qquad \varepsilon_x = \frac{\partial u}{\partial x} \qquad \varepsilon_y = \frac{\partial v}{\partial y} \qquad \gamma_{xy} = \frac{\partial u}{\partial y} + \frac{\partial v}{\partial x}.$$

u und v können im allgemeinen ziemlich willkürlich vorgegeben werden; in Grenzen, die durch die Verformbarkeit des Werkstoffes gegeben sind, sind also auch $\frac{\partial u}{\partial x}$, $\frac{\partial u}{\partial y}$ und die Ableitungen von v von Ort zu Ort willkürlich veränderliche Größen.

Aus den bisherigen Betrachtungen folgten die Zusammenhänge der Verformungen „in einem Punkt", d. h. in einem Bereich überall gleicher Verformung, wie bereits dargestellt wurde (MOHRscher Kreis). Ändert sich jedoch die Verformung von Ort zu Ort, so sind auch endliche Werte $\frac{\partial}{\partial x}\left(\frac{\partial u}{\partial x}\right) = \frac{\partial^2 u}{\partial x^2} = \frac{\partial \varepsilon_x}{\partial x}$ usw. in jedem Punkt vorhanden. Aus dem Aufbau von ε_x, ε_y und γ_{xy} [Gleichung (4a)] folgt nun durch Differentiation

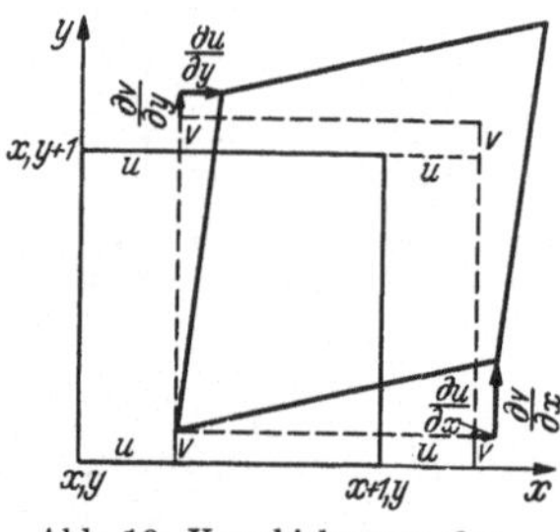
Abb. 10. Verschiebungen der Eckpunkte eines Quadrates.

$$(4\,\mathrm{b}) \qquad \left\{ \begin{aligned} \frac{\partial^2 \gamma}{\partial x\, \partial y} &= \frac{\partial^3 u}{\partial x\, \partial y^2} + \frac{\partial^3 v}{\partial x^2\, \partial y} \\ &= \frac{\partial^2 \varepsilon_x}{\partial y^2} + \frac{\partial^2 \varepsilon_y}{\partial x^2}. \end{aligned} \right.$$

Die Dehnungen ε und Schiebungen γ in den verschiedenen Punkten x, y eines Feldes müssen dieser inneren Zusammenhangsbedingung immer genügen; die Gleichung sagt nur aus, daß die Verformungen stetig, also ohne Risse und Sprünge im Feld verteilt sein sollen. (Die Gleichung ist sozusagen nichts als die mathematische Formulierung der Bedingung, daß im verformten Feld die gewöhnlichen geometrischen Zusammenhänge der euklidischen Geometrie gelten sollen.) Die Bedeutung dieser Formel wird später deutlich werden.

Im Verzerrungszustand beim gleichförmigen Druckversuch läßt sich nun noch eine wichtige Beziehung zwischen den beiden Hauptdehnungen feststellen.

Beim einfachen Druckversuch sind die Richtungen der Hauptachsen der Verformungsellipsen aus Symmetriegründen von vornherein klar, die Hauptachsen des Verzerrungszustandes weisen in Richtung des gleichförmigen Druckes und senkrecht dazu. Im Körper sei ein Quadrat festgelegt, dessen Seitenlänge gleich der Einheit ist, und dessen Seiten parallel zu den Hauptrichtungen sind. Nun werde der Körper von oben und unten elastisch um einen bestimmten Betrag zusammengepreßt, so daß sich alle zur Druckrichtung parallelen Strecken um den gleichen Betrag verkürzen. Die senkrechten Quadratseiten mögen dabei ihre Länge um den gegen „1" sehr kleinen Betrag ε_1 verringern.

Das Ausweichen des Stoffes nach vorn und hinten sei wie in Abb. 2 (ebener Verzerrungszustand) verhindert.

Ein Druckkörper aus völlig kompressiblem Stoff, wie z. B. porösem Gummischwamm (von den technischen Körpern verhält sich Beton etwa ähnlich) würde hierbei, ohne sich zu verbreitern, an Volumen abnehmen und dann eine entsprechend höhere Dichte aufweisen. Bei einem solchen Stoff wäre also $\varepsilon_2 = 0$. Ein Körper aus volumenbeständigem Stoff müßte sich dagegen zum Ausgleich gegen die erfolgte Zusammenpressung um den zusammengepreßten Betrag seitlich ausdehnen. Ein Ausweichen des Stoffes nach vorn und hinten soll verhindert sein, das Quadrat würde sich im Fall der Volumenbeständigkeit also um einen Betrag ε_2 verbreitern, der der Gleichung genügt: $(1 + \varepsilon_1) \cdot (1 + \varepsilon_2) = 1$. Wegen der geringen Größe von ε_1 und damit von ε_2 gilt:

$$(1 + \varepsilon_1) \cdot (1 + \varepsilon_2) \approx 1 + \varepsilon_1 + \varepsilon_2.$$

Die Bedingung der Volumenbeständigkeit erfordert demnach $\varepsilon_2 = -\varepsilon_1$. Die wirklichen Stoffe liegen zwischen diesen beiden Grenzfällen. Im ebenen *Verzerrungszustand* stellt sich bei einer Zusammenpressung um den Betrag ε_1 gleichzeitig eine Verbreiterung ε_2 ein, die einem gewissen Bruchteil von ε_1 gleich ist: Es ist

$$\varepsilon_2 = -q\,\varepsilon_1,$$

dabei muß q eine Zahl zwischen 0 und 1 sein.

Man erkennt jetzt den wesentlichen Unterschied zwischen den beiden ebenen Zuständen:

Im ebenen *Spannungszustand*, also in der dünnen Platte mit unbelasteter Oberfläche, hat der Stoff bei Verformungen die freie Möglichkeit, nach vorn, hinten und beiden Seiten auszuweichen. Die zur erzwungenen Verkürzung ε_1 gehörende Verbreiterung ε_2 in der Plattenebene ist erheblich geringer als beim ebenen Verzerrungszustand. Es ist in diesem Falle:

$$\varepsilon_2 = -\mu\,\varepsilon_1.$$

μ, die „Poisson-Zahl", „Querdehnungszahl" oder kurz „Querzahl" liegt zwischen 0 und 0,5. Bei den meisten festen, elastischen Stoffen liegt sie in der Nähe von 0,3 (in der Technik wird oft der Wert $m = 1/\mu$ angegeben, der in der Nähe von 3 liegt). Der Zusammenhang zwischen μ und q ergibt sich aus folgender Betrachtung:

Durch senkrechte Druckbelastung eines Einheitswürfels, dessen Ausdehnung zunächst nach allen Seiten unbehindert ist, möge dieser um den Betrag h verkürzt werden. Er dehnt sich dabei sowohl nach vorne und hinten als auch seitlich um den Betrag $\mu \cdot h$ aus. Wenn nunmehr die Ausdehnung nach vorn und hinten durch Aufbringen einer in dieser Richtung wirkenden entsprechenden Last wieder rückgängig gemacht wird, so ist der Endzustand ebenso, als wenn von vornherein das

Ausweichen verhindert worden wäre. In diesem Endzustand ist nun infolge der zusätzlichen Zusammenpressung um den Betrag μh der Würfel noch zusätzlich senkrecht und seitlich um den Betrag $\mu \cdot \mu h$ ausgedehnt worden, so daß er insgesamt in senkrechter Richtung um den Betrag $h - \mu^2 h = h(1 - \mu^2)$ verkürzt, seitlich um den Betrag $\mu h + \mu^2 h = \mu h(1 + \mu)$ verbreitert ist. Bei verhinderter Bewegung nach vorn und hinten entspricht also einer durch äußere Kräfte erzwungenen senkrechten Kürzung $\varepsilon_1 = - h(1 - \mu^2)$ eine seitliche Verbreiterung um $\varepsilon_2 = + \mu h(1 + \mu)$. Demnach gilt:

$$\varepsilon_2 = - \varepsilon_1 \cdot \frac{\mu(1 + \mu)}{1 - \mu^2} = - \varepsilon_1 \frac{\mu}{1 - \mu} = - \varepsilon_1 q.$$

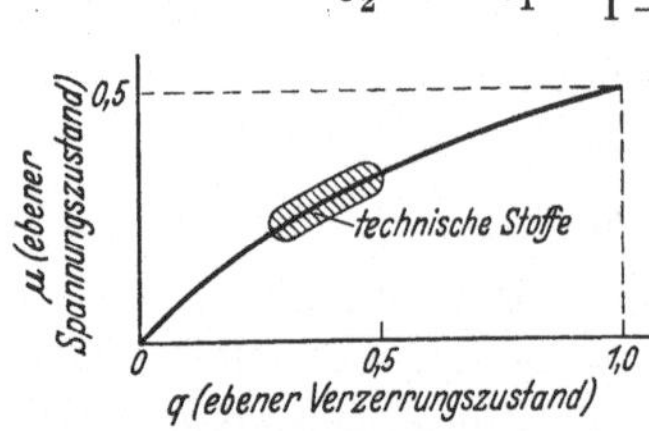

Abb. 11. Querdehnungszahl bei ebenem Spannungs- und Verzerrungszustand.

Es ist also:

$$(5) \qquad q = \frac{\mu}{1 - \mu}, \qquad \mu = \frac{q}{1 + q}.$$

In Abb. 11 ist der Zusammenhang zwischen q und μ graphisch dargestellt, zu jedem Werkstoff gehört ein bestimmter Punkt der Kurve.

Im Falle des ebenen *Spannungszustandes* ist der Verformungszustand dreidimensional, also muß zu seiner vollständigen Beschreibung das aus einer Elementarkugel entstehende Ellipsoid untersucht werden, dessen eine Hauptachse mit der Plattennormalen zusammenfällt.

Abschließend sei darauf hingewiesen, daß im vorliegenden Abschnitt zunächst allgemein von Verformungen gesprochen wurde, ohne daß die Besonderheiten der *elastischen* Verformung dabei wesentlich waren. Lediglich die Größe der Verformung sollte gering bleiben. Die wichtigste Gleichung (4b) gilt also unabhängig davon, ob der betrachtete Körper aus elastischem (Stahl, Glas) oder plastischem Werkstoff (etwa Blei) besteht.

3. Der Spannungszustand.

Die Ausführungen dieses Abschnitts bleiben zur Erzielung größerer Einfachheit und Übersichtlichkeit auf ebene *Spannungs*zustände beschränkt, also auf Zustände in ebenen Platten verhältnismäßig geringer Dicke mit unbelasteten Oberflächen.

Zur Definition der Spannungen ist das „Schnittprinzip" notwendig, d. h. man stellt sich durch irgendwelche Flächen ein Element des Körpers herausgeschnitten vor und untersucht, welche Kräfte in den nunmehr zur Oberfläche des Körpers gewordenen Flächen angebracht werden müssen, um im ganzen übrigen Körper den alten Zustand (vor dem Schnitt) aufrechtzuerhalten. Offenbar müssen genau diese Kräfte auch umgekehrt auf das Element wirken, wenn das Element wieder an seinen Platz gesetzt wird.

Alle insgesamt an dem Element angreifenden Kräfte und Momente müssen im Gleichgewicht stehen, da sich das Element sonst bewegen oder drehen würde.

Um den Spannungszustand „in einem Punkt", d. h. in einem unendlich kleinen Element um den Punkt herum zu untersuchen, betrachtet man wie in Abschnitt 2 einen Bereich endlicher Abmessung, der aber noch klein genug ist, um mit all seinen Teilen in einem praktisch gleichförmigen Spannungszustand zu liegen.

Als Einheit für die Spannungen dient die je Schnittflächeneinheit wirksame Kraft (z. B. kg/mm²). Dieser Wert ist wohldefiniert, wenn die Spannung in jedem Element der betrachteten Fläche gleich groß ist, d. h. wenn die Fläche innerhalb eines Bereiches mit

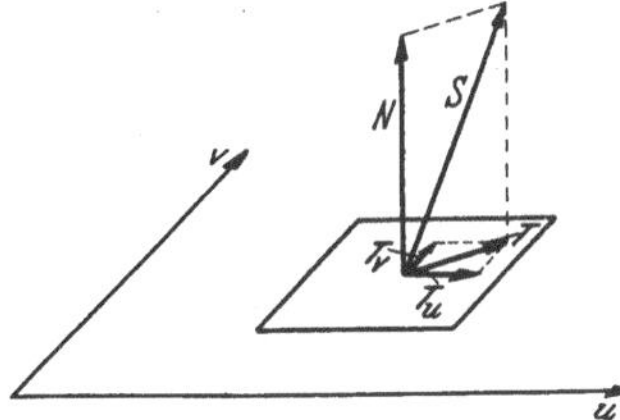

Abb. 12. Zerlegung einer Kraft in ihre Normal- und Tangentialkomponenten.

praktisch gleichförmigem Spannungszustand liegt. Zur Darstellung der Spannung kann in den Abbildungen ein Vektor dienen, dessen Richtung der Richtung der auf die Fläche wirkenden Kraft entspricht und dessen Länge proportional zur Spannung ist (Abb. 12). Gibt man dem quadratischen Flächenelement die Kantenlängen „1", so entspricht dieser *Spannungsvektor* S gerade der Resultierenden der in diesem Element wirkenden *Kräfte*.

Da die betrachtete Schnittfläche in Wirklichkeit von beiden Seiten her beansprucht wird, muß man sich das vollständige Gleichgewichtsbild in einem

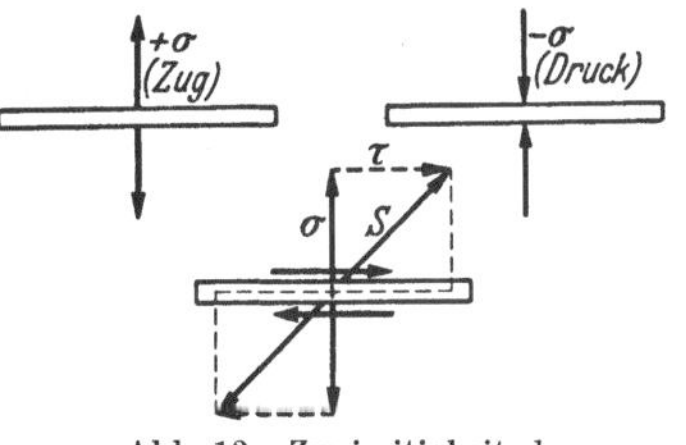

Abb. 13. Zweiseitigkeit des Spannungszustandes.

Schnitt immer noch nach der anderen Seite ergänzt denken, wie etwa in Abb. 13 angedeutet wurde. Spannungen haben eben keinen Vektorcharakter, sondern sind „Tensoren", d. h. sie sind nicht wie Strömungen nach einer Seite hin gerichtet, sondern entsprechen einem System aus je zwei entgegengesetzt gerichteten, gleichen Kräften. Während der Strömungsvektor z. B. „nach rechts" oder „nach links" weist, drückt der Spannungstensor das Flächenelement „zusammen" oder „auseinander". Der gezeichnete Vektor stellt also immer nur die eine von den vorhandenen zwei Seiten des Spannungszustandes dar. Zerlegt man ihn wie in Abb. 12 in seine Komponenten N und T, die normal und tangential zum Flächenelement stehen, so stellt die Länge von N die auf dem Element wirksame Normalspannung σ (Zug oder Druck), die Länge von T die Tangentialspannung τ (Schub) dar. T ist dann noch einmal innerhalb der Fläche in die Komponenten T_u und T_v zerlegbar, d. h. in die Schubspannungen parallel zur u- und v-Achse.

Im Fall des ebenen Spannungszustandes liegen alle Kräfte in der Plattenebene. In Flächenelementen, deren Normale in der Plattenebene liegt, d. h. Elementen, die die Plattennormale enthalten (Abb. 14), treten Normalspannungen oder Schubspannungen auf, die parallel zur Plattenoberfläche wirken. Zunächst seien nur diese Flächenelemente untersucht.

Zur vollständigen Beschreibung des ebenen Spannungszustandes in einem Punkt ist notwendig, daß man von jedem solchen durch den Punkt gelegten Flächenelement die in ihm wirksamen Größen σ und τ angeben kann. Es ist also ein ganzes Büschel von Ebenen zu untersuchen, die alle durch den Punkt gehen, d. h. die alle die Plattennormale durch den Punkt als Büschelachse enthalten.

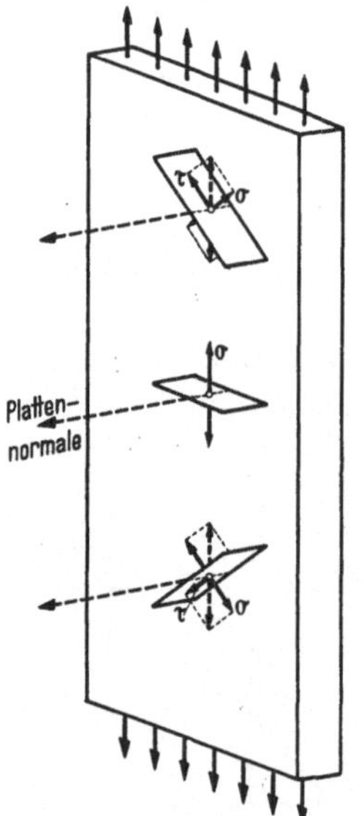

Abb. 14. Spannung in ebenen Elementen, die die Plattennormale enthalten.

Die Dicke der Platte sei d, auf der Ebene sei ein rechtwinkliges Koordinatensystem x, y festgelegt. Jede Strecke der Länge l in der xy-Ebene ist also der Vertreter einer Fläche mit dem Flächeninhalt ld. Ist σ die in einer Fläche wirksame Normalspannung, so wird auf der Fläche der Größe ld die Normalkraft $\sigma\,ld$ übertragen. Die Darstellung dieser Kräfte in den Abbildungen erfolgt durch Vektoren, die an der Stelle der Kraftresultierenden, also der Flächenmitte, angreifen. Nach dem Schnittprinzip sei nun aus der Platte ein kleines quadratisches Prisma herausgenommen. Die Kanten seien parallel zur x- und zur y-Achse, und das Quadrat sei so klein, daß alle seine Teile im gleichen Spannungszustand liegen. Gibt man der Einfachheit halber den Quadratseiten den Wert „1", und denkt man sich aus der Gesamtplatte eine dünne Scheibe der Dicke „1" losgelöst und allein betrachtet, so entsprechen an dem herausgeschnittenen Würfel wieder die Spannungen unmittelbar den in den Schnittflächen wirksamen Kräften. Diese Kräfte können in ihre Normal- und Tangentialkomponenten zerlegt werden, die Komponenten seien wie in Abb. 15 bezeichnet. σ_x ist also in der zur y-Achse parallelen Ebene wirksam und umgekehrt, der Kraftvektor von σ_x ist parallel zur x-Achse gerichtet. Aus Gleichgewichtsgründen folgt sofort, daß die beiden Schubspannungen τ_{xy} und τ_{yx} dem Betrage nach gleich sein müssen, andernfalls müßte sich unter der Wirkung des resultierenden Momentes das Element drehen. Der Wert von τ_{xy} soll positiv sein, wenn τ, wie in Abb. 15 gezeichnet, am Element angreift, wenn also die Schubspannungen eine Verlängerung im Sinne der nach rechts oben gerichteten Diagonalen hervorbringen (Abb. 16). Die Schubkraft greift dann auf der positiven Seite der Fläche $x = \mathrm{const}$, d. h. der

Fläche, auf der σ_x wirksam ist, in positivem Sinne, d. h. in Richtung steigender y-Werte an, ebenso wirkt dann τ_{yx} auf der positiven Seite der Fläche $y = \text{const}$ in Richtung positiv steigender x. [Trotzdem wird τ_{yx} hier als *negativ* bezeichnet (s. u.), es ist also $\tau_{yx} = -\tau_{xy}$.]

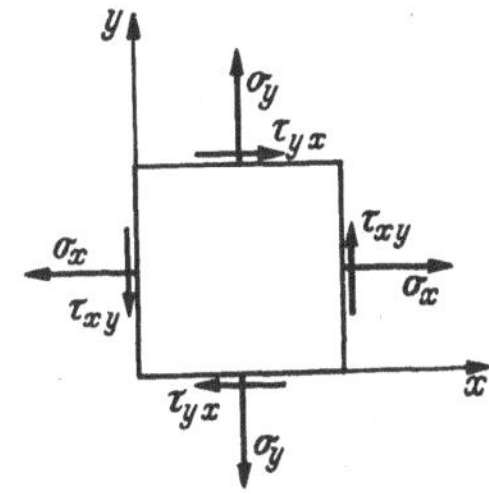

Abb. 15. Bezeichnung der Spannungen in einem Element.

Mit den Werten σ_x, σ_y und τ_{xy} ist nun die Spannung in jeder Ebene gegeben, deren Normale um den Winkel φ gegen die x-Achse geneigt ist (Abb. 17a). Zu ihrer Bestimmung wird ein rechtwinklig-dreieckiges Element herausgeschnitten, dessen Katheten parallel zur x- und y-Achse sind, und dessen Hypotenuse von der Länge „1" den Winkel φ gegen die y-Achse bildet (Abb. 17b). Das gezeichnete Dreieck stellt also ein Prisma dar, dessen seitliche Flächen die Größen $1 \cdot 1$, $1 \cdot \sin\varphi$ und $1 \cdot \cos\varphi$ haben.

Damit das Gleichgewicht aufrechterhalten wird, muß nun in der durch die Hypotenuse dargestellten Fläche eine Kraft K angebracht werden, deren x- und y-Komponente K_x und K_y aus folgenden Gleichungen bestimmt wird:

$$K_x = \sigma_x \cos\varphi + \tau_{xy} \sin\varphi$$
$$K_y = \sigma_y \sin\varphi + \tau_{xy} \cos\varphi.$$

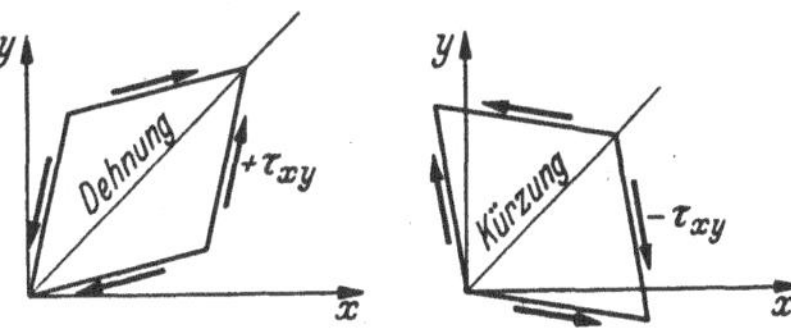

Abb. 16. Positiver und negativer Schub.

σ_x, σ_y und τ_{xy} sind positiv angenommen. Man überzeugt sich in Abb. 17a außerdem leicht, daß auch das Momentengleichgewicht erfüllt ist, wenn K in der Mitte der Hypotenuse angreift. Der Vektor K wird in seine Komponenten σ_φ und τ_φ zerlegt, die senkrecht und parallel zur Fläche wirksam sind. Es ist:

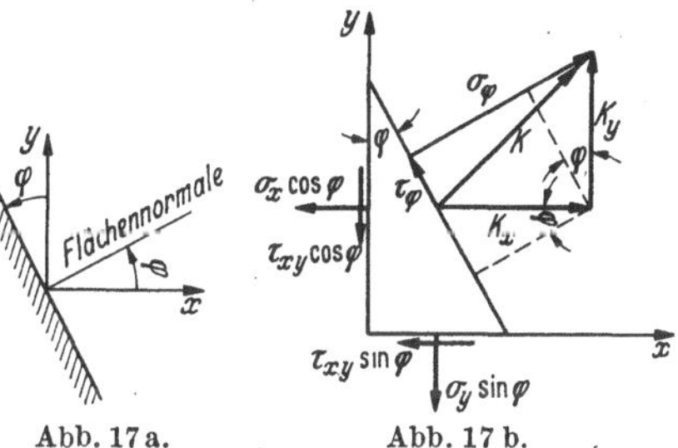

Abb. 17a. Abb. 17b.

Abb. 17a u. b. a Neigung einer Fläche. b Gleichgewicht an einem rechtwinklig-dreieckigen Element.

$$\sigma_\varphi = K_x \cos\varphi + K_y \sin\varphi$$
$$= \sigma_x \cos^2\varphi + \tau_{xy} \sin\varphi \cos\varphi + \sigma_y \sin^2\varphi + \tau_{xy} \sin\varphi \cos\varphi$$
$$\tau_\varphi = -K_x \sin\varphi + K_y \cos\varphi$$
$$= \sigma_y \sin\varphi \cos\varphi + \tau_{xy} \cos^2\varphi - \sigma_x \sin\varphi \cos\varphi - \tau_{xy} \sin^2\varphi$$

$$(6\,\text{a}) \quad \begin{cases} \sigma_\varphi = \dfrac{\sigma_x + \sigma_y}{2} + \dfrac{\sigma_x - \sigma_y}{2}(\cos^2\varphi - \sin^2\varphi) + \tau_{xy}\sin 2\varphi \\[2mm] \qquad = \dfrac{\sigma_x + \sigma_y}{2} + \dfrac{\sigma_x - \sigma_y}{2}\cos 2\varphi + \tau_{xy}\sin 2\varphi \\[2mm] \tau_\varphi = -\dfrac{\sigma_x - \sigma_y}{2}\sin 2\varphi + \tau_{xy}\cos 2\varphi. \end{cases}$$

Aus dieser Gleichung folgt auch, wie schon oben bemerkt,

$$\tau_{yx} = \tau_{90°} = -\frac{\sigma_x-\sigma_y}{2}\cdot 0 - \tau_{xy}\cdot 1 = -\tau_{xy}.$$

Hierbei sei übrigens gleich festgestellt, daß für alle φ folgende Gleichung erfüllt ist:

$$\sigma_\varphi + \sigma_{\varphi+90°} = \sigma_x + \sigma_y.$$

Die Summe zweier aufeinander senkrecht stehender Normalspannungen ist also eine von der Richtung unabhängige, dem untersuchten Punkt eigentümliche Konstante, d. h. eine „Invariante" des Spannungszustandes in dem betreffenden Punkt.

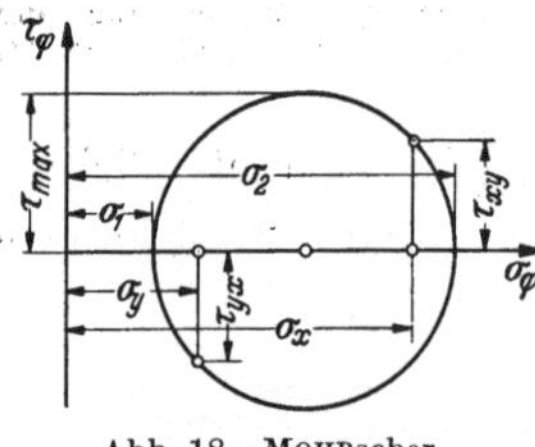

Abb. 18. MOHRscher Spannungskreis.

Durch Elimination von φ wie in Gleichung (3) (S. 5) kann der Zusammenhang von σ_φ und τ_φ in der Form dargestellt werden:

$$(7\,\mathrm{a})\qquad \left(\sigma_\varphi - \frac{\sigma_x+\sigma_y}{2}\right)^2 + \tau_\varphi^2 = \left(\frac{\sigma_x-\sigma_y}{2}\right)^2 + \tau_{xy}^2.$$

Diese Darstellung stammt ebenfalls von MOHR (vgl. S. 6). Die Gleichung stellt in der σ_φ-τ_φ-Ebene einen Kreis dar, dessen Mittelpunkt im Abstand $\frac{\sigma_x+\sigma_y}{2}$ vom Nullpunkt auf der σ-Achse liegt, und dessen Radius r gleich $\sqrt{\left(\frac{\sigma_x-\sigma_y}{2}\right)^2 + \tau_{xy}^2}$ ist (Abb. 18).

Man nennt den größten und den kleinsten auftretenden Wert von σ_φ die „Hauptspannungen" und bezeichnet sie mit σ_1 und σ_2. (Es ist $\sigma_{1,\,2} = \frac{\sigma_x+\sigma_y}{2} \pm r$, also $\sigma_1+\sigma_2 = \sigma_x+\sigma_y$). Die größte auftretende Schubspannung („τ_{max}") hat den Betrag r. Den beiden Punkten des Kreises, die die Werte $\tau_\varphi = 0$ und $\sigma_\varphi = \sigma_1$ oder σ_2 darstellen, entsprechen zwei Ebenen, die um $90°$ gegeneinander geneigt sind, und deren Projektionen als die „Hauptachsen des Spannungszustandes" bezeichnet werden. Ihre Neigungen $\varphi_{1,\,2}$ gegen die x-Achse errechnen sich nach der Formel:

$$\tau_{\varphi_{1,2}} = -\frac{\sigma_x-\sigma_y}{2}\sin 2\varphi_{1,2} + \tau_{xy}\cos 2\varphi_{1,2} = 0.$$

Daraus folgt:

$$(8)\qquad \operatorname{tg} 2\varphi_{1,2} = \frac{\tau_{xy}}{\dfrac{\sigma_x-\sigma_y}{2}} = \frac{2\tau_{xy}}{\sigma_x-\sigma_y}.$$

Wegen $\operatorname{tg} 2\varphi = \operatorname{tg}(2\varphi+180°) = \operatorname{tg} 2(\varphi+90°)$ enthält die Formel beide Hauptachsen.

Die Darstellung gewinnt an Einfachheit, wenn man, wie in Abschnitt 2 [Gleichung (1) und (2), S. 4] das Koordinatenkreuz von vornherein so festlegt, daß die Koordinatenachsen (X, Y wie in Abschnitt 2) parallel zu den Hauptachsen des Spannungszustandes sind. Dann ist $\tau_{XY} = 0$, während σ_X und σ_Y die Werte σ_1 und σ_2 der Hauptspannungen darstellen. Die Kreisgleichung lautet dann:

$$(7\,b) \qquad \left(\sigma_\Phi - \frac{\sigma_1+\sigma_2}{2}\right)^2 + \tau_\Phi^2 = \left(\frac{\sigma_1-\sigma_2}{2}\right)^2 = \tau_{max}^2.$$

Die Gleichungen für σ_Φ und τ_Φ nehmen die Gestalt an:

$$(6\,b) \qquad \begin{cases} \sigma_\Phi = \dfrac{\sigma_1+\sigma_2}{2} + \dfrac{\sigma_1-\sigma_2}{2}\cos 2\,\Phi \\[2ex] \tau_\Phi = \qquad\quad -\dfrac{\sigma_1-\sigma_2}{2}\sin 2\,\Phi. \end{cases}$$

Hier ist also Φ der Winkel, den die Normale der betrachteten Fläche gegen die Normale der „Hauptfläche I" bildet. Auf der Hauptfläche I ist die Normalspannung σ_1 wirksam, für $\Phi = 0$ ist $\sigma_\Phi = \sigma_1$. Ist $\sigma_1 > \sigma_2$, so gehört zu einem kleinen positiven Wert Φ ein negativer Wert von τ_Φ, zur Neigung Φ gehört also ein Punkt des Kreises wie in Abb. 19. Dies folgt auch sofort aus der Gleichung:

$$\frac{\tau_\Phi}{\sigma_\Phi - \dfrac{\sigma_1+\sigma_2}{2}} = -\operatorname{tg} 2\,\Phi.$$

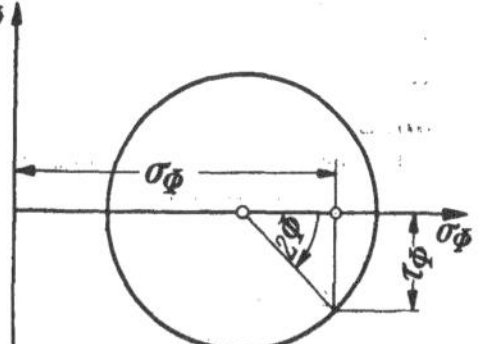

Abb. 19. Zuordnungen von Richtungen im MOHRschen Kreis und der Wirklichkeit.

Am Beispiel des einfachen Zugversuches an einem senkrecht hängenden geraden Zugstab werden die Ergebnisse leicht anschaulich klar. Die Hauptachsen des Zustandes liegen aus Symmetriegründen parallel und senkrecht zur Zugrichtung. In jedem waagerechten Flächenelement (Neigung $\Phi = 0$) wird die Hauptzugspannung $\sigma_1 = P/F$ übertragen, dabei ist P die gesamte angreifende Kraft, F der Querschnitt des Zugstabes. In einem hierauf senkrecht stehenden, also senkrechten Flächenelement wirkt keine Spannung, man könnte ohne Störung des Spannungs-

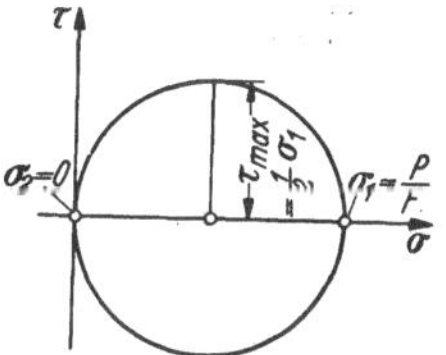

Abb. 20. MOHRscher Spannungskreis bei reinem Zug.

zustandes den Stab in mehrere senkrechte Parallelstäbe zerlegen. Die zweite Hauptspannung, σ_2, hat also den Wert 0. Das Bild des Spannungszustandes ist durch einen Kreis gegeben, der die τ-Achse im Nullpunkt berührt und dessen Radius den Wert $\sigma_1/2$ hat (Abb. 20). Die größte Schubspannung wirkt in Ebenen, die um $\pm 45°$ gegen die Stabachse geneigt sind, ihr Wert ist $\sigma_1/2$. Dies sieht man auch anschaulich ein, (Abb. 21). Im Fall a) ($\Phi = 0°$) wird keine Schubspannung, jedoch die volle Zugspannung übertragen. Je schräger die Schnittfläche geführt wird, um so geringer wird die in ihr wirksame Normalspannung. Die Schubspannung nimmt mit steigender Flächenneigung zunächst zu. Mit weiter steigendem Φ verteilt sich jedoch die Schubkraft auf eine immer größer werdende Schnittfläche, so daß die Schubspannung (von

$\Phi = 45°$ an) wieder abnimmt und schließlich in der Ebene $\Phi = 90°$ (Fall e) ganz verschwindet. Für $\Phi > 90°$ wiederholt sich spiegelbildlich das Spiel. Man sieht auch, daß es jeweils zwei Flächen gibt, deren Neigungen sich spiegelbildlich entsprechen und in denen dieselbe Normalspannung übertragen wird. Die in ihnen wirksamen Schubspannungen sind ebenfalls gleich groß, aber entgegengesetzt gerichtet. Zwei solchen Ebenen entsprechen zwei senkrecht übereinander liegende Punkte des Mohrschen Spannungskreises.

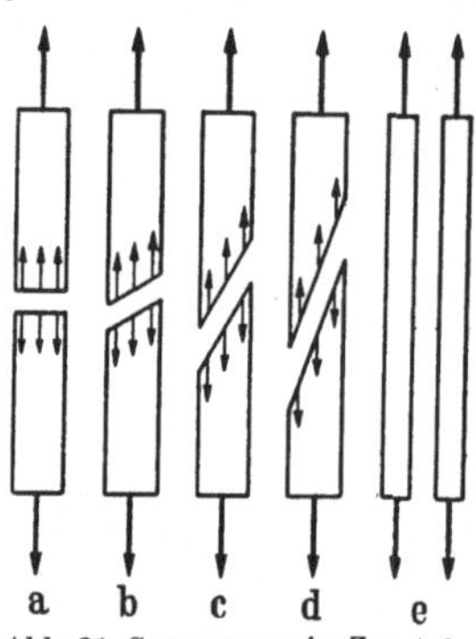

Abb. 21. Spannungen im Zugstab in verschieden geneigten Schnitten.

Als weiterer einfacher Fall diene noch das Beispiel des reinen Schubes. Er ist mechanisch etwa verwirklicht in einem Blechstreifen mit zwei parallelen Rändern, die fest an zwei sehr steifen, geraden, gegeneinander parallel verschieblichen Leisten befestigt sind (Abb. 22). Die zur u-Achse parallelen Ebenen sind normalspannungsfrei, in ihnen werden nur Schubspannungen

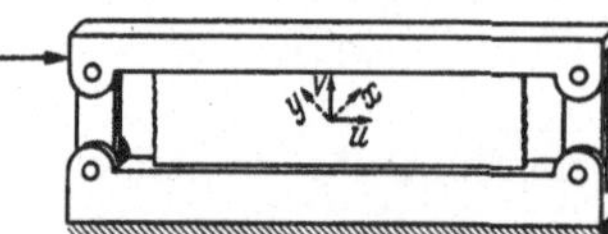

Abb. 22. Reiner Schub im Mittelteil eines langen Streifens.

übertragen (Abb. 23 a). Man sieht leicht ein, daß dies auch die größten auftretenden Schubspannungen sind, denn am Rand greifen keine weiteren Spannungen an und auch in den zur v-Achse parallelen Ebenen sind keine Normalspannungen wirksam. Das Bild des Spannungszustandes in der σ-τ-Ebene ist also ein Kreis mit dem Koordinatennullpunkt als Mittelpunkt und mit dem Radius $r = \tau_{\max} = \tau_{uv}$ (Abb. 23 b u. c). Es ergibt sich, daß

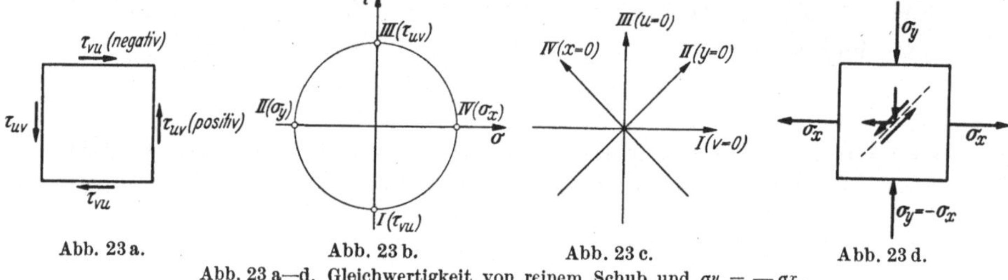

Abb. 23 a.			Abb. 23 b.			Abb. 23 c.			Abb. 23 d.

Abb. 23 a—d. Gleichwertigkeit von reinem Schub und $\sigma_y = -\sigma_x$.

in der um $\varphi = 45°$ gegen die u-Achse geneigten Ebene (Ebene II, $y = 0$) nur Normalspannungen (Druckspannungen, $\sigma_y = -\tau_{uv}$) und in der um $\varphi = -45°$ geneigten Ebene (Ebene IV, $x = 0$) nur Zugspannungen ($\sigma_x = \tau_{uv}$) übertragen werden, daß also der Zustand gleichbedeutend ist mit dem in Abb. 23d dargestellten Spannungszustand, dessen Hauptschubrichtungen die Quadratdiagonalen sind (Abb. 23d muß man sich dabei entsprechend Abb. 22 um 45° links herum gedreht vorstellen). Aus der vektoriellen Summe der auf einer Seite der Diagonalen wirkenden Kräfte ergibt sich die Normalspannungsfreiheit der Diagonalflächen und der Wert der größten Schubspannung:

$$\tau_{uv} = \tau_{\max} = \left(\frac{\sigma_x}{\sqrt{2}} - \frac{\sigma_y}{\sqrt{2}}\right) \cdot \frac{1}{\sqrt{2}} = \frac{\sigma_x - \sigma_y}{2}.$$

Der nächste Schritt führt nun zum ebenen Spannungszustand, in dem die Spannungen sich von Ort zu Ort ändern.

Unabhängig davon, ob und wie sich dabei ein Teilchen verformt, muß nach wie vor der Satz vom Gleichgewicht aller an einem beliebig herausgeschnittenen Element wirksamen Kräfte gelten. Zur Aufstellung der Gleichgewichtsbedingungen diene wieder ein quadratisches Element, dessen Kanten parallel zur x- und y-Achse sind und das nun so klein sein soll, daß innerhalb seiner Grenzen der Spannungszustand als linear

veränderlich angenommen werden kann, d. h., daß sich die Werte von σ_x, σ_y und τ_{xy} innerhalb des Quadrates genügend genau durch Funktionen der Form $\sigma = a\,x + b\,y$ darstellen lassen. Die Änderung der Spannung σ je Längeneinheit ist dann gegeben durch die partiellen Ableitungen $\frac{\partial \sigma}{\partial x} = a$ und $\frac{\partial \sigma}{\partial y} = b$. In

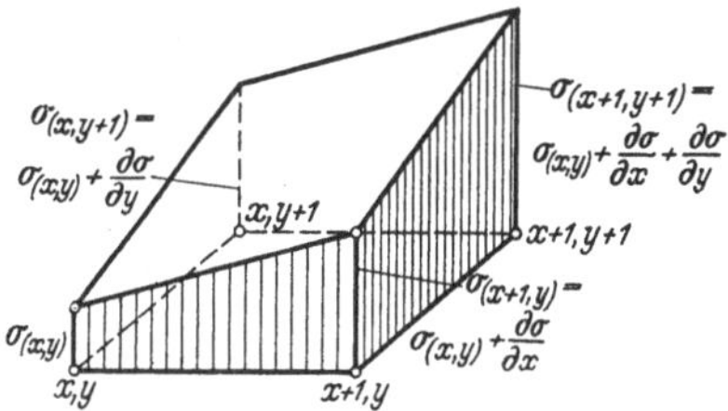

Abb. 24. Darstellung einer im Felde x, y linear veränderlichen Spannung σ.

Abb. 24 ist zur Veranschaulichung des Tatbestandes der absolute Wert einer Spannung „σ" als Ordinate über der x-y-Ebene aufgezeichnet. Ist mit „σ" beispielsweise die Spannung σ_x gemeint, so sind also die Höhen der Figur als Normalspannungswerte (in x-Richtung wirksame Kräfte) zu deuten. In diesem Fall würden demnach auf den beiden mit σ_x belasteten Oberflächen des Würfels Spannungen nach Abb. 25 wirksam sein. Die Spannungen sind nicht im Gleichgewicht, sondern es bleibt ein in Richtung positiver x wirkender Überschuß vom Betrag $\frac{\partial \sigma_x}{\partial x}$, dessen Resultierende (trotz der linearen Veränderlichkeit von σ_x in der y-Richtung) durch den Mittelpunkt der belasteten Fläche geht. Dasselbe gilt für die linear veränderlichen Spannungen σ_y, so daß sich ein in Richtung positiver y wirkender Kraftüberschuß $\frac{\partial \sigma_y}{\partial y}$ ergibt.

Die Bedingungen des Gleichgewichts der Kräfte am Element verlangen nun, daß die von den τ herrührenden Überschüsse der entsprechenden Richtung gerade die soeben errechneten σ-Überschüsse aufheben müssen. Wie aus Abb. 26 unmittelbar einleuchtet, ist der in Richtung positiver x wirkende Überschuß von τ_{xy} gleich $\frac{\partial \tau_{yx}}{\partial y}$, ebenso ergibt sich $\dfrac{\partial \tau_{xy}}{\partial x}$ als in der Richtung positiver y wirkender Überschuß.

Im ebenen Spannungszustand müssen daher stets folgende Gleichgewichtsbedingungen erfüllt sein:

$$(9) \qquad \frac{\partial \sigma_x}{\partial x} + \frac{\partial \tau_{xy}}{\partial y} = 0 \qquad \frac{\partial \sigma_y}{\partial y} + \frac{\partial \tau_{xy}}{\partial x} = 0.$$

(Es sei bemerkt, daß man diese beiden Gleichungen auch aus dem Momentengleichgewicht um zwei beliebige Punkte ermitteln kann, außerdem sei auf $\tau_{yx} = -\tau_{xy}$ hingewiesen. Die erste Gleichung lautet ursprünglich $\dfrac{\partial \sigma_x}{\partial x} - \dfrac{\partial \tau_{yx}}{\partial y} = 0$!)

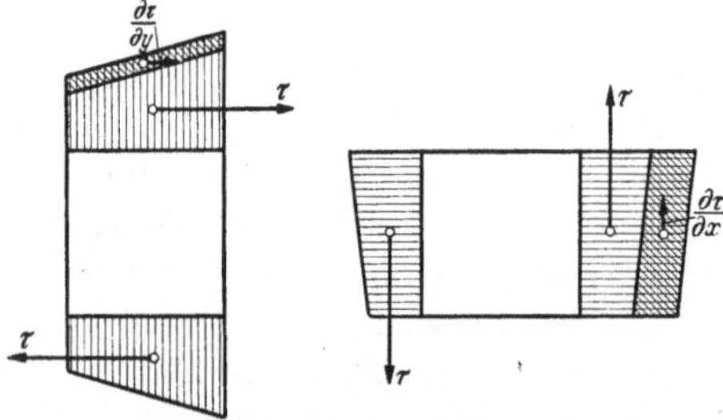

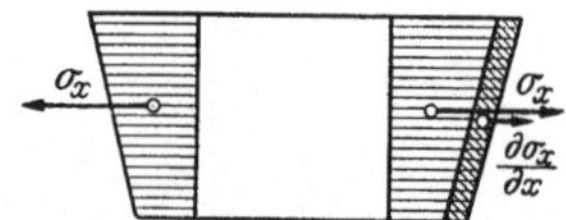

Abb. 25. Kräfte an einem rechtwinkligen Einheitselement bei linear veränderlicher Spannung σ_x.

Abb. 26. Kräfte am Einheitselement bei linear veränderlichem τ.

Durch Differentiation der beiden Gleichungen erhält man:

$$\frac{\partial^2 \sigma_x}{\partial x^2} + \frac{\partial^2 \tau_{xy}}{\partial x \partial y} = 0, \qquad \frac{\partial^2 \sigma_y}{\partial y^2} + \frac{\partial^2 \tau_{xy}}{\partial x \partial y} = 0,$$

woraus noch folgt:

$$(10) \qquad \frac{\partial^2 \sigma_x}{\partial x^2} = \frac{\partial^2 \sigma_y}{\partial y^2} \qquad \text{oder} \qquad \frac{\partial^2 \tau_{xy}}{\partial x \partial y} = -\frac{1}{2}\left(\frac{\partial^2 \sigma_x}{\partial x^2} + \frac{\partial^2 \sigma_y}{\partial y^2} \right).$$

Aus den Gleichgewichtsbedingungen (9) ergibt sich, daß man σ_x, σ_y und τ_{xy} als Ableitungen einer Spannungsfunktion $F(xy)$ darstellen kann. Man setzt:

$$(11) \qquad \sigma_x = \frac{\partial^2 F}{\partial y^2}, \qquad \sigma_y = \frac{\partial^2 F}{\partial x^2}, \qquad \tau_{xy} = -\frac{\partial^2 F}{\partial x \partial y},$$

so sind die Gleichgewichtsbedingungen (9) stets erfüllt.

Diese Darstellung stammt von AIRY (1862), die Funktion F wird als „AIRYsche Spannungsfunktion" bezeichnet. Aus jeder beliebigen, irgendwie gegebenen, zweimal partiell differenzierbaren Funktion $F(xy)$ kann man also durch die Gleichungen (11) ein System von Spannungen σ_x, σ_y und τ_{xy} erhalten, das den Gleichgewichtsbedingungen sicher genügt. Umgekehrt muß auch jeder mögliche ebene Spannungszustand nach (11) durch eine Spannungsfunktion F darstellbar sein, und zwar unabhängig von Art und Größe etwa eintretender Verformungen. Bestimmte mechanische Bedingungen, wie z. B. „elastisches" oder „plastisches" Verhalten, sind dabei noch nicht berücksichtigt. Im nächsten Abschnitt wird sich zeigen, daß zur Erfüllung solcher Bedingungen die

Funktion F noch bestimmten Gleichungen genügen muß. Stellt man (nach F. KLEIN, 1905) F als eine Fläche im Raum über der xy-Ebene dar, so ist für Flächen geringer Neigung σ_x in erster Näherung die „Krümmung" der Fläche F in der y-Richtung, σ_y die Krümmung in der x-Richtung.

Der durch die Funktion F definierte Spannungszustand ist unabhängig vom Koordinatennetz, d. h. der durch Differentiation nach x und y gewonnene Spannungszustand ist gleichbedeutend mit dem Zustand:

$$\sigma_u = \frac{\partial^2 F}{\partial v^2}, \qquad \sigma_v = \frac{\partial^2 F}{\partial u^2}, \qquad \tau_{uv} = -\frac{\partial^2 F}{\partial u\,\partial v},$$

wobei u und v beliebige CARTESIsche Koordinaten sind. Dies ergibt sich aus den Formeln (6). Es ist:

$$\sigma_\varphi = \sigma_x \cos^2\varphi + \sigma_y \sin^2\varphi + 2\tau_{xy}\sin\varphi\cos\varphi,$$

dabei ist σ_φ die auf einer Fläche der Neigung φ (Abb. 17a) wirkende Normalspannung.

Ebenso ist bekanntlich wegen

$$\frac{\partial F}{\partial s} = \frac{\partial F}{\partial x}\cdot\frac{dx}{ds} + \frac{\partial F}{\partial y}\cdot\frac{dy}{ds} = -\frac{\partial F}{\partial x}\sin\varphi + \frac{\partial F}{\partial y}\cos\varphi$$

stets

$$\frac{\partial^2 F}{\partial s^2} = \frac{\partial^2 F}{\partial x^2}\sin^2\varphi + \frac{\partial^2 F}{\partial y^2}\cos^2\varphi - 2\frac{\partial^2 F}{\partial x\,\partial y}\sin\varphi\cos\varphi.$$

Aus dem Vergleich dieser Formeln und der entsprechenden Formeln für τ_φ und $\dfrac{\partial^2 F}{\partial x\,\partial y}$ folgt unmittelbar die Richtigkeit der Behauptung.

4. Verknüpfung von Formänderungen und Spannungen bei elastischem Verhalten.

Wird ein elastischer Zugstab von der Länge l und mit einem rechteckigen Querschnitt F (etwa wie in Abb. 14) durch eine Last P mit einer Zugspannung $\bar\sigma_x = P/F$ belastet, so dehnt er sich um einen Betrag $\Delta l = l\cdot\bar\varepsilon_x$. Dabei ist die Dehnung $\bar\varepsilon_x$ verhältnisgleich der Spannung σ_x, es ist $\bar\varepsilon_x = \dfrac{\bar\sigma_u}{E}$ (HOOKEsches Gesetz). Der Wert des „Elastizitätsmoduls" E wird wie σ in kg/mm² gemessen. Gleichzeitig erfährt der Stab eine Querkürzung $\Delta b = b\cdot\bar\varepsilon_y$, es ist $\bar\varepsilon_y = -\mu\bar\varepsilon_x$ (vgl. S. 9). Die Richtung der Spannungshauptachsen und der Dehnungshauptachsen stimmen überein, Spannungen und Dehnungen lassen sich durch je einen MOHRschen Kreis darstellen (Abb. 27a und b, Zustand 1).

Wird statt des Längszuges eine Querspannung angebracht, beispielsweise ein gleichförmig verteilter Querdruck des Betrages $\bar{\bar\sigma}_y$, so wird unter seiner Wirkung der Stab um einen Betrag $\Delta b = b\cdot\bar{\bar\varepsilon}_y$ verschmälert, dabei ist $\bar{\bar\varepsilon}_y = \dfrac{\bar{\bar\sigma}_y}{E}$. Gleichzeitig verlängert sich der Stab um $\Delta l = l\bar{\bar\varepsilon}_x$, dabei ist $\bar{\bar{\varepsilon}}_x = -\mu\,\bar{\bar{\varepsilon}}_y$. Die Mohrschen Kreise entsprechen den Bildern des Zugversuchs (Abb. 28 a und b, Zustand 2).

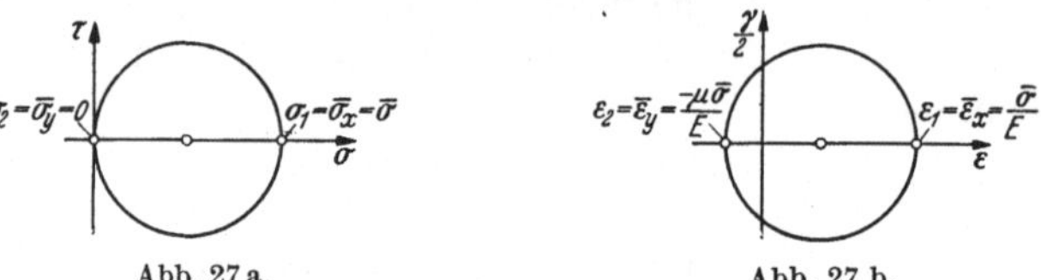

Abb. 27 a.   Abb. 27 b.

Abb. 27 a u. b. Mohr-Kreise bei Längszug. a Spannungen. b Dehnungen.

Überlagert man zwei elastische Zustände, so addieren sich alle Spannungen und Dehnungen (Überlagerungsgesetz); im Beispiel folgt also ein Zustand 3 = Zustand 1 + Zustand 2:

$$\sigma_x = \bar{\sigma}_x + \bar{\bar{\sigma}}_x = \bar{\sigma} \qquad\qquad \varepsilon_x = \bar{\varepsilon}_x + \bar{\bar{\varepsilon}}_x = \frac{\bar{\sigma} - \mu\,\bar{\bar{\sigma}}}{E}$$

$$\sigma_y = \bar{\sigma}_y + \bar{\bar{\sigma}}_y = \bar{\bar{\sigma}} \qquad\qquad \varepsilon_y = \bar{\varepsilon}_y + \bar{\bar{\varepsilon}}_y = \frac{\bar{\bar{\sigma}} - \mu\,\bar{\sigma}}{E}$$

$$\tau_{xy} = \bar{\tau}_{xy} + \bar{\bar{\tau}}_{xy} = 0 \qquad\qquad \gamma_{xy} = \bar{\gamma}_{xy} + \bar{\bar{\gamma}}_{xy} = 0.$$

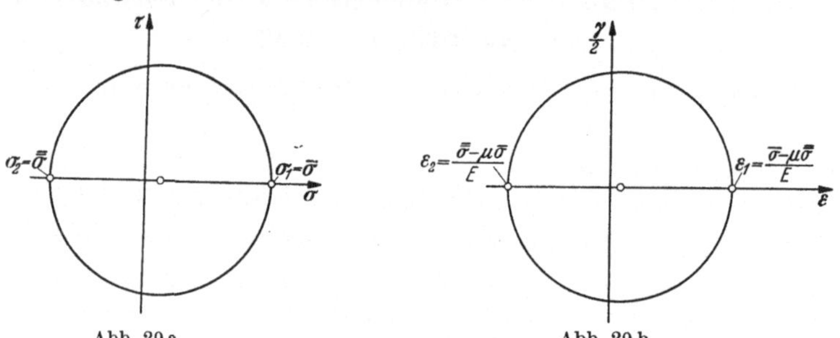

Abb. 28 a.   Abb. 28 b.

Abb. 28 a u. b. Mohr-Kreise bei Querdruck. a Spannungen. b Dehnungen.

Die Spannungs- und Verformungskreise des Zustands 3 haben eine Größe und Lage wie in Abb. 29 a und b.

Abb. 29 a.   Abb. 29 b.

Abb. 29. Mohr-Kreise bei zusammengesetzter Beanspruchung (Abb. 27 und 28).

Zum allgemeinen ebenen Spannungszustand, den man sich auch anders entstanden denken kann (Abb. 29 a), gehört also ein Verformungszustand (Abb. 29 b), der die gleichen Hauptachsen hat, dessen Hauptdehnungen aber von beiden Hauptspannungen abhängen:

$$(12a) \qquad \varepsilon_1 = \frac{\sigma_1 - \mu\,\sigma_2}{E} \qquad \varepsilon_2 = \frac{\sigma_2 - \mu\,\sigma_1}{E} \qquad \textit{Ebener Spannungszustand.}$$

Die größte Schiebung ist proportional zur größten Schubspannung:

$$\frac{\gamma}{2}_{\max} = \frac{\varepsilon_1 - \varepsilon_2}{2} = \frac{\sigma_1 - \sigma_2}{2} \cdot \frac{1+\mu}{E} = \tau_{\max} \cdot \frac{1+\mu}{E} \, .$$

Wie man durch Vergleich der Formeln (1) (S. 4) und (2b) (S. 5) mit Gleichung (6b) (S. 15) sieht, folgen auch im allgemeinen Fall die Beziehungen:

$$(12\,\mathrm{b}) \quad \frac{\varepsilon_\Phi}{\sigma_\Phi} = \frac{(\varepsilon_1 + \varepsilon_2) + (\varepsilon_1 - \varepsilon_2)\cos 2\Phi}{(\sigma_1 + \sigma_2) + (\sigma_1 - \sigma_2)\cos 2\Phi}, \quad \text{also} \quad \varepsilon_\Phi = \frac{\sigma_\Phi - \mu\,\sigma_{(\Phi + 90°)}}{E},$$

$$(13\,\mathrm{a}) \quad \frac{\gamma_\Phi}{\tau_\Phi} = \frac{\varepsilon_1 - \varepsilon_2}{\dfrac{(\sigma_1 - \sigma_2)}{2}}, \quad \text{also} \quad \gamma_\Phi = \tau_\Phi \cdot \frac{2\,(1+\mu)}{E},$$

Der Ausdruck $\dfrac{E}{2\,(1+\mu)} = G$ wird als der „Schubmodul" des Werkstoffes bezeichnet, hiermit schreibt sich die letzte Formel:

$$(13\,\mathrm{b}) \qquad\qquad \gamma = \frac{\tau}{G} \, .$$

Im Fall des ebenen Verzerrungszustandes (S. 1) kann der Werkstoff nicht nach vorn und hinten ausweichen, daher wird bei derselben Längsspannung σ der Körper in seiner Längsrichtung weniger verformt, der Wert von E wird scheinbar erhöht. Aus der Ableitung zu Gleichung (5) (S. 10) geht hervor, daß in diesem Falle gilt:

$$\frac{\sigma}{\varepsilon} = \overline{E} = \frac{E}{1 - \mu^2} \, .$$

An die Stelle von μ tritt außerdem $q = \dfrac{\mu}{1 - \mu}$, so daß Gleichung (12a) dann lautet:

$$(12\,\mathrm{c}) \quad \varepsilon_1 = \frac{\sigma_1 - q\,\sigma_2}{\overline{E}} = \frac{\sigma_1 - \dfrac{\mu}{1-\mu}\,\sigma_2}{E/(1-\mu^2)} = \frac{\sigma_1\,(1-\mu^2) - (1+\mu)\,\mu\,\sigma_2}{E} \qquad \textit{Ebener Verzerrungszustand.}$$

Als Schubmodul [Gleichung (13b)] erscheint der Wert

$$(13\,\mathrm{c}) \qquad \overline{G} = \frac{\overline{E}}{2\,(1+q)} = \frac{E/(1-\mu^2)}{2/(1-\mu)} = \frac{E}{2\,(1+\mu)} = G \, .$$

Die Formänderung infolge des Schubes in der Ebene muß ja auch unabhängig von der seitlichen Behinderung sein, da sie ohne Volumenänderung vor sich geht.

Überlagert man Spannungszustände mit verschiedenen Hauptachsen, z. B. reinen Schub τ_{xy} und reinen Zug σ_x (dies Beispiel ist in Abb. 30—32 dargestellt), so kann man die gleichgerichteten Spannungen (σ_x usw.) und Formänderungen (ε_x usw.) überlagern, während die Größe und Richtung der Hauptspannungen bzw. des größten Schubes nicht unmittelbar, sondern nur unter Berücksichtigung der Winkelbeziehungen zu errechnen sind. Unabhängig von seiner Entstehung erhält man jedenfalls schließlich stets unter der Wirkung des Spannungszustandes einen Verformungszustand nach Gleichung (12b und 13b).

Durch die Gleichungen (12) und (13) ist ein Zusammenhang zwischen Spannungen und Formänderungen festgelegt, der als „elastisches Verhalten" bei einer großen Anzahl technischer Stoffe mit hoher Genauigkeit erfüllt wird. Für diese Fälle ist durch (12) und (13) eine Verbindung der Verträglichkeitsbedingungen 4b (S. 8) mit den Gleichgewichtsbedingungen 9 (S. 18) hergestellt. Während 4b und 9 (bzw. 10) für sich *immer* gelten, gilt außerdem bei *elastischem* Verhalten:

$$\frac{\partial^2 \gamma_{xy}}{\partial x \, \partial y} = \frac{\partial^2}{\partial x \, \partial y}\left(\tau_{xy} \cdot \frac{2\,(1+\mu)}{E}\right),$$

$$\frac{\partial^2 \varepsilon_x}{\partial y^2} = \frac{\partial^2}{\partial y^2}\left(\frac{\sigma_x - \mu\,\sigma_y}{E}\right),$$

$$\frac{\partial^2 \varepsilon_y}{\partial x^2} = \frac{\partial^2}{\partial x^2}\left(\frac{\sigma_y - \mu\,\sigma_x}{E}\right),$$

also nach 4b:

$$\frac{\partial^2 \tau_{xy}}{\partial x \, \partial y} \cdot 2\,(1+\mu) = \frac{\partial^2 \sigma_x}{\partial y^2} + \frac{\partial^2 \sigma_y}{\partial x^2} - \mu\left(\frac{\partial^2 \sigma_x}{\partial x^2} + \frac{\partial^2 \sigma_y}{\partial y^2}\right)$$

Wegen (10), S. 18, ist aber:

$$\frac{\partial^2 \tau_{xy}}{\partial x \, \partial y} \cdot 2\,(1+\mu) = -\left(\frac{\partial^2 \sigma_x}{\partial x^2} + \frac{\partial^2 \sigma_y}{\partial y^2}\right)(1+\mu).$$

Im Elastischen ist also:

$$(14\mathrm{a})\quad \begin{cases} \dfrac{\partial^2 \sigma_x}{\partial y^2} + \dfrac{\partial^2 \sigma_y}{\partial x^2} + \dfrac{\partial^2 \sigma_x}{\partial x^2} + \dfrac{\partial^2 \sigma_y}{\partial y^2} = \dfrac{\partial^2}{\partial x^2}(\sigma_x + \sigma_y) + \\ \qquad + \dfrac{\partial^2}{\partial y^2}(\sigma_x + \sigma_y) = \varDelta\,(\sigma_x + \sigma_y) = 0. \end{cases}$$

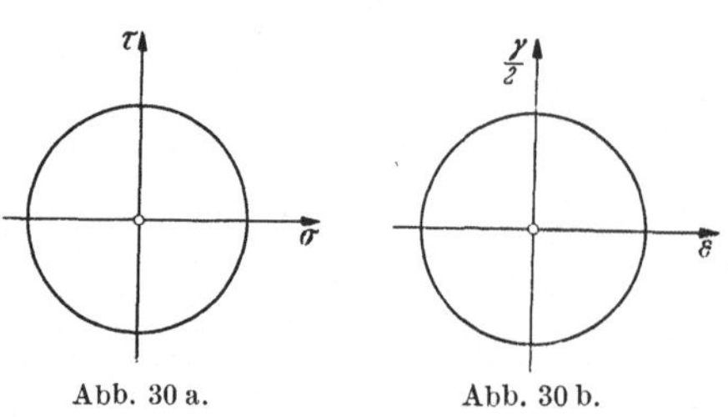

Abb. 30 a.   Abb. 30 b.

Abb. 30. MOHR-Kreise bei reinem Schub.

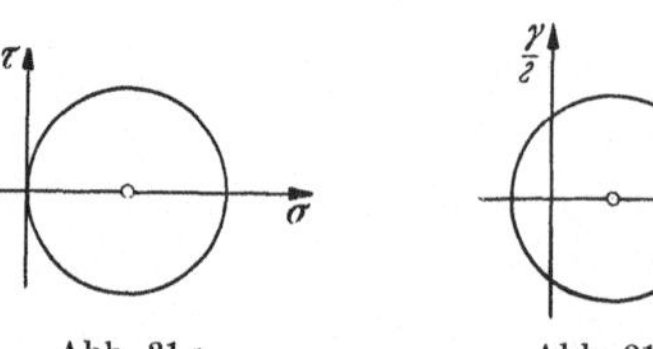

Abb. 31 a.   Abb. 31 b.

Abb. 31. MOHR-Kreise bei Längszug.

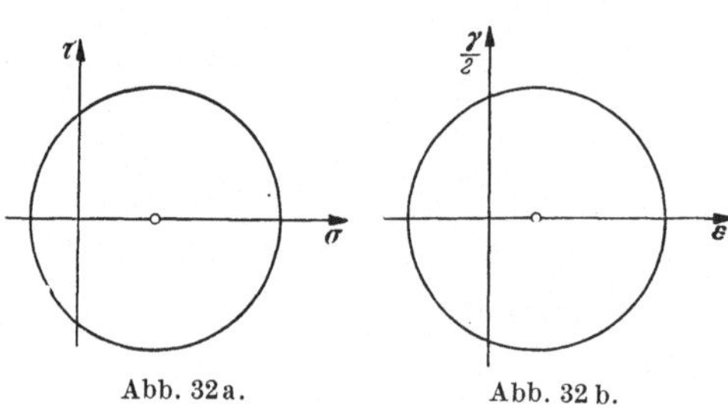

Abb. 32 a.   Abb. 32 b.

Abb. 32. MOHR-Kreise bei zusammengesetzter Beanspruchung (Abb. 30 und 31).

Wegen

$$(14\mathrm{b})\quad \begin{cases} \sigma_x = \dfrac{E}{1-\mu^2}\,(\varepsilon_x + \mu\,\varepsilon_y), \qquad \sigma_y = \dfrac{E}{1-\mu^2}\,(\varepsilon_y + \mu\,\varepsilon_x), \\[2mm] \sigma_x + \sigma_y = \dfrac{E\,(1+\mu)}{1-\mu^2}\,(\varepsilon_x + \varepsilon_y) = \dfrac{E}{1-\mu}\,(\varepsilon_x + \varepsilon_y) \end{cases}$$

gilt ebenso:

$$(14\mathrm{c})\qquad \frac{\partial^2}{\partial x^2}(\varepsilon_x + \varepsilon_y) + \frac{\partial^2}{\partial y^2}(\varepsilon_x + \varepsilon_y) = \varDelta\,(\varepsilon_x + \varepsilon_y) = 0.$$

Das Symbol $\varDelta$ (LAPLACEscher Operator) bedeutet dabei $\varDelta \equiv \dfrac{\partial^2}{\partial x^2} + \dfrac{\partial^2}{\partial y^2}$, d. h. man soll zweimal nach x und zweimal nach y differenzieren und die

Ergebnisse addieren. Die „Verträglichkeitsbedingung" des ebenen *elastischen* Spannungszustandes, gekoppelt mit den Gleichgewichtsbedingungen, lautet also:

$$(14\,\mathrm{d}) \quad \begin{cases} \varDelta\,(\varepsilon_x + \varepsilon_y) = 0 \quad \text{oder} \quad \varDelta\left(\dfrac{\partial u}{\partial x} + \dfrac{\partial v}{\partial y}\right) = 0 \quad \text{oder} \\[2mm] \varDelta\,(\sigma_x + \sigma_y) = 0 \quad \text{oder} \quad \varDelta\,(\sigma_1 + \sigma_2) = 0 \qquad \text{oder} \\[2mm] \varDelta\left(\dfrac{\partial^2 F}{\partial x^2} + \dfrac{\partial^2 F}{\partial y^2}\right) = 0 \quad \text{oder} \quad \varDelta\,(\varDelta F) = \varDelta\varDelta F = 0 . \end{cases}$$

Das Symbol $\varDelta\varDelta$ ist dabei die Abkürzung für:

$$\varDelta\varDelta \equiv \frac{\partial^4}{\partial x^4} + 2\,\frac{\partial^4}{\partial x^2\,\partial y^2} + \frac{\partial^4}{\partial y^4} .$$

Aus der Menge aller differenzierbaren Funktionen F, aus denen man durch Differentiation die im Gleichgewicht befindlichen Spannungen eines ebenen Spannungszustandes ermitteln kann, sind also in *elastischen* Körpern als „Spannungsfunktionen" nur die Funktionen sinnvoll, die jene Gleichung befriedigen.

In der Mathematik sind die „harmonischen" Funktionen $H(x, y)$ ausführlich untersucht worden. Sie erfüllen die Bedingung: $\varDelta H = 0$. Selbstverständlich ist dann auch $\varDelta\varDelta H = 0$, so daß alle harmonischen Funktionen auch als Spannungsfunktionen verwendet werden können. Jedoch haben diese Spannungszustände („harmonische Spannungszustände") die Eigentümlichkeit, daß schon $\varDelta F = (\sigma_x + \sigma_y)$ verschwindet. Es sind also Spannungszustände, bei denen überall die Hauptspannungssumme gleich Null ist. Im ganzen Feld herrscht reiner Schub, sämtliche Mohr-Kreise des Feldes sind Kreise um den Nullpunkt.

Im allgemeinen Fall ist stets die Funktion $S = (\sigma_x + \sigma_y) = (\sigma_1 + \sigma_2) = \varDelta F$ eine harmonische Funktion, denn es ist $\varDelta\,(\varDelta F) = \varDelta S = 0$. S hat eine einfache anschauliche Bedeutung: Unter der Wirkung der Spannung σ_x erfolgt im ebenen Spannungszustand senkrecht zur x-y-Ebene eine Querdehnung ε_z vom Betrage $-\dfrac{\mu\,\sigma_x}{E}$, entsprechend unter der Wirkung von σ_y. Die gesamte Querdehnung in der z-Richtung (Dickenänderung) einer ebenen dünnen Platte ist also $\varepsilon_z = \dfrac{-\mu\,(\sigma_x + \sigma_y)}{E}$. Steht die Platte vorwiegend unter Zug $(\sigma_x + \sigma_y > 0)$, so wird die Platte dünner, steht sie vorwiegend unter Druck $(\sigma_x + \sigma_y < 0)$, so wird sie dicker. Die ursprünglich ebene Oberfläche der Scheibe wird also während des Versuches etwas gewölbt, dabei ist die Höhe der Wölbungsfläche über der ursprünglichen Ebene proportional zu S. Man kann also beispielsweise durch eine Dickenmessung unmittelbar den Wert von S bestimmen. Die Bestimmung von S bietet eine Reihe von Möglichkeiten zur Auswertung spannungsoptischer Versuche, so daß in einem späteren Kapitel noch ausführlich darüber berichtet wird.

Die bisherigen Ableitungen dieses Abschnitts bezogen sich auf den *ebenen Spannungszustand* ($\sigma_z = 0$), also auf eine dünne, beiderseits freie Scheibe. Bei einer Überlagerung einer Spannung $\sigma_z =$ const (Beispiel: Scheibe innerhalb eines Überdruckgefäßes) ändern sich die Gleichungen nur unwesentlich. In (12b) heißt es dann:

$$\varepsilon_x = \frac{\sigma_x - \mu\,\sigma_y - \mu\,\sigma_z}{E},$$

entsprechend in (14b):

$$\sigma_x = \frac{E}{1-\mu^2}\left(\varepsilon_x + \mu\,\varepsilon_y + \mu\,\frac{\sigma_z}{E}\right) \text{ und } (\sigma_x + \sigma_y) = \frac{E}{1-\mu}(\varepsilon_x + \varepsilon_y) + \frac{2\,\mu}{1-\mu^2}\,\sigma_z.$$

Da σ_z konstant ist, ist aber $\varDelta\,\sigma_z = 0$, also nach wie vor:

$$\varDelta\,(\varepsilon_x + \varepsilon_y) = \varDelta\,(\sigma_x + \sigma_y) = 0.$$

Im Fall des *ebenen Verzerrungszustandes* ($\varepsilon_z = 0$ oder $\varepsilon_z =$ const.) gelten andere Ausgangsgleichungen, so daß dieser Fall noch kurz betrachtet werden muß.

Bei verhinderter Querdehnung $\varepsilon_z = 0$ ist entsprechend Gleichung (12c):

$$\frac{\partial u}{\partial x} = \varepsilon_x = \frac{\sigma_x - q\,\sigma_y}{\overline{E}}$$

$$\frac{\partial v}{\partial y} = \varepsilon_y = \frac{\sigma_y - q\,\sigma_x}{\overline{E}},$$

während der Zusammenhang zwischen τ und γ unverändert bleibt. Aus den unverändert gültigen Gleichgewichts- und Verträglichkeitsbedingungen folgt also wie oben: Es läßt sich eine Spannungsfunktion F [Gleichung (11)] angeben, es muß außerdem $\varDelta\,(\sigma_x + \sigma_y) = 0$ sein, denn die Ableitung von Gleichung (14a) bleibt auch gültig, wenn lediglich stets q statt μ und $\overline{E}$ statt E eingesetzt wird. Schließlich fallen q und $\overline{E}$ heraus, und es ist genau wie im ebenen Spannungszustand $\varDelta\,(\sigma_x + \sigma_y) = \varDelta\varDelta F = 0$. Wird nun noch eine konstante Querdehnung ε_z überlagert, so folgt hieraus eine konstante allseitige Dehnung $\varepsilon_x = \varepsilon_y = -\mu\,\varepsilon_z$, ohne daß an den Gleichgewichtsbedingungen etwas geändert wird. Ebenso bleibt die Verträglichkeitsbedingung unverändert wie im Fall $\sigma_z =$ const. gültig.

Schließlich sei erwähnt, daß für $\varepsilon_z = 0$ eine Spannung σ_z vorhanden sein muß, die das im ebenen Spannungszustand vorhandene $\varepsilon_z = \frac{-\mu}{E}(\sigma_x + \sigma_y)$ rückgängig macht, d. h. es muß sein:

$$\sigma_z = +\mu(\sigma_x + \sigma_y) = +\mu(\sigma_1 + \sigma_2).$$

Es ist dabei also auch $\varDelta\,\varepsilon_z = 0$.

Die Differentialgleichungen jedes ebenen elastischen Spannungs- und Verzerrungszustandes ($\sigma_z =$ const. oder $\varepsilon_z =$ const.) lassen sich also stets zusammenfassen in die *Gleichgewichtsbedingung:*

σ_x, σ_y *und* τ_{xy} *lassen sich nach Gleichung* (11) S. 18 *als zweite Ableitungen einer Spannungsfunktion* F *darstellen*

$$\left(\text{oder}: \frac{\partial \sigma_x}{\partial x} + \frac{\partial \tau_{xy}}{\partial y} = 0, \; \frac{\partial \sigma_y}{\partial y} + \frac{\partial \tau_{xy}}{\partial x} = 0\right)$$

und die *Verträglichkeitsbedingung:*

Die Spannungsfunktion F *muß der Gleichung* $\Delta \Delta F = 0$ *genügen* [oder: $\Delta(\sigma_x + \sigma_y) = 0$].

Man beachte, daß die Werkstoffkennzahlen E, G, μ, q in diesen Bedingungen nicht vorkommen.

5. Hauptlinien.

In jedem Punkte x, y eines ebenen Spannungs- oder Verformungsfeldes herrscht ein Spannungs- und Verzerrungszustand, der sich durch MOHRsche Kreise nach Gleichung (3) (S. 5) und (7b) (S. 15) darstellen läßt. Sieht man zunächst von dem Sonderfall ab, daß die beiden MOHRschen Kreise zu je einem Punkt zusammenschrumpfen, so gilt: In jedem Punkt des Feldes gibt es zwei ausgezeichnete, aufeinander senkrecht stehende „Hauptrichtungen", in denen die größte und die kleinste Dehnung (Hauptdehnungen ε_1 und ε_2)

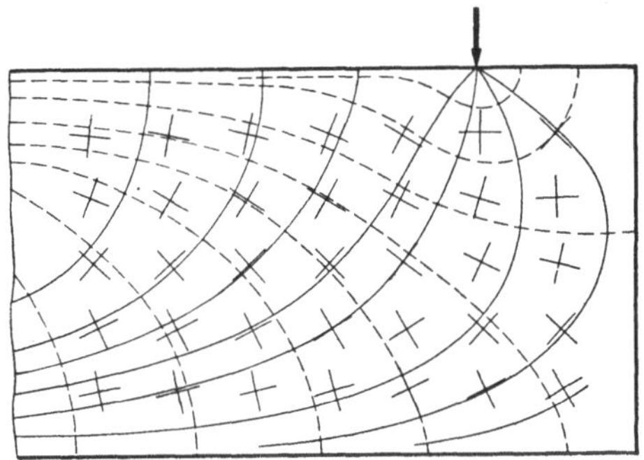

Abb. 33. Kreuze der Hauptrichtungen in einem Spannungsfeld, Hauptlinien.

gemessen werden, und in denen die größte und die kleinste Spannung (Hauptspannungen σ_1 und σ_2) wirksam sind. Man denke sich nun im Felde Linien gezeichnet, die in jedem Punkt eine Tangentenrichtung besitzen, die einer Hauptrichtung des Punktes entspricht. Diese Linien werden als Hauptspannungstrajektorien, als Hauptspannungslinien, Hauptdehnungslinien oder kurz als Hauptlinien des Feldes bezeichnet. Da es in jedem Punkte zwei Hauptrichtungen gibt, lassen sich durch jeden Punkt zwei solcher Linien ziehen, die senkrecht aufeinander stehen. Es gibt also zwei Scharen von Hauptlinien, die beiden Scharen kreuzen sich überall rechtwinklig.

Um die Vorstellung zu beleben, sei in einigen Punkten eines einfachen Spannungsfeldes das „Hauptkreuz" eingezeichnet (Abb. 33), d. h. ein kleines rechtwinkliges Kreuz, dessen Schenkel parallel zu den Hauptrichtungen laufen. Die Hauptlinien ergeben sich, wenn man Kurven zeichnet, die sich zwanglos dem durch die Kreuze gegebenen Richtungsfeld einschmiegen. Sind die Hauptlinien in einer dem Feld angepaßten

Dichte gezeichnet, so vermitteln sie einen anschaulichen Eindruck vom „Spannungsfluß" im Feld. Sie laufen strahlenförmig von einer Einzelkraft aus, laufen etwa parallel in Bereichen gleichförmiger Beanspruchung, verengen sich in Bereichen höherer Spannung und erweitern sich nach Bereichen geringerer Spannungsdichte. Sie können auch als „Kraftwirkungslinien" aufgefaßt werden und sind das gegebene Hilfsmittel, um z. B. die zweckmäßigen Richtungen einer beabsichtigten Bewehrung abzuschätzen. Gleich vorweg sei darauf hingewiesen, daß die inneren Gesetze dieser Hauptlinien nicht so elementar sind wie die Gesetze der „Stromlinien" bei ebenen Strömungen, daß also beispielsweise zu einer Erweiterung des gegenseitigen Abstandes zweier benachbarter Hauptlinien auf den doppelten Betrag nicht etwa immer auch eine Halbierung der entsprechenden Spannungen gehört.

Die Gestalt der Hauptlinien läßt sich nur in sehr einfachen Fällen durch eine Formel $x = f(y)$ geschlossen darstellen, im allgemeinen läßt sich lediglich ihre Differentialgleichung angeben. Die Neigung φ der Hauptlinie gegen ein festes Koordinatennetz x, y entspricht der Gleichung

$$\operatorname{tg} 2\varphi = \frac{2\operatorname{tg}\varphi}{1-\operatorname{tg}^2\varphi} = \frac{2\tau_{xy}}{\sigma_x-\sigma_y} \qquad \text{vgl. (8) S. 14.}$$

Wegen $\operatorname{tg}\varphi = \dfrac{dy}{dx}$ lautet die Differentialgleichung der Hauptlinien also:

$$\frac{2\dfrac{dx}{dy}}{1-\left(\dfrac{dy}{dx}\right)^2} = \frac{2\tau_{xy}}{\sigma_x-\sigma_y} \qquad \text{oder}$$

$$\frac{dy}{dx} = \frac{-(\sigma_x-\sigma_y)\pm\sqrt{4\tau_{xy}^2+(\sigma_x-\sigma_y)^2}}{2\tau_{xy}} = \frac{2\tau_{xy}}{(\sigma_x-\sigma_y)\pm\sqrt{4\tau_{xy}^2+(\sigma_x-\sigma_y)^2}}\,.$$

Die beiden Vorzeichen vor der Wurzel entsprechen den beiden aufeinander senkrechten Linienscharen.

Da nun diese Hauptlinien viel inniger mit dem gegebenen Spannungsfeld verknüpft sind als irgendein willkürlich oder nach den äußeren Begrenzungen des Feldes orientiertes rechtwinkliges Koordinatensystem, liegt es nahe, die bereits gewonnenen Feldgleichungen auf die Hauptlinien zu übertragen, d. h. in einer Form zu schreiben, die unmittelbar dem Verlauf der Hauptlinien entspricht. Nach den Ausführungen der vorausgehenden Abschnitte sind die Hauptrichtungen dadurch ausgezeichnet, daß in ihnen keine Schubkraft übertragen wird, und daß sie während der elastischen Verformung stets senkrecht aufeinander stehen bleiben. Allgemein gilt also auch für das gesamte System der Hauptlinien, daß sie, als Schnittflächen aufgefaßt, nur Normalspannungen übertragen und daß sie auch nach der elastischen Verformung immer noch ein System von zwei sich rechtwinklig kreuzenden Scharen bilden. Entsprechend der in Abb. 15 (S. 13) gewählten Bezeichnungsart soll die Bogenlänge einer in σ_1-Richtung verlaufenden Hauptlinie mit s_1, der in σ_2-Richtung weisenden Hauptlinie entsprechend mit s_2 bezeichnet werden. Ein sehr kleiner, stark vergrößert gedachter Teil des Hauptlinienfeldes wird also wie in Abb. 34a bezeichnet.

Betrachtet man nun wie in Abb. 24, 25 und 26 ein kleines, von Hauptlinien begrenztes Element, das so klein ist, daß sich die Hauptspannungsgrößen innerhalb des Elementes nur linear verändern, so läßt sich die Gleichgewichtsbedingung des Elementes wie auf S. 17 aufstellen.

Die mittleren Abmessungen des Elementes seien ds_1 und ds_2 (Abb. 34a). Zunächst sind wegen der krummlinigen Begrenzung des Elementes je zwei gegenüberliegende Seiten nicht gleich lang. Die s_1-Linie habe eine Krümmung $1/\varrho_1$, d. h. der Krümmungsradius der Linie habe die Länge ϱ_1. Auf eine Bogenlänge ds_1 dreht sich dann die s_1-Linie um

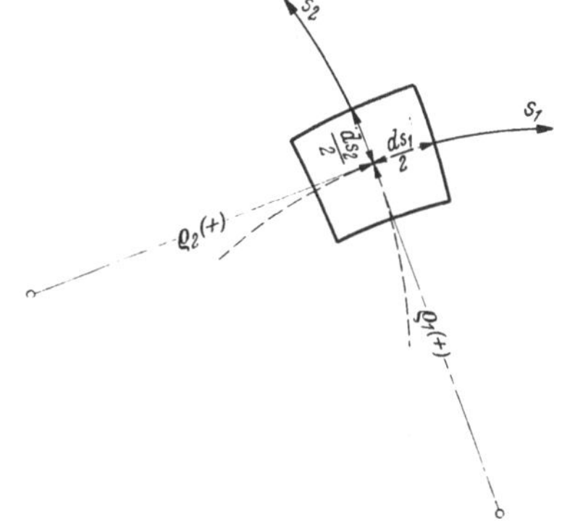

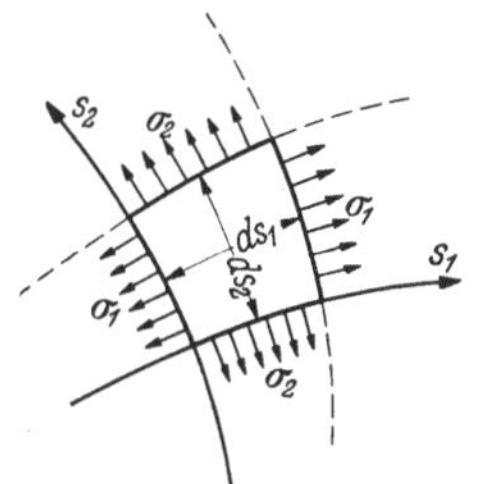

Abb. 34a. Hauptlinienelement. Bezeichnung der Spannungen.

Abb. 34b. Bezeichnung der Krümmmungsradien der Hautplinien.

den Winkel $\delta = \dfrac{ds_1}{\varrho_1}$. ϱ_1 steht senkrecht auf der s_1-Linie, ist also wie die s_2-Linie gerichtet. Die Krümmung sei als positiv bezeichnet, wenn der Krümmungsmittelpunkt beim kleineren s_2 liegt, wenn also die „äußere" Senkrechte auf der gekrümmten s_1-Linie in Richtung steigender s_2-Werte weist (Abb. 34b). Dann ist die „außen" bei größerem s_2-Wert liegende s_1-Grenze des Elementes länger als die innere, und zwar ist sie länger im Verhältnis $\dfrac{\varrho_1 + \dfrac{ds_2}{2}}{\varrho_1 - \dfrac{ds_2}{2}}$. Da ds sehr klein gegen ϱ ist, kann man

hierfür auch setzen: $1 + \dfrac{ds_2}{\varrho_1}$, also ist die äußere s_1-Grenze um den Betrag $ds_1 \cdot ds_2/\varrho_1$ länger als die innere. Da die Spannungen sich innerhalb des betrachteten Bereiches linear verändern sollen, ist auf der inneren s_1-Grenze eine Spannung σ_2, auf der äußeren aber eine Spannung $\sigma_2 + \dfrac{\partial \sigma_2}{\partial s_2}\, ds_2$ wirksam. Nach innen wirkt also die Kraft $\sigma_2 \cdot ds_1$, nach außen die Kraft

$$\left(\sigma_2 + \frac{\partial \sigma_2}{\partial s_2}\, ds_2\right)\left(ds_1 + \frac{ds_1\, ds_2}{\varrho_1}\right) \approx \sigma_2\, ds_1 + \sigma_2\, \frac{ds_1\, ds_2}{\varrho_1} + \frac{\partial \sigma_2}{\partial s_2}\cdot ds_2\, ds_1.$$

Das kleine vierte Glied des Produktes kann hiergegen vernachlässigt werden. Daraus folgt ein nach außen gerichteter Kraftüberschuß $\left(\dfrac{\sigma_2}{\varrho_1} + \dfrac{\partial \sigma_2}{\partial s_2}\right) ds_1 \cdot ds_2$. Ebenso läßt sich ein in Richtung steigender s_1 weisender Kraftüberschuß errechnen: $\left(\dfrac{\sigma_1}{\varrho_2} + \dfrac{\partial \sigma_1}{\partial s_1}\right) ds_1 \cdot ds_2$. Außerdem sind infolge der vorhandenen Krümmung der Hauptlinien die Kraftresultierenden zweier gegenüberliegenden Seiten etwas gegeneinander geneigt. Vernachlässigt man von vornherein kleine Größen, die nur bei endlichen Abmessungen des Elements eine Rolle spielen würden, so ergibt sich beispielsweise in s_2-Richtung (Abb. 34c) eine einwärts gerichtete Komponente von der Größe

$$\delta \cdot \sigma_1 \cdot ds_2 = \sigma_1 \cdot ds_2 \cdot \frac{ds_1}{\varrho_1} \, .$$

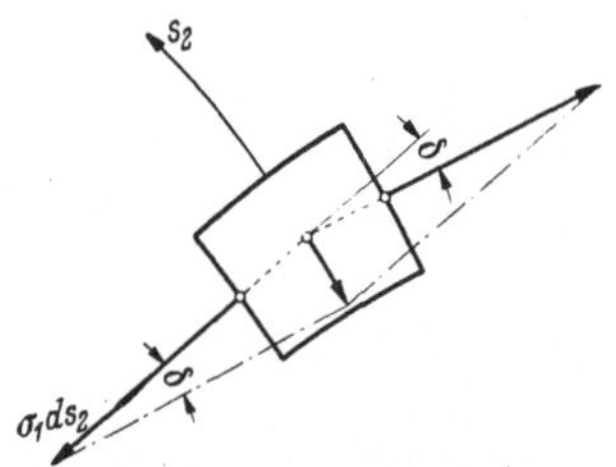

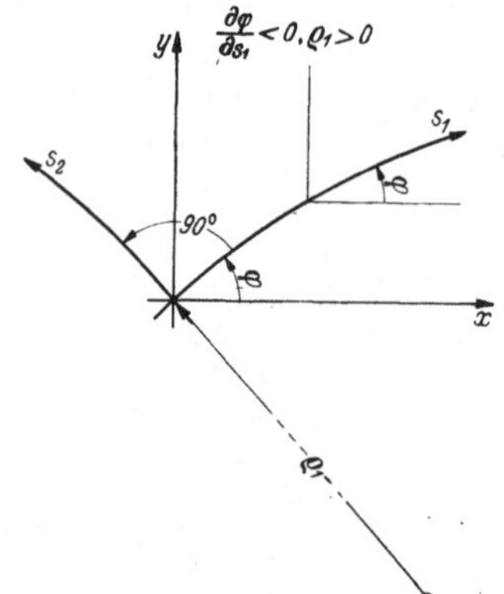

Abb. 34c. Kraftkomponente infolge der Hauptlinienkrümmungen.

Abb. 34d. Vorzeichen der Krümmung.

Das Gleichgewicht in σ_2-Richtung erfordert also:

(15a)
$$\left(\frac{\partial \sigma_2}{\partial s_2} + \frac{\sigma_2}{\varrho_1}\right) ds_1\, ds_2 = -\frac{\sigma_1}{\varrho_1}\, ds_1\, ds_2 \qquad \text{oder:}$$

$$\frac{\partial \sigma_2}{\partial s_2} + \frac{\sigma_2 - \sigma_1}{\varrho_1} = 0 \, .$$

Auf dieselbe Weise erhält man in σ_1-Richtung:

(15b)
$$\frac{\partial \sigma_1}{\partial s_1} + \frac{\sigma_1 - \sigma_2}{\varrho_2} = 0 \, .$$

Diese Gleichgewichtsbedingungen, bekannt unter dem Namen „Maxwellsche Gleichungen", sind also ein gleichwertiges Gegenstück zu den beiden Gleichungen (9) (S. 18). Es sei bemerkt, daß hierbei stillschweigend die selbstverständliche Voraussetzung gemacht wurde, daß s_1 und s_2, ϱ_1 und ϱ_2 sämtlich im gleichen Längenmaßstab gemessen werden müssen.

Führt man noch den Winkel φ ein, den die Hauptlinien, d. h. die Hauptrichtungen in jedem Punkt gegen ein beliebiges, festes Achsenpaar bilden, so läßt sich die Krümmung der s_1- und s_2-Linie auch als Winkeldrehung je Längeneinheit auffassen. Liegt dabei das System s_1, s_2, wie in Abb. 34d (s_2 um $90°$ *links* herum gegen s_1 gedreht), so ändert sich die Neigung φ mit steigendem s_1 in positivem Sinne $\left(\dfrac{\partial \varphi}{\partial s_1} > 0\right)$, wenn ϱ_1 negativ ist, während $\dfrac{\partial \varphi}{\partial s_2}$ positiv ist für positives ϱ_2. Es ist also:

$$\frac{1}{\varrho_1} = -\frac{\partial \varphi}{\partial s_1} \qquad \frac{1}{\varrho_2} = \frac{\partial \varphi}{\partial s_2}\,.$$

Die MAXWELLschen Gleichungen nehmen damit die Form an:

$$(15\,\mathrm{c}) \qquad \begin{cases} \dfrac{\partial \sigma_1}{\partial s_1} + (\sigma_1 - \sigma_2)\dfrac{\partial \varphi}{\partial s_2} = 0, \\[2mm] \dfrac{\partial \sigma_2}{\partial s_2} + (\sigma_1 - \sigma_2)\dfrac{\partial \varphi}{\partial s_1} = 0. \end{cases}$$

Für fernere Verwendung seien sie auch noch in folgender Form geschrieben:

$$(15\,\mathrm{d}) \qquad \begin{cases} \dfrac{\partial (\sigma_1 + \sigma_2)}{\partial s_1} + \dfrac{\partial (\sigma_1 - \sigma_2)}{\partial s_1} + 2\,(\sigma_1 - \sigma_2)\dfrac{\partial \varphi}{\partial s_2} = 0, \\[2mm] \dfrac{\partial (\sigma_1 + \sigma_2)}{\partial s_2} - \dfrac{\partial (\sigma_1 - \sigma_2)}{\partial s_2} + 2\,(\sigma_1 - \sigma_2)\dfrac{\partial \varphi}{\partial s_1} = 0. \end{cases}$$

Die in Abschnitt 4 abgeleitete Verträglichkeitsbedingung (14d) ist vom Koordinatensystem bereits unabhängig, wenn man sie in der Form schreibt:

$$\Delta\,(\sigma_1 + \sigma_2) = 0\,.$$

Dabei war das Symbol Δ zwar definiert als $\dfrac{\partial^2}{\partial x^2} + \dfrac{\partial^2}{\partial y^2}$, man kann aber statt x und y auch jedes andere beliebige CARTESische Koordinatensystem u, v zugrunde legen. Für gekrümmte rechtwinklige Koordinatensysteme (z. B. s_1 und s_2) gelten jedoch verwickeltere Gleichungen, auf die hier nicht näher eingegangen werden soll[1].

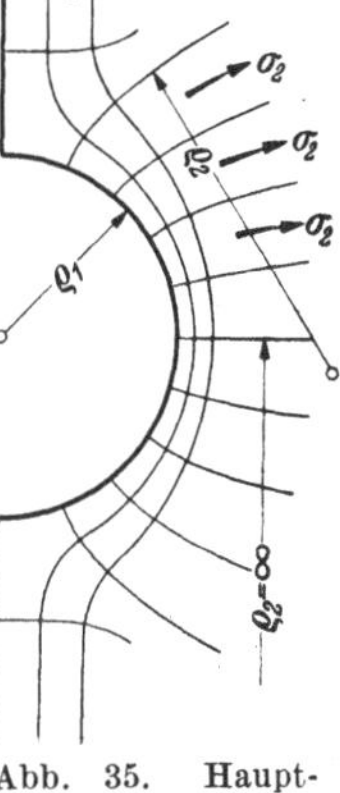

Abb. 35. Hauptspannungsverhältnisse am freien Rand.

In unmittelbarer Umgebung eines freien Randes ergeben sich aus den MAXWELLschen Gleichungen sofort drei einfache Folgerungen:

Die unmittelbare Nähe des Randes habe die Gestalt der Abb. 35. So ist am Rand:

$\sigma_2 = 0$, $\varrho_1 = $ Krümmungsradius des freien Randes. Also gilt:

$$\frac{\partial \sigma_2}{\partial s_2} - \frac{\sigma_1}{\varrho_1} = 0 \quad \text{und} \quad \frac{\partial \sigma_1}{\partial s_1} + \frac{\sigma_1}{\varrho_1} = 0,$$

$$\text{bzw.} \quad \frac{\partial \sigma_1}{\partial s_1} + \sigma_1 \cdot \frac{\partial \varphi}{\partial s_2} = 0\,.$$

1. In einer kleinen Entfernung Δs_2 vom Rand hat also die (am Rande verschwindende) Spannung σ_2 den Wert $\sigma_2 = \dfrac{\sigma_1}{\varrho_1} \cdot \Delta s_2$ (an einer

---

[1] Auch in krummlinigen Netzen gilt die Gleichung unverändert, wenn sie „isometrisch" sind wie die Netze einer Potentialströmung, vgl. Kap. IV, Abschn. 2.

konkaven Randstelle wie in Abb. 35 ist σ_2 Zug, wenn σ_1 Zug ist oder beide sind Druck).

2. Die Randlängsspannung σ_1 nimmt einen Höchst- oder Kleinstwert an, wenn $\dfrac{\partial \sigma_1}{\partial s_1} = 0$, d. h. $\dfrac{\sigma_1}{\varrho_2} = 0$ oder $\varrho_2 = \infty$ (z. B. Symmetrieschnitt, Abb. 35).

3. Setzt man statt der Differentiale kleine endliche Werte ein, so ist:

$$\frac{\varDelta \sigma_1}{\varDelta s_1} + \sigma_1 \cdot \frac{\varDelta \varphi}{\varDelta s_2} = 0,$$

oder

$$\frac{\varDelta \sigma_1}{\sigma_1} = - \frac{\varDelta s_1 \varDelta \varphi}{\varDelta s_2}.$$

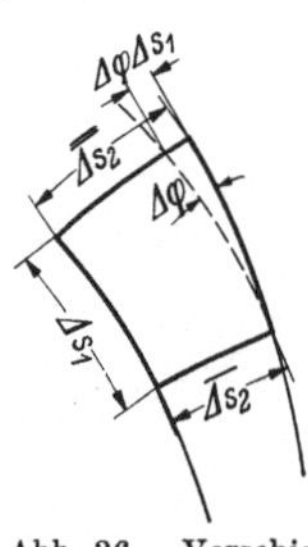

Abb. 36. Verschiedenheit der Längenelemente gegenüberliegender Seiten.

Der Zähler der rechten Seite ist dasselbe wie die Längenänderung von $\varDelta s_2$ auf die Strecke $\varDelta s_1$, d. h. $(\overline{\overline{\varDelta s_2}} - \overline{\varDelta s_2})$ (vgl. Abb. 36), die rechte Seite stellt also die relative Verengung des Kraftstromes zwischen Rand und benachbarter Hauptlinie dar. Links dagegen steht die relative Veränderung der Randlängsspannung auf dasselbe Wegelement $\varDelta s_1$. Es ergibt sich die Gültigkeit des „Kontinuitätssatzes" der Strömungslehre in unmittelbarer Nähe eines freien Randes: die Längsspannung wächst im gleichen Verhältnis wie der Abstand von Rand und benachbarter Hauptlinie sich vermindert, das Produkt aus Längsspannung und Abstand bleibt konstant.

Eine weitere, namentlich für Fließerscheinungen wichtige Linienschar entsteht, wenn man in jedem Punkt der Ebene um $\pm 45°$ gegen die Hauptspannungsrichtungen geneigte Linienelemente zu Kurven verbindet. Die sich rechtwinklig kreuzenden beiden Liniengruppen dieser Schar stellen anschaulich die Flächenelemente dar, in denen die größte Schubspannung $\tau_{\max} = \dfrac{\sigma_1 - \sigma_2}{2}$ übertragen wird. In einem Stoff, der unter Schubwirkung in einzelnen Schichten fließt, sind diese „Hauptschublinien", also unmittelbar das System der Fließschichten. Ein Beispiel eines Feldes von Hauptschublinien zeigt Abb. 37 (vgl. Abb. 181, S. 196).

Die auf die Linienelemente dt_1 und dt_2 dieser Schublinien bezogenen Gleichgewichtsbedingungen lauten [Ableitung entsprechend (15c)]:

$$(16) \quad \begin{cases} \dfrac{\partial (\sigma_1 + \sigma_2)}{\partial t_1} - \dfrac{\partial (\sigma_1 - \sigma_2)}{\partial t_2} + 2 (\sigma_1 - \sigma_2) \dfrac{\partial \varphi}{\partial t_1} = 0, \\[2mm] \dfrac{\partial (\sigma_1 - \sigma_2)}{\partial t_2} - \dfrac{\partial (\sigma_1 - \sigma_2)}{\partial t_1} - 2 (\sigma_1 - \sigma_2) \dfrac{\partial \varphi}{\partial t_2} = 0. \end{cases}$$

Die Linien können auch in der Spannungsoptik Bedeutung haben (vgl. S. 81).

In der Spannungsoptik spielen schließlich noch zwei Linienscharen eine Rolle:

1. Die Linien, die alle Punkte im Feld verbinden, die die gleiche Richtung des Hauptachsenkreuzes aufweisen. Die Linien gleicher Richtung oder „Richtungsgleichen" sind optisch besonders einfach unmittelbar festzustellen (vgl. S. 69).

2. Die Linien gleicher größter Schubspannung oder „Schubgleichen". Sie verbinden alle Punkte mit gleichem Wert $\tau_{max} = \dfrac{\sigma_1 - \sigma_2}{2}$ miteinander. Da diese Schubspannung auch wesentlich für die Festigkeit ist (vgl. S. 45), geben die Schubgleichen meistens unmittelbar ein Bild der Gefährdung der belasteten Scheibe.

Zu Beginn dieses Abschnittes wurde darauf hingewiesen, daß trotz äußerlicher Ähnlichkeit nicht die Hauptlinien des elastischen Spannungszustandes und die Stromlinien einer Flüssigkeitsströmung miteinander vertauscht werden können. Ein einfaches Gegenbeispiel ist die unendliche Platte mit kreisrundem Mittelloch unter gleichförmigem Zug. Am seitlichen Lochrand tritt die *dreifache* ungestörte Spannung auf. Im scheinbar ähnlichen Fall der gleichförmigen, unendlichen Strömung um einen Kreiszylinder entsteht jedoch seitlich vom Zylinder die *doppelte* ungestörte Strömungsgeschwindigkeit. Da es sich hier um einen freien

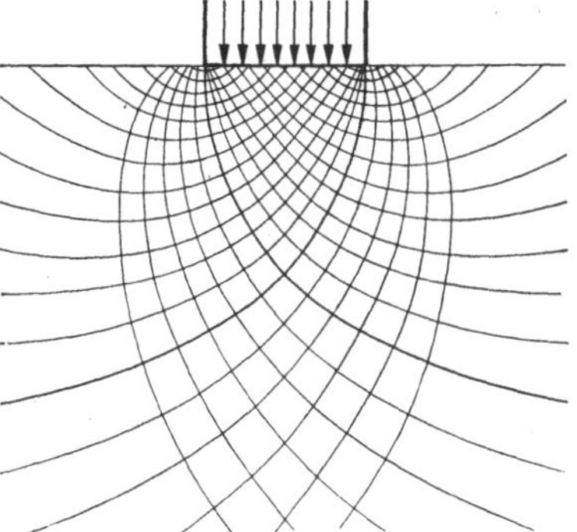

Abb. 37. Hauptschublinien unter einer längs einer Strecke gleichmäßig verteilten Kraft.

Lochrand handelt, in dessen Nähe die „Kontinuität" auch im Spannungszustand gilt, folgt daraus, daß bei strengem Vergleich die beiden Liniensysteme doch verschieden voneinander sind. Im übrigen hat die quer zur Zugrichtung wirkende Druckspannung (z. B. an den in Zugrichtung liegenden Lochrandpunkten) überhaupt kein entsprechendes Strömungsgegenstück.

Es gibt Fälle, in denen das Netz einer (Potential-)Strömung auch als Hauptliniennetz eines Spannungszustandes aufgefaßt werden kann; jedoch ist hierbei im allgemeinen der Zusammenhang zwischen Spannungsgrößen und Strömungsgrößen sehr verwickelt.[1] Außerdem weisen die Potentialnetze noch besondere innere Eigenschaften auf, die sie vor den Hauptliniennetzen auszeichnen. Näheres hierüber findet sich auf S. 76.

---

[1] Die Hauptspannungsdifferenz $(\sigma_1 - \sigma_2)$ entspricht dem Quadrat der Strömungsgeschwindigkeit w, multipliziert mit einer Funktion $f = a(x^2 + y^2) + b\,x + c\,y + d$, während sich die Hauptspannungssumme als „Realteil" eines „komplexen Integrals" $\int (2\,a\,z + b + i\,c)\,(w_x - i\,w_y)^2\,dz$ ergibt. Vgl. etwa P. NEMENYI, Stromlinien und Hauptspannungstrajektorien, Z. angew. Math. Mech. Bd. 13 (1933) S. 364—366.

6. Schubfreie Punkte.

Die Richtung der Hauptlinien stimmt mit der Richtung der Hauptachse des Spannungszustandes überein. Diese Richtung ist gegeben durch Gleichung (8) S. 14:

$$\operatorname{tg} 2\varphi = \frac{2\,\tau_{xy}}{\sigma_x - \sigma_y}.$$

Nimmt in einem Punkt sowohl τ_{xy} als $(\sigma_x - \sigma_y)$ den Wert Null an, so schrumpft der MOHR-Kreis zu einem Punkt zusammen. Es ist dann also $\sigma_x = \sigma_y = \sigma_1 = \sigma_2$, $\tau_{xy} = \tau_{\max} = 0$. Der Punkt steht unter allseitig gleichförmigem (hydrostatischem) Druck oder Zug und es ist keine Hauptrichtung mehr ausgezeichnet; $\operatorname{tg} 2\varphi = \dfrac{0}{0}$ kann jeden beliebigen Wert annehmen. Die Verformung ist ebenfalls allseitig gleichförmig, d. h. ein Kreis bleibt auch nach der Verformung ein Kreis gleichen oder veränderten Durchmessers. Man nennt die Punkte daher auch Kreispunkte. Da schließlich das Bild der Hauptlinien im allgemeinen an der Stelle eines solchen Punktes einen völlig singulären Verlauf aufweist (der Punkt hebt sich aus dem übrigen Bild wie ein Stern heraus), so heißen die Punkte auch „singuläre Punkte".

Punkte dieser Art treten häufig auf, sowohl im Innern eines ebenen Spannungsfeldes als auch vor allem am freien Rand, bei dem die eine Hauptspannung (senkrecht zum Rand) immer verschwindet; ein schubfreier Randpunkt liegt also vor, wenn auch die Randlängsspannung verschwindet.

Zur näheren Untersuchung derartiger Punkte diene die einfache Annahme, daß sich in ihrer unmittelbaren Umgebung alle Spannungen linear verändern (vgl. Ableitung der Gleichgewichtsbedingungen S. 17). Dann ist also τ_{xy} und $(\sigma_x - \sigma_y)$ in der Form $c_1 x + c_2 y + c_3$ darstellbar. Im schubfreien Punkt selbst verschwindet sowohl τ_{xy} als $(\sigma_x - \sigma_y)$. Legt man den Nullpunkt des Koordinatensystems gerade in den Kreispunkt, so kann man demnach setzen:

$$2\,\tau_{xy} = c_1\,x + c_2\,y$$
$$(\sigma_x - \sigma_y) = c_3\,x + c_4\,y$$

und es ist:

$$(17) \qquad \operatorname{tg} 2\varphi = \frac{c_1\,x + c_2\,y}{c_3\,x + c_4\,y} = \frac{c_1 + c_2\,y/x}{c_3 + c_4\,y/x} = \frac{c_1 + c_2\,\zeta}{c_3 + c_4\,\zeta}.$$

Man sieht nun sofort, daß es immer mindestens eine „singuläre Gerade" durch den Kreispunkt gibt mit der Eigenschaft, daß ihre eigene Richtung, deren Tangens durch $y/x = \zeta$ gegeben ist, gerade der Richtung φ nach Formel (17) entspricht, d. h. daß sie selbst Hauptlinie ist. Für diese Gerade muß demnach gelten:

$$(18\,\mathrm{a}) \qquad \operatorname{tg} 2\varphi = \frac{2\operatorname{tg}\varphi}{1 - \operatorname{tg}^2\varphi} = \frac{2\,\zeta}{1 - \zeta^2} = \frac{c_1 + c_2\,\zeta}{c_3 + c_4\,\zeta}.$$

Diese Bestimmungsgleichung für ζ läßt sich in der Form schreiben:

$$(18\,\mathrm{b}) \qquad \left\{ \begin{array}{l} c_1 + c_2\,\zeta - c_1\,\zeta^2 - c_2\,\zeta^3 = 2\,c_3\,\zeta + 2\,c_4\,\zeta^2 \quad \text{oder} \\ c_2\,\zeta^3 + (c_1 + 2\,c_4)\,\zeta^2 + (2\,c_3 - c_2)\,\zeta - c_1 = 0 \end{array} \right.$$

und hat, wenn c_2 von Null verschieden ist, als kubische Gleichung sicher eine reelle Lösung. Im Sonderfall $c_2 = 0$ wird die Ausgangsgleichung der Form

$$(18\,\mathrm{c}) \qquad \frac{2\,\zeta}{1 - \zeta^2} = \frac{c_1}{c_3 + c_4\,\zeta}$$

für $\zeta = \pm \infty$ erfüllt, so daß die Gerade $y/x = \infty$, d. h. die y-Achse, zur singulären Geraden wird. In jedem Falle legt man nun zweckmäßig von vornherein das Koordinatensystem so, daß eine Koordinatenachse, z. B. die x-Achse, mit dieser singulären Geraden zusammenfällt. Für die x-Achse ist $y = 0$, $y/x = \zeta = 0$. Dann muß auch φ, d. h. auch $\mathrm{tg}\,2\,\varphi$ auf der Achse unabhängig von der Größe von x verschwinden, also nimmt Gleichung (17) die Form an:

$$(19\,\mathrm{a}) \qquad \mathrm{tg}\,2\,\varphi = \frac{A\,y}{B\,x + C\,y} = \frac{A\,\zeta}{B + C\,\zeta}\,.$$

Abgesehen von dem trivialen Fall $A = 0\,(\varphi = 0$ im ganzen Feld) kann man Zähler und Nenner durch A dividieren:

$$(19\,\mathrm{b}) \qquad \mathrm{tg}\,2\,\varphi = \frac{\zeta}{B/A + C/A\,\zeta} \quad \text{oder mit} \quad \frac{2\,B}{A} = a,\ \frac{C}{A} = b:$$

$$(19\,\mathrm{c}) \qquad \mathrm{tg}\,2\,\varphi = \frac{\zeta}{a/2 + b\,\zeta}\,.$$

Für die singuläre Gerade gilt in diesem System:

$$(20\,\mathrm{a}) \qquad \mathrm{tg}\,2\,\zeta = \frac{2\,\zeta}{1 - \zeta^2} = \frac{\zeta}{a/2 + b\,\zeta}$$

oder

$$(20\,\mathrm{b}) \qquad \zeta^3 + 2\,b\,\zeta^2 + (a - 1)\,\zeta = 0\,.$$

Neben der von vornherein festgelegten Lösung $\zeta_1 = 0$ folgen zwei weitere singuläre Werte aus der Gleichung:

$$(20\,\mathrm{c}) \qquad \zeta^2 + 2\,b\,\zeta + (a - 1) = 0$$

mit den Lösungen:

$$(21) \qquad \zeta_{2,3} = -b \pm \sqrt{b^2 + (1 - a)}\,.$$

Hieraus folgen als mögliche Lagen für die singulären Geraden die in den Abb. 38 a—g dargestellten sieben Fälle:

Im Fall $b = 0$ $(\zeta_1 = 0,\ \zeta_{2,3} = \pm \sqrt{1 - a})$ fallen die Lagen 2, 3 und 4 mit $a = 1$ zur Dreifachwurzel $\zeta_1 = \zeta_2 = \zeta_3 = 0$ zusammen, während 5, 6, 7 symmetrisch werden (Abb. 38 h, i, j, k).

Die Zeichnung der Hauptlinien in der Umgebung der singulären Punkte erfolgte in den folgenden Abbildungen durch freihändiges Zeichnen in ein Feld von kleinen Geradenelementen, die immer längs eines Strahles

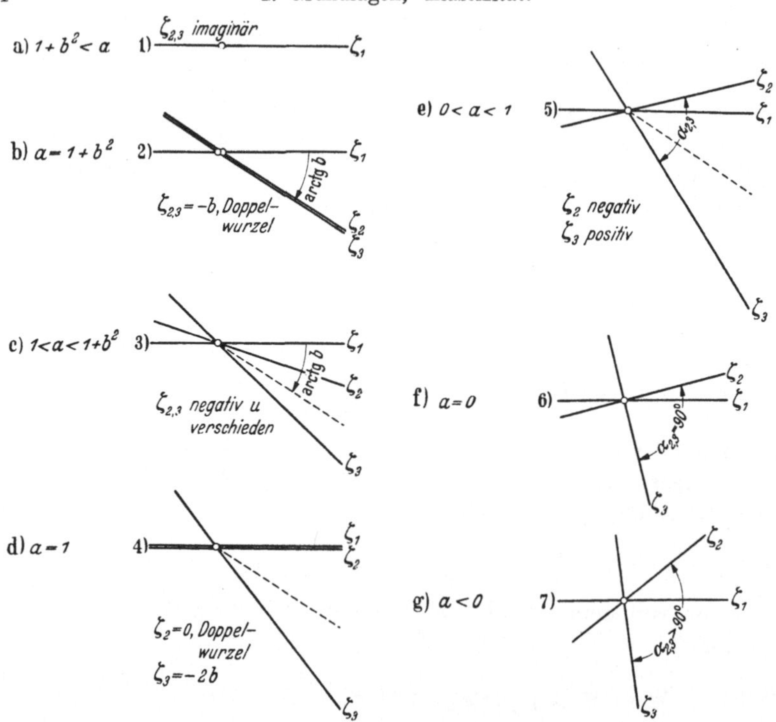

Abb. 38a—g. Mögliche Lage der singulären Geraden in einem schubfreien Punkt nach Gleichung (20) und (21).

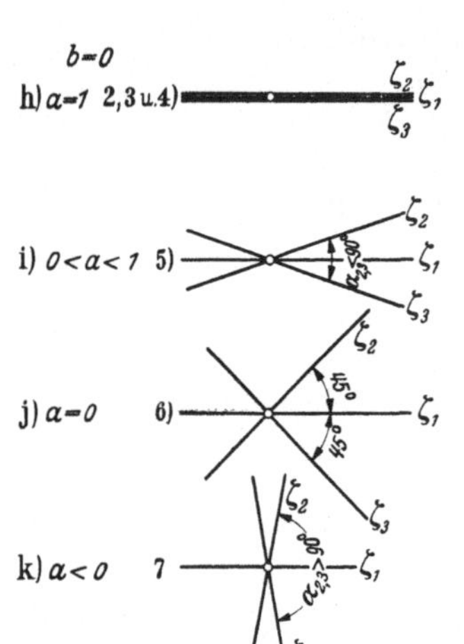

Abb. 38h—k. Singuläre Geraden im symmetrischen Fall $b = 0$.

durch den Punkt dieselbe Neigung haben, φ ist für jeden Strahl bestimmt durch

$$\operatorname{tg} 2\varphi = \frac{\zeta}{a/2 + b\,\zeta}\,.$$

Die Abbildungen geben ein Bild der verschiedenen Möglichkeiten, die Bezifferung entspricht den genannten Fällen. Zur Unterscheidung ist immer die eine Schar der Hauptlinien gestrichelt gezeichnet (Abb. 39a—q).

Aus dem Überblick über die möglichen Typen folgt, daß zwei wesentlich verschiedene Arten solcher Punkte auftreten:

1. Punkte der Typen 1 bis 5, bei denen jede der beiden Hauptlinienscharen den Punkt umschlingt, d. h. wo mit steigendem arctg ζ auch φ wächst („geschlossene" oder „attraktive" Art, $a > 0$).

2. Punkte der Type 7, bei denen die Hauptlinien vom Punkt fortstreben, d. h. bei denen φ mit steigendem arctg ζ abnimmt („offene" oder „repulsive" Art, $a < 0$. Vgl. [33]).

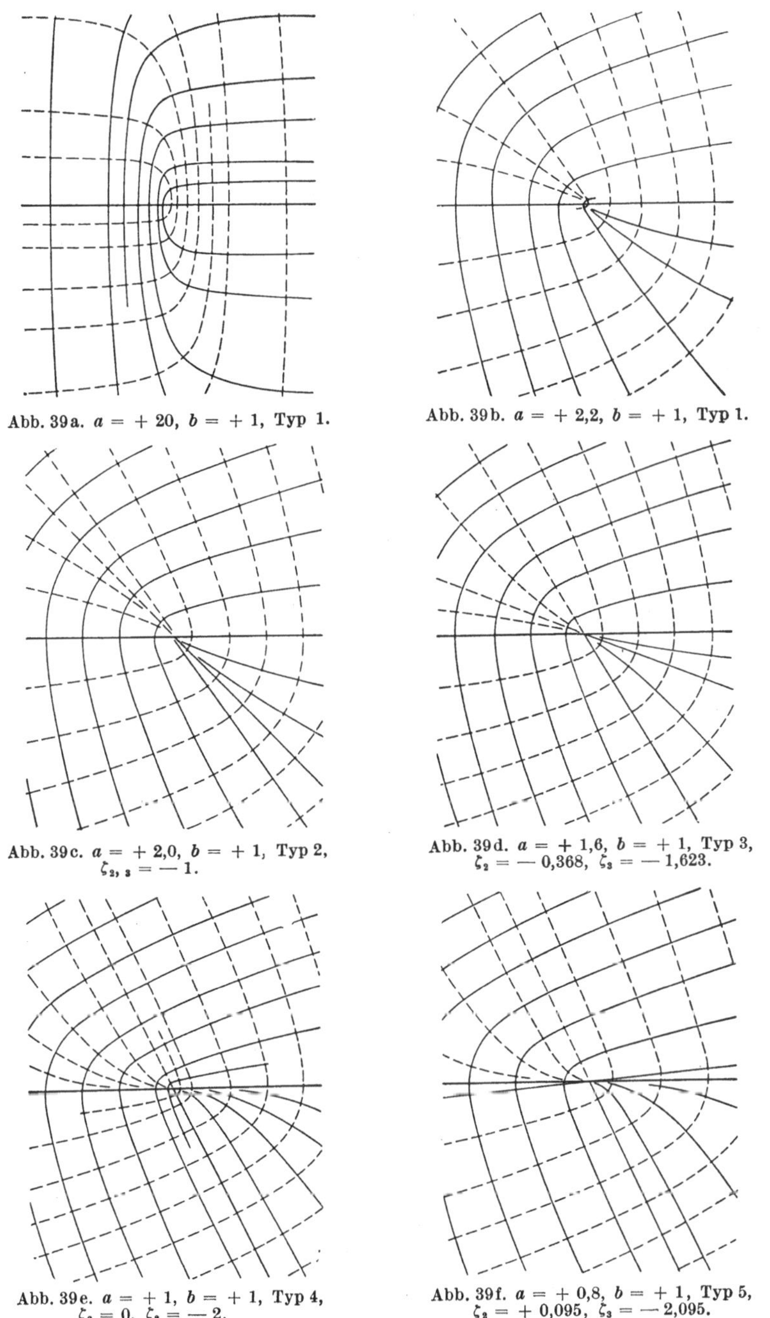

Abb. 39a. $a = +20$, $b = +1$, Typ 1.

Abb. 39b. $a = +2,2$, $b = +1$, Typ 1.

Abb. 39c. $a = +2,0$, $b = +1$, Typ 2, $\zeta_{2,3} = -1$.

Abb. 39d. $a = +1,6$, $b = +1$, Typ 3, $\zeta_2 = -0,368$, $\zeta_3 = -1,623$.

Abb. 39e. $a = +1$, $b = +1$, Typ 4, $\zeta_2 = 0$, $\zeta_3 = -2$.

Abb. 39f. $a = +0,8$, $b = +1$, Typ 5, $\zeta_2 = +0,095$, $\zeta_3 = -2,095$.

Abb. 39a—f. Mögliche Hauptlinienformen in der Umgebung schubfreier Punkte nach Gleichung (19c).

Zur Kennzeichnung sei der in den Abb. 39 vorliegende Zusammenhang zwischen φ und arctg ζ noch in Abb. 40 graphisch zusammengestellt. (FÖPPL [0.15] bezeichnet Typ 1 als Singularität zweiter Art

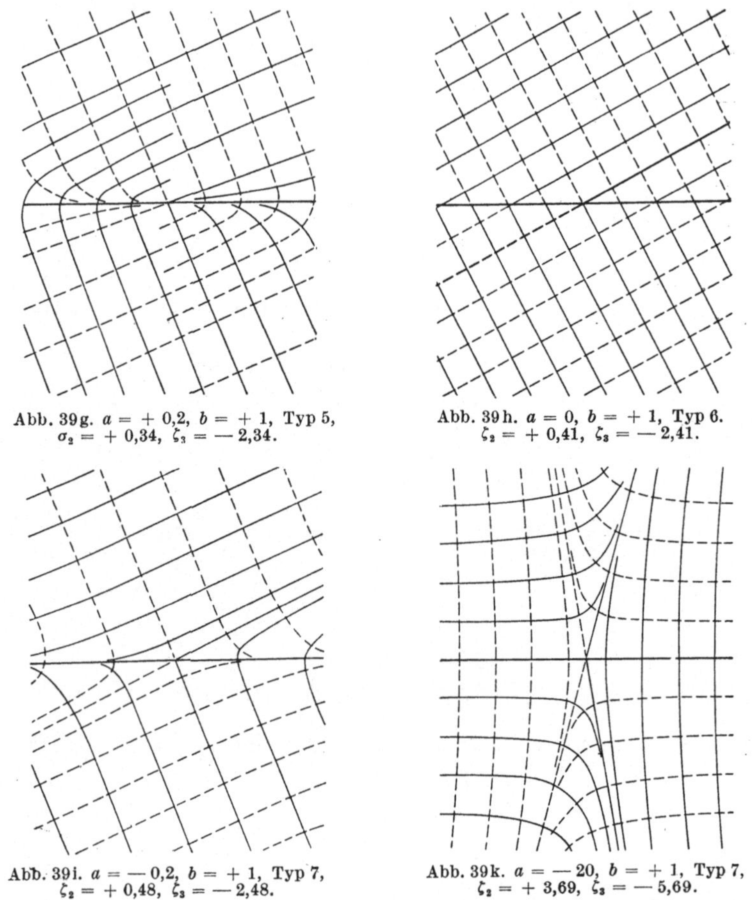

Abb. 39g. $a = + 0{,}2,\ b = + 1,$ Typ 5,
$\sigma_2 = + 0{,}34,\ \zeta_3 = - 2{,}34.$

Abb. 39h. $a = 0,\ b = + 1,$ Typ 6.
$\zeta_2 = + 0{,}41,\ \zeta_3 = - 2{,}41.$

Abb. 39i. $a = - 0{,}2,\ b = + 1,$ Typ 7,
$\zeta_2 = + 0{,}48,\ \zeta_3 = - 2{,}48.$

Abb. 39k. $a = - 20,\ b = + 1,$ Typ 7,
$\zeta_2 = + 3{,}69,\ \zeta_3 = - 5{,}69.$

Abb. 39g—k. Mögliche Hauptlinienformen in der Umgebung schubfreier Punkte nach Gleichung (19c).

und die Typen 3 bis 7 als Singularitäten erster Art nach der Zahl der
singulären Geraden.)

Versucht man, die Singularitäten „höherer" Ordnung dadurch zu
erhalten, daß man im Ansatz für τ_{xy} und $(\sigma_x - \sigma_y)$ auch höhere Potenzen
von x und y berücksichtigt, so ist zunächst klar, daß man dann die
linearen Glieder streichen muß, da sie sonst für sehr kleine Werte x und y
(also gerade die unmittelbare Umgebung des Kreispunktes) allein gegenüber den quadratischen Gliedern wesentlich bleiben, so daß wieder
lineare Kreispunkte entstehen würden.

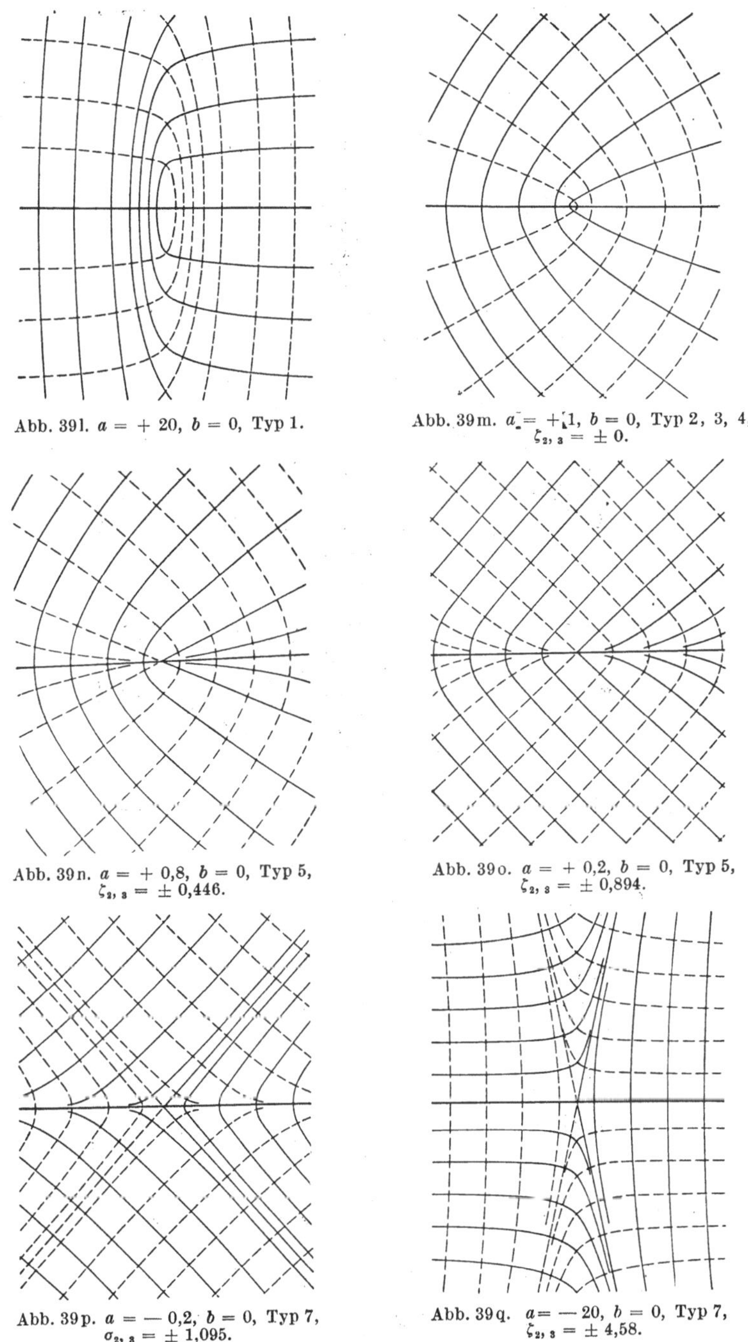

Abb. 39 l—q. Mögliche Hauptlinienformen in der Umgebung schubfreier Punkt nach Gleichung (19 c).

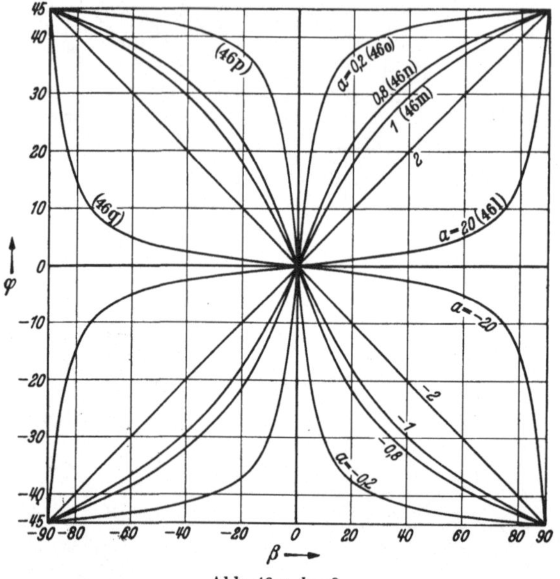

Abb. 40a. $b = 0$.

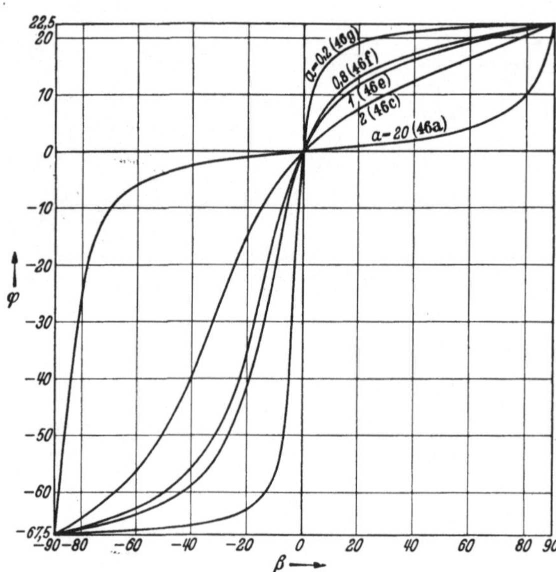

Abb. 40b. $b = 1$.
Abb. 40. Zusammenhang zwischen φ und $\beta = \operatorname{arc\,tg} \zeta$ nach Gleichung (19c), vgl. Abb. 39.

Der allgemeinste quadratische Ansatz

$$(22) \qquad \operatorname{tg} 2\varphi = \frac{2\,\tau_{xy}}{\sigma_x - \sigma_y} = \frac{a\,x^2 + b\,y^2 + c\,x\,y}{d\,x^2 + e\,y^2 + f\,x\,y}$$

ist in dieser Allgemeinheit nicht zulässig, da die Gleichgewichts- und Verträglichkeitsbedingungen erfüllt sein müssen. Die Ansätze

$$\tau_{xy} = a_{11}\, x^2 + a_{12}\, xy + a_{22}\, y^2$$
$$\sigma_x = b_{11}\, x^2 + b_{12}\, xy + b_{22}\, y^2 + b_1\, x + b_2\, y$$
$$\sigma_y = c_{11}\, x^2 + c_{12}\, xy + c_{22}\, y^2 + c_1\, x + c_2\, y$$

führen zu den folgenden Gleichungen:

Aus Gleichung (22):

$$b_1 = c_1, \qquad b_2 = c_2.$$

Aus den Gleichgewichtsbedingungen (9), S. 18):

$$2\,a_{11}\, x + a_{12}\, y + c_{12}\, x + 2\,c_{22}\, y + c_2 = 0,$$

also

$$2\,a_{11} + c_{12} = 0, \quad a_{12} + 2\,c_{22} = 0, \quad c_2 = 0,$$

ebenso

$$2\,a_{22}\, y + a_{12}\, x + 2\,b_{11}\, x + b_{12}\, y + b_1 = 0,$$

also

$$2\,a_{22} + b_{12} = 0, \quad a_{12} + 2\,b_{11} = 0, \quad b_1 = 0.$$

Aus der Verträglichkeitsbedingung (14, S. 22):

$$\Delta\,(\sigma_x + \sigma_y) = 2\,b_{11} + 2\,c_{11} + 2\,b_{22} + 2\,c_{22} = 0.$$

Die Ansätze müssen also lauten:

$$\tau_{xy} = a_{11}\, x^2 + a_{12}\, xy + a_{22}\, y^2$$
$$(\sigma_x - \sigma_y) = (b_{11} - c_{11})\, x^2 +$$
$$+ (b_{12} - c_{12})\, xy + (b_{22} - c_{22})\, y^2$$

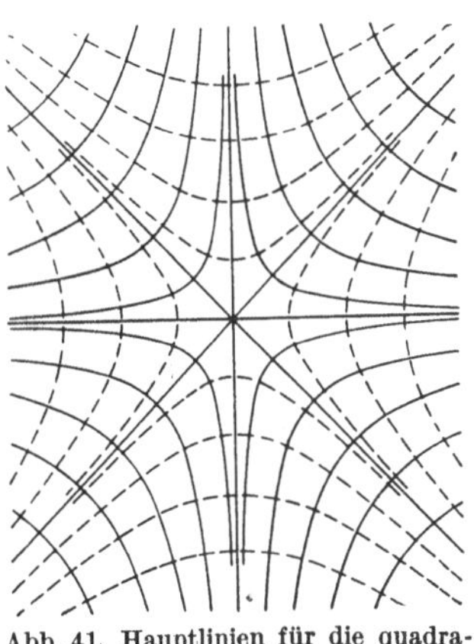

Abb. 41. Hauptlinien für die quadratische Singularität $\dfrac{2\,\tau_{xy}}{\sigma_x - \sigma_y} = \dfrac{-2\,xy}{x^2 - y^2}$.

$$= \left(-\frac{a_{12}}{2} - c_{11}\right) x^2 + (-2\,a_{22} + 2\,a_{11})\, xy + \left(b_{22} + \frac{a_{12}}{2}\right) y^2$$

oder mit:

$$a_{11} = \frac{a}{2}, \qquad a_{22} = \frac{b}{2}, \qquad -\frac{a_{12}}{2} - c_{11} = c, \qquad b_{22} + \frac{a_{12}}{2} = d$$

$$\frac{2\,\tau_{xy}}{\sigma_x - \sigma_y} = \frac{a\,x^2 + (d - c)\,xy + b\,y^2}{c\,x^2 + (a - b)\,xy + d\,y^2}.$$

Es zeigt sich dann, daß im allgemeinen vier singuläre Gerade auftreten, so daß Bilder entstehen, wie etwa Abb. 41 ($a = 0$, $b = 0$, $c = 1$, $d = -1$).

In Wirklichkeit zerfällt eine derartige Singularität bei nur geringen Änderungen der Größe oder Richtung der äußeren Lasten oder der Gestalt des beanspruchten Körpers sofort in zwei Singularitäten erster Ordnung, so daß auf weitere Einzelheiten dieser Punkte hier verzichtet sei. Experimentell ermittelte Beispiele zeigen die Abb. 42a und b. Auch ein Beispiel einer Singularität 4. Grades, die im allgemeinen in vier lineare Singularitäten zerfällt, ist in Abb. 43a und b beigefügt.

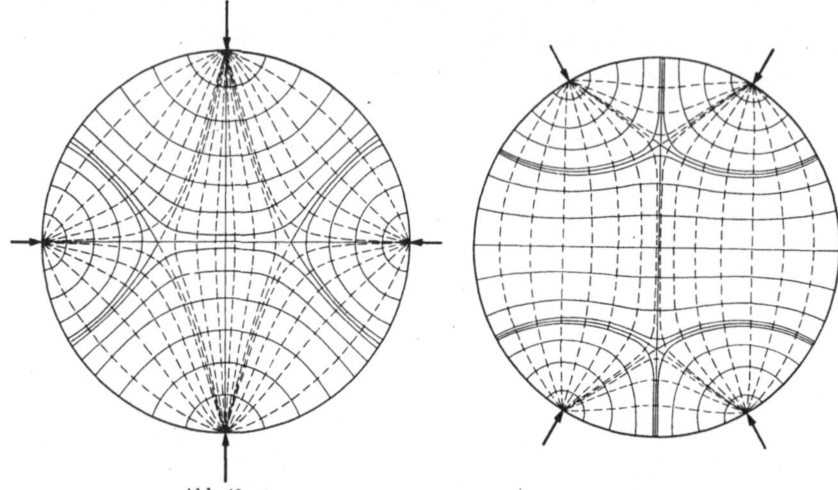

Abb. 42 a.   Abb. 42 b.

Abb. 42 a u. b. Auflösung der quadratischen Singularität (Abb. 42) in zwei lineare durch
Veränderung der Größe (a) oder Lage (b) der äußeren Kräfte.

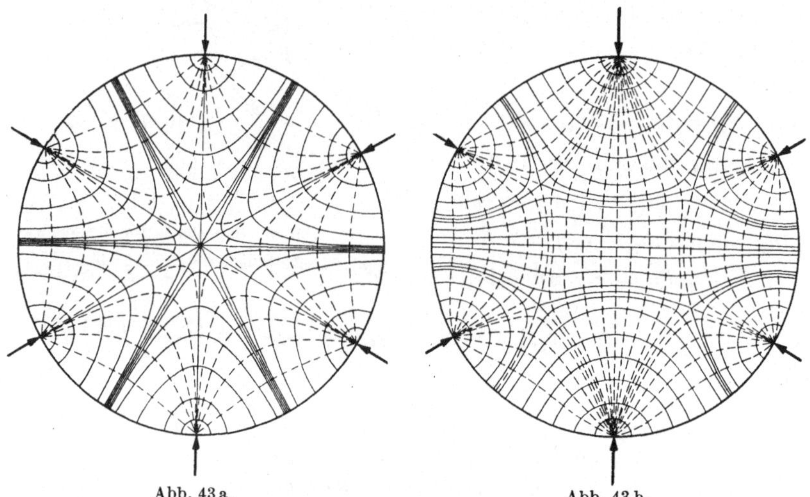

Abb. 43 a.   Abb. 43 b.

Abb. 43 a u. b. Auflösung einer Singularität vierten Grades (a) in vier lineare durch Veränderung
der Größe der äußeren Kräfte (b).

7. Eindeutigkeit und Übertragbarkeit der Lösung.

Zusammenfassend wurde in den Abschnitten 4 und 5 festgestellt,
daß jedes ebene Kraftfeld durch eine Spannungsfunktion F dargestellt
werden kann, wobei die Gleichgewichtsbedingungen durch die Ansätze

$$\sigma_x = \frac{\partial^2 F}{\partial y^2}, \qquad \sigma_y = \frac{\partial^2 F}{\partial x^2}, \qquad \tau_{xy} = \frac{-\partial^2 F}{\partial x \partial y}$$

erfüllt werden, während die Verträglichkeitsbedingung lautet:

$$\Delta\Delta F = 0.$$

Sind die Randwerte der Normal- und Schubspannungen vorgegeben, so bedeutet das demnach, daß die entsprechenden zweiten Ableitungen von F am Rand gegeben sind. Es erhebt sich die Frage, ob mit diesen Randwerten und der Verträglichkeitsbedingung die Lösung „eindeutig" ist, d. h. also, ob die Spannungsverteilung unabhängig von weiteren Größen (Werkstoffeigenschaften) angegeben werden kann. Nur in diesem Fall würden die Spannungszustände in zwei geometrisch ähnlichen und geometrisch ähnlich belasteten ebenen Körpern einander ähnlich sein, d. h. alle Spannungen des einen Körpers unterscheiden sich dann von den entsprechenden Spannungen des anderen Körpers nur um einen für den ganzen Körper konstanten Faktor.

Außerdem gibt es Zustände, bei denen von vornherein die äußeren Kräfte von den Werkstoffkennzahlen abhängen, so immer dann, wenn nicht die äußeren Lasten, sondern die Verformungen vorgegeben werden. Auch die Verquickung dieser beiden Grenzbedingungen ist häufig: gegebene Lasten und durch äußere Begrenzungen oder Lager verhinderte Formänderungen, etwa ein Druckstab zwischen festen, unverrückbaren Wänden. In diesen Zuständen kann nur von Fall zu Fall entschieden werden, wie weit das Ergebnis von Elastizitätsmodul, Schubmodul oder der Querdehnungszahl abhängt. Hier seien nur die Ergebnisse im Fall bekannter äußerer Lasten mit sonst freien Rändern kurz angegeben[1].

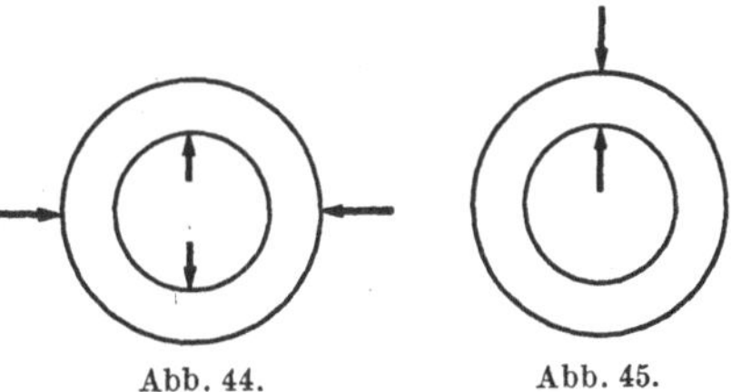

Abb. 44.   Abb. 45.

Abb. 44. Gleichgewicht an einem Kreisring, wobei auf jedem Rand für sich Gleichgewicht besteht.

Abb. 45. Gleichgewicht an einem Kreisring, aber ohne Gleichgewicht eines jeden Randes für sich.

In gewöhnlichen, „einfach zusammenhängenden" Bereichen (d. h. in überall mit Werkstoff erfüllten Scheiben ohne innere Löcher oder Schlitze) ist die Verteilung der Spannungen bei geometrisch ähnlicher Umrißform und ähnlicher Belastung immer ähnlich. Ist dagegen der Körper „mehrfach zusammenhängend", d. h. durch innere Löcher durchbrochen, so sind zwei Fälle zu unterscheiden:

1. Auf jedem geschlossenen Rand (sowohl äußerem Rand als auch jedem Lochrand) stehen die angreifenden Kräfte unter sich im Gleichgewicht (Abb. 44).

2. Trotz des Gleichgewichts im ganzen sind die Lasten auf einem einzelnen Rand nicht ausgeglichen (Abb. 45).

Im Fall 1 wird ebenfalls die Spannungsverteilung nur von der äußeren Geometrie des Körpers und der Lasten bestimmt, im Fall 2 dagegen ist auch der Werkstoff, und zwar seine Querdehnungszahl μ, für die Lösung

---

[1] Eine ausführliche und strenge mathematische Begründung des folgenden findet sich im Schrifttum: MICHELL: Proc. Lond. math. Soc. Bd. 31 (1899) S. 100. MESNAGER: Techn. moderne Bd. 14 (1924) S. 161, außerdem in [28] und [6.15].

wesentlich. Zur Veranschaulichung dieses Zusammenhangs greife am geraden Rand einer sehr großen Scheibe der Dicke d eine gleichförmig verteilte Normalbelastung p (kg/mm²) auf einem Randstück der Breite b an, d. h. es wirke eine Gesamtkraft $P = p \cdot d \cdot b$ (Abb. 46). Unter ihrer Wirkung ergibt sich infolge der Querdehnung eine Verlängerung der Strecke AB um den Betrag $p \cdot \dfrac{\mu}{E} \cdot b = P \cdot \dfrac{\mu}{dE}$. (Es sei zur Herstellung des Gleichgewichts angenommen, daß irgendwo weit unten eine breit verteilte Stützkraft vorhanden ist.) Da unmittelbar unter der Belastung p auch eine Querdruckspannung gleicher Größe entsteht, ergibt sich für die hieraus folgende Verkürzung der Strecke AB außerdem der Wert $p \cdot \dfrac{b}{E} = P \cdot \dfrac{1}{dE}$. Der Punkt B wird insgesamt also um den Betrag $P \cdot \dfrac{1-\mu}{dE}$ gegen A hin verschoben. Da außerhalb der Belastung der Rand völlig spannungs- und dehnungsfrei ist, werden also alle Randpunkte rechts von der Last um diesen Betrag gegen alle Randpunkte links von der Last verschoben. Der Betrag hängt nur von der Gesamtlast P, nicht aber von der Breite b ab, er gilt also auch für eine stark konzentrierte Lastverteilung P.

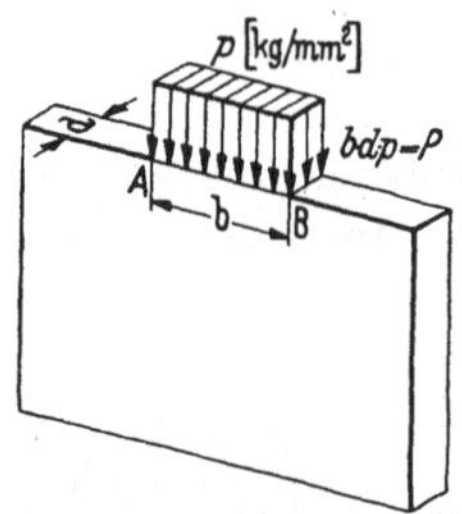

Abb. 46. Gleichförmig verteilte Last auf einem geraden Randstück einer Platte.

Ebenso würden sich die beiden waagerechten Kanten des Einschnittes in Abb. 47a um den gleichen Betrag gegeneinander verschieben,

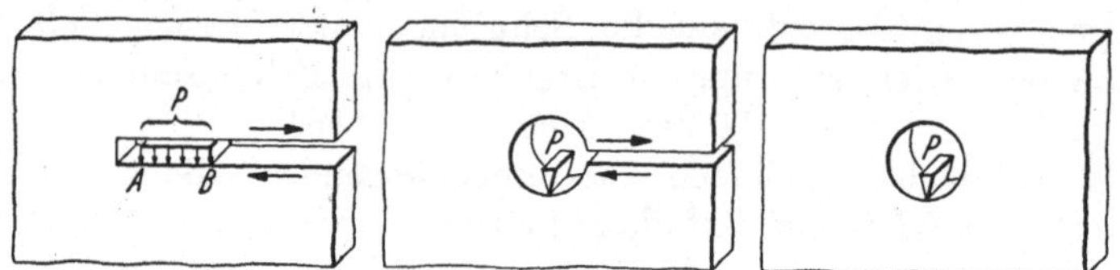

Abb. 47a—c. a und b Verschiebungen zweier Schnittufer eines Schlitzes infolge einer Randbelastung. c Verhinderte Verschiebung durch zweifachen Zusammenhang des Bereiches.

wenn die Last P angebracht wird. Stellt man sich also in Abb. 47b die beiden Schnittufer ursprünglich miteinander verbunden vor, so muß nach dem Aufbringen der Last P eine Schubspannung in dem Schnitt entstehen, die der durch den Zusammenhang verhinderten gegenseitigen Verschiebung entspricht. Mit anderen Worten: Im Fall der Abb. 47c entsteht ein Spannungszustand, der vom Betrag $P\,\dfrac{1-\mu}{dE}$, d. h. von der Querdehnungszahl μ abhängt.

Durch Verhinderung der Schnittuferverschiebung tritt nur ein zusätzlicher, verhältnismäßig geringer Spannungszustand auf, das Gesamtergebnis ist daher weniger von μ abhängig, als nach der Formel zunächst scheinen könnte. Strenge Nachrechnung einzelner bestimmter Beispiele

(Einzellast im kleinen Loch in einer unendlichen Platte) haben gezeigt, daß eine Veränderung von μ selbst um größere Beträge (0,25 bis 0,40) nur geringe Veränderung des Spannungszustandes bewirkt, insbesondere gerade an den wichtigen Stellen hoher Beanspruchung.

Will man im Einzelfall den Einfluß genauer feststellen, so ist dies dadurch möglich, daß man eine zur resultierenden Kraft P senkrechte Verschiebung von der Größe $P\dfrac{1-\mu}{dE}$ wirklich an einem vorgenommenen Schnitt vorgibt, die gegeneinander verschobenen Schnittufer miteinander verklebt und dann die äußere Kraft fortnimmt (Abb. 48). Es entsteht ein Eigenspannungszustand durch „Dislokation". Dieser Spannungszustand entspricht dann dem Anteil, der sich mit dem Werkstoffwert μ ändert, man kann ihn also vom Gesamtzustand trennen und für einen

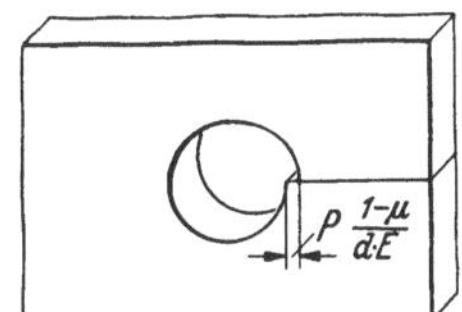

Abb. 48. Erzwungene Verschiebung (Dislokation) zweier Schnittufer.

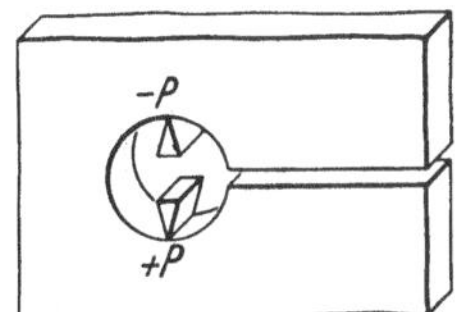

Abb. 49. Verschwindende Schnittuferverschiebung bei zwei entgegengesetzt gleichen Lasten.

anderen Werkstoff umrechnen (Änderung des Gesamtspannungszustandes um den Zustand, der der seitlichen Verschiebung $P\dfrac{\mu_1-\mu_2}{dE}$ entspricht).

Verschwindet die Resultierende P, so verschwindet auch dieser vom Werkstoff abhängige Anteil, d. h. also immer dann, wenn (Fall 1, s. o.) die Kräfte an einem Lochrand unter sich im Gleichgewicht stehen. Anschaulich sieht man das auch ein, wenn man sich, wie in Abb. 49, zwei gleiche und entgegengesetzte Kräfte $+P$ und $-P$ vorstellt. Die gegenüberliegenden Punkte des waagerechten Schnittes verschieben sich hierbei nicht waagerecht gegeneinander. Die auftretenden senkrechten Entfernungsänderungen sind bei gegebenen Abmessungen proportional zu P/E, so daß zu ihrer Aufhebung Kräfte notwendig werden, die zu $\left(\dfrac{P}{E}\right)\cdot E = P$ verhältnisgleich sind. Die hieraus entstehenden Zusatzspannungen sind also unabhängig vom Werkstoff und werden ausschließlich von der Geometrie des Zusammenhanges bestimmt.

Sieht man von den Ausnahmefällen der Löcher mit resultierender Randkraft ab, so geschieht die Übertragung ähnlicher elastischer Zustände aufeinander nach folgenden einfachen Gesetzen:

Zwei gleich große, gleich geformte, gleich dicke Scheiben mit gleicher Belastung weisen unabhängig vom Werkstoff genau denselben Spannungszustand auf. Verändert man alle lineare Abmessungen in der Scheibenebene ähnlich auf das n-fache, ohne ihre Dicke zu verändern, so ergeben sich bei geometrisch-ähnlicher, der Größe nach gleicher äußerer Belastung Spannungen, die $1/n$ der ursprünglichen Spannungen betragen. Ändert man außerdem die Dicke, so ändern sich alle Spannungen umgekehrt proportional zur Dicke. Ändert man schließlich die Gesamtbelastung um einen Faktor, so ändern sich die Spannungen um denselben Faktor. In zwei in der geometrischen Umrißform ähnlichen Fällen verschiedener Längen l_1 und l_2 mit den Dicken d_1 und d_2 und den Kräften P_1 und P_2 gilt also schließlich für entsprechende Spannungen:

$$\frac{\sigma_1}{\sigma_2} = \frac{\tau_1}{\tau_2} = \frac{P_1}{P_2} \cdot \frac{l_2}{l_1} \cdot \frac{d_2}{d_1}.$$

Die in der Spannungsoptik, aber auch allgemein für Schalenprobleme sehr zweckmäßige Größe des „Kraftflusses" oder „Schubflusses" ist die je Längeneinheit der Schnittfläche übertragene Kraft, also kg/mm, sie sei mit p (kg Normalkraft je 1 mm Schnittbreite) oder q (kg Schubkraft je 1 mm Schnittbreite) bezeichnet. Die Größe ist unabhängig von der Modelldicke, so daß in ähnlichen und ähnlich belasteten Modellen einfach gilt:

$$\frac{p_1}{p_2} = \frac{q_1}{q_2} = \frac{P_1}{P_2} \cdot \frac{l_2}{l_1}.$$

Kräfte schließlich (z. B. Stützkräfte oder Gesamtkräfte in Stäben, Pfosten usw.) verhalten sich unabhängig vom Modellmaßstab in ähnlichen Fällen einfach wie die Lasten.

Handelt es sich um ebene Verzerrungszustände in zylindrischen Körpern großer Tiefe (Abb. 2, S. 1), so gilt für herausgeschnittene Scheiben z. B. von 1 mm Dicke genau die gleiche Regel.

In Körpern, die aus verschiedenen Werkstoffen zusammengesetzt sind (bewehrter Beton usw.), herrschen verwickeltere Zusammenhänge, vgl. S. 207.

Bei dynamischen Problemen hängen außerdem die Kräfte noch von der Dichte des Werkstoffs und von der Beschleunigung, d. h. von der Schwingungsweite und dem Quadrat der Schwingungsfrequenz ab, entsprechende Ähnlichkeitsgesetze sind aus den Grundgleichungen der Mechanik ableitbar [6.15].

Für die Spannungsoptik folgt als wichtigstes Ergebnis dieses Abschnitts:

Zur Ermittelung eines ebenen elastischen Spannungszustandes in einem belasteten Körper ist es zulässig, einen „ähnlichen" Spannungszustand in einem Modell beliebiger absoluter Größe und beliebiger Dicke aus beliebigem elastischen Werkstoff zu untersuchen. Die in einem Modell aus Glas, Zelluloid, Gummi oder Gelatine gefundenen Ergebnisse sind auf ein ähnliches und ähnlich belastetes Werkstück oder Bauelement aus Metall mit entsprechender Umrechnung übertragbar. Die Fälle, in denen die Querdehnungszahl des Werkstoffs eine Rolle spielt, können ebenfalls mit sehr guter Annäherung übertragen werden, gegebenenfalls ist durch zusätzliche Dislokationsversuche auch hier die strenge Umrechnung möglich.

Auf die Übertragung der Ergebnisse zur Beurteilung der Festigkeit von Konstruktionselementen sei in diesem Zusammenhang noch hingewiesen:

Bei gegebenen äußeren Lasten und sonst freien Rändern erwiesen sich die Gleichungen des Gesamtzustandes in der Modellebene als unabhängig davon, ob ein ebener Spannungszustand (dünne Scheibe), ein Zustand mit konstanter dritter Hauptspannung (beidseitiger Überdruck, vgl. S. 24) oder ein ebener Verzerrungszustand (konstante oder verhinderte Dehnung senkrecht zur Mittelebene) vorlag. Der in einem dünnen ebenen Modell ermittelte Zustand σ_x, σ_y, τ_{xy} stellt also gleichzeitig die Lösung für die anderen Fälle mit gleichen Randbedingungen dar.

Die Gesamtbeanspruchung eines räumlichen Elementes, die zum Fließen oder Bruch des Werkstoffes führt, hängt jedoch von allen drei Hauptspannungen ab, ist also im Falle $\sigma_3 = \sigma_z = 0$ oder $\sigma_3 = \mu(\sigma_x + \sigma_y)$ eine andere. Bei Flußeisen und Metallen mit ähnlichem Verhalten kann man mit guter Näherung die größte in einem Element wirksame Schubspannung als Ursache des Gleitbeginns (Fließgrenze) betrachten. Diese größte

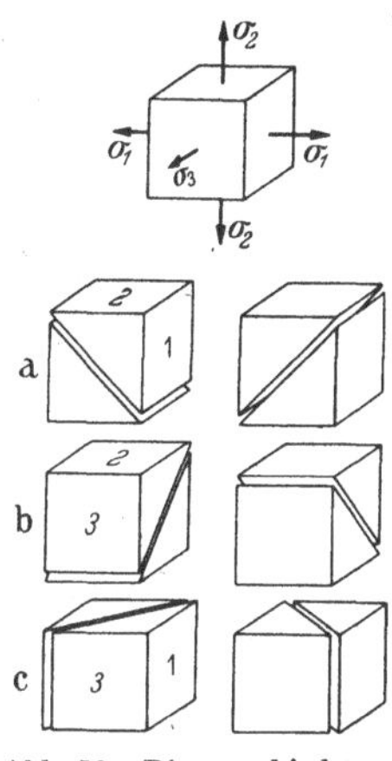

Abb. 50. Die verschiedenen Schubebenen beim dreiachsigen Spannungszusatz.

Schubspannung kann aber in einem von drei Ebenenpaaren auftreten, die in Abb. 50 dargestellt sind.

Die Schnittebenen in Abb. 50a sind die bisher betrachteten Hauptschubebenen, in denen die Schubspannung $\tau_{12} = \dfrac{\sigma_1 - \sigma_2}{2}$ wirksam ist. In den Ebenen b und c ist aber auch eine Schiebung aus der 1-2-Ebene (x-y-Ebene) heraus möglich, und zwar unter der Wirkung der Hauptschubspannungen $\tau_{23} = \dfrac{\sigma_2 - \sigma_3}{2}$ oder $\tau_{31} = \dfrac{\sigma_3 - \sigma_1}{2}$. Ist beispielsweise $\sigma_3 = \sigma_z = 0$, so ist $\tau_{23} = \dfrac{\sigma_2}{2}$, $\tau_3 = \dfrac{\sigma_1}{2}$, d. h. also für $0 < \sigma_1 < \sigma_2$: τ_{23} ist größer als τ_{12}, das erste Gleiten beginnt in einer Ebene nach Abb. 57 b. Bei $\sigma_1 < 0 < \sigma_2$ gilt: τ_{23} und τ_{31} sind kleiner als τ_{12}, so daß τ_{12} für den Gleitbeginn verantwortlich ist. Ist dagegen $\sigma_3 = \sigma_z = \mu(\sigma_1 + \sigma_2)$, so ist $\tau_{23} = \dfrac{(1-\mu)\,\sigma_2 - \mu\,\sigma_1}{2}$, $\tau_{31} = \dfrac{\mu\,\sigma_2 - (1-\mu)\,\sigma_1}{2}$ und es ist bei gleichem Vorzeichen von σ_1 und σ_2 und für $|\sigma_1| < |\sigma_2|$ der Wert von τ_{31} größer als τ_{12}, wenn $\dfrac{\sigma_2}{\sigma_1} > \dfrac{\mu}{1-\mu}$. Nur am freien Rand ist das Ergebnis immer eindeutig. Dort verschwindet eine der beiden Spannungen σ_1 oder σ_2,

so daß gilt: $\tau_{12} = \dfrac{\sigma_1}{2}$, $\quad \tau_{23} = \dfrac{\sigma_3}{2}$, $\quad \tau_{31} = \dfrac{\sigma_3 - \sigma_1}{2}$.

Für $\sigma_3 = 0$ ist also $\tau_{12} = \tau_{13}$, $\quad \tau_{23} = 0$.

Für $\sigma_3 = \mu\,\sigma_1$ ist $\quad \tau_{23} = \mu\,\tau_{12}$, $\quad \tau_{31} = (1 - \mu)\,\tau_{12}$.

Am freien Rand ist demnach die in der x-y-Ebene festgestellte Schubspannung τ_{12} gleichzeitig immer die größte im Randelement überhaupt auftretende. (Der Fall $\sigma_3 > \sigma_1$ dürfte praktisch kaum vorkommen.) Diese Tatsache ist von erheblicher Bedeutung, weil in den meisten Konstruktionselementen die höchste Beanspruchung am Rande zu liegen pflegt.

II. Grundgleichungen der optischen Doppelbrechung.

1. Linearpolarisiertes einfarbiges Licht, Wirkung eines doppelbrechenden Körpers.

Nach dem Stande der Physik sollte eine Abhandlung über Optik, insbesondere über Kristalloptik, die Begriffe und Formeln der elektromagnetischen Lichttheorie verwenden. Wenn im folgenden statt dessen eine elementare Darstellung vorgezogen wird, so geschieht dies, weil für die Aufgabe, spannungsoptische Messungen richtig durchzuführen und zu verstehen, die vollkommene physikalische Kenntnis optischer Vorgänge entbehrlich erscheint. Das Ziel spannungsoptischer Versuche ist schließlich eine Spannungsbestimmung, nur das Verfahren ist optisch. Die vorkommenden optischen Erscheinungen sind durchweg geometrisch anschaulich darstellbar, so daß diese Darstellung möglichst immer verwendet wird. Zur weiteren Vereinfachung der Darstellung wird dabei vom einfachsten Fall des einfarbigen Lichtes ausgegangen, wie er z. B. beim Licht der grünen Linie des Quecksilberdampfes vorliegt.

Das Licht eines Strahles kann als Transversalwellenbewegung der Ätherteilchen aufgefaßt werden, es bewegt sich also jedes Teilchen in einer Ebene, die senkrecht auf dem Strahl steht. Die Bahn des Teilchens in dieser Ebene ist charakteristisch für das Licht. Die Verbindungslinie des ursprünglichen Ruhepunktes des Teilchens („Nullpunkt") mit seinem augenblicklichen Bahnpunkt ist der Lichtvektor J. (Nach der elektromagnetischen Lichttheorie stellt dieser Vektor nicht eine Bewegung, sondern eine Kraft dar. Aus den genannten Gründen wird jedoch hierauf nicht näher eingegangen.)

Wenn ein Strahl der Lichtquelle durch einen „Polarisator", z. B. ein NICOLsches Prisma, einen Filterpolarisator oder dergleichen gegangen ist, so ist er linear polarisiert. Jedes Ätherteilchen schwingt dann auf einer Geraden, die senkrecht auf dem Strahl und senkrecht auf der

Polarisationsebene des Polarisators steht. Bei waagerechter Polarisationsebene steht also der Lichtvektor J senkrecht (Abb. 51). Es sei bemerkt, daß sich sämtliche Folgerungen aus dieser Vorstellung widerspruchsfrei auch aus der Vorstellung einer Schwingung *in* der Polarisationsebene ableiten lassen. Die hier gewählte Darstellung ist seit FRESNEL allgemein üblich.

Die Bewegung ist sinuswellenförmig. Ein vom Lichtstrahl später getroffenes Teilchen erreicht den Zustand (die Schwingungsphase) eines vorher getroffenen Teilchens um so viel später, als der Lichtstrahl zum Durcheilen der Zwischenstrecke Zeit braucht; in jedem Zeitpunkt ist die Verbindungslinie aller Teilchen des Strahles, die ursprünglich auf einer Geraden, der Strahlmitte, lagen, eine Wellenlinie. Die Wellenlinie schiebt sich als feste Form mit Lichtgeschwindigkeit vorwärts. Sie stellt gleichzeitig die Bahnkurve eines einzelnen Teilchens dar, wenn man ihre Längsachse als Zeitachse auffaßt und den richtigen Zeitmaßstab wählt, eine Wellenlänge ist hierbei also der für eine Vollschwingung notwendigen Zeit gleichzusetzen.

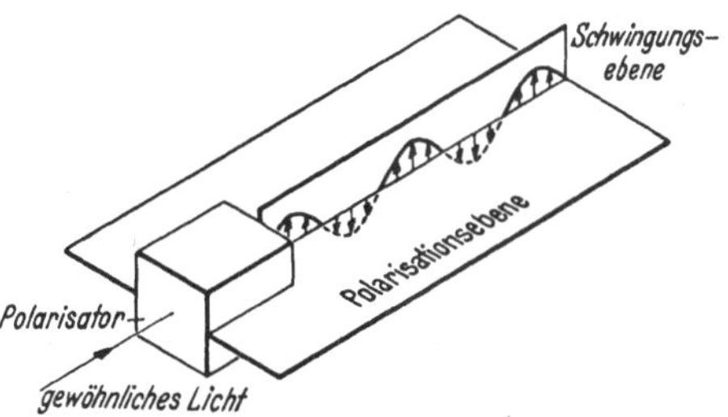

Abb. 51. Vorstellungsbild eines linearpolarisierten Lichtstrahles mit waagerechter Polarisationsebene.

Ist c die Geschwindigkeit, λ die Wellenlänge des verwendeten einfarbigen Lichtes im Vakuum, so ist die Schwingungszahl je Sekunde $n = c/\lambda$, der zeitliche Verlauf des Lichtvektors eines Teilchens also:

$$J(t) = A \cos \frac{2\pi(t-t_0)c}{\lambda} = A \cos 2\pi n(t-t_0).$$

Dabei ist die Konstante A der Größtwert des Lichtvektors, A^2 ist ein Maß für die Lichtstärke des Strahles; t ist die Zeit in Sekunden, t_0 ist ein irgendwie gewählter Anfangspunkt. Es handelt sich also um eine eindimensionale harmonische Bewegung jedes Teilchens.

Stellt man nun in die Bahn des Strahles ein zweites Nicolprisma oder dergleichen, den „Analysator", dessen Achse gegen die Achse des Polarisators um den Winkel δ geneigt ist, so kann von dem Lichtstrahl mit dem Größtvektor A nur eine Komponente den Analysator durchdringen, und zwar die, die senkrecht auf dessen Polarisationsebene steht. Man sieht durch vektorielle Zerlegung von A (Abb. 52), daß die vom Analysator durchgelassene Komponente A_a verhältnisgleich zu $\cos\delta$ ist, insbesondere also dann verschwindet, wenn $\cos\delta = 0$, d. h. $\delta = 90°$ ist. Diese Stellung („gekreuzte Polarisatoren") pflegt die Normalstellung bei fast allen spannungsoptischen Versuchen zu sein, es soll daher im folgenden im allgemeinen ein gegen den Polarisator gekreuzter Analysator angenommen werden. Die Richtungen der beiden Hauptachsen seien kurz als das Polarisationskreuz bezeichnet.

Zwischen den beiden gekreuzten Prismen befindet sich das Arbeitsfeld der Anordnung. In dieses Arbeitsfeld sei nun ein weiterer durchsichtiger Gegenstand von der Dicke d eingeschoben, der — wie z. B. Gipskristall — „doppelbrechend" ist. Er soll also die Eigenschaft haben, daß er den Lichtstrahl in zwei Komponenten zerlegt, deren Polarisationsebenen senkrecht aufeinander stehen; die Richtungen dieser beiden Polarisationsebenen entsprechen den optischen Hauptachsen des Körpers. Der Winkel der beiden Komponenten gegen das Polarisationskreuz habe den Wert α (Abb. 53). Der Vektor der Größe A wird dann im Körper in zwei Komponenten von der Größe $A_1 = A \sin \alpha$ und $A_2 = A \cos \alpha$ zerlegt. Wenn diese beiden Komponenten die gleiche Geschwindigkeit c haben, so verschieben sie sich beim Durchdringen des Körpers nicht gegeneinander, d. h. sie erreichen gleichzeitig und am gleichen Ort ihren

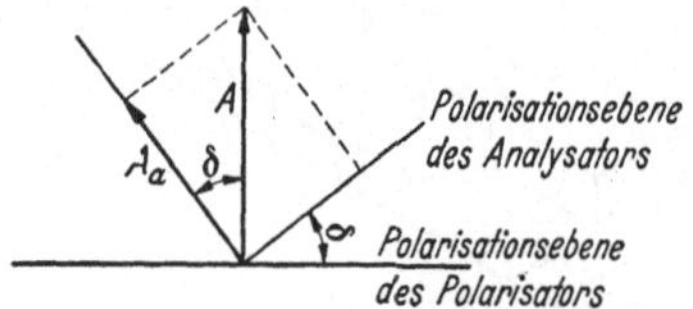

Abb. 52. Durch den Analysator der Neigung δ durchgelassene Lichtkomponente A_a bei waagerechter Polarisatorebene.

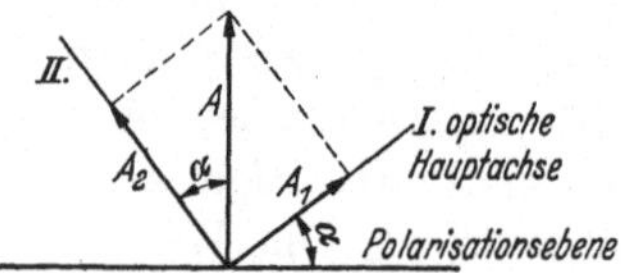

Abb. 53. Zerlegung eines Lichtvektors in zwei Hauptachsenkomponenten.

Höchstwert, Nulldurchgang usw. Hinter dem Körper vereinigen sie sich wieder zu einem Vektor J', der wie J senkrecht auf der Polarisationsebene steht und vom Analysator nicht durchgelassen, d. h. ausgelöscht wird. Haben die beiden Komponenten jedoch zwei um einen kleinen Betrag verschiedene Geschwindigkeiten, also etwas verschiedene Wellenlängen ($\lambda_1/\lambda_2 = c_1/c_2$, wegen $c_i/\lambda_i = n =$ Schwingungszahl $=$ const. für einfarbiges Licht), so entfallen auf den Durchgangsweg d für die beiden Strahlen verschiedene Anzahlen von Wellenlängen. Die Anzahl sei M, so ist $M_1 = d/\lambda_1 = d\,n/c_1$, $M_2 = d/\lambda_2 = d\,n/c_2$. Zu jeder Zeit ist also nach der Durchdringung die eine Komponente um die konstante Anzahl

$$(23) \qquad m = M_2 - M_1 = d \left(\frac{1}{\lambda_2} - \frac{1}{\lambda_1} \right) = d\,n \left(\frac{1}{c_2} - \frac{1}{c_1} \right) = d\,n\,\frac{c_1 - c_2}{c_1 c_2}$$

Wellenlängen gegen die andere verschoben. Die gegenseitige Verzögerung der beiden Komponenten bleibt wegen der gleichen Geschwindigkeit beider Komponenten in Luft für den weiteren Verlauf des Strahles hinter dem Körper dieselbe. Alle hinter dem Körper vom Strahl getroffenen Teilchen schwingen mit einem Lichtvektor J', der sich aus den beiden gegeneinander verzögerten Komponenten zusammensetzt.

Zur rechnerischen Darstellung der Vorgänge sei im folgenden ein rechtwinkliges Koordinatensystem x, y festgelegt, dessen x-Achse waagerecht liegt. Sie soll dabei immer mit der ebenfalls waagerechten Polarisationsebene des Polarisators zusammenfallen. Ursprünglich ist also:

$$J_x = 0$$
$$J_y = J = A \sin \frac{2\pi c}{\lambda}(t - t_0).$$

Die Bahn eines Teilchens nach dem Durchgang des Lichtes durch den Körper errechnet sich daraus (vgl. Abb. 54): Die beiden Komponenten J_1 und J_2 mit den Schwingungsweiten $A_1 = A \sin \alpha$ und $A_2 = A \cos \alpha$ sind um m Wellenlängen räumlich und zeitlich gegeneinander verschoben. Ist c_2 kleiner als c_1, also m positiv,

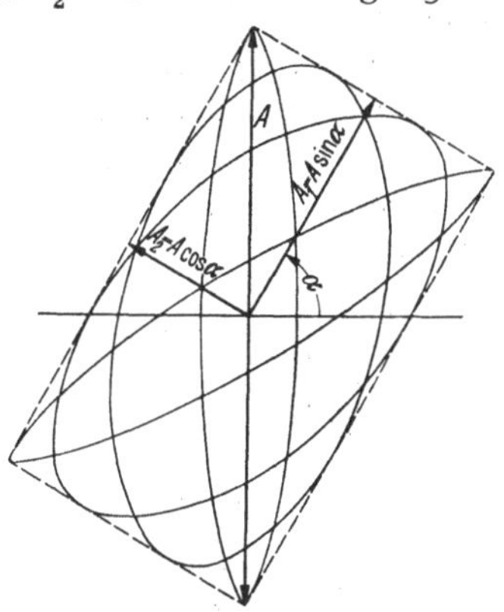

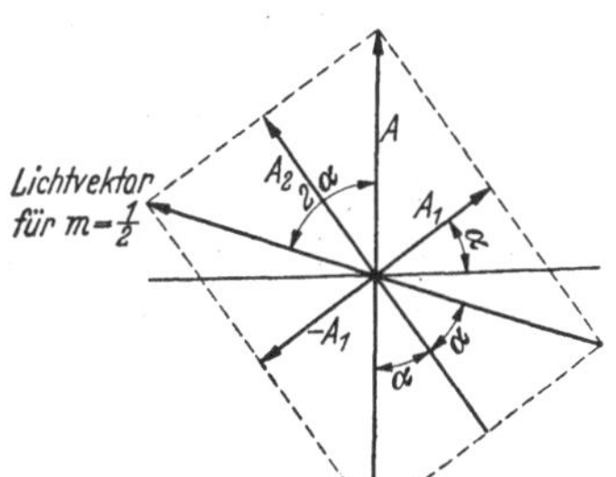

Abb. 54. Elliptische Polarisation infolge der gegenseitigen Verzögerung der Komponenten A_1 und A_2.

Abb. 55. Drehung des Lichtvektors A um 2α durch Verzögerung von A_2 gegen A_1 um $m = \frac{1}{2}$.

so ist die Komponente J_2 gegen J_1 verzögert, sie erreicht die Phase von J_1 um so viel später, als den m Wellenlängen entspricht. Die Zeitdifferenz hat den Wert

$$\Delta t = m\frac{\lambda}{c} = \frac{m}{n}.$$

Rechnet man zur Vereinfachung hinter dem Körper von $t_0 = 0$ ab, so gilt

$$(24)\quad \begin{cases} J_1 = A_1 \sin\dfrac{2\pi c t}{\lambda} = A_1 \sin 2\pi n t = A \sin \alpha \sin 2\pi n t \\[2mm] J_2 = A_2 \sin 2\pi n \left(t - \dfrac{m}{n}\right) = A_2 \sin 2\pi (nt - m) = A \cos \alpha \sin 2\pi (nt - m). \end{cases}$$

Der Endpunkt des Vektors beschreibt im Laufe der Zeit also eine Ellipse, die das in Abb. 54 gestrichelt eingezeichnete Rechteck einmal auf jeder Seite berührt.

Für $m = 0$ erhält man den bereits besprochenen Fall des unveränderten Lichtvektors J, für $m = \frac{1}{4}$, $\frac{3}{4}$ usw. erreicht J_2 seinen Größtwert A_2, wenn $J_1 = 0$ ist und umgekehrt. Für diesen Wert von m berührt die Ellipse das Rechteck in den Mitten der Seiten. Für $m = \frac{1}{2}$ ist

$$J_1 = A_1 \sin 2\pi n t$$
$$J_2 = A_2 \sin(2\pi n t - \pi) = -A_2 \sin 2\pi n t,$$

also $J_1/J_2 = -A_1/A_2 = -\operatorname{tg}\alpha$; das Ergebnis ist eine Ellipse mit verschwindender kleiner Achse, d. h. eine Gerade, nämlich die zweite Diagonale des Rechtecks (Abb. 55); gegen den ursprünglichen Lichtvektor ist der entstehende Vektor also um den Winkel 2α gedreht. Die dazwischen liegenden Werte von m ergeben Ellipsen, die leicht graphisch zu konstruieren sind.

Von einfachen Sonderfällen sind wichtig:

$\alpha = 0°$ *oder* $90°$, das Rechteck schrumpft zu einer Geraden zusammen. Stets ist $J_1 = 0$, $J_2 = A \sin 2\pi(nt - m)$, d.h. der Lichtvektor bleibt nach Größe und Richtung unverändert, lediglich seine Phase wird verschoben.

$\alpha = 45°$ *oder* $135°$, das Rechteck wird zu einem unter $45°$ liegenden Quadrat. Es ist

$$J_1 = \frac{A}{\sqrt{2}} \sin 2\pi n t$$

$$J_2 = \frac{A}{\sqrt{2}} \sin 2\pi(n t - m).$$

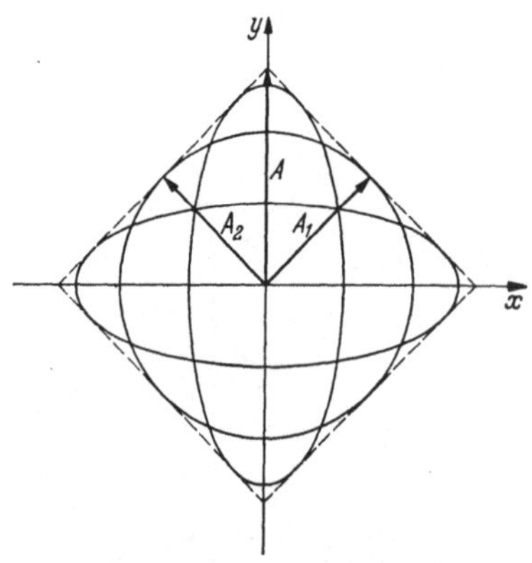

Abb. 56. Elliptisches Licht für $\alpha = 45°$, zirkulares Licht für $m = \pm\,{}^1/_4$.

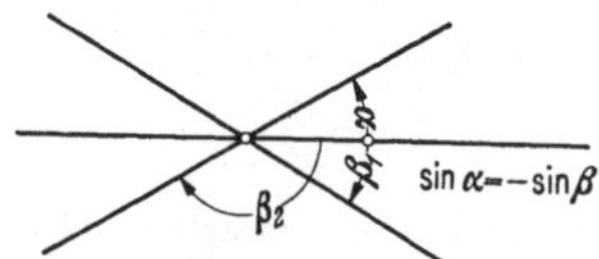

Abb. 57. $\sin 4\pi n t = -\sin 4\pi(nt - m)$.

Ein paar Ellipsen der Schar für $m = {}^1/_8$, ${}^1/_4$, ${}^3/_8$ zeigt Abb. 56. Für diesen häufig auftretenden Fall seien gleich einige Einzelheiten genannt. Zunächst weist man leicht nach, daß die Ellipsenhauptachsen stets mit der x- und y-Achse (Polarisationskreuz) zusammenfallen, wenn nicht die Ellipse zum Kreis ohne ausgezeichnete Achsen wird. Es ist $J^2 = J_1^2 + J_2^2 = \dfrac{A^2}{2}\left[\sin^2 2\pi n t + \sin^2 2\pi(n t - m)\right]$. Der größte und kleinste Wert von J wird erreicht für

$$\frac{\partial(J^2)}{\partial t} = 0$$

also für

$$\sin 2\pi nt \cdot \cos 2\pi nt + \sin 2\pi(nt - m)\cos 2\pi(nt - m) = 0$$

oder

$$\sin 4\pi nt = -\sin 4\pi(nt - m).$$

Daraus folgt entweder (Abb. 57)

$$4\pi nt = -4\pi(nt - m) \pm 2k\pi \qquad \text{(Punkte } \beta_1\text{)}$$

$$2\pi nt = -2\pi(nt - m) \pm k\pi \qquad (k = 0, 1, 2, \ldots \text{ usw.)}$$

also für geradzahlige k

$$\sin 2\pi nt = -\sin 2\pi(nt - m) \qquad \text{oder} \qquad J_1 = -J_2 \text{ (Punkt der } x\text{-Achse)}$$

und für ungeradzahlige k

$$\sin 2\pi nt = \sin 2\pi (nt - m) \qquad \text{oder} \qquad J_1 = + J_2 \text{ (Punkt der } y\text{-Achse)},$$

oder es gilt

$$4\pi nt = 4\pi (nt - m) \pm (2k + 1)\pi \qquad\qquad \text{(Punkte } \beta_2)$$

also

$$4\pi m = \pm (2k + 1)\pi$$
$$m = \pm \frac{2k + 1}{4} = \pm {}^1/_4,\ {}^3/_4,\ {}^5/_4, \ldots \text{ usw.}$$

(in diesem Fall wird die Ellipse zu einem Kreis mit dem Radius $A/\sqrt{2}$).
Im ersten Fall ($J_1 = \pm J_2$) läßt sich auch unmittelbar die Länge der
halben Ellipsenhauptachsen $J_{x_{\max}}$ und $J_{y_{\max}}$ angeben:

Für $J_{y_{\max}}$ ist $J_1 = + J_2$, d. h. k (ungerade) $= 2k' + 1$.

Daraus folgt für t:

$$2\pi nt = -2\pi nt + 2\pi m \pm (2k' + 1)\pi$$
$$4\pi nt = 2\pi m \pm (2k' + 1)\pi$$
$$2\pi nt = \pi m \pm \frac{2k' + 1}{2}\pi.$$

Dann ist

$$J_1 = J_2 = \frac{A}{\sqrt{2}} \sin\left(\pi m \pm \frac{2k' + 1}{2}\pi\right)$$
$$= \pm \frac{A}{\sqrt{2}} \cos \pi m$$

also:

$$J_{y_{\max}} = \sqrt{J_1^2 + J_2^2} = \pm A \cos \pi m.$$

Für $J_{x_{\max}}$ ist entsprechend $J_1 = -J_2$, also $k = 2k'$

$$4\pi nt = 2\pi m \pm 2k'\pi$$
$$2\pi nt = \pi m \pm k'\pi$$
$$J_2 = -J_1 = -\frac{A}{\sqrt{2}} \sin(\pi m \pm k'\pi)$$
$$= \pm \frac{A}{\sqrt{2}} \sin \pi m$$

also:

$$J_{x_{\max}} = \pm A \sin \pi m.$$

Mit $\alpha = 45^{\circ}$ schrumpft also die Ellipse zu einer Geraden in der y-Achse
zusammen für $J_{x_{\max}} = 0$, d. h. für $m = 0,\ \pm 1, 2, 3$ usw., während sie
zu einer Geraden in der x-Achse zusammenschrumpft für $m = \pm {}^1/_2$,
${}^3/_2,\ {}^5/_2$ usw.

Im allgemeinen Fall mit beliebigem α zerlegt man die beiden Komponenten J_1 und J_2 in ihre x- und y-Komponenten:

$$J_{1x} = A_1 \sin 2\pi nt \cos \alpha = A \sin \alpha \cos \alpha \sin 2\pi nt$$
$$J_{1y} = A_1 \sin 2\pi nt \sin \alpha = A \sin^2 \alpha \sin 2\pi nt$$

ebenso:

$$J_{2x} = - A \sin \alpha \cos \alpha \sin 2\pi(nt-m)$$
$$J_{2y} = A \cos^2 \alpha \sin 2\pi(nt-m),$$

so daß für den resultierenden Vektor J' folgt:

$$J_x' = A \sin \alpha \cos \alpha \left\{ \sin 2\pi nt - \sin 2\pi(nt-m) \right\}$$
$$J_y' = A \left\{ \sin^2 \alpha \sin 2\pi nt + \cos^2 \alpha \sin 2\pi(nt-m) \right\}.$$

Die rechten Seiten lassen sich umformen nach der Gleichung:
$a \sin u + b \sin(u-v) = c \sin(u-w)$, dabei ist

$$c = \pm \sqrt{a^2 + b^2 + 2ab \cos v} \qquad \text{(Vorzeichen wie } a\text{)}$$
$$\operatorname{tg} w = b \sin v/(a + b \cos v).$$

Es gilt also: $\left(\text{wegen } \operatorname{tg} w = \dfrac{- \sin 2\pi m}{1 - \cos 2\pi m} = \dfrac{\sin(2\pi m - \pi)}{1 + \cos(2\pi m - \pi)} = \operatorname{tg} \dfrac{2\pi m - \pi}{2} \right)$

$$J_x' = A \sin \alpha \cos \alpha \left\{ \sqrt{2 - 2\cos 2\pi m} \sin\left(2\pi nt - \pi \frac{2m-1}{2} \right) \right\}$$

$$= A \sin 2\alpha \cdot \sqrt{\frac{1 - \cos 2\pi m}{2}} \cdot \sin\left(2\pi nt - \pi \frac{2m-1}{2} \right)$$

$$= A \sin 2\alpha \cdot \sin \pi m \cdot \sin 2\pi \left(nt - \frac{2m-1}{4} \right),$$

insbesondere für $\alpha = \pm 45°$:

$$J_x' = A \sin \pi m \sin 2\pi \left(nt - \frac{2m-1}{4} \right).$$

$$J_y' = A \sqrt{\sin^4 \alpha + \cos^4 \alpha + 2 \sin^2 \alpha \cos^2 \alpha \cos 2\pi m} \cdot$$

$$\cdot \sin\left(2\pi nt - \operatorname{arc} \operatorname{tg} \frac{\sin 2\pi m}{\operatorname{tg}^2 \alpha + \cos 2\pi m} \right)$$

$$= A \sqrt{(\sin^2 \alpha + \cos^2 \alpha)^2 + 4 \sin^2 \alpha \cos^2 \alpha \frac{\cos 2\pi m - 1}{2}} \cdot$$

$$\cdot \sin\left(2\pi nt - \operatorname{arc} \operatorname{tg} \frac{\sin 2\pi m}{\operatorname{tg}^2 \alpha + \cos 2\pi m} \right)$$

$$= A \sqrt{1 - \sin^2 2\alpha \sin^2 \pi m} \sin\left(2\pi nt - \operatorname{arc} \operatorname{tg} \frac{\sin 2\pi m}{\operatorname{tg}^2 \alpha + \cos 2\pi m} \right)$$

insbesondere für $\alpha = \pm 45°$:

$$J_y' = A \cos \pi m \cdot \sin 2\pi \left(nt - \frac{m}{2} \right).$$

Bei gekreuzten Polarisatoren geht nun von dem so zerlegten und wieder zusammengesetzten Licht nur die zur x-Achse parallele Komponente durch den Analysator, d. h. ein Lichtvektor mit dem Größtwert:

$$A_a = J_{x\,\text{max}}' = A \sin 2\alpha \sin \pi m.$$

Die Lichtstärke des den Analysator durchdringenden Strahles ist also verhältnisgleich zu

$$(25a) \qquad A_a^2 = A^2 \sin^2 2\alpha \sin^2 \pi m \qquad \text{(Polarisatoren gekreuzt, Abb. 58).}$$

Dies ist die wichtigste optische Grundgleichung der Spannungsoptik.

Entsprechend errechnet man auch die Lichtstärke des durchfallenden Strahles bei parallelen Polarisatoren:

$$(25\,\mathrm{b})\quad A_a^2 = J'_{y_{\max}} = A^2\,(1 - \sin^2 2\,\alpha \sin^2 \pi\, m) \qquad \text{(Polarisatoren parallel)}.$$

Für gegebenes m, d. h. gegebenen Relativverzögerungsbetrag, ist demnach bei gekreuzten Polarisatoren die Lichtstärke verhältnisgleich zu $\sin^2 2\,\alpha$; die größte Helligkeit tritt auf bei $\alpha = \pm\,45°$, das Feld ist dunkel für $\alpha = 0°$ oder $90°$. Der optische Effekt eines zwischen gekreuzte Polarisatoren gestellten Körpers ist nicht beobachtbar, wenn seine Hauptachsen parallel zum Polarisationskreuz sind. Umgekehrt ist bei fest gegebenem α, also fest gegebener Hauptachsenneigung, die Lichtstärke des durchfallenden Strahles verhältnisgleich zu $\sin^2 \pi\, m$, das Feld ist also dunkel für $m = 0, 1, 2$ usw., hell für $m = {}^1/_2$, ${}^3/_2$, ${}^5/_2$ usw. (Abb. 59).

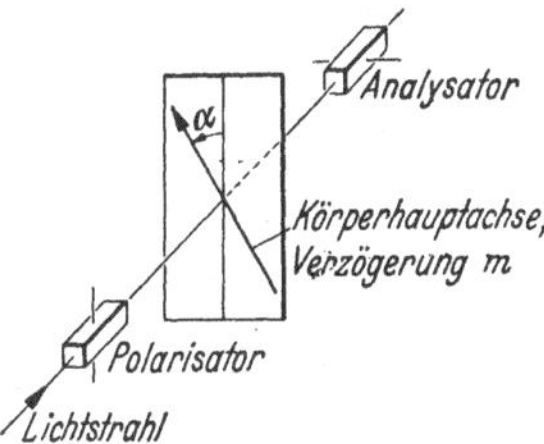

Abb. 58. Körper mit Hauptachsenneigung α zwischen gekreuzten Polarisatoren.

Für $\alpha = 0°$ oder $45°$ ergeben sich sofort die auf S. 50 bereits betrachteten Sonderfälle $A_a^2 = 0$ oder $A_a^2 = A^2 \sin^2 \pi\, m$.

Es soll nun aus den allgemeinen Formeln für J'_x und J'_y noch wie im zweiten Beispiel (S. 50) Größe und Richtung der Ellipsenhauptachse angegeben wer-

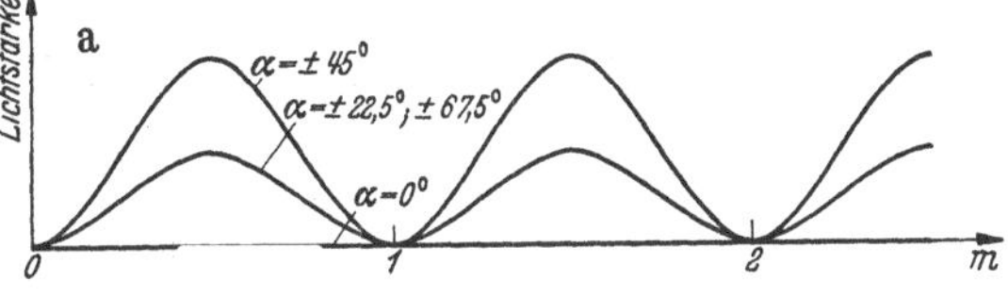

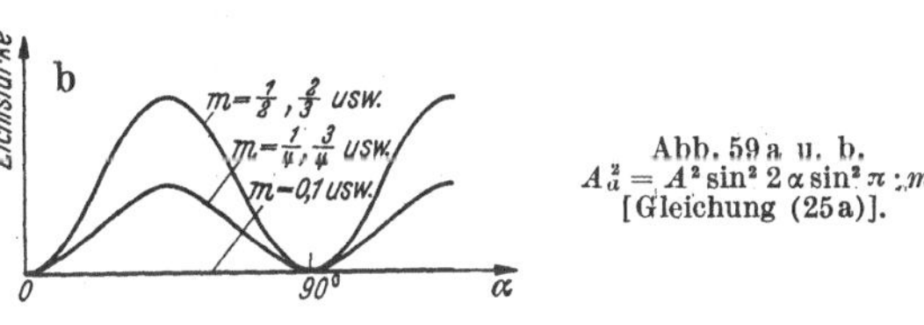

Abb. 59 a u. b.
$A_a^2 = A^2 \sin^2 2\,\alpha \sin^2 \pi\, m$
[Gleichung (25 a)].

den. Zur Vereinfachung der Formeln sei hierbei der Anfang der Zeitrechnung noch um $\varDelta t = 2\,\pi\,\dfrac{2\,m - 1}{4}$ verschoben.

Es ist dann:

$$J'_x = A \sin 2\,\alpha \sin \pi\, m \sin 2\,\pi\, n t$$
$$J'_y = A \sqrt{1 - \sin^2 2\,\alpha \sin^2 \pi\, m}\,\sin (2\,\pi\, n t - \varDelta)$$

mit

$$\varDelta = \operatorname{arc\,tg} \frac{\sin 2\,\pi\, m}{\operatorname{tg}^2 \alpha + \cos 2\,\pi\, m} + \pi \cdot \frac{1 - 2\,m}{2},$$

insbesondere für $\alpha = \pm\,45°$:

$$\varDelta = \pi\, m + \pi/2 - \pi\, m = \pi/2.$$

Zur Bestimmung der Hauptachsen bildet man

$$J'^2 = J'^2_x + J'^2_y \quad \text{und setzt} \quad \frac{\partial\,(J'^2)}{\partial t} = 0.$$

Nach einer Rechnung wie im zweiten Beispiel erhält man daraus für die Richtung ϑ der Ellipsenhauptachsen gegen die x-Achse die Gleichung:

$$\operatorname{tg}\vartheta = \sqrt{\frac{N}{1-N} - \frac{1\pm\sqrt{1-4\,N\,M\,(1-M)}}{2\,M\,\sqrt{N\,(1-N)}}}\,.$$

Dabei ist $N=\sin^2 2\,\alpha$, $M=\sin^2\pi\,m$. Für die Quadrate der halben Hauptachsen ergeben sich die Werte:

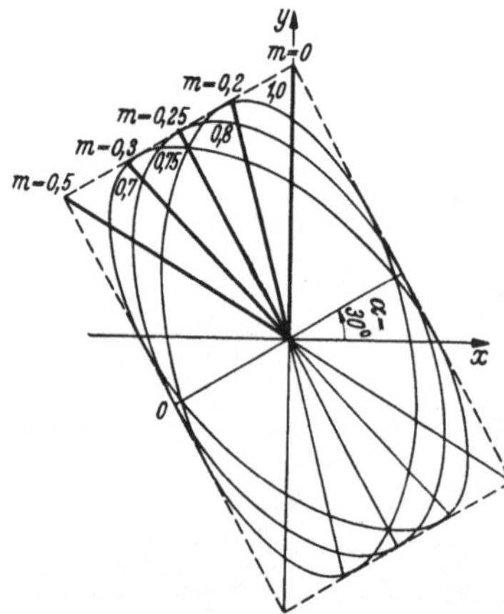

Abb. 60. Elliptisches Licht für $\alpha = 30°$ und verschiedene Werte m.

$$J_{I,II}^{\prime\,2} = \frac{1\pm\sqrt{1-4\,N\,M\,(1-M)}}{2}\,.$$

Ein Beispiel ($\alpha = 30°$, $N = 0{,}75$) zeigt Abb. 60. Man erhält linearpolarisiertes Licht, wenn $J'_{II}=0$ ist, d. h. wenn N oder M oder $(1-M)=0$ ist. Dann ist entweder $\alpha = 0°$ bzw. $90°$ oder es ist $\sin^2\pi m$ bzw. $\cos^2\pi m = 0$, d. h. $m = 0, \pm 1/_2,\ 1,\ 3/_2$ usw.

2. Mehrere Körper.

Im folgenden werden Formeln für zwei und drei hintereinander stehende doppelbrechende Körper abgeleitet. Dazu mag vorweg noch erwähnt werden, daß bei der Berechnung der Lichtstärke des durchdringenden Strahles bisher stets angenommen wurde, daß das Licht verlustlos alle durchsichtigen Teile durchstrahlt. In Wirklichkeit kann das nie der Fall sein. Die Lichtverluste durch Färbung oder Trübung der bestrahlten Körper (Prismen, Linsen, Filter, Probekörper) und durch Spiegelung an spiegelnden Flächen sind in Wirklichkeit erheblich, dabei wachsen die Verluste mit jedem neu hinzukommenden Körper. Eine allgemeine Abschätzung dieser Verluste wird auf S. 91 mitgeteilt werden. Da aber diese Verluste alle Komponenten des Lichts etwa gleich betreffen, äußern sie sich lediglich als Schwächung der gesamten Lichtstärke, ohne daß Phase oder Richtung des Lichtes wesentlich beeinflußt würden. Die Rechnungen werden daher unabhängig von der schließlich insgesamt zu berücksichtigenden Verlustziffer durchgeführt. In den bereits abgeleiteten und den folgenden Formeln handelt es sich also stets um den theoretischen, verlustfreien Strahl.

Zunächst sei hinter den durchstrahlten Körper ein zweiter gestellt, dessen Hauptachsen parallel zu denen des ersten sind. Das elliptische Licht wird sich dann wieder in zwei Komponenten aufspalten, die nach Richtung und gegenseitiger Phase den beiden Komponenten im ersten Körper entsprechen. Eine im zweiten Körper wirksame Relativverzögerung der beiden Komponenten gegeneinander — etwa um den Betrag $\overline{m}$ — addiert sich also einfach zu der bereits vorhandenen Relativverzögerung hinzu, es ist schließlich, als wäre nur ein Körper mit der Gesamtverzögerung $(m+\overline{m})$ vorhanden (Abb. 61). Von dieser Tatsache wird bei der Kompensation Gebrauch gemacht (S. 59). Dabei sei betont, daß die einfache Überlagerung der beiden Wirkungen nur möglich ist, wenn die Hauptachsenkreuze der beiden Körper parallel sind. Im allgemeinen Fall gilt keine einfache Beziehung dieser Art. Ein Beispiel: Es sei die Hauptachse des ersten Körpers um den Winkel $\alpha = +30°$ geneigt. In ihm werde eine Relativverzögerung m bewirkt. Der zweite Körper sei um den Winkel $\alpha = -30°$ geneigt. Er bewirke dieselbe Relativverzögerung m. Es wäre jetzt verkehrt etwa anzunehmen, daß diese beiden Wirkungen sich nach Art einer Vektor- bzw. Tensoraddition zu einer Wirkung in Richtung $\alpha = 0$ zusammensetzen. Für $m = \tfrac{1}{2}$ sieht man das unmittelbar ein (Abb. 62). Der erste Körper bewirkt eine Drehung des Lichtvektors um $+60°$, im zweiten ist also nunmehr eine Hauptachse parallel zur Polarisationsebene, d. h. es tritt keine Veränderung von Größe und Richtung des Lichtvektors mehr ein.

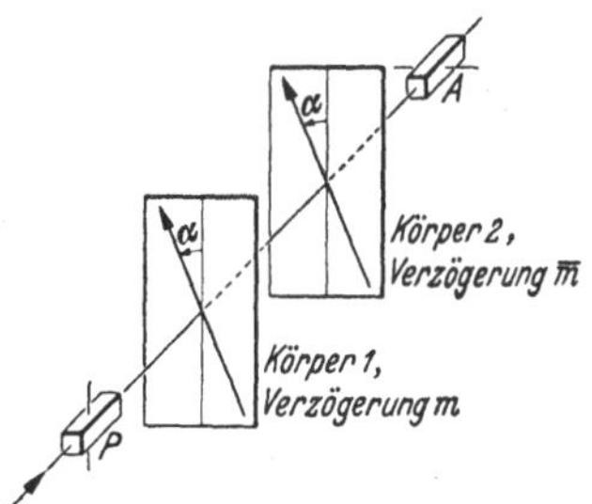

Abb. 61. Zwei Körper mit parallelen Hauptachsen zwischen gekreuzten Polarisatoren.

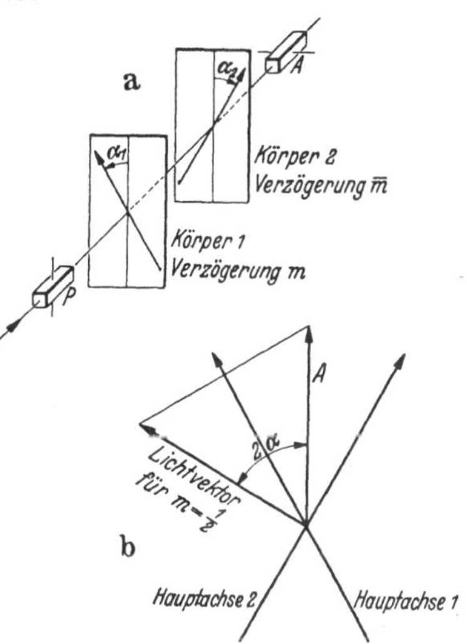

Abb. 62a u. b. a Zwei Körper mit verschieden geneigten Hauptachsen zwischen gekreuzten Polarisatoren. b $\alpha_1 = +30°$, $\alpha_2 = -30°$, m (in Körper 1) $= \tfrac{1}{2}$.

Die Rechnung für mehrere hintereinander stehende Körper soll im folgenden nur für einige Sonderfälle von praktischer Bedeutung durchgeführt werden. Der erste Körper sei dabei stets unter dem Winkel $\alpha = 45°$ eingestellt, d. h. der Lichtvektor hinter dem ersten Körper lasse sich darstellen durch

$$J'_x = A \sin \pi m \sin 2\pi n t$$
$$J'_y = A \cos \pi m \sin (2\pi n t - \pi/2)$$
$$= -A \cos \pi m \cos 2\pi n t$$

(vgl. S. 52).

a) Die Hauptachsen des zweiten Körpers seien wieder parallel zum Polarisationskreuz x, y. In ihm werde eine Verzögerung $\overline{m}$ bewirkt

(Abb. 63). Das austretende Licht wird dann beschrieben durch die Gleichungen:

$$J''_x = A \sin \pi m \sin 2 \pi n t$$
$$J''_y = - A \cos \pi m \cos 2 \pi (n t - \overline{m}).$$

Ist im zweiten Körper die Verzögerung $\overline{m} = \pm \tfrac{1}{4}$, so wird

$$\cos 2 \pi (n t - \overline{m}) = \pm \sin 2 \pi n t,$$

d. h. es wird

(26) $$\frac{J''_x}{J''_y} = \frac{\pm \sin \pi m}{\cos \pi m} = \pm \operatorname{tg} \pi m.$$

Das Ergebnis für $\overline{m} = \pm \tfrac{1}{4}$ ist demnach linear polarisiertes Licht, dessen Polarisationsebene um $\pm \pi m$ gedreht ist. Die Drehung ist gleich

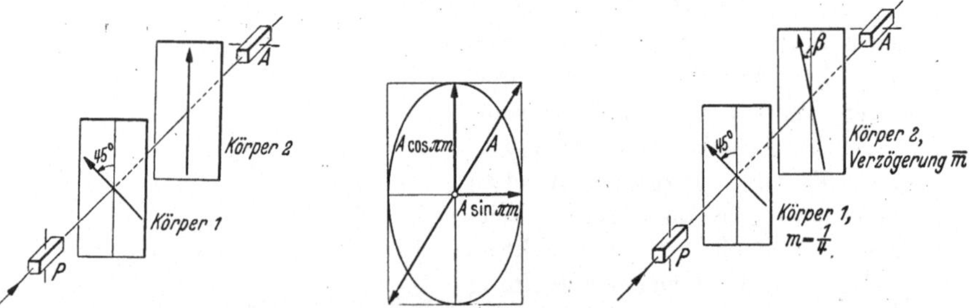

Abb. 63. Körper 2 hat eine zur Polarisationsebene parallele Hauptachse.

Abb. 64. Bildung linearen Lichtes aus elliptischem Licht durch Verzögerung der Hauptachsenkomponenten um $m = {}^1/_4$.

Abb. 65. Bildung von zirkularpolarisiertem Licht durch Körper 1, dahinter Körper 2.

der halben Relativverzögerung im ersten Körper, gemessen im Bogenmaß. Der Drehsinn hängt vom Vorzeichen von m und vom Vorzeichen von $\overline{m}$ ab. Anschaulich ergibt sich dies sofort daraus, daß hinter dem ersten Körper der Lichtvektor eine Ellipse mit waagerechter und senkrechter Hauptachse beschreibt (vgl. S. 50). Zerlegt man diese Ellipse in eine waagerechte und senkrechte Komponente, so haben diese beiden eine gegenseitige Phasenverschiebung von $^1/_4$ Wellenlänge. Durch zusätzliche Verzögerung um $^1/_4$ Wellenlänge werden sie also phasengleich (bzw. entgegengesetzt) und setzen sich zu einer linearen Schwingung, der Ellipsendiagonalen, zusammen (Abb. 64).

b) Im ersten Körper sei $m = + \tfrac{1}{4}$, es sei also

$$J'_x = \frac{A}{\sqrt{2}} \sin 2 \pi n t$$

$$J'_y = - \frac{A}{\sqrt{2}} \cos 2 \pi n t \qquad (\text{,,Zirkularpolarisiertes Licht''}).$$

Der zweite Körper habe eine Hauptachsenneigung β gegen das Polarisationskreuz (Abb. 65), seine Verzögerung sei $\overline{m}$. Die Aufspaltung in Komponenten J'_1 und J'_2 ergibt hinter dem zweiten Körper:

$$J_1'' = \frac{A}{\sqrt{2}} (\cos \beta \sin 2\pi nt - \sin\beta \cos 2\pi nt)$$

$$J_2'' = \frac{A}{\sqrt{2}} \left(- \sin \beta \sin 2\pi (nt - \overline{m}) - \cos \beta \cos 2\pi (nt - \overline{m}) \right),$$

also:

$$J_1'' = \frac{A}{\sqrt{2}} \sin (2\pi nt - \beta)$$

$$J_2'' = - \frac{A}{\sqrt{2}} \cos (2\pi nt - \beta - 2\pi \overline{m}).$$

Der Wert β in beiden Argumenten bedeutet lediglich eine Verschiebung der Zeitrechnung, er kann also fortgelassen werden. (Im zirkularen Licht ist keine Richtung ausgezeichnet!) Weitere Zerlegung in die x- und y-Richtung ergibt schließlich:

$$J_x'' = \frac{A}{\sqrt{2}} \big(\cos \beta \sin 2\pi nt + {}$$
$$+ \sin \beta \cos 2\pi (nt - \overline{m}) \big)$$

$$J_y'' = \frac{A}{\sqrt{2}} \big(\sin \beta \sin 2\pi nt - {}$$
$$- \cos \beta \cos 2\pi (nt - \overline{m}) \big).$$

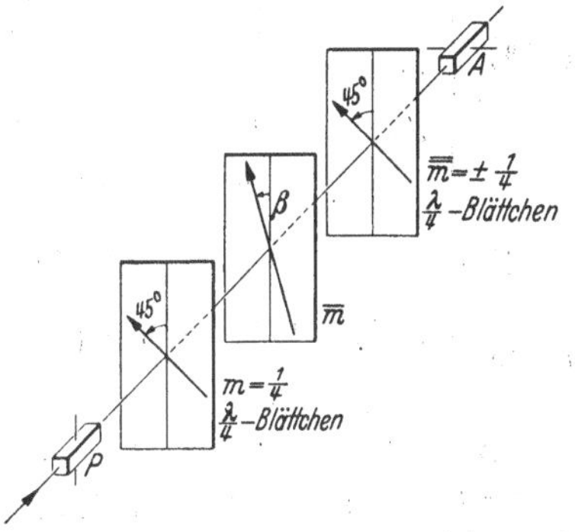

Abb. 66. Körper zwischen zwei $\lambda/4$-Blättchen.

c) Die Anordnung b) werde nun noch durch einen dritten Körper ergänzt, dessen Achsen wieder parallel zu den Achsen des ersten Körpers stehen, also unter $45°$ gegen die x-Achse geneigt sind. Der Körper bewirke eine Verzögerung $m = \pm \frac{1}{4}$ (Abb. 66). Dann wird

$$J_1''' = \frac{A}{2} \{ \sin 2\pi nt (\sin \beta + \cos \beta) + \cos 2\pi (nt - \overline{m}) (\sin \beta - \cos \beta) \}$$

$$J_2''' = \frac{A}{2} \{ \sin 2\pi (nt \mp \tfrac{1}{4}) (\sin \beta - \cos \beta) - \cos 2\pi (nt - \overline{m} \mp \tfrac{1}{4}) (\sin \beta + \cos \beta) \}$$

$$= \frac{A}{2} \{ \mp \cos 2\pi nt (\sin \beta - \cos \beta) \mp \sin 2\pi (nt - \overline{m}) (\sin \beta + \cos \beta) \}.$$

Daraus folgt schließlich:

$$J_x''' = \frac{A}{2\sqrt{2}} \{ \sin \beta [\sin 2\pi nt \pm \cos 2\pi nt + \cos 2\pi (nt - \overline{m}) \pm \sin 2\pi (nt - \overline{m})]$$
$$+ \cos \beta [\sin 2\pi nt \mp \cos 2\pi nt - \cos 2\pi (nt - \overline{m}) \pm \sin 2\pi (nt - \overline{m})] \}$$

$$J_y''' = \frac{A}{2\sqrt{2}} \{ \sin \beta [\sin 2\pi nt \mp \cos 2\pi nt + \cos 2\pi (nt - \overline{m}) \mp \sin 2\pi (nt - \overline{m})]$$
$$+ \cos \beta [\sin 2\pi nt \pm \cos 2\pi nt - \cos 2\pi (nt - \overline{m}) \pm \sin 2\pi (nt - \overline{m})] \}$$

und hieraus wegen $\sin u \pm \cos u = \sqrt{2} \cdot \sin (u \pm \pi/4)$
$$= \sqrt{2} \pm \cos (u \mp \pi/4)$$

mit entsprechender Verschiebung der Zeitrechnung:

Obere Vorzeichen ($\overline{\overline{m}} = + \tfrac{1}{4}$):

$$J_x''' = \frac{A}{2}\left\{\sin\beta\left[\sin 2\pi nt + \sin 2\pi (nt - \overline{m})\right] - \cos\beta\left[\cos 2\pi nt + \cos 2\pi (nt - \overline{m})\right]\right\}$$

$$J_y''' = \frac{A}{2}\left\{\sin\beta\left[-\cos 2\pi nt + \cos 2\pi (nt - \overline{m})\right] + \cos\beta\left[\sin 2\pi nt - \sin 2\pi (nt - \overline{m})\right]\right\},$$

oder nach einfacher Umordnung:

$$(27\,\text{a})\quad
\begin{cases}
J_x''' = -\dfrac{A}{2}\left\{\cos (2\pi nt + \beta) + \cos (2\pi nt + \beta - 2\pi \overline{m})\right\}\\[2mm]
J_y''' = \dfrac{A}{2}\left\{\sin (2\pi nt - \beta) - \sin (2\pi nt - \beta - 2\pi \overline{m})\right\}\\[1mm]
\text{oder}\\[1mm]
J_x''' = -A\cos\pi\overline{m}\cos (2\pi nt + \beta - \pi\overline{m})\\[1mm]
J_y''' = A\sin\pi\overline{m}\cos (2\pi nt - \beta - \pi\overline{m}).
\end{cases}$$

Entsprechend erhält man für die *unteren* Vorzeichen ($\overline{\overline{m}} = - \tfrac{1}{4}$):

$$(27\,\text{b})\quad
\begin{cases}
J_x''' = A\sin\pi\overline{m}\cos (2\pi nt - \beta - \pi\overline{m})\\[1mm]
J_y''' = -A\cos\pi\overline{m}\cos (2\pi nt + \beta - \pi\overline{m}).
\end{cases}$$

c_1) In beiden Vorzeichenfällen ist also β schließlich nur als Phase in der Gleichung enthalten, d. h. der Größtwert der x- und y-Komponente des Lichtes ist unabhängig von β:

$$\overline{\overline{m}} = + \tfrac{1}{4} \qquad\qquad\qquad \overline{\overline{m}} = - \tfrac{1}{4}$$
$$J_{x\,\max}''' = A\cos\pi\overline{m} \qquad\qquad J_{y\,\max}''' = A\sin\pi\overline{m}$$
$$J_{y\,\max}''' = A\sin\pi\overline{m} \qquad\qquad J_{x\,\max}''' = A\cos\pi\overline{m}.$$

Die Formel mit $\overline{\overline{m}} = - \tfrac{1}{4}$ für den Fall des „zirkularpolarisierten Arbeitsfeldes zwischen gekreuzten Polarisatoren" bezieht sich auf folgende Anordnung (Abb. 66): Hinter dem Polarisator wird unter 45° Achsenneigung ein Körper gestellt, der die Verzögerung $m = + \tfrac{1}{4}$ bewirkt („Viertelwellenlängenblättchen"), der also zirkularpolarisiertes Licht erzeugt. Vor dem Analysator steht ein ebenso geneigter Körper, der die Verzögerung $\overline{\overline{m}} = - \tfrac{1}{4}$ bewirkt. Der Analysator ist wie üblich gegen den Polarisator gekreuzt und läßt nur die zur x-Achse parallele Lichtkomponente hindurch, also ein Licht mit einer zu $J_{x\,\max}^2$ verhältnisgleichen Lichtstärke. Steht zwischen den beiden Viertelwellenblättchen im zirkularpolarisierten Feld ein beliebig gerichteter Körper mit der wirksamen Relativverzögerung $\overline{m}$, so ist demnach die durchfallende Lichtstärke verhältnisgleich zu

$$(28)\qquad\qquad A_a^2 = J_{x\,\max}'''^{\,2} = A^2\sin^2\pi\overline{m}.$$

Dies entspricht der Gleichung (25a) (S. 52), jedoch unabhängig von der Richtung des Körpers. Das Licht verhält sich, als wäre in der zu Gleichung (25a) gehörigen Anordnung (Abb. 58) stets $\alpha = 45°$. Insbesondere ist das Feld dunkel für $m = 0$, d. h. auch dann, wenn kein Körper im Zirkularfeld steht. (Das zweite Viertelwellenblättchen hebt die Wirkung des ersten auf.)

c_2) Für $\beta = 0°$ ist außerdem mit $m = +\frac{1}{4}$, $\overline{\overline{m}} = -\frac{1}{4}$:

$$(29) \qquad \frac{J_x''}{J_y'''} = \frac{-\cos \pi m}{\sin \pi m} = \frac{-1}{\operatorname{tg} \pi \overline{m}}, \quad \text{ebenso mit} \quad \overline{\overline{m}} = +\frac{1}{4}: \frac{J_x'''}{J_y'''} = -\operatorname{tg} \pi \overline{m}.$$

Für $\beta = 90°$ erhält man entsprechend $\dfrac{1}{\operatorname{tg} \pi \overline{m}}$ und $\operatorname{tg} \pi \overline{m}$. Es liegt also wie im Fall a) linearpolarisiertes Licht vor, dessen Polarisationsebene um den Betrag $\pi \overline{m}$ gegen die x- oder y-Achse gedreht ist.

3. Messung der Relativverzögerung.

Im vorigen Abschnitt sind die notwendigen Formeln für die Messung des Betrages der Relativverzögerung bereits enthalten. Entsprechend diesen Gleichungen kann man demnach zur Messung einer in einem Modell vorliegenden Relativverzögerung folgende Anordnungen verwenden:

a) Der Körper steht (unmittelbar oder im Zirkularfeld zwischen zwei Viertelwellenblättchen) zwischen gekreuzten Polarisatoren. Die in ihm bewirkte Relativverzögerung der beiden Hauptkomponenten kann dadurch gemessen werden, daß man einen zweiten Körper (Meßkörper, Kompensator) gleicher Hauptachsenrichtung vor oder hinter den Versuchskörper setzt und so lange verändert, bis seine optische Wirkung die des Versuchskörpers gerade aufhebt, kompensiert. Als Meßkörper dient irgendeine Vorrichtung, die in bestimmter Richtung eine meßbare optische Doppelbrechung herzustellen gestattet. Verwendbar sind z. B. ein meßbar belasteter Streifen (Zug- oder Biegestab) aus Glas, Bakelit oder Zelluloid, ein Quarzkeil veränderlicher Dicke (verschiebbarer Quarzkeil wie im Babinet-Kompensator) oder eine drehbare Kristallplatte (Kompensator nach EHRINGHAUS oder BEREK). Die im Fall der Kompensation abgelesene bzw. tabellarisch ermittelte Doppelbrechung des Körpers entspricht mit umgekehrtem Vorzeichen der Relativverzögerung im Versuchskörper. Falls der Körper unmittelbar zwischen den beiden gekreuzten Polarisatoren steht, richtet man ihn, bzw. die Polarisatoren, zweckmäßig so aus, daß das Polarisationskreuz gegen die Achsen des Versuchs- und Meßkörpers um 45° geneigt ist. Im Fall zirkularpolarisierten Lichtes müssen lediglich Versuchs- und Meßkörper gleichgerichtet sein.

b_1) Der Versuchskörper mit der Relativverzögerung m steht mit seiner Hauptachse um 45° gegen den Polarisator geneigt unmittelbar hinter diesem. Dahinter befindet sich ein Viertelwellenblättchen, dessen eine Hauptachse parallel zur Polarisatorachse ist. Nach Gleichung (26) (S. 56) ist das austretende Licht linear polarisiert, seine Polarisationsebene ist um $\pi\,m$ gegen die Polarisatorebene geneigt. Zur Messung dreht man den Analysator, der ursprünglich gegen den Polarisator gekreuzt ist, solange, bis das Feld dunkel ist. Der notwendige Drehwinkel sei φ, so ist $\pi m = \varphi$, d. h. $m = \varphi/\pi$ bzw. $\varphi/180$, wenn φ in Grad gemessen wird (Abb. 67). Selbstverständlich ist bei einer derartigen Kompensation darauf zu achten, daß ein Auslöschen ebenfalls bei $\varphi = \pi\,(m \pm 1, 2, 3, \ldots$ usw.) stattfindet. In praktischen Fällen wird man stets aus anderen Beobachtungen wissen, zwischen welchen ganzen Zahlen m zu suchen ist. Außerdem ist der positive Drehsinn vor dem Beginn der Messung besonders festzustellen. Da er von der Einstellung des Viertelwellenblättchens abhängt, die nur versuchsmäßig festgestellt werden kann, empfiehlt sich für jede getroffene Anordnung die versuchsmäßige Feststellung des positiven Drehsinns.

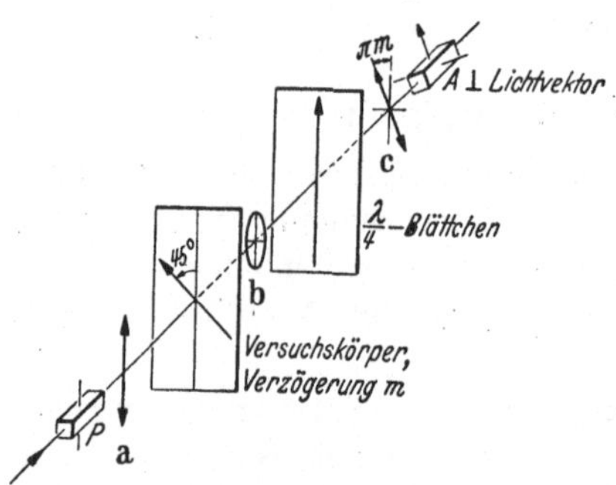

Abb. 67. a linearpolarisiertes Licht. b elliptisches Licht mit senkrechter Ellipsenhauptachse infolge der Verzögerung m im Versuchskörper. c lineares Licht der Neigung $\pi\,m$ infolge des $\lambda/4$-Blättchens.

$b_2)$ Stellt man sich die Anordnung $b_1)$ in Auslöschstellung vor, also nach Abb. 67, so kann man sich den Strahlengang auch umgekehrt denken. Das Licht kommt dann vom Analysator her mit einer Schwingungsebene, die senkrecht zu der in Abb. 67 gezeichneten gerichtet ist. Im $\lambda/4$-Blättchen wird hieraus elliptisches Licht mit demselben Achsenverhältnis wie gezeichnet, aber vertauschten Achsen. Das Modell macht hieraus waagerecht linear polarisiertes Licht, das den Polarisator nicht durchdringen kann. Ein Lichtstrahl wird also ausgelöscht, unabhängig davon, ob er die Anordnung vorwärts oder rückwärts durcheilt. Die Messung $b_1)$ kann also auch folgendermaßen durchgeführt werden (Abb. 67, rückwärts gedeutet): Der zu messende Körper wird unter 45° Neigung zwischen gekreuzte Polarisatoren gestellt. *Vor* dem Modell wird ein $\lambda/4$-Blättchen eingeschaltet, dessen Hauptachsen parallel zum Polarisationskreuz stehen. Der *Polarisator* wird nun gedreht, bis Dunkelheit eintritt. Der Drehwinkel φ entspricht dem Wert $\pi(m \pm k)$ mit ganzzahligem k.

$b_3)$ Eine grundsätzlich gleiche Messung ist nach den Gleichungen (29) (S. 59) durchführbar. Durch den Polarisator und ein dahinter geschaltetes Viertelwellenblättchen unter 45° wird ein Zirkularfeld hergestellt. In ihm steht in irgendeiner Richtung der Versuchskörper. Hinter ihm folgt ein $\lambda/4$-Blättchen, dessen Hauptachse um 45° gegen den Versuchskörper geneigt ist (Abb. 68). Das austretende Licht ist linear polarisiert, die Polarisationsebene ist um den Winkel $\pi\,m$ gegen die Hauptachse des Viertelwellenblättchens geneigt. Durch Drehung des dahinterstehenden Analysators bis zur Felddunkelheit ist wie unter b$_1$) der Betrag von m meßbar. Die Ableitung der Formeln (S. 57) geschah zwar unter besonderen Voraussetzungen, denn der Polarisator und das erste $\lambda/4$-Blättchen hatten eine bestimmte Richtung; man sieht aber leicht ein, daß zirkularpolarisiertes Licht unabhängig von seiner Entstehung keinerlei bevorzugte Richtung mehr aufweist, d. h. es ist für den weiteren Strahl belanglos, welche Richtung im Raum Polarisator und $\lambda/4$-Blättchen hatten. Nur ihre gegenseitige Neigung muß 45° betragen. Ebenso müssen der Versuchskörper und das zweite $\lambda/4$-Blättchen um 45° gegeneinander geneigt sein.

c) Eine insbesondere in der Spannungsoptik mögliche Messung der in einem Modell auftretenden Relativverzögerungen wird auf S. 125 und 137 noch näher erläutert. Sie ist nur bei sehr hohen Beträgen von m möglich und beruht darauf, daß man die mit steigendem m-Wert aufeinander folgenden Verdunkelungen des Feldes einfach abzählt.

d) Eine völlig andere Messung läßt sich durch Verwendung eines Interferometers durchführen, wobei die absolute Verzögerung jeder einzelnen Lichtkomponente für sich unmittelbar bestimmt wird.

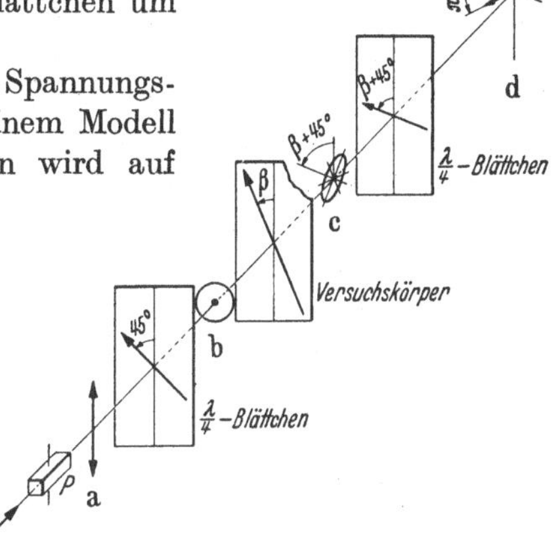

Abb. 68. a lineares Licht.　b zirkulares Licht. c elliptisches Licht mit Ellipsenhauptachsenneigung ($\beta + 45°$).　d lineares Licht der Neigung ($\beta + 45° + \pi\,m$).

Zwei Wellenbewegungen löschen sich aus, wenn sich ihre Wirkungen in jedem Augenblick gegenseitig aufheben, wenn sie also gleiche Größe und Richtung, aber entgegengesetztes Vorzeichen (d. h. eine halbe Wellenlänge gegenseitige Phasenverschiebung) haben. Eine zusätzliche Phasenverschiebung des einen Strahles hebt die Auslöschung auf und kann durch eine genau gleiche Phasenverschiebung des zweiten Strahles wieder rückgängig gemacht werden, so daß die Auslöschung wieder vollkommen ist. Zur Anwendung dieses Tatbestandes muß das Licht *einer* Lichtquelle in zwei Teile annähernd gleicher Lichtstärke geteilt werden, die miteinander „interferieren" können. Eine für den vorliegenden Zweck mit Erfolg verwendete Anordnung wird in Kap. V, Abschnitt 10 kurz beschrieben. Man mißt dabei unmittelbar die beiden Werte M_1 und M_2 (S. 48). Es wird sich zeigen, daß diese Art der Messung in der Spannungsoptik besondere Bedeutung hat.

4. Vielfarbiges Licht.

Die bisherigen Betrachtungen bezogen sich auf einfarbiges Licht. Im Fall weißen Lichtes treten nun nach Gleichung (23) (S. 48) weitere Erscheinungen ein, die im folgenden behandelt werden sollen.

Weißes Licht setzt sich bekanntlich aus allen sichtbaren Farben von Rot bis Violett zusammen, die Wellenlängen bzw. Frequenzen der einzelnen Farben sind im folgenden zusammengestellt:

Farbe	Wellenlänge im Vakuum (λ in $m\mu$)	Frequenz (n in 1/sec)	*Farbe*	Wellenlänge im Vakuum (λ in $m\mu$)	Frequenz (n in 1/sec)
Tiefrot	770	$390 \cdot 10^{12}$	Grün	536,0 (Thallium)	$559 \cdot 10^{12}$
Rot	670,8 (Lithium)	$446 \cdot 10^{12}$	Blaugrün	500	$600 \cdot 10^{12}$
Hellrot	650	$460 \cdot 10^{12}$	Blau	450	$665 \cdot 10^{12}$
Orange	620	$485 \cdot 10^{12}$	Indigo	435,8 (Quecksilber)	$688 \cdot 10^{12}$
Gelb	589,3 (Natrium)	$509 \cdot 10^{12}$	Violett	390	$770 \cdot 10^{12}$
Hellgrün	546,1 (Quecksilber)	$549 \cdot 10^{12}$			

Während die Frequenz n (Farbe) eines bestimmten Lichtes bei allen Brechungserscheinungen streng dieselbe bleibt, ändert sich die Wellenlänge λ_i mit der Geschwindigkeit c_i des Lichtes in dem betreffenden Stoff, es ist $\lambda_i = c_i/n$. Die Lichtgeschwindigkeit c_i ergibt sich aus der Geschwindigkeit c im Vakuum nach der Gleichung $c_i = B \cdot c$, dabei ist B der Kehrwert des (sonst allgemein mit n bezeichneten) Brechungsindex. Während c eine absolute Konstante ist (299 860, d. h. rd. 300 000 km/s), ist die Geschwindigkeit c_i im allgemeinen von der Lichtfarbe, d. h. von der Schwingungsfrequenz abhängig, die Brechungszahl B ist für verschiedene Farben verschieden (c_i für Rot ist im allgemeinen größer als c_i für Violett). Diese als „Dispersion" bekannte Erscheinung macht sich jedoch bei den gewöhnlichen Verhältnissen der Spannungsoptik nur als kleine Störung bemerkbar, in erster Näherung darf man c_i als unabhängig von der Farbe annehmen. Aus Gleichung (23) (S. 48) folgt dann, daß sich bei gegebenen Doppelbrechungsverhältnissen und gegebener Modelldicke d eine gegenseitige Verzögerung m der beiden Lichtstrahlen einstellt, die verhältnisgleich zur Frequenz n, also umgekehrt verhältnisgleich zur Wellenlänge λ ist:

$$m = \frac{1}{\lambda} \cdot d \cdot c \cdot \frac{c_1 - c_2}{c_1 \cdot c_2} = \frac{1}{\lambda} \cdot Z.$$

($Z = m \cdot \lambda$, von der Dimension einer Länge, ist also die gegenseitige Verzögerung der beiden Lichtkomponenten, Z wird wie λ in $m\mu$ gemessen und ist annähernd unabhängig von der Farbe des Lichtes.)

In den beiden wichtigsten Fällen der Spannungsoptik ist nach Gleichung (25a) (S. 52) und Gleichung (28) (S. 58) die vom Analysator durchgelassene Lichtstärke verhältnisgleich zu $\sin^2 \pi m$, mit steigendem m stellt sich also die durchgelassene Lichtstärke als eine Wellenfunktion dar, wie sie in Abb. 69 noch einmal skizziert ist.

Beispielsweise sei nun der Wert von Z ungefähr $= 440$ mμ, d. h. für das Blau dieser Wellenlänge sei gerade $m = Z/\lambda = 1$. Für die übrigen, längerwelligen Lichtfarben ist dann $m < 1$, so daß sie noch nicht ausgelöscht sind; das durchgelassene Licht setzt sich also aus allen Farbbestandteilen des weißen Lichtes, mit Ausnahme des ausgelöschten Blau, zusammen, es erscheint die „Komplementärfarbe" des Blau, nämlich Gelb.

Ebenso ist bei einem etwas größeren Z (z. B. 540 mμ) gerade das entsprechende Grün ausgelöscht, so daß sich aus den gelben und roten Bestandteilen ($m < 1$) und dem blauvioletten Ende des Spektrums ($m > 1$) die Komplementärfarbe zu Grün, nämlich Rot zusammensetzt.

Ist Z noch etwas größer (590 mμ), so wird vom Licht die für das Auge wirksamste Lichtkomponente, Gelb, ausgelöscht und es erscheint Blau als Komplementärfarbe, daran schließt sich bei abermals größerem Z (um 700 mμ) die Komplementärfarbe zu Rot, nämlich Grün.

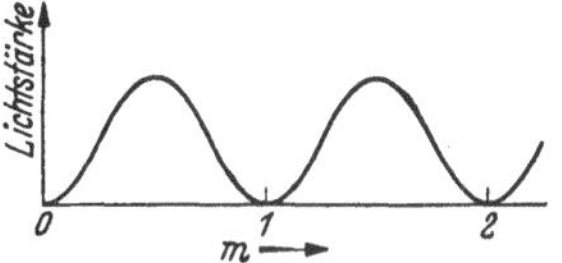

Abb. 69. Vom Analysator durchgelassenes Licht, verhältnisgleich zu $\sin^2 \pi m$.

Hiermit endet die „erste Ordnung" der erscheinenden Farben, da bei weiterer Vergrößerung von Z in derselben Reihenfolge die doppelten Wellenlängen erreicht werden, so daß sich die genannte Farbfolge wiederholt. Die sichtbaren Komplementärfarben werden dann als Farben zweiter, dritter Ordnung usw. bezeichnet, deren Ton infolge der anderen Lichtzusammensetzung aber von dem Farbton der ersten Ordnung spürbar abweicht. In der folgenden Zusammenstellung sind die mit steigendem Z zu erwartenden Farben aufgezählt:

Z (mμ)	Ausgelöscht	Sichtbar	Z (mμ)	Ausgelöscht	Sichtbar
0	alle Farben	keine Farbe, Dunkelheit	! 1160		„empfindliche Farbe"
100—300	keine Farbe	alle Farben, dunkel- bis hellgrau	! 1180	Gelb 2	Blau 2
			1320	{ Rot 2 / Blau 3 }	Grün 2
440	Blau 1	Gelb 1	! 1620	Grün 3	Rot 3
540	Grün 1	Rot 1	1760	Blau 4	
! 580		„empfindliche Farbe"	1770	Gelb 3	
			1980	Rot 3	Grün 3
! 590	Gelb 1	Blau 1	2160	Grün 4	Rot 4
660	Rot 1	Grün 1	2200	Blau 5	
880	Blau 2	Gelb 2	2360	Gelb 4	
! 1080	Grün 2	Rot 2			

Vom Auge wird der mit steigendem Z eintretende Umschlag von Rot nach Blau in der Gegend von $Z = 580$ bzw. $Z = 1160$ mμ besonders stark empfunden („empfindliche Farbe"), aber auch Blau 1 und 2 sowie

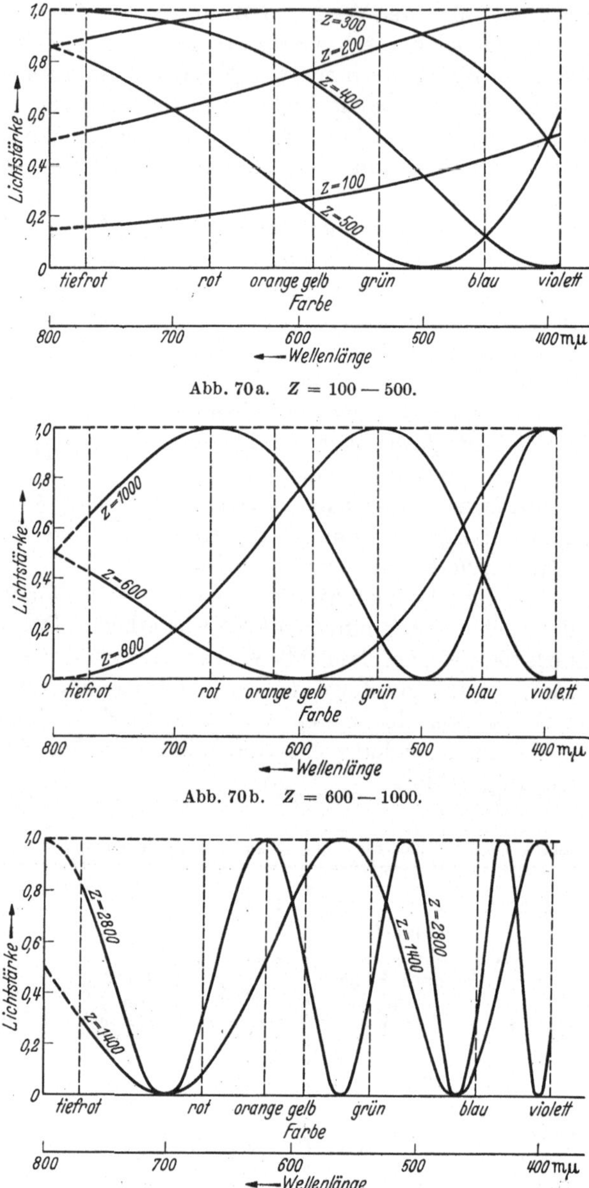

Abb. 70a. $Z = 100 - 500$.

Abb. 70b. $Z = 600 - 1000$.

Abb. 70c. $Z = 1400 - 2800$.

Abb. 70a—c. Durchgelassenes Licht bei gegebenem $Z = \lambda \cdot m$ bei ursprünglicher Lichtstärke „1" für alle λ (Funktionen $\sin^2 \pi Z/\lambda$).

Rot 2 und 3 (in der Tabelle mit **!** bezeichnet) sind sehr scharf erkennbar. Diese Farben eignen sich daher besonders für Eichzwecke (vgl. S. 141).

Bei höheren Z-Werten sind nur noch Rot und Grün erkennbar, die sich schließlich ebenfalls zu einer weißlichen Mischfarbe vereinigen.

Für genauere Untersuchungen genügt natürlich diese einfache Betrachtung der „ausgelöschten Farben" nicht, es muß vielmehr der Zusammenhang der durchgelassenen Lichtstärke mit der Wellenlänge eingehender untersucht werden. Da man annehmen darf, daß Z etwa unabhängig von λ ist, ist bei einer gegebenen Verzögerung $Z = m\lambda$ für das ganze Spektrum die durchgelassene Lichtstärke verhältnisgleich zu $\sin^2 \pi \dfrac{Z}{\lambda}$. Diese Funktion ist für verschiedene Z in Abb. 70a, b und c in Abhängigkeit von λ aufgetragen. Man sieht, daß für höhere Werte Z keine klaren Farben mehr erscheinen können. Für die wirklich vorliegenden Lichtverhältnisse müssen diese Funktionen noch mit der ursprünglichen Lichtstärke der einzelnen Lichtwellenlängen multipliziert werden, dazu ist die Kenntnis der spektralen Energieverteilung der verwendeten Lichtquelle erfor-

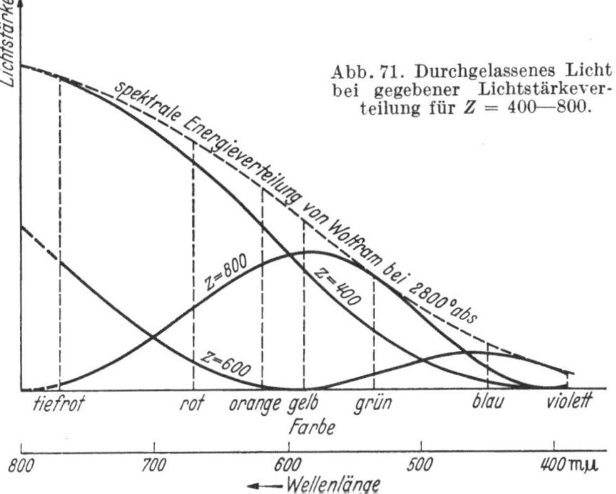

Abb. 71. Durchgelassenes Licht bei gegebener Lichtstärkeverteilung für $Z = 400$—800.

derlich. Die in Abb. 71 angenommene Energieverteilungsfunktion entspricht dem sichtbaren Licht einer Wolframpunktlichtlampe. Für den Farbeindruck im Auge kommt hierzu die spektrale Augenempfindlichkeit, die bekanntlich bei dunkelviolett und tiefrot bereits recht gering ist. Photographische Platten geben je nach ihrer Sensibilisation ebenfalls andere Bilder, insbesondere werden normale Platten mit vorwiegender Blauviolettempfindlichkeit eine Schwärzung vorwiegend infolge des rechten Teiles der gezeichneten Kurven aufweisen.

Die in diesem Abschnitt überhaupt nicht berücksichtigte Abhängigkeit der Lichtstärke vom Winkel α [Gleichung (25) (S. 52)] gilt für alle Farben gleich, sie bedeutet also eine Verminderung der Lichtstärke der eben genannten Mischfarben bis auf völlige Dunkelheit für $\alpha = 0°$, 90°, 180° usw., ohne daß dadurch der Farbton beeinflußt würde.

Ist der doppelbrechende durchleuchtete Stoff außerdem noch eigengefärbt, wie z. B. bernsteingelbes Bakelit oder Phenolit, so wird der entsprechende komplementäre Farbbestandteil, bei Bakelit also Blau, verschluckt. Die Farbreihe vereinfacht sich dann zu einer Reihe, die

Mesmer, Spannungsoptik. 5

über Gelb 1 unmittelbar zu Rot 1, Grün 1, Rot 2, Grün 2 usw. übergeht. Dieselbe Wirkung wird auch durch Einschaltung etwa eines leichten Gelbfilters in den Strahlengang bewirkt.

III. Grundtatsachen der ebenen Spannungsoptik.

1. Grundgleichungen.

Homogene isotrope Stoffe, wie spannungsfreies Glas, Zelluloid usw. verhalten sich ursprünglich auch optisch nach allen Richtungen gleich. Werden solche Stoffe verformt, d. h. infolge von mechanischen Kräften unter Spannung gesetzt, so werden sie anisotrop, sie bekommen gleichsam Kristalleigenschaften und werden dabei auch wie Kristalle optisch doppelbrechend. Die Gesetze dieser „akzidentellen“, „temporairen“ oder „zeitweisen“ Doppelbrechung sind seit langem und ausführlich untersucht worden, die inneren Ursachen der Erscheinung sind aber durchaus noch nicht einfach erklärbar.

Im folgenden werden die Grundgleichungen angegeben, denen die beobachteten Erscheinungen folgen. Ebenso wie bei der Aufstellung der Gleichungen zwischen Spannungen und Verformungen gelten diese Gleichungen nur bei elastischem Verhalten, d. h. solange strenge Proportionalität zwischen Kräften, Spannungen, Verformungen und Doppelbrechungswirkungen besteht. Die verwickelteren Erscheinungen bei bleibenden (plastischen) Formänderungen sind für die Spannungsoptik bisher unwesentlich.

Unter Beschränkung auf ebene Zustände, die in Richtung der Flächennormalen durchstrahlt werden, gilt: Durch den Spannungs- und Verformungszustand verwandelt sich der ursprünglich isotrope Körper in eine Art Kristall mit optischen Hauptachsen, die mit den Spannungshauptachsen I und II zusammenfallen.

Die Lichtgeschwindigkeiten zweier Strahlen, deren Polarisationsebenen mit je einer der beiden Hauptspannungsrichtungen zusammenfallen, haben die Werte:

$$(30) \qquad \left\{ \begin{aligned} c_1 &= c_0 + a\,\sigma_1 + b\,\sigma_2 \\ c_2 &= c_0 + a\,\sigma_2 + b\,\sigma_1 \end{aligned} \right.$$

also

$$c_1 - c_2 = (a - b)\,(\sigma_1 - \sigma_2).$$

Die Koeffizienten a und b (Dimension: $\mathrm{mm^3\,s^{-1}\,kg^{-1}}$) sind also konstante Kennzahlen, die nur vom Werkstoff und der Wellenlänge der verwendeten Lichts abhängen. Die Abhängigkeit von der Wellenlänge ist dabei sehr gering. Die Anzahl der auf den Durchgangsweg d entfallenden Wellenlängen (vgl. S. 48) ist dann

$$M_1 = \frac{d \cdot n}{c_1} = \frac{d \cdot n}{c_0 + a\,\sigma_1 + b\,\sigma_2}, \qquad M_2 = \frac{d \cdot n}{c_0 + a\,\sigma_2 + b\,\sigma_1},$$

die gegenseitige Verschiebung der beiden Strahlen nach dem Durchgang in Wellenlängen ist also:

$$m = M_2 - M_1 = d \cdot n \cdot \frac{(a-b)(\sigma_1 - \sigma_2)}{c_1 \cdot c_2}.$$

Da die in c_1 und c_2 auftretenden Beträge $a\,\sigma_1$ und $b\,\sigma_2$ sehr klein gegen c_0 sind (wenige Tausendstel), kann man auch setzen:

$$M_1 = \frac{d \cdot n}{c_0}\left(1 - \frac{a\,\sigma_1 + b\,\sigma_2}{c_0}\right), \qquad M_2 = \frac{d \cdot n}{c_0}\left(1 - \frac{a\,\sigma_2 + b\,\sigma_1}{c_0}\right),$$

oder

$$(31a) \quad M_1 = M_0 - \frac{d \cdot n}{c_0^2}(a\,\sigma_1 + b\,\sigma_2), \qquad M_2 = M_0 - \frac{d \cdot n}{c_0^2}(a\,\sigma_2 + b\,\sigma_1)$$

$\left(M_0 = \dfrac{d \cdot n}{c_0} = \text{Anzahl der Wellenlängen je Durchgangsweg im ungestörten Zustand}\right)$ und

$$(32a) \quad m = \frac{d \cdot n}{c_0^2}(a-b)(\sigma_1 - \sigma_2) = \frac{d}{\lambda} \cdot \frac{a-b}{c_0}(\sigma_1 - \sigma_2).$$

Der in der Spannungsoptik besonders wichtige Wert

$$\frac{n \cdot (a-b)}{c_0^2} = \frac{a-b}{c_0 \cdot \lambda} = K$$

hat die Dimension mm/kg. Er bedeutet die Relativverzögerung in Wellenlängen je 1 kg/mm² Hauptspannungsdifferenz bei 1 mm Modelldicke. Für gelbes Licht (λ etwa gleich 0,0006 mm) gilt etwa

$K \approx 1{,}0$ bei Kunstharz (Bakelit, Phenolit usw.)

$\qquad 0{,}2$ bei Zelluloid

$\qquad 0{,}05$ bei Glas (Näheres s. S. 117, dort wird die von der Wellenlänge unabhängige Größe $C = K\,\lambda = \dfrac{a-b}{c_0}$ verwendet).

Diese Grundgleichung:

$$(32b) \qquad m = d \cdot K \cdot (\sigma_1 - \sigma_2)$$

ermöglicht also, die Hauptspannungsdifferenz, d. h. die Hauptschubspannung $\tau_{\max} = \dfrac{\sigma_1 - \sigma_2}{2}$ auf optischem Wege unmittelbar zu messen, denn der Wert von K ist durch einen Eichversuch leicht zu bestimmen und m kann wie in Kap. II, Abschn. 3 beschrieben gemessen werden.

Zur Bestimmung der Hauptschubspannungen eines ebenen Spannungszustandes in einer Scheibe aus Glas oder einem ähnlichen Werkstoff wird man also diese Scheibe senkrecht durchleuchten und in jedem Punkt die Phasenverschiebung m der beiden Strahlkomponenten messen. Nach der Farbenübersicht (S. 63) läßt sich bei Verwendung weißen Lichtes die ungefähre Phasenverschiebung ohne nähere Kompensation meistens schon unmittelbar aus dem entstehenden Farbton abschätzen.

Am Beispiel des einfachen geraden Zugstabes sieht man noch einen wichtigen Zusammenhang ein: Der Zugstab habe die streng konstante

Breite b, aber eine etwas veränderliche Dicke d. Die im Stab herrschende Spannung $\sigma = P/f = P/bd$ ist also nicht streng konstant, sondern umgekehrt proportional zu d. Das Produkt $\sigma \cdot d$ ist jedoch unabhängig von etwa vorhandenen kleinen Dickenschwankungen, solange trotz dieser Dickenschwankungen die Spannung im Stab annähernd gleichmäßig über die ganze Stabdicke verteilt ist.

Entsprechend den Gleichungen in Kap. I, Abschn. 7 ist (von wenigen Ausnahmen abgesehen, s. S. 42) der Spannungszustand in einer ebenen Scheibe konstanter Dicke ausschließlich von den Randbedingungen abhängig. Ist die Scheibe nicht überall streng gleich dick, sondern beispielsweise in einem Bereich ein wenig dicker als in seiner Umgebung, so gilt wieder wie im Zugstab, daß der vorhandene Kraftfluß hierdurch nicht wesentlich gestört wird, d. h., daß alle Spannungen umgekehrt proportional zu d verkleinert werden, während das Produkt $\sigma \cdot d$ praktisch unabhängig von kleinen Dickenveränderungen ist.

Für die Grundgleichung (32b) bedeutet dieser Zusammenhang, daß man den Wert m unabhängig von kleinen Dickenschwankungen praktisch streng so erhält, wie man ihn in einer ideal planparallelen Platte messen würde. Für manche Betrachtungen ist es zweckmäßig, den Wert m überhaupt als Funktion vom Schubfluß $q = d \cdot \dfrac{\sigma_1 - \sigma_2}{2}$ (vgl. S. 44) aufzufassen:

$$(32\,\mathrm{c}) \qquad\qquad m = K \cdot 2\,q$$

q, von der Dimension kg/mm, stellt die auf eine in Hauptschubrichtung liegende Schnittfläche $d \cdot 1$ entfallende Schubkraft dar, d. h. es ist eine Schubkraft je 1 mm Schnittflächenbreite. Beim Vergleich zweier Zugstäbe aus demselben Stoff gleicher Breite, aber verschiedener Dicke, erhält man also für dieselbe Gesamtlast P denselben Betrag m, während sich die Beanspruchung des Werkstoffs umgekehrt proportional zur Dicke d ändert.

Gleichung (31a), in der Form geschrieben:

$$(31\,\mathrm{b}) \qquad \left\{ \begin{aligned} M_0 - M_1 &= \frac{d \cdot n}{c_0^2}\,(a\,\sigma_1 + b\,\sigma_2) \\[2mm] M_0 - M_2 &= \frac{d \cdot n}{c_0^2}\,(a\,\sigma_2 + b\,\sigma_1) \end{aligned} \right.$$

stellt die Grundlage der rein optischen Bestimmung von σ_1 und σ_2 nach FAVRE dar. Hierüber wird im Zusammenhang in Kap. IV, Abschn. 5 berichtet.

2. Die Farbgleichen.

Wird durch eine geeignete optische Einrichtung ein größerer Bereich der untersuchten Scheibe, d. h. des zu messenden Spannungszustandes gleichzeitig durchleuchtet und auf einem Schirm abgebildet, so erscheint demnach bei Verwendung weißen Lichtes ein farbiges Bild der Scheibe, wobei die Orte höherer Schubspannung in entsprechend „höherer"

Farbe abgebildet werden. Bereiche oder Linien gleicher Schubspannung erscheinen als Bereiche gleicher Farbe. Eine solche Linie gleicher Farbe („Isochrome" oder „Isochromate") sei im folgenden als „Farbgleiche" oder als „Schubgleiche" bezeichnet. Das System der unmittelbar sichtbaren und auch photographisch aufzunehmenden Farbgleichen läßt sich nach der Farbübersicht von S. 63 sehr einfach als System von m-, d. h. von Schubspannungswerten deuten, es gibt daher einen Überblick über die Verteilung der Werkstoffbeanspruchung in der Scheibe, der für viele Zwecke — insbesondere beim Vergleich mehrerer Modellformen — ausreicht, um konstruktive Entscheidungen zu treffen.

Bei optisch hochaktiven Stoffen (z. B. den Phenolharzen) kann man nun im elastischen Bereich einen höheren Wert m erreichen, z. B. etwa 10 bis 20. Wegen der Farbvermischung für größere Werte Z ist es dann zweckmäßig, mit einfarbigem Licht zu arbeiten, z. B. gefiltertem Bogenlicht oder Quecksilberdampflicht, so daß auch mit höherem Z, also höherem m, eine reine Abhängigkeit nach Abb. 69 ohne Mischerscheinungen vorhanden ist; das Feld der Farbgleichen besteht dann ausschließlich aus hellen und dunklen Linien (hell für $m = {}^1/_2, {}^3/_2$ usw., dunkel für $m = 0, 1, 2$ usw.). Ist die „Ordnung", d. h. der m-Wert dieser Linien bekannt, so ist damit die Schubspannung in allen Punkten dieser Linien bestimmt. Bei einer größeren Anzahl eng nebeneinander liegender Linien stellt also ihre Aufnahme ein sehr genaues Bild der gesamten Schubverteilung dar, entsprechend den Höhenschichtenlinien einer Landkarte. Es wird sich zeigen (Kap. VI, Abschn. 3 und 6), daß die Bestimmung des m-Wertes einer Linie durch besondere Hilfsmittel (allmählich steigende Belastung, bekannte Randwerte) meistens leicht möglich ist.

3. Die Richtungsgleichen.

Im Fall einer belasteten Modellscheibe zwischen zwei Viertelwellenblättchen sind nach Gleichung (28) (S. 58) nur die eben genannten Farbgleichen sichtbar. Beim Modell zwischen gekreuzten Polarisatoren ist nach Gleichung (25a) (S. 52) außerdem ein Einfluß des Neigungswinkels α vorhanden; ein Punkt erscheint unabhangig von m dann dunkel, wenn in ihm die Richtung der optischen Hauptachse mit der Richtung des Polarisationskreuzes übereinstimmt. Da die optischen Hauptachsen mit den Hauptspannungsrichtungen übereinstimmen, folgt daraus Dunkelheit für alle Punkte der Scheibe, in denen die Hauptspannungsrichtungen mit den Richtungen des Polarisationskreuzes zusammenfallen. Für eine bestimmte Stellung der Polarisatoren erscheinen demnach im Bilde der Scheibe (unabhängig vom Verlauf und der Höhe der Farbgleichen) ein oder mehrere dunkle Punkte, Linien oder Bereiche, in denen die Hauptspannungsrichtungen einen bestimmten Wert (eben den Wert der Polarisatorrichtung) aufweisen.

Eine solche dunkle Linie („Isokline" oder „Isogone") wird im folgenden als „Linie gleicher Hauptachsenrichtung" oder kurz als „Richtungsgleiche" bezeichnet. Nimmt man sie für verschiedene Stellungen der Polarisatoren auf (Kap. VI, Abschn. 8), so erhält man das ganze Feld der Hauptspannungsrichtungen, aus denen nach Kap. VI, Abschn. 9a die Hauptlinien konstruiert werden können, d. h. die Linien des Kraftflusses, deren Tangenten und Normalen in jedem Punkt die Richtung der Hauptspannungen dieses Punktes haben.

Bei Verwendung einfarbigen Lichtes sind sowohl die Farbgleichen mit $m = 0, 1, 2$ usw. als auch die Richtungsgleichen schwarz. Sie unterscheiden sich dadurch, daß sich nur die Richtungsgleiche bewegt, wenn bei feststehendem Modell die Polarisatoren gedreht werden, während sich nur die Schubgleichen bewegen, wenn bei feststehenden Polarisatoren die Höhe der Belastung verändert wird (ähnliche, d. h. gleichartige und gleichzeitige Erhöhung aller Lasten vorausgesetzt). Bei Verwendung weißen Lichtes ist das Bild im allgemeinen farbig, nur der Bereich $m = 0$ und die Richtungsgleichen sind schwarz. Im Bereich $m = 0$ gelten besondere Zusammenhänge, die im folgenden behandelt werden.

4. Schubfreie Punkte und Linien.

$m = 0$ besagt $(\sigma_1 - \sigma_2) = 0$, d. h. auf der bei weißem Licht allein schwarzen Farbgleiche verschwindet die Schubspannung. Sie besteht also aus schubfreien Punkten, in denen ein hydrostatischer Spannungszustand allseitigen Zuges oder Druckes herrscht. Da in solchen Punkten keine besondere Hauptspannungsrichtung definiert ist, haben auch die Hauptlinien in ihnen keine bestimmte Richtung, das Feld der Hauptlinien besitzt hier „singuläre" Punkte oder Linien, die sich durch besondere Eigenschaften aus dem übrigen Felde deutlich herausheben. Entsprechend ist in diesen Punkten keine Richtungsgleiche bestimmt, während im allgemeinen durch jeden Punkt des Feldes nur eine einzige Richtungsgleiche geht. Optisch ausgedrückt: Bei festgehaltenem Modell und sich drehenden Polarisatoren bleibt ein schubfreier Punkt bzw. die Schubgleiche $m = 0$ immer dunkel, sie enthält jede Richtungsgleiche.

Die schubfreien Punkte sind in Kap. I, Abschn. 6 bereits näher behandelt, sie sind „attraktiv, umschlossen" oder „repulsiv, offen". In nächster Umgebung eines solchen Punktes Q kann man die Richtungsgleichen durch ihre Tangenten ersetzen, d. h. die Neigungen auf geraden Strahlen durch Q als konstant annehmen, dabei habe die zum Polarisationswinkel φ gehörige Richtungsgleiche die Neigung $\beta = \operatorname{arc} \operatorname{tg} \zeta = \operatorname{arc} \operatorname{tg} \frac{y}{x}$ (vgl. S. 32). φ und β sollen gegen dieselbe feste Richtung (x-Achse) gemessen werden. Beim geschlossenen Typ wächst die Neigung mit steigendem Strahlwinkel β; bei einer Drehung der Polarisatoren im positiven Sinne (steigendes φ) dreht sich also die Richtungsgleiche ebenfalls im positiven Sinne (steigendes β). Beim offenen Typ verlaufen die Drehungen von φ und β entgegengesetzt: bei einer positiven Drehung der Polarisatoren dreht sich die Richtungsgleiche im negativen Sinn. Stets entspricht eine Polarisatordrehung um $\varphi = 90°$ einer Drehung der Richtungsgleichen um $\beta = 180°$. Näheres über die genauere Konstruktion der Hauptlinien in der Umgebung von Kreispunkten mit Hilfe von β und φ wird in Kap. VI, Abschn. 9b behandelt.

Schubfreie, singuläre Linien sind dagegen seltener; ein einfaches Beispiel stellt die neutrale Achse eines auf reine Biegung beanspruchten geraden Balkens dar. Die Hauptlinien sind Gerade, die parallel und senkrecht zu den geraden Rändern des Balkens verlaufen; aus dem Linienverlauf in der Nähe der Lasteinleitung erkennt man aber sofort, daß die Längsgeraden der Zug- und Druckseite zu zwei verschiedenen Systemen gehören, daß also alle Hauptlinien scharf umknicken, wenn sie die neutrale Achse treffen (vgl. Abb. 145, S. 175).

5. Randbedingungen.

Die spannungsoptisch einfach zu bestimmende Hauptspannungsdifferenz hat am Rand der Modellkörper noch eine besondere Bedeutung.

Verschwindet am Rand die äußere Belastung (freier Rand), so ist das Paar der Hauptlinien senkrecht und parallel zum Rand gerichtet, die zum Rand senkrecht gerichtete Hauptspannung (σ_2) verschwindet. Der gemessene optische Betrag m am Rand entspricht also der einzig vorhandenen, parallel zum Rand wirksamen Hauptspannung (σ_1), es ist am freien Rand:

$$m = d \cdot K \cdot \sigma_1.$$

An jedem Punkt des freien Randes ist demnach mit der optischen Messung von m stets der gesamte Spannungszustand bekannt, man kennt die Differenz, die Summe und die Einzelwerte der beiden Hauptspannungen ($\sigma_1 - \sigma_2 - \sigma_1 + \sigma_2 = \sigma_1$).

Ist am Rand die äußere Belastung, also die wirksame Randspannung vorgegeben, so gilt dasselbe. Im einfachsten Fall einer reinen Normalspannung am Rand verschwindet die Schubspannung längs des Randes, die Hauptspannungslinien sind also wie am freien Rand gerichtet. Mit vorgegebenem σ_2 ist also auch durch $m = d \cdot K \cdot (\sigma_1 - \sigma_2)$ der Wert von σ_1, d. h. auch der Wert von ($\sigma_1 + \sigma_2$) bekannt. Sind dagegen am Rand eine bekannte Normal- und eine bekannte Tangentialspannung (σ_x und τ_{xy}) wirksam, so folgt die Bestimmung von σ_1 und σ_2 aus den Grundgleichungen (7) und (8) (S. 14) bzw. unmittelbar aus Abb. 72:

$$\sigma_x \cos \varphi + \tau_{xy} \sin \varphi = \sigma_1 \cos \varphi$$
$$\sigma_y \sin \varphi + \tau_{xy} \cos \varphi = \sigma_1 \sin \varphi.$$

Bei gegebenem σ_x und τ_{xy} und optisch gemessenem φ folgt aus der ersten Gleichung der Wert von $\sigma_1 = \sigma_x + \tau_{xy}\,\mathrm{tg}\,\varphi$, dann aus der zweiten der Wert von

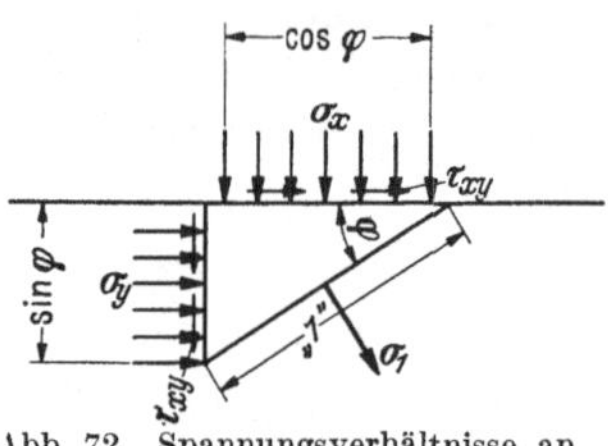

Abb. 72. Spannungsverhältnisse an einem Rand mit gegebener Normalspannung σ_x und Schubspannung τ_{xy}.

$$\sigma_y = \sigma_1 - \tau_{xy}\,\mathrm{ctg}\,\varphi = \sigma_x + \tau_{xy}\,(\mathrm{tg}\,\varphi - \mathrm{ctg}\,\varphi)$$
$$= \sigma_x - 2\,\tau_{xy}\,\frac{1}{\mathrm{tg}\,2\,\varphi}\,,$$

also ist dann auch $(\sigma_1 + \sigma_2) = (\sigma_x + \sigma_y)$ und schließlich σ_2 bekannt. Die unmittelbare Messung von $(\sigma_1 - \sigma_2)$ ergibt hierzu noch eine einfache Kontrolle der Ergebnisse. In Wirklichkeit wird τ_{xy} nur in seltenen Fällen bekannt sein, während die Normalspannung — etwa hydrostatisch oder durch einen sehr weichen Werkstoff übertragen — eher genau anzugeben ist. Mit bekanntem σ_x, aber unbekanntem τ_{xy} folgt aus den gemessenen Werten φ und $(\sigma_1 - \sigma_2)$:

$$\tau_{xy} = - \frac{\sigma_1 - \sigma_2}{2}\,\sin 2\,\varphi$$
$$\frac{\sigma_1 + \sigma_2}{2} = \sigma_x - \frac{\sigma_1 - \sigma_2}{2}\,\cos 2\,\varphi\,.$$

Für $\varphi = 0$ ist $\tau_{xy} = 0$ und es ist

$$\frac{\sigma_1 + \sigma_2}{2} = \sigma_x - \frac{\sigma_1 - \sigma_2}{2}\,,\qquad \sigma_x = \sigma_1\,,\qquad \sigma_2 = \sigma_x - (\sigma_1 - \sigma_2)\,.$$

In allen diesen Fällen läßt sich also aus spannungsoptischen Beobachtungen überall am Rand der Spannungszustand vollständig angeben. Damit ist die Grundlage für die Lösung von „Randwertaufgaben" (Kap. IV, Abschn. 2 und 3) gegeben.

IV. Die vollständige Bestimmung des Spannungsfeldes.

Dieses Kapitel bringt nur eine Übersicht über die verschiedenen Möglichkeiten der vollständigen Spannungsbestimmung. Nähere Einzelheiten der Auswertetechnik sind in Kap. VI zusammengestellt.

Aus den Gleichungen des vorigen Abschnittes folgte, daß auf optischem Wege meßbar sind:

a) Überall im Feld die Werte der Hauptspannungsdifferenz $(\sigma_1 - \sigma_2)$ $= \dfrac{1}{K \cdot d} \cdot m$ (punktweise oder mit Hilfe der Farbgleichen),

b) überall im Feld die Werte der Hauptachsenneigung φ (punktweise oder mit Hilfe der Neigungsgleichen) und damit der Verlauf der Hauptlinien,

c) am freien oder bekannt belasteten Rand der vollständige Spannungszustand $\sigma_1, \sigma_2, \varphi$.

Um nun überall im Feld die vollständige Spannungsbestimmung durchzuführen, fehlt also mindestens eine weitere Bestimmungsgröße zur Ergänzung von a) und b).

1. Verfahren, die auf unmittelbarer Messung von $(\sigma_1 + \sigma_2)$ beruhen.

Das älteste und auf verschiedene Art durchführbare Verfahren zur vollständigen Lösung ist die unmittelbare Bestimmung der Spannungssumme $S = (\sigma_1 + \sigma_2)$ mit Hilfe einer Längenmessung. Hat die ebene Scheibe ursprünglich die Dicke d, so erfährt sie unter der Wirkung der Hauptspannungen σ_1 und σ_2 eine Dickenänderung $\delta = -d \cdot \dfrac{\mu\,(\sigma_1 + \sigma_2)}{E}$ (s. S. 9 und 19). Wie bei der optischen Wirkung (vgl. S. 67) tritt hier das Produkt aus Spannung und Dicke auf, so daß der Wert δ unabhängig von etwa ursprünglich vorhandenen Ungleichmäßigkeiten in d ist. Der Wert von μ/E ist durch einen Eichversuch (Zugstab) bestimmbar, die Bestimmung der Hauptspannungssumme ist damit auf die Messung einer Dickenänderung zurückgeführt.

Innerhalb des elastischen Bereiches ist nun aber der Wert von δ beschränkt, wenn es sich um einigermaßen handliche Modellabmessungen handelt. Bei Scheiben aus Zelluloid oder Kunstharz kommt hinzu, daß wegen der unvollständigen Durchsichtigkeit die Scheiben für spannungsoptische Modelle nicht viel dicker als 10 mm sein dürfen. Nimmt man eine Scheibenstärke von rd. 10 mm an, so ergibt sich unter der Voraussetzung, daß S etwa gleich der Elastizitätsgrenze sein darf:

	S (kg/mm²)	E/μ (kg/mm²)	δ für $d = 10$ mm
Glas $\dots\dots$	3	$\dfrac{7000}{0,3} \approx 20\,000$	$\dfrac{30}{20\,000} = 1,5 \cdot 10^{-3}\,\text{mm}$
Zelluloid $\dots$	1,3	$\dfrac{250}{0,33} \approx 750$	$\dfrac{13}{750} = 17\ \cdot 10^{-3}\,\text{mm}$
Bakelit $\dots$	1,7	$\dfrac{290}{0,3} \approx 1000$	$\dfrac{15}{1000} = 17\ \cdot 10^{-3}\,\text{mm}$

Im allgemeinen erreicht δ nur Bruchteile der angegebenen Werte, so daß einer praktisch ausreichenden Meßgenauigkeit (z. B. 3%) eines mittleren δ-Wertes (etwa $4 \cdot 10^{-3}$ mm) eine Ablesegenauigkeit von rd. 0,0001 mm $= 0,1$ mμ entspricht. Mehrere Möglichkeiten der Messung seien genannt:

a) Mechanisch. Der bekannte HUGGENBERGER-Dehnungsmesser mit doppelter Hebelübersetzung liefert rd. tausendfache Vergrößerung. Ein δ-Wert von 0,003 mm entspricht dann 3 mm Ausschlag, davon müßten rd. 0,1 mm sicher abgelesen werden. Es zeigt sich, daß die Abmessungen der Modelle, bzw. die Spannungen größer sein müssen, damit sie hiermit genügend genau gemessen werden können. Vergrößerung der Hebelübersetzung auf etwa 3000 dürfte die untere Grenze für solche Messungen darstellen, jedoch treten hierbei bekanntlich schon erhebliche mechanische Schwierigkeiten auf.

b) Mechanisch-optisch. Der erste Querdehnungsmesser für den vorliegenden spannungsoptischen Zweck wurde von COKER [0.08] gebaut, und zwar übertrug er die Dickenänderung mechanisch auf die Drehung eines kleinen Spiegels. Die Spiegeldrehung kann in bekannter Weise über Fernrohr und Skala oder aber durch die Projektion eines Lichtstrahls auf eine Trommel mit lichtempfindlichem Papier meßbar gemacht werden.

c) Mechanisch-interferenzoptisch. Die erforderliche Meßgenauigkeit von 0,1 mμ entspricht etwa $^1/_6$ Wellenlänge z. B. des gelben Lichtes.

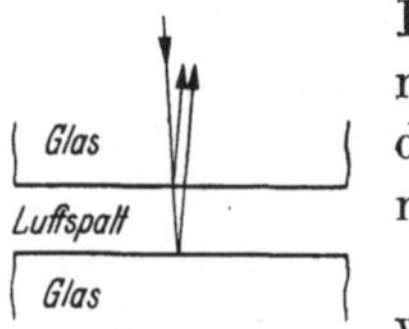

Abb. 73. Anordnung zur Erzeugung von Interferenzen.

Da man bei Interferenzerscheinungen ohne Mühe annähernd $^1/_4$ Streifenbreite schätzen kann, entspricht die Genauigkeit von Interferenzmessungen gerade der notwendigen Größe.

Bekanntlich löschen sich zwei Lichtstrahlen aus, wenn sie, von derselben Lichtquelle stammend, an zwei parallelen Begrenzungsflächen eines dünnen Luftspaltes gespiegelt werden und dabei schließlich einen Gangunterschied von $\dfrac{2\,k+1}{2}\,\lambda$ aufweisen (Abb. 73). Ändert sich die Spaltdicke um $\lambda/4$, so ändert sich der Gangunterschied um $\lambda/2$, so daß die Strahlen sich addieren, bei Spaltdickenänderung um $\lambda/2$ tritt wieder Auslöschung ein. Zählt man während der Spaltänderung die Verdunkelungen eines Punktes (d. h. die Zahl der über den Punkt hinweg wandernden dunklen Streifen gleicher Luftspaltdicke), so entspricht also n Streifen eine gegenseitige Oberflächenbewegung um $n\lambda/2$. Bei Verwendung streng einfarbigen Lichtes (Na-Dampf) darf dabei der Spalt insgesamt mehrere hundert Wellenlängen dick sein, bei weißem Licht sind die Streifen nur bei fast verschwindendem Spalt (5 Wellenlängen) sichtbar.

Die Querdehnungsmessung nach diesem Verfahren wurde von MESNAGER (1901) empfohlen, der auch ein einfaches Gerät beschrieb. Eine neue einfache Meßvorrichtung für spannungsoptische Zwecke beschrieb VOSE [5.24]. Die Dickenänderung wird dabei auf die gegenseitige Bewegung zweier Glasplatten übertragen, deren Abstandsänderung auf die genannte Weise sichtbar gemacht wird (Kap. VI, Abschn. 11).

d) Interferenzoptisch. Das unter c) genannte Verfahren läßt sich auch unmittelbar am Modell anwenden. Erforderlich ist ein ursprünglich streng ebenes Modell (Glas oder Metall). Nach TESAR [2.19] benutzt man nun die Interferenzstreifen im dünnen Luftspalt zwischen diesem Modell und einer zweiten, streng eben geschliffenen Glasplatte zur Messung der Dickenänderungen des Modells und damit des Luftspaltes. Wenn im unbelasteten Zustand Modell und Platte absolut eben und parallel sind und wenn es gelingt, auch im belasteten Zustand die Platte streng parallel zur unverwölbt bleibenden Modellmittelebene zu halten, so erscheinen unmittelbar die Linien gleicher Dickenänderung (gleicher Hauptspannungssumme) als Interferenzlinien.

Auch die Interferenz zwischen einem an der Vorderseite und einem an der Rückseite des Modells gespiegelten Lichtstrahl läßt sich nach FABRY [0.13] zur Messung der Dickenänderung verwenden. Hierbei handelt es sich aber um die „optische Dicke", da sich die Wellenlänge im Modell bei Belastung verändert. Dieses Verfahren wird S. 84 mit anderen interferenzoptischen Verfahren geschildert.

e) Mechanisch-elektrisch. In neuerer Zeit sind Dehnungsmesser beschrieben worden, die bei kleiner Meßlänge und sehr kleinen Meßlängenänderungen die auftretenden Bewegungen in elektrische Erscheinungen umsetzen (Änderung der Kapazität, Änderung der Induktion, Änderung eines Lichtstromes und damit des Stromes einer photoelektrischen Zelle). Die erreichten hohen Vergrößerungsfaktoren (bis zu mehreren 100000) und die Genauigkeit der Ablesung scheinen geeignet, die vorliegende Aufgabe zu lösen. Anwendungen derartiger Geräte in der Spannungsoptik sind noch nicht bekannt, da sie bisher nur für Dehnungsmessungen an unmittelbar nebeneinander liegenden Punkten verwendet wurden.

2. Verfahren, die auf den Feldeigenschaften von $S = (\sigma_1 + \sigma_2)$ beruhen.

Die Messung der Hauptspannungssumme S wird durch eine Eigenschaft von S ermöglicht, die auf der Differentialgleichung der „Verträglichkeitsbedingung" beruht. Nach Gleichung (14) (S. 23) ist

$$\Delta S = \frac{\partial^2 S}{\partial x^2} + \frac{\partial^2 S}{\partial y^2} = 0,$$

d. h. S ist eine Potentialfunktion. Man hat sich in der Mathematik seit langem mit den Eigenschaften der Potentiale beschäftigt, zumal sie sowohl in der Elektrizitätslehre wie bei der Theorie der idealen reibungslosen Flüssigkeiten (Potentialströmungen) physikalische Anwendungen finden. Die für die vorliegende Aufgabe wichtigen Eigenschaften der Potentiale seien im folgenden kurz genannt. $\frac{\partial^2 S}{\partial x^2} = -\frac{\partial^2 S}{\partial y^2}$ bedeutet, daß die Krümmung der S-Fläche (über der xy-Ebene als Höhe gedeutet) in einer Richtung x entgegengesetzt gleich der Krümmung in der dazu senkrechten Richtung y ist. Jeder Punkt der Fläche hat also „Sattel"-charakter (Abb. 74), seine Höhe entspricht dem Mittelwert der ihn umgebenden Punkte. Strenger ausgedrückt: Die Höhe jedes Punktes ist das Mittel der Höhen aller Punkte, die auf einem kleinen Kreise um ihn herum liegen. In etwas gröberer Annäherung gilt auch folgender Zusammenhang: Betrachtet man alle Punkte der Höhe S über den Schnittpunkten eines Quadratnetzes in der $x\,y$-Ebene, so ist der Wert S jedes Punktes gleich dem Mittel aus den vier S-Werten der vier benachbarten Netzpunkte (Abb. 75).

Verbindet man alle Punkte mit gleichem S-Wert miteinander durch eine Kurve in der $x\,y$-Ebene, so erhält man eine „Linie gleichen Potentials", „Äquipotentiallinie" oder kurz „Potentiallinie". Entsprechend den in diesem Buch sonst verwendeten Bezeichnungen sei eine solche Linie kurz

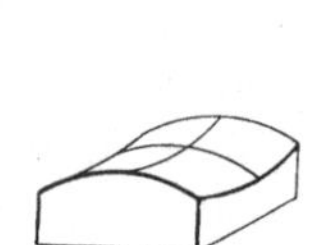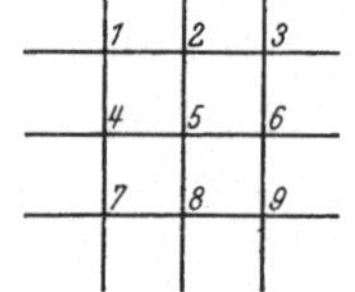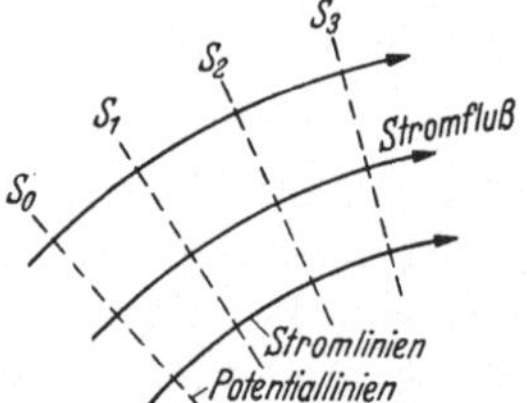

Abb. 74. Sattelcharakter der Potentialfunktionen.   Abb. 75. $S_5 \approx {}^1/_4(S_1 + S_3 + S_7 + S_9) \approx {}^1/_4(S_2 + S_4 + S_6 + S_8)$.   Abb. 76. Stromfluß senkrecht zu den Linien konstanten Potentials.

als „S-Gleiche" bezeichnet. Da S der Dickenänderung einer Scheibe entspricht, heißen diese Linien auch „Isopachen" (Linien gleicher Dicke).

Man denke sich nun alle S-Gleichen gezeichnet, die einer regelmäßigen, arithmetischen Reihe von S-Werten entspricht (S_0, $S_1 = S_0 + \varepsilon$, $S_2 = S_0 + 2\,\varepsilon = S_1 + \varepsilon$, $S_3 = S_0 + 3\,\varepsilon$ usw.), so hat man wieder nach Art einer Höhenschichtenkarte das gesamte S-Feld anschaulich dargestellt.

In einem flachen Trog angesäuerten Wassers oder einer Blechscheibe aus schlecht leitendem Werkstoff denke man sich nun durch äußere spannungsführende Klemmen ein derartiges elektrisches Potential aufrechterhalten, daß beispielsweise jeder S-Wert den Wert der elektrischen Spannung in Volt gegen Erde darstelle. In dem Trog oder Blech fließt dann — überall konstante Leitfähigkeit vorausgesetzt — ein elektrischer Strom, dessen Richtung überall senkrecht auf den S-Gleichen steht, und der dort am größten ist, wo die S-Gleichen am engsten beieinander liegen. Der Strom ist verhältnisgleich dem Spannungsgefälle und ist stets mit dem größten Gefälle, d. h. senkrecht zu den Höhenschichtlinien gerichtet (Abb. 76). Die Dichte der „Stromlinien" ist dabei zunächst willkürlich, sie gewinnt aber einen bestimmten Sinn, wenn man von allen Stromlinien nur eine bestimmte Schar zeichnet, und zwar derart, das zwischen je zwei Stromlinien dieselbe bestimmte Strommenge i fließt. Die Dichte der Stromlinien ist dann unmittelbar ein Maß für die Stromstärke, und zwar ist diese Stromstärke umgekehrt proportional dem gegenseitigen Abstand zweier benachbarter Stromlinien. Andererseits ist aber der Stromfluß auch umgekehrt proportional dem Abstand der Potentiallinien. Im Feld werden also stets Stromlinien und Potentiallinien in gleichem Maß enger oder weiter, das aus den beiden Linienscharen gebildete Maschennetz hat an jedem Ort dasselbe Verhältnis Maschenbreite zu Maschenlänge. Als Sonderfall läßt sich ein Netz zeichnen, dessen Maschen überall im Mittel quadratisch sind, bei denen also überall die mittlere Maschenbreite gleich der mittleren Maschenlänge ist. Ein strenges Quadratnetz wird selbstverständlich nur bei unendlich feinmaschiger Einteilung erreicht, die man bei entsprechend starker Vergrößerung betrachten muß; bei endlicher Teilung überlagert sich stets die Krümmung der einzelnen Linienelemente.

Die Eigenschaft des quadratischen Netzes im unendlich Kleinen ist allen Potentialnetzen und nur

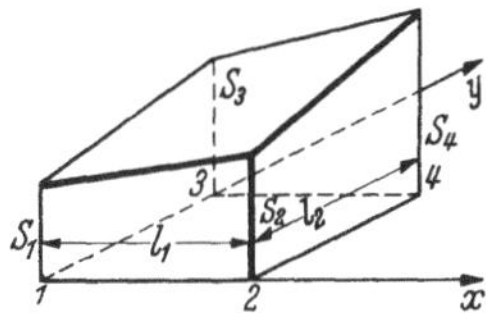

Abb. 77. Potential der Form
$S = C_1 + C_2\, x + C_3\, y$.

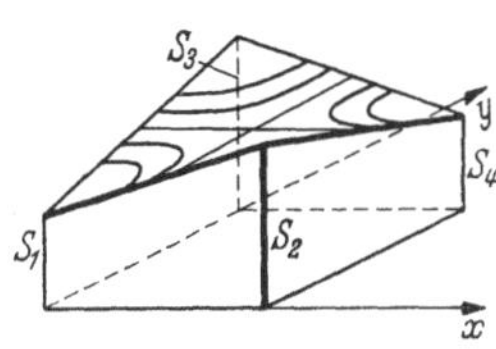

Abb. 78. Potential der Form
$S = C_1 + C_2(x + y) + C_3\, xy$.

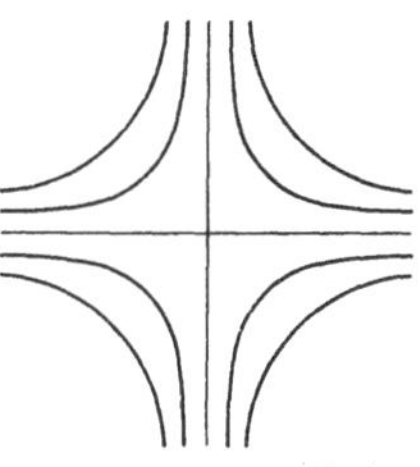

Abb. 79. Hyperbolische Äquipotentiallinien von Abb. 78.

diesen eigentümlich. Sie liegt beispielsweise im allgemeinen Feld der Hauptspannungslinien nicht vor (vgl. etwa Abb. 150 oder 156). Nur eine besondere Klasse von Spannungszuständen liefert ein Hauptliniennetz, das einem Potentialnetz entspricht, wie bereits S. 31 kurz erwähnt wurde.

In einem Maschennetz mit quadratischer Feinstteilung ist die eine Linienschar (Stromlinien) in keiner Weise vor der anderen (Potentiallinien) ausgezeichnet, es ist also möglich, den Sinn der beiden Linien zu vertauschen und nun die Stromlinien als Potentiallinien und umgekehrt aufzufassen. Man erhält also für ein zweites, ganz anderes Potentialproblem genau dasselbe Maschennetz.

Die hier wichtigste Tatsache der Potentialtheorie ist nun folgende: Das Bild des Potentialnetzes und sämtliche Potentialwerte in einem begrenzten Bereich sind vollständig bestimmt, wenn auf dem ganzen Rand des Bereiches die Potentialwerte gegeben sind. Sind beispielsweise auf dem Rand die Werte von S nach Abb. 77 gegeben ($S_3 - S_1 = S_4 - S_2$), so folgt für die Potentialwerte im Inneren des Bereichs, daß sie der durch die geraden Ränder gegebenen Ebene E entsprechen, es ist $S = S_1 + (S_2 - S_1)\dfrac{x}{l_1} + (S_3 - S_1)\dfrac{y}{l_2}$. Ein anderes Beispiel: Für die Randwerte des Potentials nach Abb. 78 ($S_1 = S_4$, $S_2 = S_3$) ergibt sich eine Potentialfläche, die aus lauter Geraden gebildet wird. Die Äquipotentiallinien sind Hyperbeln, Abb. 79. Die zu diesem Beispiel gehörigen Stromlinien sind ebenfalls Hyperbeln, die unter entsprechender Änderung der Randbedingungen ebenso als Potentiallinien aufgefaßt werden können.

Die Aufgabe, die Potentialwerte im Feld aus den gegebenen Randbedingungen zu ermitteln, ist nun gerade die Aufgabe zur Vervollständigung des spannungsoptisch gewonnenen Bildes. Nach S. 72 sind im allgemeinen die Randwerte der Funktion $S = \sigma_1 + \sigma_2$ einfach bestimmbar (Singularitäten infolge einer Einzellast werden in Kap. VIII, Abschn. 7 gesondert behandelt), während im Feld die Potentialgleichung $\Delta S = 0$ gilt. Die Hauptspannungssumme ergibt sich also unmittelbar als Potential mit gegebenen Randwerten.

Sieht man von den mehr theoretisch-mathematischen Möglichkeiten ab, den Wert eines Potentials in einem Punkt bei gegebenen Potentialwerten am Rand zu bestimmen, so interessieren für das vorliegende Problem vor allem solche Verfahren, die entweder mit möglichst wenig Mitteln oder mit möglichst wenig Zeitaufwand ein Bild des gesamten Potentialfeldes vermitteln. Über die bisher praktisch verwendeten Verfahren wird im folgenden ein kurzer Überblick gegeben.

a) **Elektrisches Potential.** Von der Verwendung einer hydrodynamischen Potentialströmung muß man im allgemeinen absehen, da die wirklichen Flüssigkeiten innere Reibung aufweisen und den Potentialgesetzen nur angenähert gehorchen. Praktisch streng erfüllt wird jedoch die Potentialgleichung vom elektrischen Feld in einem scheibenförmigen schlechten Leiter, beispielsweise einem sehr flachen elektrolytischen Trog oder einem sorgfältig hergestellten ebenen Blech aus einem hochohmigen Stoff. Die Aufgabe besteht also darin, zunächst die aus der Messung gegebenen Randwerte von S auf einer geometrisch ähnlichen Randlinie des Leiters als elektrische Spannungswerte herzustellen (der Maßstab der Längen und Spannungen ist dabei völlig willkürlich) und dann die Spannungshöhen in jedem Punkt des Feldes zu messen. Zur Lösung beider Aufgaben sind Vorrichtungen beschrieben worden (vgl. Kap. VI, Abschn. 12a).

b) **Seifenhautgleichnis.** Die gegebene Potentialaufgabe läßt sich außerdem durch folgendes Seifenhautgleichnis lösen (Vorschlag DEN HARTOG [1.11]). Eine allseitig mit gleicher Spannung gespannte Haut (Seifenhaut) nimmt bei geringer Hautkrümmung eine Form an, die der „Minimalfläche", d. h. einer Fläche mit der Gleichung $\Delta h = 0$ entspricht (h ist die Höhe eines Hautpunktes über einer festen xy-Ebene). Stellt man also aus festem Stoff (Holz, Blech) eine Randfigur her, die dem geometrischen Umriß des betrachteten ebenen Modells entspricht und die in jedem Randpunkt die durch die Randwerte S vorgegebene Höhe h hat, so nimmt eine über diese feste räumliche Randkurve gelegte Haut konstanter Flächenspannung die Form der Potentialfläche S an. Die beiden Voraussetzungen, nämlich die allseitig gleichförmige Spannung (Oberflächenspannung einer Seifenlösung), die beispielsweise nicht bei einer nur in einer Längsrichtung gezogenen Gummimembran vorliegt, und die geringe Krümmung, die also eine angenähert ebene Hautfläche erfordert, sind wichtig für die Versuchsgenauigkeit. Der Höhenmaßstab des Randes muß zur Erfüllung der zweiten Bedingung gering gewählt werden, die Haut kann aus Seifenlösung oder aus einer vorher allseitig gleichförmig gedehnten dünnen Gummihaut bestehen (Kap. VI, Abschn. 12b).

c) Graphische Lösung. Das Potentialfeld der Spannungssumme S bei gegebenen Randwerten läßt sich auch auf graphischem Wege ermitteln, nämlich durch Konstruktion der S-Gleichen aus den allgemeinen Differentialgleichungen des Spannungsfeldes.

Eine Möglichkeit hierzu entwickelte NEUBER [3.15]. Die Differentialgleichungen des Spannungsfeldes erlauben, die Richtung der S-Gleichen in jedem Punkt als Funktion anderer, spannungsoptisch bekannter Größen auszudrücken. Nach dem NEUBERschen Verfahren ermittelt man die Richtung der S-Gleichen in einem Punkt graphisch aus gegebenen Richtungen und Abständen. Führt man diese Konstruktion in genügend vielen Punkten durch, so erhält man das Feld der Neigungen der S-Gleichen. Die S-Gleichen selbst folgen hieraus graphisch, ebenso wie die Hauptspannungslinien aus dem Feld der Hauptspannungsneigungen. Die Zeichnung der Kurvenschar aus einem Richtungsfeld entspricht dabei einer Integration (Kap. VI, Abschn. 13).

Es sei hier erwähnt, daß man das Bild der S-Gleichen aus den gegebenen Randwerten bei einiger Erfahrung auch etwa abschätzen kann. Hat man das Bild nur ungefähr entworfen, so ist eine systematische Verbesserung unter Berücksichtigung der notwendigen Quadrateigenschaft des Netzes möglich und führt unter Umständen schnell zu einem brauchbaren Ergebnis.

3. Verfahren der Integration von bekannten Randpunkten her.

Die Differentialgleichungen des Spannungsfeldes ermöglichen weitere Verfahren, vom Rand her auf verschiedenen Wegen zu den einzelnen Spannungswerten zu gelangen. Zur Verfügung stehen die Gleichgewichtsbedingungen, die sowohl in den kartesischen Koordinaten x und y als in den krummlinigen Koordinaten der Hauptlinien abgeleitet wurden.

a) Kartesische Koordinaten. Die Gleichgewichtsbedingungen in einem kartesischen Koordinatennetz lauten [Gleichung (9) S. 18]

$$\frac{\partial \sigma_x}{\partial x} + \frac{\partial \tau_{xy}}{\partial y} = 0 \qquad \frac{\partial \sigma_y}{\partial y} + \frac{\partial \tau_{xy}}{\partial x} = 0,$$

also ist

$$\sigma_x = \sigma_{x_{\text{Rand}}} - \int\limits_{\text{Rand}}^{x} \frac{\partial \tau}{\partial y}\, dx.$$

Nach Gleichung (6b) (S. 15) ist

$$\tau_{xy} = \tau_\Phi = -\frac{\sigma_1 - \sigma_2}{2} \sin 2\Phi,$$

dabei ist Φ der Winkel zwischen x-Achse und der Hauptachse I; mit bekannter Hauptspannungsdifferenz und bekannter Hauptspannungsneigung Φ ist also der Wert von τ_{xy} in jedem Punkt des Feldes bekannt. Grundsätzlich lassen sich hieraus in jedem Punkt die Werte $\frac{\partial \tau}{\partial x}$ und $\frac{\partial \tau}{\partial y}$ ermitteln, woraus man durch Integration nach x bzw. y vom bekannten Rand her die Werte σ_x und σ_y erhält. Die Genauigkeit der zunächst notwendigen Differentiation versuchsmäßig gegebener Werte ist bekanntlich gering und wächst auch nicht mit wachsender Zahl von Meßpunkten, d. h. geringer werdendem gegenseitigem Abstand der Punkte. Eine praktische Verwendung dieser Formel ist also nicht sehr empfehlenswert.

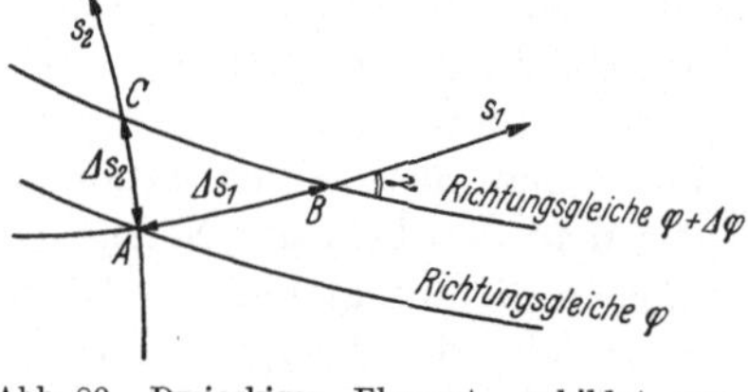

Abb. 80. Dreieckiges Element, gebildet aus Richtungsgleiche und Hauptlinien.

b) Hauptspannungslinien. Zur Integration besser geeignet erscheinen die Gleichgewichtsbedingungen, bezogen auf das Netz der Hauptspannungslinien, allerdings setzen sie voraus, daß die Gestalt der Farbgleichen und Richtungsgleichen genügend genau bestimmt werden konnte. Die praktische Durchführung des Verfahrens wurde von Filon [18] angegeben.

Aus Gleichung (15b) (S. 28): $\frac{\partial \sigma_1}{\partial s_1} = -\frac{\sigma_1 - \sigma_2}{\varrho_2}$ folgt, daß neben der spannungsoptisch leicht und genau zu messenden Hauptspannungsdifferenz die Krümmung der Hauptspannungslinien II zunächst ermittelt werden muß, wenn man die Integration längs der Linie I vornehmen will. Für die praktische Durchführung ist es zweckmäßiger, die Gleichungen für endliche Elemente Δs_1 und Δs_2 in folgender Form zu schreiben [vgl. Gleichung (15c)]:

$$\frac{\Delta \sigma_1}{\Delta s_1} = -(\sigma_1 - \sigma_2)\frac{\Delta \varphi}{\Delta s_2},$$

oder

$$(33a) \qquad \Delta \sigma_1 = -(\sigma_1 - \sigma_2)\frac{\Delta s_1 \cdot \Delta \varphi}{\Delta s_2}.$$

Die Bedeutung der Größen geht aus Abb. 80 hervor. Die Formel gilt für Fortschreiten von Punkt A zu Punkt B. Für den Schritt von A nach C gilt ebenso:

$$(33b) \qquad \Delta \sigma_2 = -(\sigma_1 - \sigma_2)\frac{\Delta s_2 \cdot \Delta \varphi}{\Delta s_1}.$$

Zur schrittweisen Integration längs jeder Hauptlinie verwendet man demnach die spannungsoptisch gewonnenen Werte $(\sigma_1 - \sigma_2)$ und die

Größen $\varDelta s$, die aus dem spannungsoptisch aufgenommenen Liniennetz abgemessen werden können. Man beachte, daß die beiden Spannungssprünge $\varDelta \sigma$ gleiches Vorzeichen aufweisen, es wachsen oder fallen in einem Punkt also sowohl σ_1 als σ_2, wenn man auf den zugehörigen Hauptlinien im gleichen φ-Sinne vorwärts schreitet, dabei ist

$$\frac{\varDelta \sigma_1}{\varDelta \sigma_2} = \frac{\varDelta s_1}{\varDelta s_2} : \frac{\varDelta s_2}{\varDelta s_1} = \left(\frac{\varDelta s_1}{\varDelta s_2} \right)^2 .$$

Über verschiedene Möglichkeiten der Verwendung dieser Formel wird in Kap. VI, Abschn. 14 berichtet.

c) Hauptschublinien. Bei ungünstigem flachem Schnitt der betreffenden Kurven kann es auch gelegentlich zweckmäßiger erscheinen, die Integration nicht auf den Hauptspannungslinien, sondern auf den hiergegen um 45° geneigten Hauptschublinien fortschreiten zu lassen.

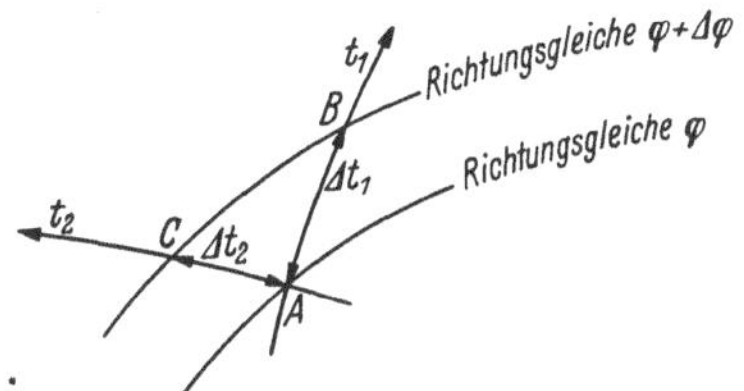

Abb. 81. Dreieckiges Element, gebildet aus Richtungsgleiche und Hauptschublinien.

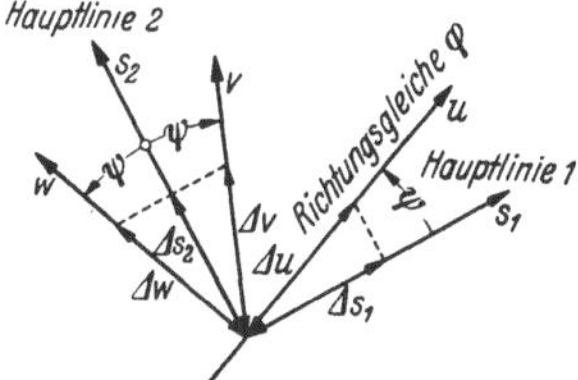

Abb. 82. Linienelemente v und w zur schrittweisen Integration nach Föppl.

Die zugehörigen Gleichungen [Gleichung (16), S. 30] hat Föppl [31] zur Auswertung in folgende Form gebracht:

$$\varDelta_1 (\sigma_1 + \sigma_2) = \varDelta_2 (\sigma_1 - \sigma_2) \cdot \frac{\varDelta t_1}{\varDelta t_2} - 2 (\sigma_1 - \sigma_2) \varDelta \varphi ,$$

dabei sind $\varDelta t_1$ und $\varDelta t_2$ Linienelemente auf den beiden Hauptschublinien 1 und 2, der Sprung $\varDelta_1$ bezieht sich auf einen Schritt von A nach B (Abb. 81), während $\varDelta_2$ dem Schritt $A C$ entspricht.

d) Auf Linienelementen ganz anderer Art kann man nach einem Vorschlag von Föppl fortschreiten. Der Winkel zwischen der Richtungsgleichen u und der Hauptlinie I sei mit ψ bezeichnet, derselbe Winkel ψ sei von der Richtung II aus beiderseits angetragen (v- und w-Richtung, Abb. 82). Aus Gleichung (15c) (S. 29) folgt nach einfacher Umformung:

$$\left(\frac{\partial (\sigma_1 + \sigma_2)}{\partial s_1} + \frac{\partial (\sigma_1 - \sigma_2)}{\partial s_1} \right) \sin \psi + 2 (\sigma_1 - \sigma_2) \frac{\partial \varphi}{\partial s_2} \sin \psi = 0 ,$$

$$\left(\frac{\partial (\sigma_2 + \sigma_1)}{\partial s_2} + \frac{\partial (\sigma_2 - \sigma_1)}{\partial s_2} \right) \cos \psi + 2 (\sigma_1 - \sigma_2) \frac{\partial \varphi}{\partial s_1} \cos \psi = 0$$

und daraus als Summe

$$\left\{ \frac{\partial (\sigma_1 + \sigma_2)}{\partial s_1} \sin \psi + \frac{\partial (\sigma_1 + \sigma_2)}{\partial s_2} \cos \psi \right\} + \left\{ \frac{\partial (\sigma_1 - \sigma_2)}{\partial s_1} \sin \psi - \frac{\partial (\sigma_1 - \sigma_2)}{\partial s_2} \cos \psi \right\} +$$

$$+ 2 (\sigma_1 - \sigma_2) \cdot \left\{ \frac{\partial \varphi}{\partial s_1} \cos \psi + \frac{\partial \varphi}{\partial s_2} \sin \psi \right\} = 0 .$$

Die ersten beiden Summanden können zu $\dfrac{\partial\,(\sigma_1+\sigma_2)}{\partial\,v}$, die zweiten beiden zu $\dfrac{-\partial\,(\sigma_1-\sigma_2)}{\partial\,w}$ zusammengefaßt werden, der letzte Klammerausdruck, zu $\dfrac{\partial\,\varphi}{\partial\,u}$ zusammengefaßt, muß verschwinden, da φ längs der Richtungsgleichen (u) konstant ist. Das Schlußergebnis

$$\frac{\partial\,(\sigma_1+\sigma_2)}{\partial\,v}=\frac{\partial\,(\sigma_1-\sigma_2)}{\partial\,w}$$

bedeutet, daß man in der v-Richtung schrittweise $(\varDelta\,v)$ fortschreitend die Spannungssumme erhält, wenn man die Spannungsdifferenz und ihre Änderung in der w-Richtung ermittelt hat. Praktische Erfahrungen mit diesem Verfahren stehen zur Zeit noch aus.

Schwierigkeiten, die bei allen schrittweisen Integrationen in der Nähe von singulären Punkten auftreten, können durch Überlagerung anderer, bekannter Spannungen vermieden werden (vgl. Kap. VI, Abschn. 14).

Eine jede derartige Integration setzt einen bekannten Anfangspunkt (z. B. freien Randpunkt) voraus, so daß unter Umständen ein solcher Punkt zu diesem Zweck künstlich geschaffen werden muß. Das ist immer dadurch möglich, daß man an einer sonst unwesentlichen Stelle ein Loch in das Modell bohrt, so daß man einen freien Lochrand mit einer ganzen Reihe von Anfangspunkten erhält. Die Bohrung kleiner Löcher bietet eine weitere im folgenden beschriebene Lösungsmöglichkeit.

4. Verfahren des punktweisen Anbohrens.

Bohrt man in ein unter Spannungen stehendes ebenes Modell kleine runde Löcher, so können bei entsprechenden Abmessungen ihre Störbereiche so klein sein, daß man ihre Wirkung auf das Gesamtfeld praktisch vernachlässigen darf. Unter dieser Voraussetzung, die natürlich in jedem Fall erst geprüft werden muß, läßt sich folgende Überlegung anstellen (Vorschlag TESAR). In erster Näherung verhält sich die unmittelbare Umgebung eines kleinen Loches im Modell ebenso wie die Umgebung eines Loches in einer unendlich großen, überall gleichartig beanspruchten Ebene. Insbesondere sind die Randspannungen am freien Lochrand im Modellfall und im Fall der unendlichen Ebene praktisch dieselben. Die spannungsoptische Messung dieser Randspannungen erlaubt einen Schluß auf den Spannungszustand, der am Ort des kleinen Loches herrschen würde, wenn das Loch nicht vorhanden wäre.

Im Fall des kreisrunden Loches in der unendlichen Scheibe mit dem gleichförmigen Spannungszustand σ_1, σ_2 gilt am Rand (Abb. 83)

in Punkt A: 		Längsspannung $\sigma_A = 3\,\sigma_1 - \sigma_2$

und in Punkt B: 		Querspannung $\sigma_B = 3\,\sigma_2 - \sigma_1,$

umgekehrt also

$$\sigma_1 = \frac{3\,\sigma_A + \sigma_B}{8},$$

$$\sigma_2 = \frac{3\,\sigma_B + \sigma_A}{8}.$$

Entsprechend kann man aus den im Modell gemessenen Lochrandspannungen σ_A und σ_B auf einen am Ort des Lochmittelpunktes ursprünglich vorhandenen Spannungszustand σ_1, σ_2 nach denselben Formeln schließen. In Wirklichkeit sind in den meisten Modellen die Spannungen von Ort zu Ort so veränderlich, daß die angegebenen Gleichungen nur in Annäherung gelten, ebenso wirkt die Störung durch ein Loch auch auf den gesamten Zustand ein. Man wird dieses Verfahren

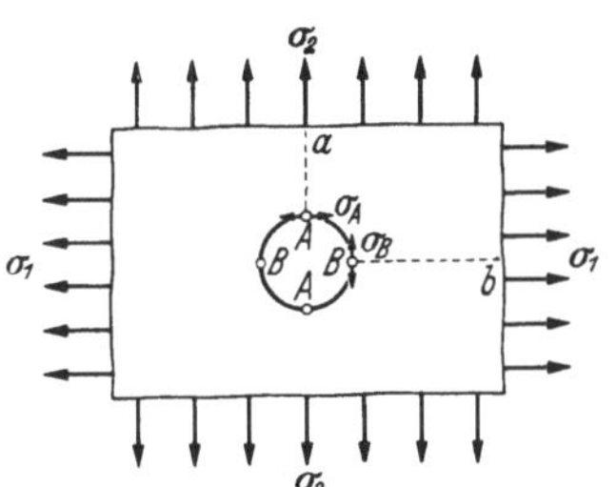

Abb. 83. Umgebung eines Kreisloches im gleichförmigen ebenen Spannungszustand σ_1, σ_2.

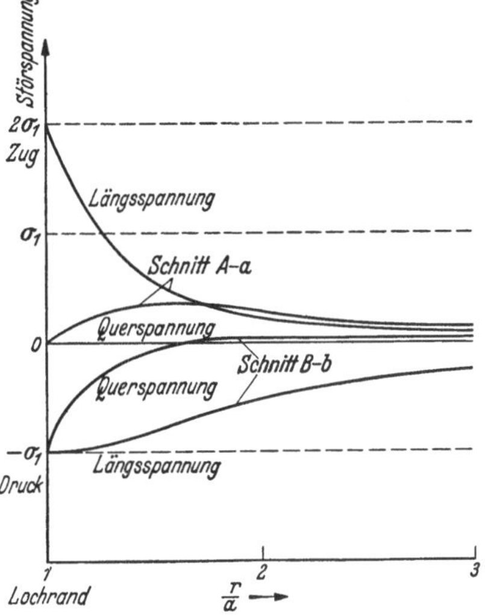

Abb. 84. Störspannungen in der Umgebung eines Kreisloches.

also nur in Sonderfällen und nur in großen Modellen anwenden, man ist außerdem auf die Untersuchung einiger nicht zu dicht beieinander liegender Punkte beschränkt. Andererseits gibt es Probleme mit unbekannten Randbedingungen (eingespannte Bleche), für die sich das Verfahren ausgezeichnet eignet. Es hat den Vorteil, auch in gebeulten Blechen noch verwendbar zu sein. Um die Größenordnung der Fernwirkung der Lochstörung anschaulich zu machen, sind in Abb. 84 die Größen der Störspannungen im Schnitt $A\,a$ und $B\,b$ aufgetragen, wie sie im Felde des einfachen einachsigen Zuges σ_1 auftreten. Die „Störspannungen" sind die infolge des Loches zusätzlich zum ursprünglichen Zustand hinzukommenden Längs- und Querspannungen (Kap. VI, Abschn. 15.)

5. Einzelmessung von σ_1 und σ_2 mittels Interferenzerscheinungen.

Bei der Aufteilung des Lichtes in zwei Komponenten, deren Polarisationsebenen zu den beiden Hauptspannungsrichtungen parallel sind, erfahren diese beiden Komponenten Verzögerungen, die sich nach Gleichung (31b), S. 68 schreiben lassen:

$$m_1 = M_0 - M_1 = \frac{d}{c_0\,\lambda}\,(a\,\sigma_1 + b\,\sigma_2) = d\,(a^*\,\sigma_1 + b^*\,\sigma_2),$$
$$m_2 = M_0 - M_2 \qquad\qquad = d\,(b^*\,\sigma_1 + a^*\,\sigma_1).$$

Die Messung der beiden Einzelwerte m_1 und m_2 erlaubt also die Bestimmung der beiden Einzelwerte σ_1 und σ_2, wenn a^* und b* (etwa aus einem Eichversuch) bekannt sind. Die Möglichkeit dieser Messung sprach zuerst COKER aus (allerdings mit der Vermutung $b^* = 0$); das auf dieser Grundlage entwickelte Verfahren stammt von FAVRE [20]. Hierbei wird ein polarisierter Lichtstrahl, dessen Polarisationsebene mit einer Hauptachse des untersuchten Modellpunktes übereinstimmt, in zwei Teile geteilt, von denen einer das Modell, der andere einen Meßkörper durchstrahlt. Die Wiedervereinigung der beiden Strahlen ergibt Interferenzerscheinungen, die sich bei der Belastung des Modells verändern. Man zählt die hierbei erscheinenden Verdunkelungen, d. h. den Wert m, oder macht sie durch entsprechende meßbare Veränderungen des Meßkörpers rückgängig; dasselbe wiederholt man mit einem Lichtstrahl, dessen Polarisationsebene der zweiten Hauptspannung entspricht. Die Messung erfordert ein umfangreiches und empfindliches Gerät (Interferometer), das in Kap. V, Abschn. 10 skizziert ist.

FABRY gab die Anregung zu einem Meßverfahren auf derselben Grundlage, aber ohne Meßkörper [0.13]. Beobachtet wird hiernach die Interferenz zwischen dem an der Vorderseite und dem an der Rückseite des Modells gespiegelten Lichtstrahl, das Modell soll daher beiderseits halb durchlässig versilbert werden. Der Strahlengang gestattet, die Veränderung der „optischen Dicke", d. h. den Wert m_1 oder m_2, unmittelbar durch Interferenzveränderung sichtbar zu machen. Die wirksame Verschiebungsgröße entspricht dem doppelten Betrag von m_i wegen der doppelten Durcheilung des Modells. Beleuchtet man das zunächst unbelastete Modell senkrecht, so sieht man im reflektierten Licht Interferenzlinien gleicher Modelldicke, dabei muß allerdings das Modell sehr gute, am besten geschliffene Oberflächen aufweisen, und wegen der verhältnismäßig großen Entfernung zwischen den beiden Oberflächen muß streng einfarbiges Licht verwendet werden. Ändert sich die optische Modelldicke durch Belastung, so verändert sich das Linienbild, und zwar ist an jedem Punkt die Zahl der durchwandernden Linien gleich der Änderung von M. Weil bei Belastung der Werkstoff doppelbrechend wird, sieht man bei Verwendung von unpolarisiertem Licht gleichzeitig die Wirkungen m_1 und m_2, d. h. das Liniensystem zerfällt in zwei Systeme, von denen das eine dem Wert m_1, das andere dem Wert m_2 entspricht. Beleuchtet man dagegen jeden Punkt mit einem Licht, das in einer Hauptrichtung dieses Punktes polarisiert ist, so wird auch nur der m-Wert dieser einen Richtung wirksam. Die geringe Größe von m bei Glas setzt der Messung besondere Schwierigkeiten entgegen, umgekehrt weisen die Werkstoffe mit hohen erreichbaren m-Werten im allgemeinen nicht die erforderliche optisch ebene Oberfläche auf, Ergebnisse nach diesem Verfahren sind daher bisher nicht bekannt.

Schließlich sei ein Verfahren von TANK erwähnt [6.22], nach dem es möglich ist, auch die Hauptspannungssumme interferometrisch zu bestimmen. Setzt man die beiden Komponenten J_x'' und J_y'' [nach Gleichung (26), S. 50] zu einer linearen Schwingung unter der Neigung πm zusammen, so hat diese Schwingung eine absolute Phasenverzögerung $\lambda(m_1 + m_2)/2$ gegenüber einem Strahl durch denselben Punkt bei unbelastetem Modell. Interferometrische Messung dieser absoluten Phasenverzögerung ergibt demnach den Wert $(m_1 + m_2)$, der verhältnisgleich zur Hauptspannungssumme ist.

6. Abschätzungen.

Nach der Aufzählung der bisher entwickelten Verfahren der vollständigen Auswertung sei nochmals darauf hingewiesen, daß in vielen Fällen die strenge Durchführung derartiger Messungen entbehrlich ist, wenn nicht besondere Anforderungen an die Genauigkeit und Vollständigkeit der Ergebnisse gestellt werden. Das gilt insbesondere am Rand und in seiner Nähe sowie in allen Körpern, bei denen die Beanspruchung in einer Richtung wesentlich größer ist als in der anderen.

Gelegentlich läßt sich das Ergebnis auch noch durch überschlägliche Gesamtabschätzungen verbessern. Eine Anregung von FROCHT [8.12] in dieser Richtung für die Symmetrieschnitte von stabförmigen Körpern mit Kerben oder Löchern wird in Kap. VIII, Abschn. 16 näher erläutert.

V. Geräte.

1. Lichtquellen.

Für Versuche bei einfarbigem Licht mit bestimmter bekannter Wellenlänge sind Dampflampen stets die besten Lichtquellen, insbesondere die im Handel erhältlichen Quecksilber- und Natriumdampflampen. Quecksilberdampflampen haben im allgemeinen eine höhere Leuchtkraft und sind daher auch für Projektion auf kleinere Entfernung sowie für photographische Zwecke geeignet, während die handelsüblichen Natriumlampen hierzu nur knapp ausreichen. Diese kleinen handlichen Lampen sind andererseits für unmittelbare Beobachtungen besonders empfehlenswert.

Oft ist nun für spannungsoptische Zwecke zwar ein annähernd einfarbiges Licht notwendig, bei dem aber die strenge Kenntnis der Wellenlänge entbehrlich ist. Das ist z. B. immer dann der Fall, wenn durch eine Eichung unmittelbar der Zusammenhang zwischen der Wellenlängenzahl und den Spannungswerten hergestellt wird. Die Einschaltung eines

Farbfilters in einen ursprünglich weißen Lichtstrahl ist in diesen Fällen völlig ausreichend. Als weiße Lichtquelle hoher Leuchtkraft dient meistens die gewöhnliche Kohlebogenlampe, es sei hier aber besonders auf die Punktlichtlampen (Osram) hingewiesen, die vor der Bogenlampe den Vorteil des unbeweglich feststehenden Leuchtpunktes haben, so daß man sich während der Messungen nie um Lampeneinstellung, Uhrwerkskontrolle oder Kohlenwechsel kümmern muß. Zu den Punktlichtlampen werden verschiedene Gehäuse verkauft. Am vielseitigsten verwendbar sind die kugeligen Gehäuse, die nach verschiedenen Richtungen und in ihrer Höhe verstellbar auf einem Ständer befestigt sind (vgl. Abb. 116, S. 110). Lediglich für Größtprojektion, etwa in Vortragssälen, reicht die Lichtstärke der Punktlichtlampen nicht aus. Bei geringem Lichtbedarf kann selbstverständlich jede beliebige Lampe als Lichtquelle dienen.

Für viele Zwecke ist gerade weißes Licht erwünscht; die einfache Einschaltung etwa eines dunklen Orangefilters gibt für das Auge einen Eindruck, der der Wirkung des Natriumlichtes durchaus nahekommt. Andere Filterfarben sind wegen der vorwiegenden Gelbempfindlichkeit des menschlichen Auges im allgemeinen für die Betrachtung ungünstiger, für photographische Zwecke kann aber auch eine Blau- oder Violettfilterung nützlich sein (vgl. S. 127).

2. Polarisatoren.

Als Polarisatoren und Analysatoren für spannungsoptische Messungen eignen sich drei grundsätzlich verschiedene Einrichtungen, die auf Spiegelung, Doppelbrechung und Dichroismus beruhen.

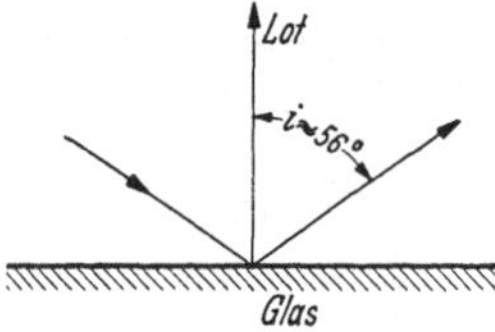

Abb. 85. Polarisation durch Spiegelung, tg $i = n$.

a) Polarisation durch Spiegelung. Bei schräger Spiegelung des Lichtes an glänzenden Oberflächen, die gleichzeitig auch lichtdurchlässig sind (Glas, Lack usw.), erfolgt eine Polarisation des Lichtes, die bei einem bestimmten Reflexionswinkel sogar vollständig sein kann, d. h. das reflektierte Licht enthält nur noch eine einzige Schwingungsrichtung. Die vom einfallenden Strahl und dem Lot auf der Spiegelfläche gebildete Ebene ist dabei die „Polarisationsebene", der Lichtvektor schwingt also in Abb. 85 nach der Spiegelung nur noch senkrecht zur Zeichenebene. Der Winkel dieser vollkommenen Polarisation ist der „BREWSTERsche Winkel" i, es ist tg $i = n$ (n = Brechungsindex, bei Glas etwa $n = 1,5$, $i = 56°$).

Zwei Möglichkeiten der Herstellung polarisierten Lichtes bestehen nun darin, daß man entweder nach *einer* Spiegelung unter dem BREWSTERschen Winkel das gespiegelte Licht verwendet, oder daß man mittels der Durchstrahlung eines Satzes von *mehreren* parallelen Glasplatten immer weitere Anteile polarisierten Lichtes herausspiegeln läßt, bis das schließlich durchtretende Licht ziemlich frei von der gespiegelten Komponente, d. h. ebenfalls praktisch linear polarisiert ist. (Selbstverständlich stehen die Polarisationsebene des gespiegelten und des durchfallenden Lichtes senkrecht aufeinander.) Zur Erzeugung eines guten gleichförmigen Lichtstrahles müssen möglichst geschliffene Platten verwendet werden. Die Verwendung des einmal gespiegelten Strahles setzt wegen der geringen Ausbeute eine starke Lichtquelle voraus, andererseits wird aber auch die Lichtstärke des durchfallenden Strahles mit steigender Glasplattenzahl immer geringer. Empfohlen wird entweder schwarzes Glas für einmalige Spiegelung (zum Zwecke der Absorption der unverwendeten eindringenden Lichtkomponente) oder ein Satz von etwa 8 Glasplatten zur Verwendung des durchfallenden Lichtes. Hinter 8 Platten ist allerdings noch ein fühlbarer Anteil (rd. 20 % des durchfallenden Lichtes) wie der gespiegelte Teil polarisiert, aber auch nach 16 Platten beträgt dieser Anteil immer noch 12 %. Es sei betont, daß die Spiegelung an blanken Metallflächen keine Polarisation bewirkt, auch ein Metallspiegel mit dünner Lackschutzschicht ergibt keinen für die vorliegenden Zwecke brauchbaren Lichtstrahl.

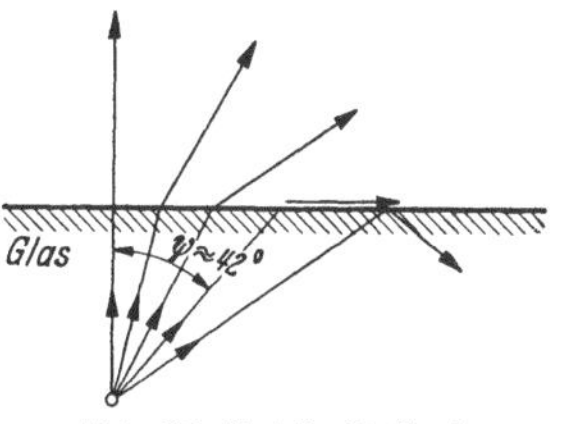

Abb. 86. Totale Reflexion, $\sin \psi = 1/n$.

b) Polarisation durch Doppelbrechung. In jedem doppelbrechenden Kristall zerteilt sich eingestrahltes Licht in zwei polarisierte Strahlen, deren Polarisationsebenen senkrecht aufeinander stehen („ordentlicher" und „außerordentlicher" Strahl). Gelingt es, die beiden Strahlen voneinander zu trennen und einen von ihnen fortzulenken, so bleibt ein rein linear polarisierter Lichtstrahl übrig. Hiervon wird bei den Kristallpolarisatoren (Nikolprisma, Ahrensprisma) Gebrauch gemacht. Da die beiden Strahlkomponenten im Kristall verschiedene Lichtgeschwindigkeit, d. h. verschiedene Brechungsindizes haben, liegt der Grenzwinkel der „totalen Reflexion"[1] für die beiden Strahlen bei verschiedenen Werten. Außerdem kann man durch Neigung der zuerst getroffenen Kristallvorderfläche die beiden Strahlen schon unter verschiedenen Richtungen den Kristall durcheilen lassen. Wird also ein Kristallprisma (z. B. Kalkspat) entsprechend geschnitten, so kann man es so einrichten, daß an der Kristallrückseite der eine der beiden Strahlen gerade noch vollständig gespiegelt wird, während der andere aus dem Prisma heraustritt. Das Licht zerteilt sich so in zwei Strahlen, die das Prisma unter ganz verschiedenen Winkeln verlassen. Verbindet man zwei Prismen durch geeigneten Lack miteinander, so läßt sich auch ein polarisierter Strahl erzeugen, der die Richtung des einfallenden Strahles beibehält.

---

[1] Man versteht hierunter den (inneren) Einfallswinkel i (Abb. 86), von dem an der Strahl die freie Oberfläche von innen nach außen nicht mehr durchdringt, sondern vollständig gespiegelt wird; es ist $\sin \psi = 1/n$, bei Glas also etwa $\psi = 42°$.

Die Größe der natürlichen Kristalle ist beschränkt und der Preis einzelner größerer Kristalle ist entsprechend hoch. Will man also eine größere Modellfläche gleichzeitig durchstrahlen, so sind im allgemeinen Linsen nötig, die das Licht vor und hinter dem Kristall zusammenfassen bzw. zerstreuen. Gewöhnlich reichen dann Kristalle von etwa 10 mm Durchmesser aus. Das Licht wird in den Prismen nur gebrochen, nicht absorbiert, daher ist auch eine höhere Lichtkonzentration zulässig, ohne daß sich die Prismen gefährlich erwärmen. Es ist lediglich notwendig, darauf zu achten, daß die Fassung der Prismen (häufig Wachs) vor stärkerer Wärmestrahlung geschützt wird. Kühlung des Strahles mit Hilfe eines vorgeschalteten Wassergefäßes ist also im allgemeinen empfehlenswert.

Nur in seltenen Fällen reicht ein dünner gerader Strahl zur Durchführung einer Messung aus, es ist vielmehr meistens ein gewisser Winkelbereich ε notwendig, um die erforderliche Fläche auszuleuchten (Abb. 87).

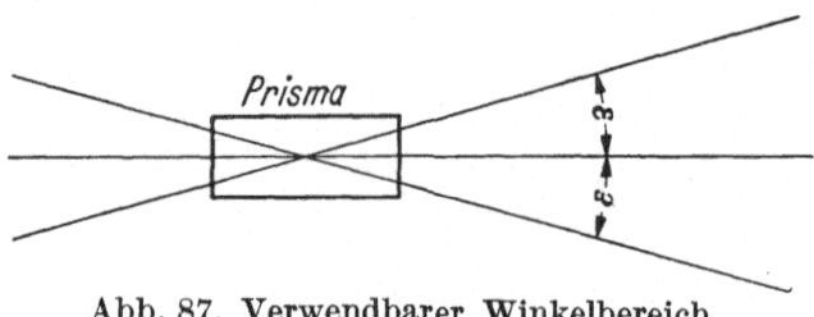

Abb. 87. Verwendbarer Winkelbereich eines Polarisators.

Selbstverständlich ist der verwendbare Bereich begrenzt, sowohl durch die Prismenabmessungen an sich als auch dadurch, daß gewisse Grenzwinkel (Totalreflexion!) nicht überschritten werden dürfen. Praktisch zeigt sich, daß z. B. bei einem Ahrensprisma etwa ein Betrag $\varepsilon \approx 10$ bis $12°$ unbedenklich für Meßzwecke verwendet werden kann. Beim Entwurf der optischen Einrichtung ist hierauf besonders Rücksicht zu nehmen.

Einzelne dieser doppelbrechenden Kristalle haben die weitere Eigenschaft, daß sie den einen der beiden Strahlen stark absorbieren, während der andere ziemlich ungestört durchgelassen wird, dieser „Dichroismus" ist z. B. bei Turmalin besonders ausgeprägt. Kristalle dieser Eigenschaft wirken also unmittelbar als „Polarisationsfilter". Mit der Entdeckung von Kristallen, die schon in sehr geringer Dicke eine hinreichende Absorption der einen Komponente aufweisen, ergab sich die dritte Möglichkeit der Polarisatorenherstellung.

c) Polarisationsfilter. Das Perjodid des Chininsulfats („Herapathit") hat die Eigenschaft, doppelbrechend zu sein und eine der beiden Lichtkomponenten stark zu absorbieren. Dieser Dichroismus des Herapathits[1] ermöglicht seit einigen Jahren die Herstellung dünner Filter, die eine fast vollständige Polarisation beliebig großer Lichtbündel gestatten. In Deutschland sind sie unter dem Namen „Herotar" oder „Bernotar" (Hersteller Zeiss, Jena) im Handel erhältlich, praktisch dieselben Eigenschaften haben die amerikanischen „Polaroid"- und die Kodak-„Pola". Filter. Es handelt sich entweder um eine dünne Schicht Einbettungs-

---

[1] Erstmals beschrieben von HERAPATH: Phil. Mag. 1852.

mittel, z. B. Gelatine, die zwischen Glas- oder Zelluloidschutzplatten liegt und in die die Herapathitkristalle eingebettet sind (durch besondere Verfahren werden die Kristalle bei der Herstellung alle gleichgerichtet) oder um eine dünne Schicht von gerichteten Herapathitkristallen, die unmittelbar zwischen Glasplatten gekittet wird. Handelsüblich werden diese Filter in Fassungen geliefert, die auf Photoobjektive usw. aufgesteckt werden können, jedoch werden jetzt auch große Folien hergestellt, die für spannungsoptische Zwecke besonders geeignet sind.

Der Polarisationsgrad des durchfallenden Lichtes ist sehr hoch, d. h. es sind im sichtbaren Spektrum nur verschwindend geringe Lichtmengen (unter 1%) vorhanden, die nicht in der Hauptrichtung polarisiert sind, das durchfallende Licht (35 bis 40% des Gesamtlichtes) ist außerdem etwas grün-gelblich gefärbt. Bei gekreuzten Filtern dringt ein dunkelroter oder blauroter Lichtbestandteil durch, der jedoch nicht als störend empfunden wird und auch bei photographischen Aufnahmen nicht in Erscheinung tritt. Dieser Tatbestand bedeutet glücklicherweise, daß die roten und ultraroten Wärmestrahlen nicht so stark wie das übrige Licht absorbiert werden, so daß eine starke Erwärmung der Filter auch bei kräftiger Durchleuchtung vermieden wird. Trotzdem ist namentlich bei kleinen Filtern und starker Lichtkonzentration die Zwischenschaltung eines Kühlmittels sehr zu empfehlen. Die zulässige Erwärmung wird bei den reinen Kristallfiltern mit etwa 50°, bei den amerikanischen Filtern mit Bettungsmittel mit über 100° angegeben. Die Handhabung der Filter ist äußerst bequem, die Verwendung größerer Folien ermöglicht die einfachst denkbare spannungsoptische Einrichtung, nämlich einfach ein Modell zwischen gekreuzten Folien ohne jede Linse oder sonstige optische Einrichtung (vgl. S. 92). Wie bei den Prismen sind streng nur die senkrecht durch die Folienebene tretenden Lichtstrahlen vollständig polarisiert, während bei geneigten Strahlen Unreinheiten auftreten. Legt man z. B. zwei gekreuzte Filterpolarisatoren dicht hintereinander und geht mit dem Auge dicht daran, so beobachtet man nur in der Mitte ein dunkles Kreuz parallel den Hauptachsen, während in den vier Quadranten dazwischen das Licht nicht ausgelöscht wird. Die in solchen Filtern zulässige Strahlneigung beträgt etwa $\varepsilon \approx 10\text{—}15°$.

3. Einfache spannungsoptische Einrichtungen mit unveränderlicher Polarisationsebene.

Bei allen Einrichtungen mit festen Polarisationsachsen ist zu berücksichtigen, daß zur Feststellung der Hauptspannungsrichtungen eine Drehung des Modells mit seiner Belastungsvorrichtung um die Achse des Lichtstrahls (optische Achse) erforderlich ist; ein entsprechender Raum muß also vorgesehen werden.

Die einfachste Anordnung für spannungsoptische Versuche besteht aus einer Lichtquelle, einem Polarisator und einem hierzu gekreuzten

Analysator. Beschränkt man sich auf die subjektive Beobachtung des zwischen den Polarisatoren stehenden Modells, so genügen als Lichtquelle eine oder mehrere gewöhnliche elektrische Birnen, am besten mit einer Mattscheibe davor, ein Polarisationsspiegel, der unter dem BREWSTER-schen Winkel eingestellt ist, am besten aus schwarzem Glas, und ein zweiter Spiegel oder ein Glasplattensatz als Analysator (Abb. 88). Es ist bei der Beobachtung auf Innehaltung der richtigen Winkel zu achten, man muß also entweder aus größerer Entfernung beobachten oder nur einen kleinen Bereich gleichzeitig übersehen, der in der richtigen Richtung liegt. Anordnungen dieser Art sind jedoch heute nur noch zu empfehlen, wenn die Herstellungskosten des Gerätes unbedingt sehr gering bleiben sollen.

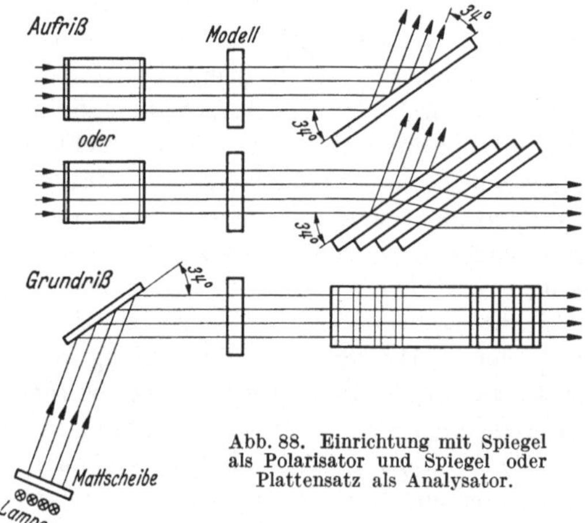

Abb. 88. Einrichtung mit Spiegel als Polarisator und Spiegel oder Plattensatz als Analysator.

4. Einrichtungen für einfach durchstrahlte Modelle mit drehbarer Polarisationsebene.

Weil es umständlich und schwierig ist, das Modell mit allen Belastungsvorrichtungen um die optische Achse der Einrichtung zu drehen, zieht man im allgemeinen Anordnungen vor, bei denen das Modell feststeht und lediglich die Polarisationsebene gedreht wird[1].

Die folgende kurze Zusammenstellung von möglichen Anordnungen ist geordnet nach der Anzahl der Linsen, die sich zwischen den Polarisatoren befinden. Da sich sämtliche in diesen Linsen vorhandenen Spannungen als Störungen bemerkbar machen, und da andererseits wirklich spannungsfreie Linsen kostspielig sind, ist es zweckmäßig, die Zahl dieser Linsen möglichst klein zu halten. Außerdem gilt ganz allgemein, daß jede durchstrahlte Oberfläche infolge der stets vorhandenen Reflexion einen Lichtverlust bedeutet, so daß auch aus diesem Grunde die Gesamtzahl der spiegelnden Flächen in einer Anordnung beschränkt bleiben sollte. Bei senkrechter Durchstrahlung einer Platte oder Linse gelten folgende genaueren Formeln für den Lichtverlust.

Der einfallende Strahl E (Abb. 89), der Einfachheit halber als linear polarisiert angenommen, habe einen Größtwert des Lichtvektors vom

---

[1] Die alte spannungsoptische Bank des Mech. Techn. Laboratorium der T. H. München wurde mit feststehender Polarisationsebene gebaut, um eine besondere Art der Zeichnung der Hauptspannungsrichtungen anzuwenden (s. S. 146).

Betrage „1“. Die im Strahl vorhandene Lichtenergie ist verhältnisgleich zum Quadrat dieses Betrages, der Einfachheit wegen sei sie ebenfalls gleich „1“ gesetzt. An der spiegelnden Vorderfläche V des Körpers mit dem Brechungsindex n (z. B. Luft gegen Glas) wird dann ein Lichtstrahl R_1 reflektiert, dessen Vektor den Größtbetrag $(n-1)/(n+1)$ aufweist, d. h. es wird eine Energie vom Betrage $(n-1/n+1)^2$ zurückgestrahlt. Der restlich eindringende Strahl i weist demnach eine Energie auf vom Betrage $1 - \left(\dfrac{n-1}{n+1}\right)^2 = \dfrac{(n+1)^2 - (n-1)^2}{(n+1)^2} = \dfrac{4\,n}{(n+1)^2}$. Beim Wiederaustritt des Strahles an der Hinterfläche H des Körpers tritt wieder eine Reflexion ein, wobei der Brechungsindex $1/n$ (z. B. Glas gegen Luft) wirksam ist. Die bei H rückgespiegelte Energie hat die Größe

$$\frac{4\,n}{(n+1)^2} \cdot \left(\frac{\dfrac{1}{n}-1}{\dfrac{1}{n}+1}\right)^2 = \frac{4\,n\,(n-1)^2}{(n+1)^4}\,,$$ so daß der austretende Strahl A schließlich noch folgende Energie enthält:

$$\frac{4\,n}{(n+1)^2} - \frac{4\,n\,(n-1)^2}{(n+1)^4} = \frac{16\,n^2}{(n+1)^4}\,.$$

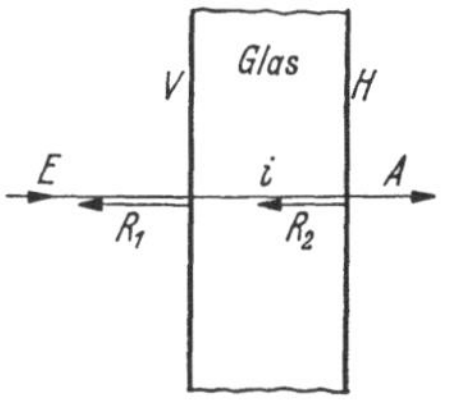

Abb. 89. Lichtverluste an Oberflächen.

Anwendung dieser Formel auf doppelbrechende Körper, z. B. spannungsoptische Modelle, zeigt übrigens, daß die beiden senkrecht zueinander polarisierten Lichtkomponenten verschiedene Reflexionsverluste erfahren und das Modell mit verschiedener Lichtstärke verlassen ($n_1 \neq n_2$). Glücklicherweise ist der Unterschied nur sehr klein, anderenfalls wären alle Formeln des Kapitels II, die auf der gleichen Lichtstärke beider Strahlen aufgebaut sind, unbrauchbar.

Der Gesamtlichtverlust (Energieverlust) bei der Durchstrahlung einer Glasplatte oder Linse hat also die Größe $1 - \dfrac{16\,n^2}{(n+1)^4}$. Für mittlere Werte n (n etwa $= 1{,}5$) bedeutet das einen Energieverlust von $\left(\dfrac{0{,}5}{2{,}5}\right)^2 = \dfrac{1}{25}$ $= 4\%$ bei der Spiegelung an der Vorderseite, von $\dfrac{2{,}5^4 - 16 \cdot 1{,}5^2}{2{,}5^4} = \dfrac{49}{625} =$ $7{,}8\%$ bei völliger Durchstrahlung. Ein Lichtstrahl hat also beispielsweise nach der Durchstrahlung von acht Linsen (Anordnung Abb. 97, S. 96) noch eine Energie, die etwa $0{,}96^{16} = 0{,}92^8 = 0{,}52$ entspricht, rund die Hälfte des Lichtes geht allein durch Spiegelung verloren. Die hierbei völlig vernachlässigte Absorption gibt weitere erhebliche Verluste, die Zweckmäßigkeit einer geringen Linsenzahl ist offensichtlich.

Wenn in den folgenden Anordnungen „große“ Polarisatoren genannt werden, so sind damit stets Bernotar- bzw. Polaroidplatten oder -folien größerer Durchmesser (etwa Modellgröße, mindestens aber etwa 6 bis 10 cm) gemeint. „Kleine“ Polarisatoren können entweder kleine Stücke solcher Filter oder Prismen sein, der Deutlichkeit wegen sind hierfür immer kleine halbschwarze Rechtecke 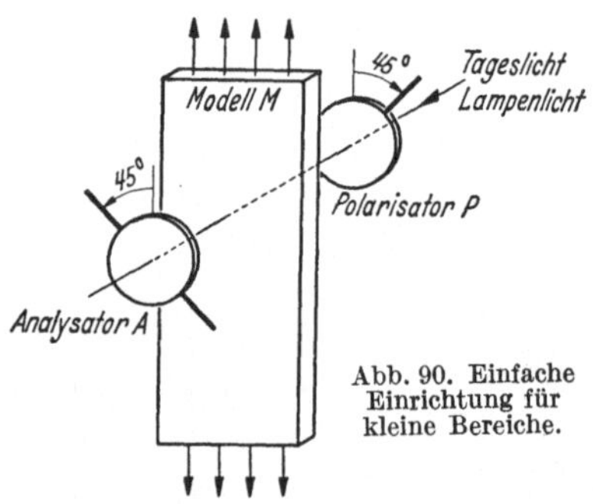 gezeichnet. Der Lichtverlust in den Filtern ist größer als in den Prismen, ihres geringen Preises wegen wird man sie trotzdem oft vorziehen.

a) 1. Bei Beschränkung auf subjektive Beobachtung eines kleinen Modellbereiches leistet eine sehr einfache Anordnung oft gute Dienste, nämlich zwei gekreuzte kleine Polarisatoren ohne irgendwelche weiteren Geräte. Will man beispielsweise bei einem Zelluloidzugstab feststellen, ob er gut mittig ohne zusätzliche Biegebeanspruchung eingespannt ist, so beobachtet man ihn durch zwei Polarisatoren nach Abb. 90. Zieht man den Stab, bis seine Doppelbrechung gerade der „empfindlichen Farbe" Rot-Blau entspricht, so kann man bei freier Augenbetrachtung

Abb. 90. Einfache Einrichtung für kleine Bereiche.

sofort die Güte der „Mittigkeit" feststellen: Bei vorhandener Biegung ist der Stab auf der einen Seite blau, auf der anderen rot. Dieselbe einfache Vorrichtung genügt auch zur Feststellung der Hauptspannungsrichtung in einem Punkt, wenn eine Gradeinteilung am Analysator, Polarisator oder besser an beiden angebracht wird. Man dreht bis zur Dunkelheit und liest den Richtungswert ab. Die Schärfe der Dunkelheit ist gleichzeitig eine Kontrolle für richtige gegenseitige Kreuzung der beiden Polarisatoren.

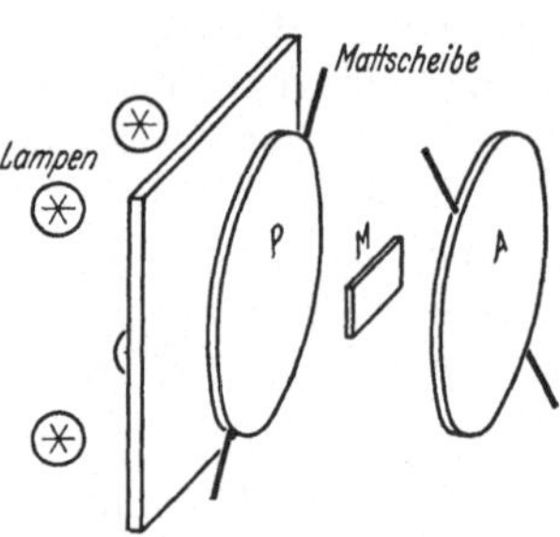

Abb. 91. Einfache Einrichtung mit Polarisationsfolien für größere Bereiche.

2. Die Verwendung zweier großer Polarisatoren gibt ohne weitere Hilfsmittel einen Überblick über ein ganzes Modell. Die Anordnung kann etwa wie in Abb. 91 getroffen werden. Steht der Beobachter etwas vom Modell entfernt, so daß die Sehstrahlen praktisch senkrecht durch Filter und Modell dringen, so erhält man einen sehr klaren und zuverlässigen Überblick über die gesamte Doppelbrechungsverteilung (Schubverteilung). Die Neigung der äußersten Sehstrahlen gegen die Modell- und Filternormale sollte dabei etwa 10° nicht überschreiten. An den Ort des Beobachterauges läßt sich selbstverständlich auch die Linse einer Aufnahmevorrichtung setzen, die Lichtstärke ist aber nicht sehr hoch. Wichtig ist bei dieser Anordnung eine befriedigend gleichförmige rückwärtige Beleuchtung der Mattscheibe, etwa durch vier oder mehr Glühbirnen. Bei Verwendung kleiner Natriumlampen ist eine gleichförmige Helligkeit im ganzen Feld noch schwieriger zu erreichen, so daß

hier die Lichtfilterung unmittelbar vor dem Aufnahmeobjektiv bzw. unmittelbar vor dem Auge des Beobachters günstiger ist. Die Aufnahme durch „Schattenwurf" [8.18] hat demgegenüber erhebliche Mängel.

b) Sollen die Kosten des einen großen Filters gespart werden, so genügt auch ein kleines Filter oder Prisma unmittelbar vor dem Auge des Beobachters bzw. der Aufnahmelinse (Abb. 92). Ein erheblicher Gewinn an Lichtstärke wird erreicht, wenn das Licht nicht durch eine Mattscheibe, sondern durch eine große Linse zum Beobachter gelangt. Steht diese Linse wie in Abb. 92b noch vor dem Polarisator, so kann sie selbst beliebig verspannt sein, ohne die Doppelbrechung störend zu beein-

flussen. Da sie außerdem nur zur Beleuchtung und nicht zur Abbildung dient, darf sie auch optische Fehler aufweisen. Die Beleuchtung wird zweckmäßig so eingerichtet, daß das gesamte die Linse durchdringende Licht sich am Ort des Analysators und Objektivs punktförmig vereinigt. Die so entstehende Anordnung ist bei annehmbarem Preis des Filters P

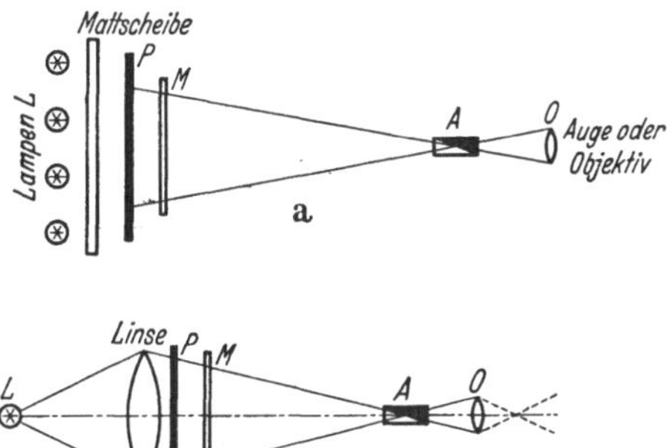

Abb. 92 a u. b. Einrichtung mit großem Polarisator und kleinem Analysator.

nicht kostspielig und sehr störungsfrei, sie kann besonders empfohlen werden. Man hat lediglich dafür zu sorgen, daß die äußeren Lichtstrahlen das Modell nicht zu schräg durchstrahlen, d. h. der Abstand zwischen Modell und Objektiv muß groß genug sein.

c) Eine weitere Verbilligung des Gerätes kann dadurch erreicht werden, daß man auch das erste große Filter durch einen kleinen Polarisator ersetzt und das notwendige große Bildfeld durch Projektion ausleuchtet. Will man dabei große teure Linsen vermeiden, so kann die Tatsache benützt werden, daß polarisiertes Licht praktisch polarisiert bleibt, wenn es an Metall gespiegelt oder durch eine Mattscheibe (Klarscheibe mit mattierter Oberfläche, nicht etwa milchtrübes Opalglas!) gestrahlt wird. Die folgende Anordnung ist als „Glasspannungsprüfer" im Handel erhältlich (Abb. 93a). Als Analysator läßt sich für gröbere Untersuchungen auch einfach eine Brille mit Filtergläsern verwenden, die der Beobachter aufsetzt (Abb. 93b). Mangelhaft bei dieser Vorrichtung ist die stark ungleichförmige Helligkeitsverteilung auf der Mattscheibe, die die photographische Aufnahme eines größeren Modellbereichs unmöglich macht. Die Verwendung zweier hintereinander stehender Mattscheiben gibt zwar eine etwas bessere Helligkeitsverteilung, aber erheblich geringere allgemeine Helligkeit, sie ist nicht zu empfehlen.

Eine ähnliche Wirkung wie durch die Mattscheibe ist durch Spiegelung an einer matten Metallfläche zu erzielen, auch ein Anstrich mit Aluminiumbronze kann als spiegelnde Fläche dienen. Die Verwendung

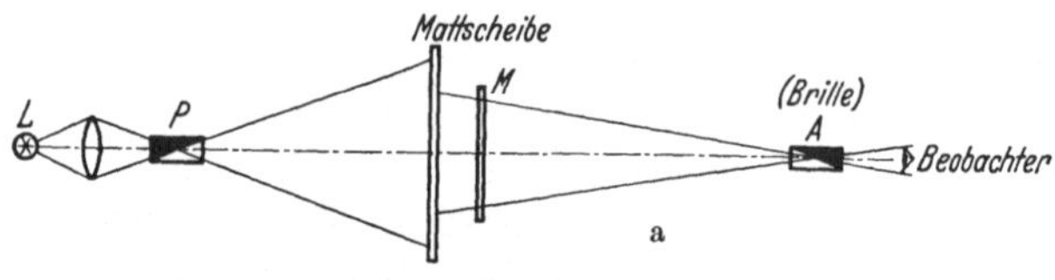

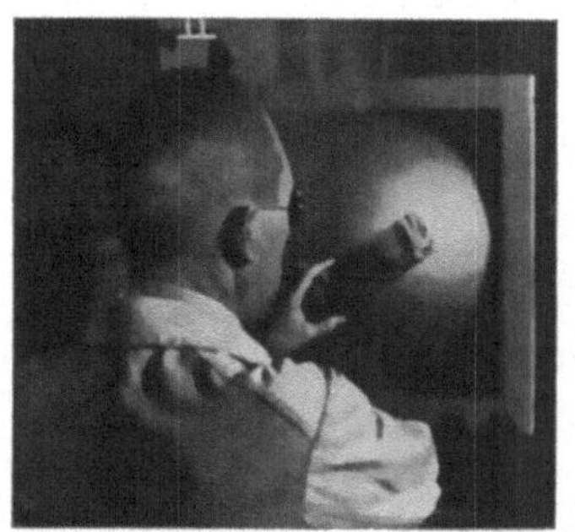

b

Abb. 93 a u. b. Glasspannungsprüfer
(Zeiss, Jena).

einer Spiegelfläche ist aber bei polarisiertem Licht nur bei nahezu senkrechtem Strahleinfall brauchbar, so daß sie praktisch nur für die unter 5 beschriebenen Einrichtungen zweckmäßig ist.

d) Solange große Filterpolarisatoren kostspielig sind, kann es eine Verbilligung der Einrichtung bedeuten, wenn durch Zwischenschaltung von Linsen der Strahlengang verbreitert und verengt wird, so daß die Polarisatoren in den „Brennpunkten", das Modell an der weitesten Stelle des Strahlenganges stehen. Da die zwischen den Polarisatoren stehenden Linsen spannungsfrei, d. h. aus einem unverspannt abgekühlten Glas hergestellt sein müssen, steigt aber ihr Preis mit steigendem Linsendurchmesser ebenfalls sehr erheblich, man

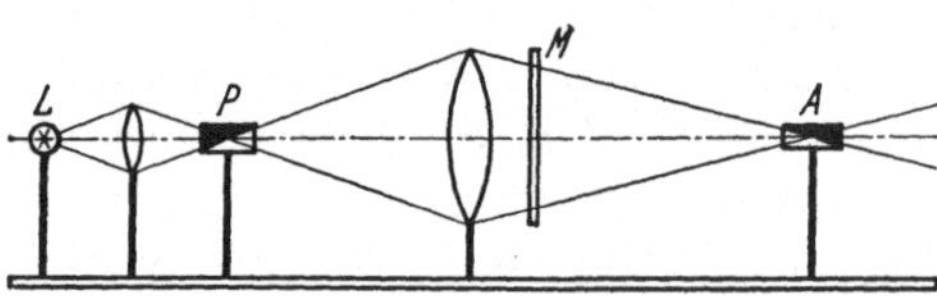

Abb. 94. Einrichtung mit kleinen Polarisationsprismen.

wird von Fall zu Fall nachprüfen müssen, ob sich die Verwendung von solchen Linsen lohnt. Im Augenblick (1939) sind in Deutschland große spannungsfreie Linsen jedenfalls noch billiger als entsprechende Großfilter, in Amerika sind die Filter bereits erheblich billiger. Die Skizze einer entsprechenden Anordnung stellt Abb. 94 dar.

Während es bei den einfacheren Einrichtungen möglich ist, die einzelnen Teile irgendwie auf einen Tisch oder ein Gestell hintereinander zu setzen, ist bei dieser und allen folgenden Einrichtungen eine genaue Justierung aller verwendeten Teile notwendig. Die einfachste Möglichkeit hierzu besteht darin, daß alle Teile auf Reitern befestigt werden, die man auf einer langen geraden Schiene verschieblich festklemmt. Die von den großen Firmen für Metallmikroskope usw. verwendeten Dreikantschienen sind auch hier die geeignete Basis. Von der Form und Größe der zu untersuchenden Modelle hängt es ab, ob man die Schiene durchlaufend verwenden kann, oder ob eine Unterbrechung am Ort des Modells notwendig ist. Die gegenseitige Justierung ist bei einer durchgehenden Schiene jedenfalls einfacher, für große Modelle müssen gegebenenfalls alle Geräte auf hohen Stützen befestigt werden, so daß für das Modell ein genügend freier Raum zwischen optischer Achse und Schienenoberkante vorhanden ist. Die notwendige Länge der Schiene hängt von der Einrichtung ab, im allgemeinen genügt eine Schiene von 2 m bis 2,50 m Länge allen Anforderungen.

e) Es bedeutet einen erheblichen Gewinn an Genauigkeit, wenn die Lichtstrahlen das Modell nicht nur annähernd, sondern streng senkrecht durchleuchten, insbesondere in der Umgebung von Stellen starker örtlicher Spannungsänderung, etwa in Kerben. Anderenfalls enthält der Lichtstrahl nach dem (schrägen) Durchgang durch das Modell die Wirkungen verschieden wirksamer Teilchen und gibt nur eine Art Mittelwert der optischen Wirkungen eines endlichen Bereiches wieder. Wenn also streng

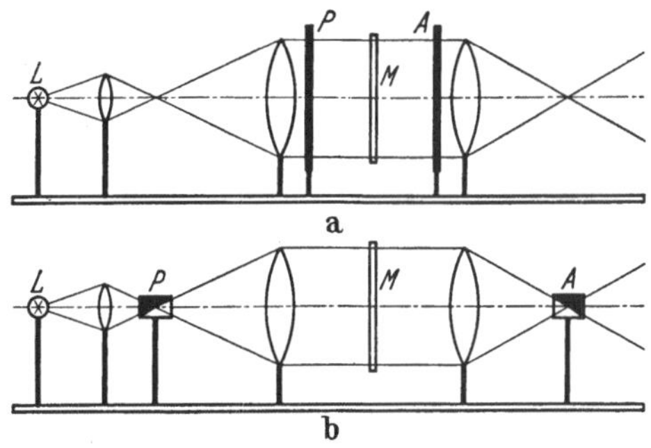

Abb. 95a u. b. Einrichtungen mit paralleler Modelldurchstrahlung.

richtige Messungen über einen größeren Modellbereich gleichzeitig möglich sein sollen, wird am besten durch eine Linsenanordnung ein Parallelstrahlenfeld in diesem Bereich hergestellt. Eine Anordnung nach Abb. 95a oder b erfüllt diese Bedingung. Die Anordnung 95b ist die bis vor kurzem meistens verwendete

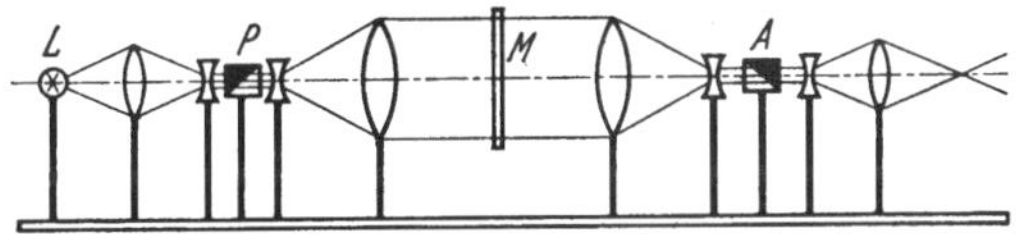

Abb. 96. Einrichtung mit Paralleldurchstrahlung des Modells und der Prismen.

Einrichtung. Wieder kann der Preis der großen Filter bzw. der großen spannungsfreien Linsen entscheidend für die Wahl sein, zur Zeit (1939) ist die Einrichtung 95b in Deutschland noch zweckmäßiger, insbesondere bei Verwendung kleiner Filterpolarisatoren. Aus einem weiteren Grunde kann man sich für die Einrichtung 95b entscheiden: Die zur Drehbarkeit der Polarisatoren notwendige Fassung mit Kreisteilung ist bei der Anordnung b kleiner und billiger, außerdem benötigt man bei der Zwischenschaltung von $\lambda/4$-Blättchen (Abschn. 6) nur kleine solche Blättchen, ihr Preis steigt bisher ebenfalls erheblich mit dem Durchmesser.

f) Legt man großen Wert darauf, daß auch die Polarisatoren nur von Parallelstrahlen durchstrahlt werden, so sind weitere Linsen notwendig. Eine derartige Anordnung zeigt Abb. 96.

g) Will man schließlich außer dem Modell einen zweiten Körper (Meßkörper, Kompensator) streng parallel durchstrahlen und gleichzeitig mit dem Modell scharf abbilden, so ist die Zwischenschaltung einer zweiten Parallelstrecke erforderlich, etwa nach Abb. 97. Anordnungen nach dieser Skizze dürften für allgemeine Zwecke meistens zu kostspielig sein.

h) Ist ein sehr großes Modellfeld notwendig (Durchmesser etwa 20 cm oder mehr), so kann eine Anordnung nach dem Vorschlag von Goetz und Brahtz [4.06, 4.13] ihre Vorteile haben. In ihr werden statt

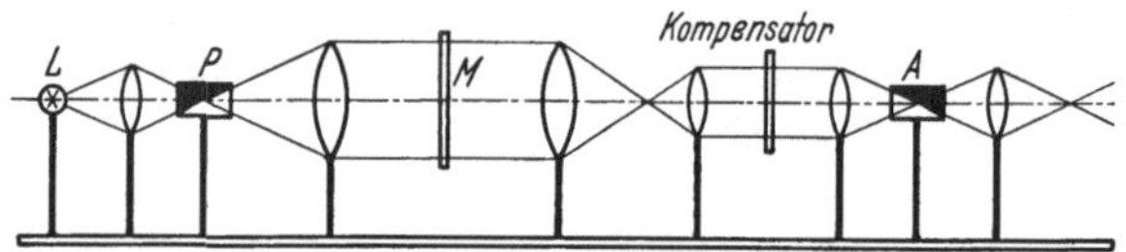

Abb. 97. Einrichtung mit eingeschaltetem Kompensator.

der Linsen zwei große Hohlspiegel verwendet, zwischen denen das Parallelstrahlenfeld erzeugt wird. Die Anordnung der Hohlspiegel zeigt Abb. 98.

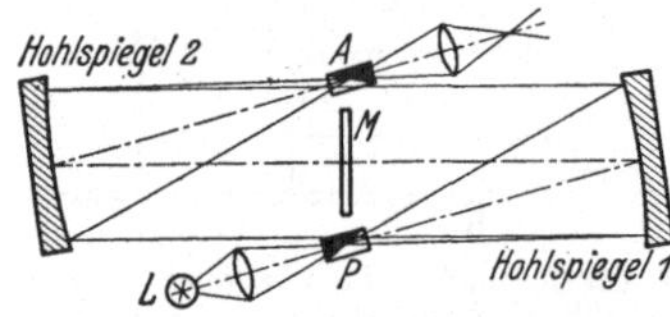

Abb. 98. Einrichtung mit an Hohlspiegeln gebrochenem Strahlengang.

Als Vorteile der Anordnung seien genannt: Keine Störung infolge von verspannten Gläsern, geringe Baulänge der Gesamtanordnung, geringe Entfernung zwischen Beobachter und Modell. Die Schwierigkeit einer verzerrungsfreien Abbildung des Modells steht dem als wesentlicher Nachteil gegenüber.

In allen in diesem Abschnitt genannten Anordnungen lassen sich die Polarisatoren in Drehfassungen befestigen, so daß die Richtung der Polarisationsebene verändert und an einer vorgesehenen Kreisteilung abgelesen werden kann.

5. Anordnungen mit Strahlreflexion zur zweimaligen Durchstrahlung von Modellen.

Bei verschiedenen Aufgabengruppen ist es nicht möglich, den Strahlengang wie in den unter 4. beschriebenen Anordnungen zu führen, weil hinter dem Modell kein Raum für die gerade Strahlfortsetzung vorhanden ist. Probleme dieser Art liegen vor bei rohrartigen Körpern (Eisenbahnwagenwände, Flugzeugrumpf u. ä.) und bei Messungen an der Oberfläche von undurchsichtigen Körpern (an der Oberfläche eines Körpers befestigte Streifen, Oberflächenlack, s. S. 170). Setzt man nun unmittelbar hinter das durchstrahlte Modell einen zur Modellebene parallelen Metallspiegel, so durchlaufen die Strahlen das Modell zweimal (wobei die optische Wirkung sich verdoppelt), und Lichtquelle und Beobachter stehen auf derselben (Vorder-)Seite des Modells. Die im folgenden skizzierten derartigen Anordnungen unterscheiden sich wesentlich nur in der Art, wie der ankommende und der rückgespiegelte Strahl voneinander getrennt werden.

a) 1. Eine mögliche Anordnung mit einer ebenfalls zweimal durchstrahlten Linse zeigt Abb. 99. Der ankommende und rückkehrende Strahl sind etwas gegeneinander geneigt, natürlich auch im Modell, jedoch nur ebensoviel, als zur Trennung der Strahlen in A und P unbedingt notwendig ist. Zur Beobachtung wird man zweckmäßig gleich hinter A einen Spiegel einschalten, der das

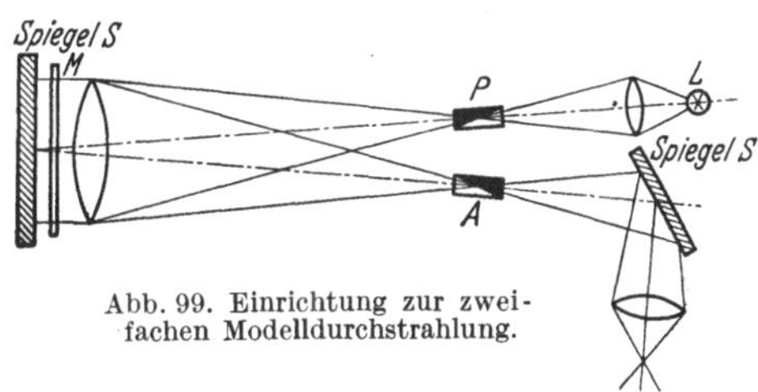

Abb. 99. Einrichtung zur zweifachen Modelldurchstrahlung.

Licht seitlich aus der Anordnung auslenkt. Um zu vermeiden, daß der Strahl bei Hin- und Rückgang verschiedene Punkte des Modells trifft (Abb. 100), muß der Spiegel so dicht wie möglich am Modell anliegen. Bei Modellen bis zu etwa 5 mm Dicke ist der entstehende Fehler vernachlässigbar gering, wenn die gegenseitige Neigung des ankommenden und des rückstrahlenden Lichtes unter etwa 10° bleibt (es ist der gleiche Fehler, wie er in einem einfach durchstrahlten Modell doppelter Dicke bei derselben schrägen Durchstrahlung auftreten würde).

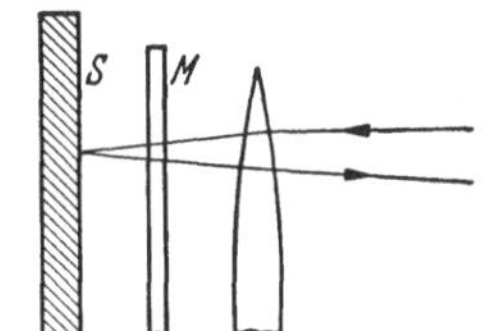

Abb. 100. Hin- und Rückstrahl treffen verschiedene Modellpunkte.

2. Die Linse kann fortfallen, wenn nach TARDY [42] statt des ebenen Spiegels ein entsprechender Hohlspiegel vorgesehen wird (Abb. 101), hierbei ist es aber grundsätzlich unmöglich, die spiegelnde Fläche überall unmittelbar hinter das Modell zu setzen. Die Anordnung ist also nur bei sehr großer Brennweite des Hohlspiegels empfehlenswert (bei TARDY 1,50 m).

3. Für reine Übersichtsversuche kann folgende einfache Anordnung ausreichen (Abb. 102), bei der der

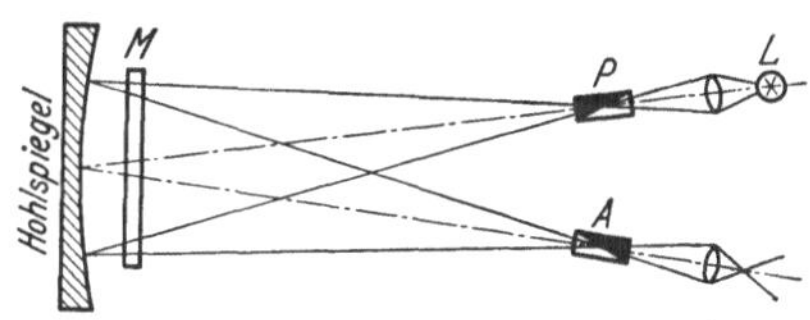

Abb. 101. Zweifache Modelldurchstrahlung mittels eines Hohlspiegels.

Spiegel durch eine etwa mit Aluminiumbronze gestrichene Platte ersetzt wird, so daß das Licht diffus zurückgestrahlt wird. Der Beobachter kann hierbei auch einfach eine Brille mit Filtergläsern aufsetzen. Grundsätzlich dieselbe Wirkung wird erreicht, wenn das Modell selbst auf seiner Rückseite einfach mit Aluminiumbronze bestrichen wird. Dieses überaus einfache Verfahren hat sich des öfteren sehr bewährt.

b) Wenn auch im allgemeinen die Anordnung gekreuzter Polarisatoren vorgezogen wird, so kann doch auch eine Anordnung mit parallelen Polarisatoren verwendet werden. Bei einfarbigem Licht bedeutet das an allen Stellen des Modells Vertauschung von Hell und Dunkel. Die

Richtungsgleichen, die nun hell erscheinen, sind natürlich nicht mehr feststellbar. Eine Aufnahme der dunklen Farbgleichen (m $= ^1/_2$, $^3/_2$ usw.) ist wie bei gekreuzten Polarisatoren möglich. Bei Spiegelanordnungen erhält man parallele Polarisatoren einfach dadurch, daß ein und dasselbe Prisma (Filter) sowohl als Polarisator als auch als Analysator verwendet wird (nach MINDLIN [4.20]). Die Anordnung (Abb. 103), hat den Vorteil einer streng senkrechten Modelldurchstrahlung. Ein eingeschalteter

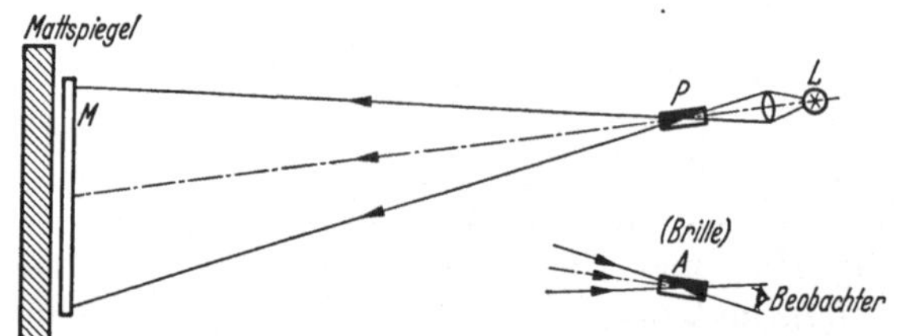

Abb. 102. Zweifache Modelldurchstrahlung mittels eines Mattspiegels.

Halbsilberspiegel HS (Glas mit einseitig — modellseitig — dünner, halbdurchsichtiger Versilberung) läßt das Licht eintreten und reflektiert den rückkehrenden Strahl seitlich zum Beobachter heraus. Dabei muß ein großer Teil der Lichtenergie verlorengehen, günstigstenfalls kommt nur

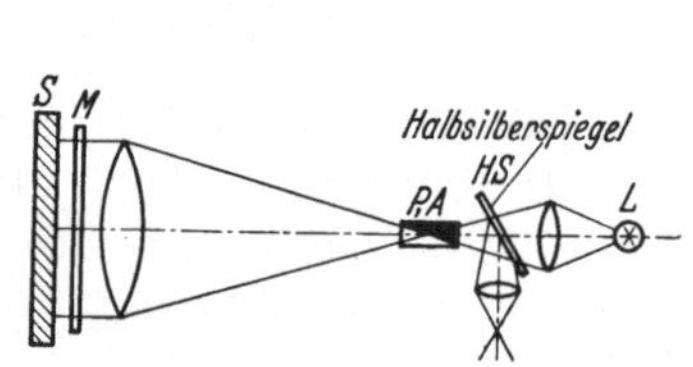

Abb. 103. Verwendung nur eines Polarisators
(vgl. Abb. 99) und eines Halbsilberspiegels.

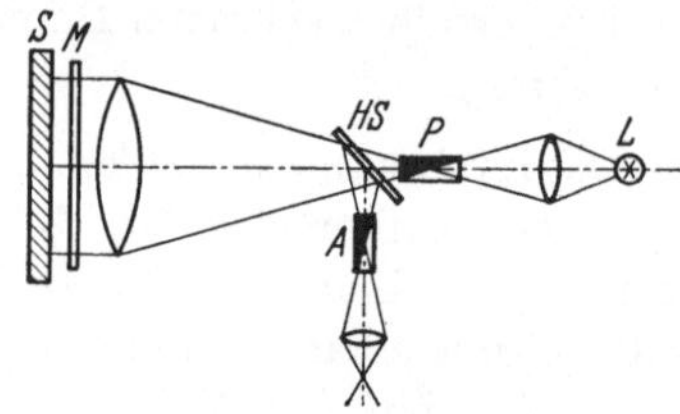

Abb. 104. Halbsilberspiegel
im polarisierten Bereich.

$^1/_4$ des ursprünglichen Lichtes zum Beobachter. Ist der Halbsilberspiegel stärker oder schwächer als halb durchlässig, so vermindert sich der Betrag noch mehr.

c) Die Vereinigung der Vorteile senkrechter Modelldurchstrahlung mit gekreuzten Prismen ist bei einer von Solakian (Diskussion zu [4.38]) vorgeschlagenen Anordnung scheinbar möglich (Abb. 104), bei der der Halbsilberspiegel zwischen Polarisator und Modell steht und das Licht zum (gekreuzten) Analysator herauslenkt. Ein schwerwiegender Nachteil spricht aber gegen diese Anordnung: Der etwa unter 45° getroffene Spiegel HS steht im polarisierten Lichtbereich und hat eine Wirkung auf die Strahlpolarisation. Es zeigt sich, daß bei feststehendem Spiegel die Richtung der Modellhauptspannung von erheblichem Einfluß auf das Ergebnis der Kompensation ist (vgl. S. 136) und daß auch die Richtung der Hauptspannung (die Richtungsgleiche) nur dann gut bestimmt werden kann, wenn sie annähernd in der durch Lichtstrahl und Spiegelnormale festgelegten Ebene bzw. senkrecht zu ihr liegt; andernfalls ist durch Drehung der gekreuzten Prismen keine vollständige Lichtauslöschung möglich. Steht das Modell, beispielsweise wegen einer notwendigen Gewichtsbelastung, fest, so müßte demnach für jede Hauptspannungsrichtung eine andere Spiegelrichtung vorgesehen werden, denn die obengenannte Ebene muß in die Hauptrichtung gedreht werden. Damit ist aber eine Drehung des Analysators und der gesamten etwa vorgesehenen Aufnahmevorrichtung um die optische Achse herum notwendig. Versuche an einer solchen Einrichtung führten zwar zum Erfolg, aber nur unter großem Zeitaufwand und mit erheblichen Umständen.

d) Die Schwierigkeiten der Spiegelung umgeht MABBOUX [2.14] mit einem kleinen, für punktweise Beobachtung entwickelten Gerät (Abb. 105). Der Spiegel HS ist eine *unversilberte* Glasplatte, die unter Einschaltung unter dem BREWSTERschen Winkel selbst als Polarisator dient und die mit der Lichtquelle L (kleine Birne) um die optische Achse gedreht werden kann. Der rückkehrende Strahl durchdringt die Platte und trifft ein gekreuzt eingestelltes Analysatorprisma A, das ebenfalls mit Lichtquelle L

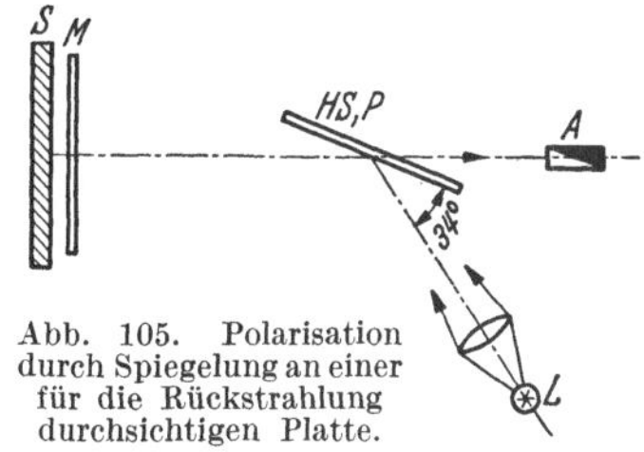
Abb. 105. Polarisation durch Spiegelung an einer für die Rückstrahlung durchsichtigen Platte.

und Spiegel HS gemeinsam gedreht wird. Der beim Strahlrückgang von der Glasplatte herausgespiegelte Lichtanteil ist so polarisiert, daß er den Analysator ohnehin nicht durchdringen würde. Das handliche Gesamtgerät hat ungefähr Form und Größe eines Tischmikroskops.

Für Aufnahmen eines größeren Modellfeldes ist die Einrichtung a) 1. oder a) 3. im allgemeinen die günstigste dieses Abschnitts.

6. Zusätzliche Einrichtung zur Herstellung eines Zirkularfeldes.

Die in den beschriebenen Geräten erhaltenen Modellbilder enthalten die Farbgleichen und die Richtungsgleichen. Will man ein reines Bild der Farbgleichen ohne Richtungsgleichen erhalten, so könnte man beispielsweise durch gemeinsame schnelle Drehung der beiden gekreuzten Polarisatoren die Richtungsgleichen so schnell bewegen, daß das Auge sie nicht mehr wahrnimmt und die bei dieser Drehung stillstehenden Farbgleichen allein sieht. Ein derartiger Versuch ist mit Zahnrädern und mit einem Motor einmal gemacht, aber nie wiederholt worden. Die Zwischenschaltung von zwei Viertelwellenblättchen nach Gleichung (28) S. 58 ist vielmehr der bei weitem bessere Weg, ein reines Farbgleichenbild zu erzeugen. Es sei zunächst die Verwendung einfarbigen Lichtes und das Vorhandensein zweier zu diesem Licht passender $\lambda/4$-Blättchen vorausgesetzt. Die notwendige Größe der Blättchen entspricht der verwendeten Polarisatorengröße, da sie zweckmäßig unmittelbar hinter bzw. vor

7*

diesen Polarisatoren in den Strahlengang geschaltet werden. Für gewöhnliche Modellaufnahmen in zirkularpolarisiertem Licht ist nur eine Stellung der Blättchen erforderlich: Ihre Hauptachsen müssen unter 45° gegen die Polarisatoren und so gegeneinander eingestellt sein, daß sich die Wirkungen beider Blättchen gerade gegenseitig aufheben. Ist diese Einstellung einmal vorgenommen, so hat das Zirkularfeld keinerlei bevorzugte Richtung mehr und man kann ohne Änderung des entstehenden Bildes den Polarisator gemeinsam mit seinem zugehörigen Blättchen beliebig drehen, ebenso den Analysator mit seinem zugehörigen Blättchen. Zur Bestimmung der Hauptspannungsrichtung ist linear polarisiertes Licht erforderlich, man befestigt daher die Blättchen zweckmäßig ein- und ausschwenkbar bzw. einsteckbar. Die Herstellung linear polarisierten Lichtes zwischen gekreuzten Prismen ist aber auch möglich, wenn man die beiden fest gekoppelten Paare (Prisma und Blättchen) einfach um eine

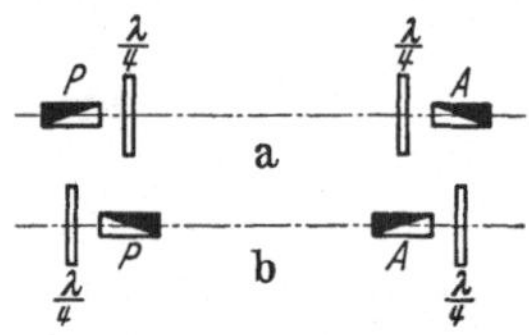

Abb. 106a u. b. a Zirkularlicht, b Linearlicht im Arbeitsfeld.

senkrechte Achse um 180° dreht, so daß nicht die Blättchen, sondern die Prismen einander gegenüber stehen (Abb. 106); die $\lambda/4$-Blättchen haben dann keinerlei Wirkung auf die mittlere Lichtstrecke. Diese Art der Anordnung hat den Vorteil, daß man Blättchen und Polarisator ein für allemal fest miteinander verbinden darf, was namentlich bei größeren Folien von Vorteil sein kann. Will man dagegen ein $\lambda/4$-Blättchen zur Messung der Verzögerung verwenden (s. S. 59), so muß im Gegenteil eine gesonderte Drehfassung mit Kreisteilung für das Blättchen vorgesehen werden, damit es unabhängig von den Polarisatoren eingestellt werden kann.

Die Herstellung kleiner $\lambda/4$-Blättchen (2 bis 5 cm Durchmesser) geschah bisher durch Aufspaltung von Glimmerkristallscheiben, bis die erforderliche Dicke erreicht war. Es ist bei diesem Verfahren reiner Zufall, ob streng der Wert $\lambda/4$ erreicht wird. Größere Folien sind auf diese Weise überhaupt nicht herstellbar. Künstlich ist ein kleines $\lambda/4$-Blättchen leicht und zuverlässig durch entsprechende Verspannung eines Glas- oder Zelluloidstreifens herzustellen. Benötigt man allerdings eine größere gleichförmig gespannte Fläche, so treten beträchtliche praktische Schwierigkeiten auf. TUZI und NISIDA [7.23] empfehlen die Verwendung einer größeren Glasscheibe, die in einem Stahlrahmen gehalten und durch eine Reihe von einstellbaren Schrauben in einer Richtung gedrückt wird, bis sie überall den richtigen Doppelbrechungswert aufweist. Neuerdings ist im spannungsoptischen Laboratorium der Technischen Hochschule München auch die künstliche Herstellung von $\lambda/4$-Folien beliebiger Größe gelungen.

Die Anordnung eines einschwenkbaren Blättchens zeigt Abb. 112 (S. 106), die Anordnung von TUZI in einer Vorrichtung nach Abb. 92b, S. 93 zeigt Abb. 107.

Bei weißem Licht kann grundsätzlich nur eine einzige Wellenlänge wirklich zirkular polarisiert sein, wenn man nicht ein $\lambda/4$-Blättchen besitzt, das aus verschiedenen Stoffen verschiedener Dispersion geeignet kombiniert ist (bisher nicht hergestellt). Bei Verwendung weißen Lichtes kann also kein Farbgleichenbild erzeugt werden, das völlig unabhängig von der Drehung der Prismen und Blättchen ist. Bei Verwendung streng einfarbigen Lichtes muß noch untersucht werden, ob eine Abweichung des Doppelbrechungswertes der Blättchen vom Wert $m = {}^1/_4$ einen Einfluß auf die entstehenden Bilder hat.

Abb. 107. Einrichtung mit großer Polarisationsfolie und großem $\lambda/4$-Blättchen (schraubengepreßte Glasplatte) nach TUZI.

Sind zunächst die beiden Blättchen einander gleich, wenn auch nicht gleich $\lambda/4$, und gekreuzt eingesetzt, so heben sich ihre Wirkungen gegenseitig auf, das Feld bleibt dunkel. Dasselbe muß der Fall sein, wenn außerdem noch ein doppelbrechender Modellkörper dazwischen steht, dessen Phasenverzögerung gerade eine ganze Anzahl von Wellenlängen beträgt (das Licht bleibt dadurch insgesamt unverändert), und zwar unabhängig von der Hauptrichtung des Modells. Es erscheinen also im Bild streng richtig die Schubgleichen für ganzzahlige Relativverzögerungswerte m, unabhängig von der Hauptrichtung des Modells, wobei aber die beiden fehlerhaften Blättchen immer gekreuzt sein müssen. Die Helligkeit der dazwischen liegenden hellen Linien ist jedoch von der Hauptrichtung des Modells abhängig, d. h. die dunklen Richtungsgleichen sind nicht ganz verschwunden. Dieser Einfluß bewirkt auch bei Verwendung weißen Lichtes die Farbenveränderungen, wenn man die Richtung des Modells oder der Polarisatoren ändert.

Sind dagegen die beiden Blättchen voneinander verschieden, so ist das Bild der Farbgleichen auch in den dunklen Linien abhängig von der

Hauptrichtung des Modells, so daß die Aufnahme der ungestörten Farbgleichen nicht mehr möglich ist.

7. Zusätzliche Einrichtung zur Aufnahme von Farbgleichen oder Richtungsgleichen.

Wenn man nicht die zeitraubende Arbeit der punktweisen Feldausmessung vorzieht, ist meistens die Aufnahme des Gesamtbildes der Farbgleichen oder Richtungsgleichen erwünscht. Zur unmittelbaren Beurteilung etwa eines Konstruktionselementes genügt zwar oft auch die subjektive Betrachtung des Modells, es ist aber in jedem Falle besser, das Bild festzuhalten. Man kann zu diesem Zweck an die Stelle des Auges die Linse einer photographischen Kamera setzen, dann auf der Mattscheibe das Modell scharf abbilden und eine gewöhnliche Aufnahme des

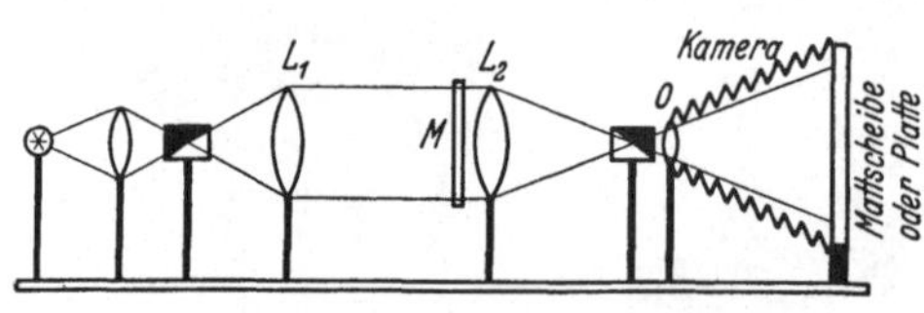

Abb. 108. Einrichtung nach Abb. 95 b mit Aufnahmekamera, M dicht an L_2.

Modells machen. Im allgemeinen wird jedoch bei diesem Verfahren die Lichtstärke gering sein, so daß kurze Momentaufnahmen nur mit einer sehr lichtstarken Kamera gemacht werden können. Die Herstellung von kurzen Momentaufnahmen ist immer dann besonders erwünscht, wenn Zeiteinflüsse vorhanden sind, also etwa bei bewegten Modellen oder bei zeitlicher Änderung der Last oder der optischen Wirkung. In Sonderfällen wird sogar die kinematographische Aufnahme des zeitlichen Verlaufs der Erscheinungen zweckmäßig sein. In allen diesen Fällen muß zur Erzielung einer hohen Lichtstärke das Aufnahmeobjektiv möglichst in einem Brennpunkt des Strahlenganges stehen, um alles Licht zum Zweck der Aufnahme zu vereinigen. Die hinter dem Modell aus Beleuchtungsgründen eingeschalteten Linsen sind natürlich an der Abbildung beteiligt. Gewöhnliche Kollimatorlinsen liefern im allgemeinen keine verzerrungsfreie Abbildung, so daß ihre günstigste Stellung für jede Anordnung erst bestimmt werden muß. Allgemein läßt sich von einer gewöhnlichen Anordnung nach Abb. 108 sagen, daß die unkorrigierte Linse L_2 um so weniger Verzerrung verursacht, je näher sie am Modell M steht. Das Objektiv sieht dann sozusagen durch die Linse L_2 durch, ohne daß sie selbst wesentlich als Linse wirksam wird. Aus diesem Grunde wird die Linse L_2 oft zweckmäßig auf einen gekröpften Fuß gesetzt, vgl. Abb. 116 (S. 110) mit gekröpftem Ständer 7. Die Scharfeinstellung des Modells auf der Mattscheibe ist wegen der festgelegten Objektivstellung nur bei einer bestimmten Balgenlänge in einem bestimmten Abbildungsmaßstab möglich; ist ein anderer Abbildungsmaßstab erwünscht, so muß ein Objektiv mit anderer Brennweite verwendet werden.

Bei derartigen Anordnungen hält man also am besten je eine Objektivlinse für verschiedene zweckmäßige Maßstäbe vorrätig.

Will man dagegen die auftretenden Kurven zeichnerisch festhalten, so projiziert man das Bild in großem Maßstab auf einen Schirm [das ist bei Geräten mit diffusem Mattscheibenlicht (Abb. 92 oder 93a), natürlich nicht möglich] und fährt mit dem Bleistift den Linien nach. Die Genauigkeit der Zeichnung hängt dabei sehr von der Lichtstärke ab, so daß der Maßstab auch nicht zu groß gewählt werden darf. Die günstigste Größe und Lichtstärke wird wieder von der Lichtquelle usw. bestimmt, bei einer Punktlichtlampe kann man beispielsweise etwa drei- bis fünffache lineare Vergrößerung gut verwenden. Ein sehr glattes, weißes Zeichenpapier gibt die hellsten Bilder. Gelegentlich empfiehlt es sich auch, das Bild auf einer Glasplatte (Mattscheibe) zu entwerfen, auf deren Rückseite durchscheinendes Papier angebracht ist. Sieht man von hinten her gegen das Licht, so erscheint ein örtlich sehr helles Bild, dessen dunkle Linien scharf erkenntlich sind. Empfohlen wird für diese Zwecke eine mit der übrigen Einrichtung auf der Längsschiene befestigte Kamera, die eine Mattscheibe von mindestens 13×18 cm enthält. Auf der Scheibe kann man dann direkt beobachten, zeichnen oder an ihrer Stelle eine Platte einlegen.

Zur Feststellung des allgemeinen Maßstabes und zur Festlegung der einzelnen Modellpunkte in einem modellfesten Koordinatensystem ist es nützlich, ein am Modell angebrachtes Koordinatennetz unmittelbar mit abzubilden. Gelegentlich ist es dabei am einfachsten, wenn man das Koordinatennetz mit einer feinen Nadel auf das Modell aufzeichnet (je feiner die Linien sind, um so besser lassen sich im Bild die Messungen vornehmen), insbesondere ist dieses Verfahren in der Nähe des Randes empfehlenswert. Etwa vorhandene Abweichungen des Strahlengangs von der auf der Modellebene senkrechten Richtung bewirken eine Abbildung des Randes als dunkle Linie endlicher Dicke, so daß die Bestimmung der Randentfernung eines Punktes in derartigen Abbildungen oft ungenau wird. Diese Ungenauigkeit fällt fort, wenn die Lage des Punktes unmittelbar auf dem Modell in einem auf dem Modell aufgezeichneten Netz vermessen wird. Für punktweise Vermessung härterer Modelle (Glas) kann auch umgekehrt das Einkratzen durchsichtiger Linien in einem sonst dunklen Decklack vorteilhaft sein, die Schnittpunkte zweier Linien stellen wohldefinierte Meßpunkte dar. Für die meisten Zwecke genügt eine bei weitem einfachere Vorrichtung: Ein aus feinen Linien auf ein Zelluloidblatt geritztes Netz (oder auch ein Netz, das photographisch oder mechanisch auf der Gelatineschicht einer Glasplatte hergestellt wurde) wird unmittelbar vor oder hinter dem Modell so angebracht, daß es möglichst überall fest im Kontakt mit dem Modell verbunden ist, ohne aber andererseits die freie Bewegung des Modells bei der Belastung zu stören oder zu hindern. Die Scharfabbildung des

Koordinatennetzes bedeutet praktisch die gleichzeitige Scharfabbildung des Modells in diesem Netz.

Es sei hier schließlich eine Einrichtung erwähnt, die von ETEBAR [7.05] zur Aufnahme von geraden Balken entwickelt wurde. Er erreichte durch Anordnung eines senkrechten Schlitzes und waagerechte gegenseitige Bewegung von Balken, Schlitz und Aufnahmeschirm eine Bildaufnahme mit waagerecht und senkrecht verschiedenem Maßstab. Die im Balken vorhandenen Farbgleichen erscheinen in derartigen Bildern in einer Richtung stark verzerrt und es ist möglich, Lage und Art etwa der Momentennullpunkte auf diese Art deutlicher zu machen.

8. Kompensatoren.

Soll die Bestimmung der Relativverzögerung genauer als durch Streifenauszählen erfolgen, insbesondere bei geringer Gesamtstreifenzahl, so erfolgt die punktweise Vermessung nach S. 59 z. B. durch Kompensation, d. h. Zwischenschaltung eines zweiten Körpers mit veränderlicher Doppelbrechung. Der naheliegende Gedanke, unmittelbar einen Zugstab gleichen Werkstoffs und gleicher Dicke wie das Modell einzuschalten, führt auf Zugstabkompensatoren, bei denen ein Zugstab eingespannt und mit Gewichten oder einer Feder belastet wird. Die Hauptachsen des Zugstabes und des vermessenen Punktes müssen bei der Kompensation übereinstimmen. Ist also das Modell einschließlich seiner Lasten drehbar, so kann der Zugstab in fester Richtung (z. B. senkrecht) eingebaut werden, gewöhnlich muß er aber um die optische Achse drehbar sein. Die Belastung geschieht dann am besten mit Hilfe einer geeichten Feder, und das Gerät wird auf einem Ring in Drehfassung mit Gradeinteilung befestigt. Zwei Beispiele solcher Kompensatoren zeigen die Abb. 109 und 110. In Abb. 109 dient eine geeichte Wendelfeder in einem Rohr mit Skala zur Belastung, in Abb. 110 wirkt die Stabkraft auf einen federnden Ring, dessen Verformung durch eine Meßuhr abgelesen wird.

Will man einen Punkt kompensieren, so muß ein Punkt des Zugstabes irgendwo zwischen den Polarisatoren so in den Strahlengang geschaltet werden, daß seine Wirkung sich in der richtigen Richtung der Wirkung des Meßpunktes überlagert. Man kann also den Kompensator unmittelbar vor oder hinter das Modell, aber auch unmittelbar an einen der Polarisatoren stellen, Scharfeinstellung auf den Kompensatorstab ist überflüssig. Um Störungen zu vermeiden, deckt man zweckmäßig den Raum neben dem Stab ab, so daß das vorhandene Licht sicher durch den Stab gegangen ist. Steht der Kompensator unmittelbar hinter dem Polarisator oder vor dem Analysator, so hat das bei einer Anordnung nach Abb. 108, S. 102 den weiteren Vorteil, daß der zu vermessende Modellpunkt in einem weiten Bereich um die optische Achse herum liegen kann, denn alle den Stab durchdringenden Strahlen können zur Kompensation verwendet werden. Stehen dagegen Modell und Stab dicht beieinander, so müssen stets durch entsprechende Verschiebung erst Meßpunkt und Stab zur Deckung gebracht werden.

In einem Biegestab stehen gleichzeitig eine ganze Reihe von Relativverzögerungswerten zur Verfügung, der auch aus dem Modellwerkstoff hergestellt werden kann und der meßbar gleichförmig gebogen wird. Zum Zwecke der Kompensation muß unter Berücksichtigung der Hauptrichtung der Meßpunkt mit dem Stabpunkt zur Deckung gebracht

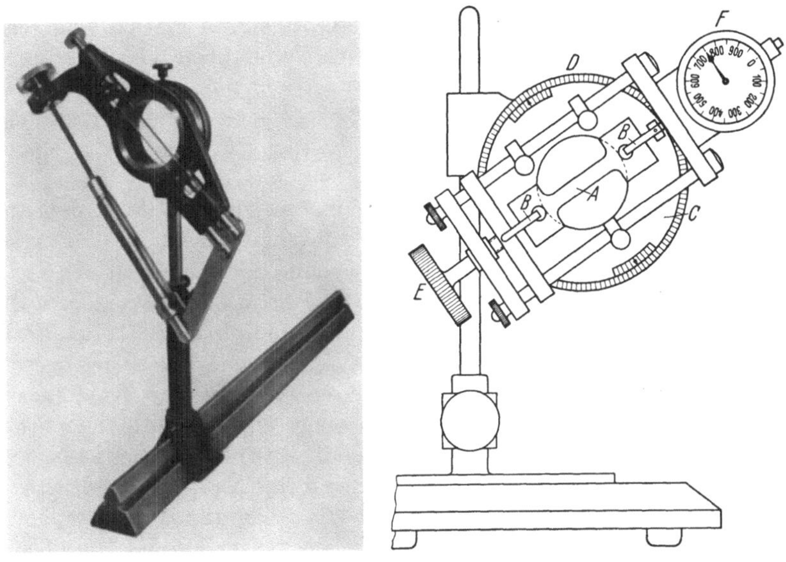

Abb. 109.   Abb. 110.

Abb. 109. Zugstabkompensator mit Hebel und Zugfeder in Drehfassung (Winkel-Zeiss, Göttingen.)

Abb. 110. Zugstabkompensator. *A* Zugstab, *B* Zugglieder. Die im Ring *D* drehbare Scheibe *C* trägt den Rahmen mit Zugschraube *E* und Federring *F*, dessen Verformung angezeigt und abgelesen wird.

werden, der gerade die zu messende Doppelbrechung aufweist. Unter Voraussetzung linearer Spannungsverteilung ist dann die Entfernung des kompensierenden Stabpunktes von der neutralen Stabmittellinie unmittelbar verhältnisgleich zur gemessenen Spannung, eine genaue Ortsbestimmung des kompensierenden Punktes muß also vorgesehen sein.

Die Kompensatoren nach BABINET oder SOLEIL-BABINET bestehen aus geschliffenen flachen Quarzkeilen, die gegeneinander verschoben werden können. Im BABINET-Kompensator (Abb. 111) sind zwei Quarzkeile *A* und *B* eingebaut. Ein Keil (*A*) ist im Gerät befestigt, der zweite kann dagegen mit einer Mikrometerschraube bewegt werden. Die Kristallachsen von *A* und *B* liegen in Subtraktionsstellung gegeneinander. Ein beispielsweise die Mitte des festen Keiles durchdringender Lichtstrahl *L* wird in zwei Komponenten zerlegt, die auf der Strecke d_A eine Relativ-

verzögerung mit dem Vorzeichen von A, auf der Strecke d_B eine Relativverzögerung mit umgekehrtem Vorzeichen erfahren. Die Gesamtverzögerung ist also verhältnisgleich zu $(d_A - d_B)$. Dieser
Betrag ist linear mit der Verschiebung von B veränderlich, d. h. die wirksame Doppelbrechung verändert
sich linear mit der Drehung der Mikrometerschraube,
außerdem ändert er sich linear über die Keillänge.

Ähnlich verhält sich der Kompensator nach Soleil-
Babinet, bei dem insgesamt drei Platten vorgesehen
sind, nämlich eine feste planparallele Platte mit positiver Kristallorientierung, außerdem ein fester und ein
beweglicher negativer Keil. Beide Kompensatoren sind
für punktweise Vermessung (Lochblende am Modell)
sehr gut geeignet, sie werden am besten modellseitig
kurz vor den Analysator gestellt und durch den Analysator unmittelbar beobachtet.

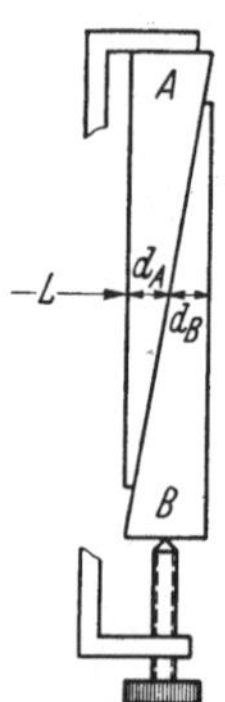

Abb. 111. Babinet-
Kompensator aus
festem Quarzkeil A
und beweglichem
Quarzkeil B.
Lichtstrahl L.

Auch bei den Drehplattenkompensatoren nach
Ehringhaus oder Berek kann man so vorgehen. Die
Drehkompensatoren beruhen da-
rauf, daß eine Relativverzögerung
durch Neigung einer Kristallplatte
erzeugt wird, durch die der Strahl
hindurchtritt. Nach Berek wird
hierzu eine Kalkspatplatte verwendet, nach Ehringhaus eine Scheibe,
die aus zwei in Subtraktionsstellung
gegeneinander orientierten Quarz-
platten besteht. Die Drehung der
Platte wird auf einer Kreisteilung —
genauer mit Hilfe von Nonius und
Lupe — abgelesen, der zugehörige
Wert der Doppelbrechung wird
einer Tabelle entnommen. Die
kleinen handlichen Geräte werden
am besten einschwenkbar und drehbar mit auf einem der Reiter befestigt, etwa nach Abb. 112. Steht
der Kompensator dabei sehr dicht
am Strahlenschnittpunkt, z. B. am
Analysator, so ist es auch möglich,
das Bild eines größeren Modellbereichs durch den Kompensator hin-

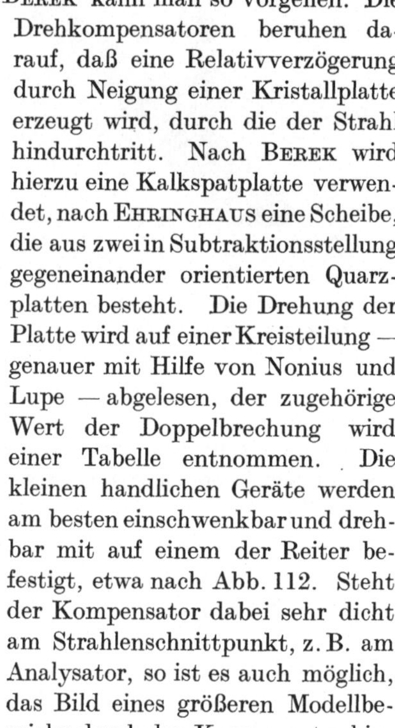

Abb. 112. Am Analysator eingeschwenktes $\lambda/4$-
Blättchen B, einschwenkbarer Ehringhaus-
Kompensator Kp mit Ableselupe L.

durch auf einen Schirm zu projizieren und die Kompensation auf dem
Schirmbild vorzunehmen. Da die Öffnung des Ehringhaus-Kompensators

nur 5 mm Durchmesser hat, wird der gleichzeitig sichtbare Bereich nur klein, wenn nicht der Kompensator genau im Strahlenbrennpunkt steht.

Soll die Messung der Relativverzögerung nach S. 60 durchgeführt werden, so kann ein $\lambda/4$-Blättchen in eigener Drehfassung mit Gradteilung unmittelbar hinter dem Polarisator oder vor dem Analysator ohne Schwierigkeit eingeschaltet werden.

9. Belastungseinrichtung.

Die notwendige Modellbelastung erfordert von Fall zu Fall ganz andere Vorrichtungen. Grundsätzlich ist lediglich festzustellen, daß Gewichtsbelastungen meistens angenehmer zu handhaben sind als Federbelastungen

Abb. 113. Hebelpresse (Winkel-Zeiss, Göttingen). Verschiebliche Reiter A, B und C übertragen Zug oder Druckkräfte auf das Modell. Um D drehbarer Hebel L mit Gegengewicht G in Schneide F durch Last P belastet und durch Exzenter E entlastbar. Verschiebung des Gesamtrahmens mit Hebel L und festen Schienen M (für Druck) und N (für Zug) mittels Höhenschraube H, Gegengewicht R. Seitliche Verschiebung durch Schraube S, Klemme Kl.

und daß man daher durchweg besser ein räumlich feststehendes Modell verwendet. Das gilt insbesondere für Modelle größerer Abmessungen und höherer Belastung. Für kleine Modelle, kleine Vorführungen usw. seien zwei Geräte dargestellt, die sich im Betrieb bewährt haben; das eine ist ein Rahmen für Gewichtsbelastung, das andere ein drehbarer Rahmen für Federbelastung.

Abb. 113 stellt einen Rahmen dar, der mit den übrigen Geräten auf der Dreikantschiene und dem zugehörigen Tisch befestigt wird und in dem man durch einfache Hebel mit Zentimeterteilung Zug-, Druck- und

Biegeversuche leicht durchführen kann. Aus der Abbildung ist die Anwendung des Rahmens unmittelbar zu erkennen, auf die Verschieblichkeit des Gesamtrahmens in seitlicher und senkrechter Richtung sei besonders hingewiesen.

Abb. 114 gibt den im Münchener Laboratorium verwendeten Rahmen wieder. Auf der vielfach gelochten Grundscheibe können viele Einspannpunkte festgelegt werden, auf denen das Modell oder die Belastungsfedern abgestützt werden. Zur Belastung dienen Federn, deren Verformung mit Meßuhren abgelesen wird. Die gesamte Scheibe mit Modell und Belastungen sitzt verschieblich in einer Drehfassung.

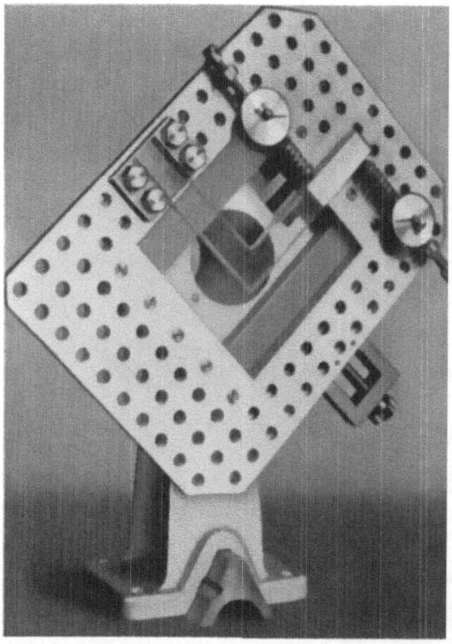

Für einfache Versuche genügt es oft, die Last ohne Kenntnis ihrer Höhe einfach durch eine Schraube aufzubringen. Nachträglich läßt sich aus dem Bild der Farbgleichen oft noch die Lasthöhe abschätzen oder genauer bestimmen.

Abb. 114. Drehbarer Belastungsrahmen für Federbelastung (Spannungsoptisches Laboratorium der Technischen Hochschule München).

10. Interferometereinrichtung.

Da Interferometermessungen ganz besondere Geräte und Verfahren erfordern, die über den Rahmen gewöhnlicher technischer Messungen hinausgehen, sei hier auf eine eingehendere Schilderung verzichtet. Die von FAVRE erstmalig in der Spannungsoptik verwendete derartige Einrichtung (Hersteller Zeiss, Jena) stellt Abb. 115 dar (vgl. Abb. 117b). Der Strahlengang ist aus der Abbildung ersichtlich. Die beiden Lichtstrahlen I und II haben dieselbe Zahl von Spiegelungen und erfahren dieselben Verluste, so daß sie nach der Wiedervereinigung gute Interferenzerscheinungen geben können. Es wird mit linear polarisiertem Licht gearbeitet, wegen der Strahlspiegelung muß dabei die Polasationsebene fest eingestellt sein. Im Modell muß aber die Polarisationsebene bei den beiden vorgenommenen Messungen parallel zu je einer der Hauptrichtungen sein. Dies wird durch die Drehung der Blättchen B und B' bewirkt, die so eingestellt werden, daß zwischen ihnen die Polarisationsebene die erforderliche Neigung hat (vgl. Abb. 55, S. 49). Da alle Entfernungen des Gerätes während des Versuchs auf Bruchteile einer Lichtwellenlänge konstant gehalten werden müssen, wird die gesamte

Einrichtung auf einem sehr starren Fuß (in U-Form wegen der Modelleinschaltung) befestigt und schließlich von einem Wärmeschutzkasten umgeben. Trotz dieses Kastens muß möglichst auch im Außenraum die Temperatur konstant gehalten werden, da die Versuche eine gewisse Dauer benötigen. Die Beobachtung erfolgt durch ein Fernrohr und punktweise, d. h. von dem Modell wird durch einen Schirm mit einem feinen Loch ein einzelner Meßpunkt ausgeblendet. Da im allgemeinen doch nur sehr selten mit dieser kostspieligen und empfindlichen Einrichtung gearbeitet werden wird, wird wegen weiterer Einzelheiten auf das Schrifttum verwiesen [26, 0.21, 0.22, 2.06, 7.21].

11. Allgemeine Bemerkungen zu den Geräten.

In den vorangehenden Abschnitten sind die wichtigsten spannungsoptischen Geräte in ihren wesentlichen Merkmalen beschrieben worden, verzichtet wurde auf eine Schilderung von Hilfsgeräten und Sondereinrichtungen, insbesondere auch auf die Schilderung von Geräten zur weiteren, nicht mehr optischen Versuchsdurchführung. Ein paar Einzelheiten über diese Geräte sind im nächsten Kapitel noch aufgenommen.

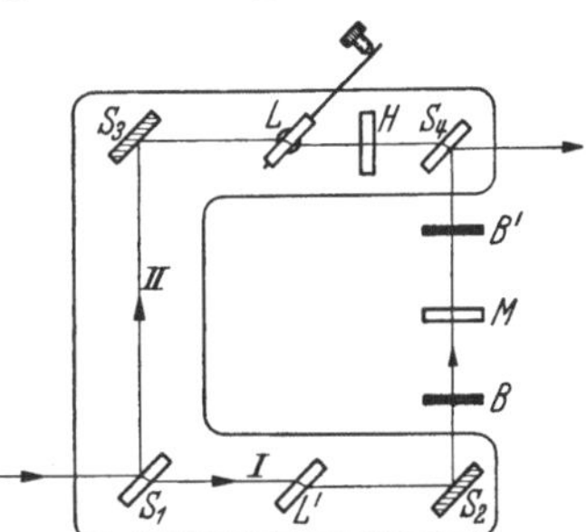

Abb. 115. Interferometereinrichtung (Spannungsoptisches Laboratorium der Eidgen. Technischen Hochschule Zürich [nach FAVRE]). Halbsilberspiegel S_1 und S_4, Oberflächenspiegel S_2 und S_3, mikrometrisch neigbare Glasplatte L, feste Platte L', Modell M zwischen Halbwellenblättchen B und B', Hilfsplatte H aus Modellwerkstoff und von Modelldicke. Lichtstrahlteilung in Strahl I und II.

Zu den bisher beschriebenen Geräten seien noch folgende allgemeine Bemerkungen hinzugefügt. Am häufigsten wurden bisher Geräte etwa nach Abb. 95 b, S. 95 verwendet, und zwar durchweg mit drehbaren Polarisatoren. Die Möglichkeit der Drehung der Polarisationsebene mit Hilfe eines eingeschalteten Halbwellenblättchens nach S. 49 ist nur selten verwendet worden, da im allgemeinen die Polarisatoren leicht drehbar einzusetzen sind. Eine Vorrichtung zur gemeinsamen gleichzeitigen Drehung beider Polarisatoren, die dabei immer gekreuzt bleiben, wird oft als sehr angenehm empfunden. Eine bewährte einfache Vorrichtung in Form eines großen leichten Betätigungsbügels stellt Abb. 116 dar. Gekoppelter Zahnradantrieb der beiden Polarisatoren hat sich demgegenüber nicht bewährt. Die Ablesung des eingestellten Winkels erfolgt sicherheitshalber am besten an beiden Polarisatoren. Die notwendige Kreisteilung wird eingraviert und bei beiden Polarisatoren im gleichen Sinne und mit gleichem Nullpunkt vorgesehen (die beiden Ablesungen sollten bei *gekreuzter* Einstellung übereinstimmen). Für die gewöhnlichen Zwecke genügt eine Gradteilung von je 5° Strichabstand vollständig, da man dann ganze Grad gut abschätzen kann. Für höhere Ansprüche (etwa bei der Doppelbrechungsmessung mit Hilfe der Polarisatordrehung) ist eine Teilung mit 2° Strichabstand (evtl. mit Noniusablesung) in jedem Falle ausreichend.

Über die Abmessungen des Arbeitsfeldes lassen sich nur schwer allgemeine Richtlinien geben, da sie sehr von den beabsichtigten Versuchen abhängen. Gut bewährt hat sich ein Arbeitsfelddurchmesser von etwa 10 cm, bei Linsenanordnungen nach Abb. 95 oder 116 sind dazu Linsen mit etwas über 10 cm Durchmesser und 25 cm oder mehr Brennweite erforderlich. Spannungsfreie Linsen mit Durchmessern von 15 bis 20 cm sind schon ziemlich kostspielig, größere Felddurchmesser dürften nur mit großen Polarisationsfiltern erreicht werden. In München und in Amerika werden zur Zeit Geräte mit etwa 30 cm Foliendurchmesser verwendet.

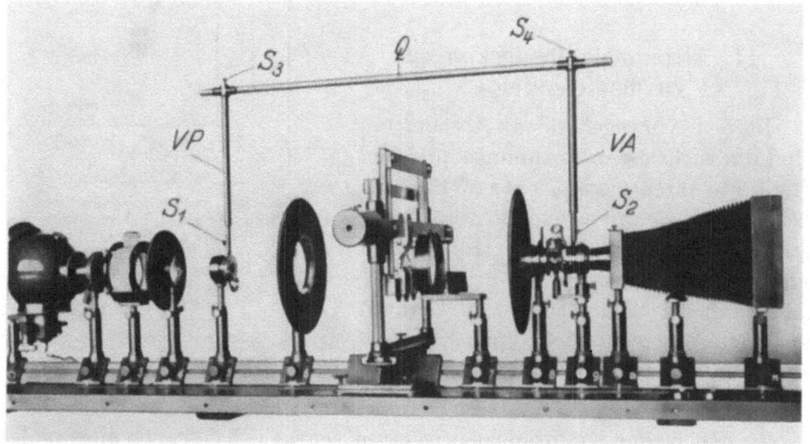

Abb. 116. Einrichtung nach Abb. 95b mit einem Bügel zur gemeinsamen Drehung der Polarisatoren (Winkel-Zeiss, Göttingen). Vertikalstützen VA und VP, die mit Feststellschrauben S_1, S_2, S_3 und S_4 an den Polarisatoren und dem Bedienungsstab Q befestigt werden. Stütze 1: Punktlichtlampe, 2: Kondensor, 3: Kühlküvette, 4: Linse, 5: Polarisator mit λ-4-Blättchen, 6: Linse, 7: Linse dicht am Modell auf gekröpftem Ständer, 8: Abbildungslinse, 9: Analysator mit λ/4-Blättchen und Kompensator, Ob: Objektiv, M: Mattscheibe oder Platte.

Um mit der Belastungseinrichtung nicht räumlich behindert zu sein, ist bei Verwendung einer optischen Bank ein entsprechender Abstand zwischen optischer Achse und Schienenoberkante vorzusehen. Die handelsüblichen Bogenlampen- und Punktlichtlampenfassungen sind für einen solchen Abstand von 18 cm gebaut. Ein größerer Abstand ist oft angenehm, so daß die höher stellbaren Kugelgehäuse der Punktlichtlampen (Abb. 116) vorzuziehen sind, wenn man nicht die anderen Gehäuse auf besonderen Unterteilen aufbauen will. Die Höherstellung der Polarisatoren und Linsen macht bei der üblichen Bauart (Fassung auf Stift, der in einem Reiter festgeschraubt wird) im allgemeinen keine Schwierigkeit. Bei komplizierteren großen Modellen muß die optische Bank unterbrochen werden. Geräte mit Filterfolien müssen ebenfalls einen genügend großen freien Raum aufweisen.

Ein besonders schönes Beispiel einer vollständigen Einrichtung stellt Abb. 117 dar. Diese Einrichtung enthält zwischen zwei Teilen einer fest angebrachten optischen Bank einen großen Tisch für das Modell, der seitlich und senkrecht erheblich verstellt werden kann. Der gerade zu vermessende Modellbereich kann immer in Strahlmitte gerückt werden, sehr große Modelle haben reichlich Platz. Außerdem kann das ganze Modell in das angebaute Interferometer gefahren werden, so daß die vollständige Vermessung keinerlei besonderen Umbau erfordert. Bei einem größeren

Abb. 117a. Einrichtung des spannungsoptischen Laboratoriums der Eidgen. Materialprüfungsanstalt Zürich (nach BAUD). Bogenlampe, Linsen und Polarisatoren, Kompensator, Projektionsschirm, Zugstab in Belastungsrahmen auf spindelgetriebener großer Modellbühne.

Versuchsprogramm bedeutet eine solche Modellbühne (auch ohne Interferometer) einen erheblichen Zeitgewinn.

Die augenblicklichen Kosten einer gesamten Einrichtung lassen sich nur ungefähr angeben, insbesondere die Belastungsvorrichtungen sind je nach den Ansprüchen sehr billig oder sehr kostspielig. Im folgenden werden einige Preise von Firmenangeboten zusammengestellt.

Winkel-Zeiss, Göttingen, 1938.

Brett und Schiene (2 m lang)	125,— RM.
Punktlichtlampe	135,— RM.
Lampenzubehör (Kondensor und Wasserkammer)	148,— RM.
2 Polarisatoren in Drehfassung (Ahrens-Prismen 15 mm Dmr.)	350,— RM.
oder statt dessen Bernotare 27 mm Dmr.	190,— RM.
2 Glimmerplättchen 20 mm Dmr.	36,— RM.
3 Linsen für Sehfeld 10 cm Dmr.	273,— RM.

Kamera 13 × 18 cm . . . . 115,— RM.
Quarzkompensator nach EHRINGHAUS . . . . 135,— RM.
Halter dazu . . . . 30,— RM.
Orangefilter . . . . 5,40 RM.
Zugstabkompensator, drehbar, nach Abb. 109 . . . . . 155,— RM.
Hebelpresse nach Abb. 113 . . . . 330,— RM.

Abb. 117 b. Einrichtung des spannungsoptischen Laboratoriums der Eidgen. Materialprüfungsanstalt Zürich (nach BAUD). Angebaute Interferometereinrichtung nach Abb. 115.

Alle Geräte stehen auf Reitern, die auf der Schiene festgeschraubt werden.

Entsprechende Teile für eine große Einrichtung:

Untergestell und Brett . . . . 350,— RM.
Zweiteilige Schiene (3 m lang) . . . . 108,— RM.
2 Polarisatoren (Bernotare 42 mm Dmr.) . . . . 480,— RM.
3 Linsen für Sehfeld 17 cm Dmr. . . . . 775,— RM.
2 Glimmerblättchen 35 mm Dmr. . . . . 46,— RM.
Kamera mit Kassette 18 × 24 cm . . . . 195,— RM.
Große Hebelpresse . . . . 515,— RM.

Leitz, Wetzlar 1933:

Brett mit Schiene (2 m lang) . . . . 117,— RM.
Reiter mit festem Polarisator und Linse . . . . 245,— RM.
Reiter mit festem Analysator . . . . 90,— RM.
3 Linsen für Sehfeld 7,5 cm Dmr. . . . . 260,— RM.
2 Glimmerplättchen 80 mm Dmr. . . . . 96,— RM.
Kamera mit Verschluß 13 × 18 cm . . . . 150,— RM.

Die Preise der deutschen Filterfolien sind zur Zeit nur für kleine Formate anzugeben:

Bernotare in Fassung etwa 3 cm Dmr. . . . . 30,— RM.
„ 5 cm „ . . . . 120,— RM.
„ 9 cm „ . . . . 280,— RM.

Große Folien sind in Deutschland noch nicht im Handel erhältlich. In Nordamerika sind käuflich:

Polaroidfilter zwischen zwei Gläsern etwa 3 cm Dmr. . 5,— $
„ 5 cm „ . 7,50 $
„ 10 cm „ . 17,50 $
„ 25 cm „ . 50,— $
In Zelluloid gebettete Filter etwa 4 cm Dmr. . . . . . 2,50 $
quadratisch 10 cm Kantenlänge . 4,— $

VI. Versuchstechnik und Auswertung.
1. Prüfung und Justierung der optischen Einrichtung.

Erfahrungsgemäß empfindet das menschliche Auge zeitlich veränderliche geringe Lichteindrücke sehr deutlich, insbesondere im verdunkelten Raum. Besonders scharf kann bei solchen zeitlichen Lichtveränderungen der Augenblick geringster Lichtstärke festgelegt werden, und zwar um so schärfer, je geringer diese geringste Lichtstärke absolut ist. Bei der Prüfung und Justierung von spannungsoptischen Einrichtungen geht man daher möglichst so vor, daß man durch pendelnde Betätigung der betreffenden Geräte einen um ein mittleres „Dunkel" herum schwankenden Helligkeitseindruck erzeugt, dann die Bewegung immer mehr vermindert und schließlich im dunkelsten Augenblick das Gerät festhält und seine Stellung abliest. Man überzeugt sich durch Wiederholung der Ablesung im allgemeinen leicht von der ausgezeichneten Schärfe einer solchen Einstellung.

Die erste gegenseitige Justierung der beiden Polarisatoren wird (falls sie nicht schon vom Herstellerwerk vorgesehen war) auf diese Weise leicht bewerkstelligt: Man dreht einen von beiden Polarisatoren gegen den anderen bis zum Augenblick größter Dunkelheit, die Polarisatoren sind dann rechtwicklig gegeneinander gekreuzt. Die Gradablesung der beiden Kreisteilungen sollte dann genau übereinstimmen.

Die absolute Richtung im Raum ist dabei zunächst unbekannt, sie wird am besten mit Hilfe eines einfachen Zugstabes bestimmt. Diesen

Stab stellt man zwischen die Polarisatoren und belastet ihn in bestimmter bekannter Richtung, so daß seine optischen Hauptachsen ebenfalls in dieser bekannten Richtung liegen. Nun dreht man beide Polarisatoren gemeinsam gleichzeitig (während sie immer gegenseitig gekreuzt bleiben), bis das Modell dunkel erscheint; dieser Punkt wird wiederum am schärfsten bei pendelnder Bewegung erkannt. Die Polarisationsebene stimmt dann mit einer Hauptrichtung des Modells überein. Am bequemsten bezeichnet man die Kreisteilung mit 0° oder 90°, wenn die Polarisationsebenen senkrecht oder waagerecht stehen. Der Drehsinn der Kreisteilung ist belanglos, sollte aber zur Vermeidung von Verwechslungen immer im gleichen Sinne beibehalten werden.

Die Justierung von $\lambda/4$-Blättchen für Zirkularpolarisation erfolgt ebenfalls durch Dunkelheitseinstellung: Man schaltet zunächst ein Blättchen für sich zwischen die gekreuzten Polarisatoren und dreht es bis auf Dunkelheit. Seine Hauptachsen entsprechen dann den Achsen des Polarisationskreuzes. Anschließend wird eine Drehung des Blättchens um 45° mit Hilfe einer Kreisteilung vorgenommen (es genügt hierbei je ein Teilstrich bei $-45°$, $0°$, $+45°$), das Blättchen steht damit in seiner Gebrauchsstellung. Das zweite Blättchen wird unter zeitweiser Entfernung des ersten ebenso gerichtet und schließlich werden beide unter 45° gleichzeitig hintereinander eingeschaltet. Ist das Feld jetzt dunkel, so stehen die Blättchen richtig, ist es dagegen hell, so muß eines von ihnen um 90° gedreht werden.

Bei allen diesen Einstellungen kann nun die eingestellte Dunkelheit unvollkommen sein: Gekreuzte Polarisatoren ergeben nur in der Feldmitte Dunkelheit, nach den Seiten hellt sich das Feld im allgemeinen etwas auf. Man stellt dann auf Symmetrie der Dunkelheit, d. h. so ein, daß ein dunkles Kreuz in der Mitte zwischen etwas erhellten Ecken erkenntlich wird. Bei Filterpolarisatoren ist außerdem die Polarisation nicht für alle Wellenlängen vollständig, so daß einzelne Lichtbestandteile (dunkelrot und manchmal etwas blau) auch bei gekreuzten Filtern durchdringen. Das Minimum der Helligkeit ist hier ebenfalls scharf einstellbar, notwendigenfalls kann man den Eindruck durch einfarbiges Licht (Gelbfilter) verschärfen.

Die Viertelwellenblättchen können ebenfalls Fehler aufweisen, so daß die bei ihrer schließlichen Gebrauchsstellung erscheinende Dunkelheit manchmal nur ein gelbliches oder grünliches Grau darstellt. Man sollte in jedem Fall die Blättchen auf ihren Doppelbrechungswert prüfen und nur einigermaßen richtige Blättchen verwenden. Ist in Schlußstellung das Feld dunkel, so ist damit zunächst nur bewiesen, daß die beiden Blättchen einander gleich sind. Diese Forderung soll man mindestens stellen (vgl. S. 101). Außerdem soll aber die von den Blättchen erzeugte Relativverzögerung wirklich $0{,}25\,\lambda$ für eine im Sichtbaren liegende Wellenlänge sein. Eine grobe Probe hierfür ist, daß man ein Modell mit mehreren Farbgleichen in das mit $\lambda/4$-Blättchen versehene Gerät stellt und mit einfarbigem Licht durchstrahlt. Hält man den Polarisator, das erste Blättchen und das Modell fest, so darf sich das Bild nicht verändern, wenn man das zweite Blättchen und den Analysator gemeinsam dreht. Eine bessere Probe besteht darin, daß man die beiden Blättchen so zwischen die gekreuzten Polarisatoren stellt, daß sich ihre Wirkungen nicht subtrahieren (dunkles Feld) sondern addieren (helles Feld), indem man also eines der Blättchen um 90° gegen die übliche Stellung dreht. Die Summe der Wirkungen muß jetzt $\lambda/2$ sein, d. h. hinter dem zweiten Blättchen muß linear polarisiertes Licht vorhanden sein, dessen Polarisationsebene um $2\alpha = 90°$ gegen die ursprüngliche Ebene geneigt ist. Hält man also Polarisator und beide Blättchen fest und dreht den Analysator um 90°, so daß er parallel zum Polarisator steht, so muß das Feld dunkel bleiben. Erscheint es gelblich, so nützt vielleicht ein Blaufilter und umgekehrt, d. h. man kann manchmal unmittelbar feststellen, für welche Farbe etwa wirklich $m = 1/4$ ist.

Die genaueste Messung besteht darin, daß man jedes Blättchen mit einem geeichten Kompensator (z. B. Kristallkompensator) in bekanntem Licht unmittelbar vermißt wie ein Modell. Der ermittelte Doppelbrechungswert Z (in mu) gibt an, für welche Wellenlänge ($4Z$) das Blättchen eine Verzögerung $m = 1/4$ bewirkt. Wegen der Unabhängigkeit des Wertes Z von der Wellenlänge kann man diese Messung auch in weißem Licht vornehmen. Für spannungsoptische Geräte gut brauchbar sind Blättchen mit Doppelbrechungswerten Z von 120 bis 160 mμ, am besten sind solche mit etwa $Z = 145$ bis 150 mμ.

Bei jeder Kompensation muß wiederum eine Richtung eingestellt werden, der Kompensator muß dieselbe Hauptachsenneigung wie das Modell haben. Meistens nimmt man eine Kompensation mit linear polarisiertem Licht vor, wobei die Modellhauptachsen unter 45° gegen das Polarisationskreuz geneigt sind. Der Kompensator kann also ein für allemal ebenfalls unter 45° gegen das Polarisationskreuz geneigt festgelegt werden. Die Einstellung kann genau wie bei einem $\lambda/4$-Blättchen erfolgen, auf Kristallpolarisatoren mit Drehplatten (EHRINGHAUS) ist außerdem die Hauptachsenrichtung durch einen eingravierten Strich bezeichnet.

2. Werkstoffe, Modellherstellung.

Zur Herstellung spannungsoptischer Modelle eignen sich alle festen Stoffe, die durchsichtig und ursprünglich isotrop (d. h. ohne ausgezeichnete Richtung nach allen Seiten gleichartig) sind, bei Belastung doppelbrechend werden und sich bis zu einer gewissen Belastung elastisch verhalten. Eine ganze Reihe solcher Stoffe steht zur Verfügung, von denen jeder Vorteile und Nachteile aufweist. Folgende Eigenschaften müssen bei allen Stoffen berücksichtigt werden:

a) Durchsichtigkeit. Der Stoff darf zwar eigengefärbt sein, soll aber keine milchige Trübung aufweisen, damit auch dickere Modelle durchleuchtet werden können.

b) Elastizität und Festigkeit. Der Stoff soll sich bis zu möglichst hoher spannungsoptischer Wirkung streng elastisch verhalten, d. h. Verformungen und Doppelbrechung sollen verhältnisgleich zur Spannung sein und nach Entfernung der Spannung wieder vollständig zurückgehen. Zeitliche elastische Nachwirkung ist meßtechnisch unbequem, also sollen Verformung und Doppelbrechung möglichst unabhängig von der Belastungsdauer bzw. der Zeit seit der Entlastung sein.

c) Steifigkeit. Außerdem sollen die Verformungen nicht so groß werden, daß die geometrische Form des Modells fühlbar verändert wird.

d) Doppelbrechung. Die infolge der Belastung und Verformung entstehende Doppelbrechung soll hoch genug sein, daß sie gut meßbare Werte ergibt, andererseits soll der Stoff ohne Belastung möglichst frei von eigener Doppelbrechung sein.

e) Modellherstellung. Der Stoff soll gut bearbeitbar sein, damit auch die Herstellung nicht einfacher technischer Formen mit erträglichem Arbeitsaufwand möglich ist, insbesondere dürfen die Bearbeitungskanten nicht spröde ausbrechen. Für räumliche Modelle ist außerdem oft eine gute Klebfähigkeit erwünscht, die auch Kraftübertragung in den Klebflächen gestattet.

f) Modellhaltbarkeit. Der Stoff soll zeitlich unverändert bleiben, insbesondere soll er nicht durch Licht und Luft an seiner Oberfläche verändert werden, so daß einmal hergestellte Modelle auch noch nach einiger Zeit für Messungen verwendet werden können.

Gleich vorweg ist festzustellen, daß es bisher keinen Stoff gibt, der alle genannten Forderungen erfüllt. Von den bisher verwendbaren Stoffen seien fünf Gruppen genannt, die in der folgenden Tabelle zusammengestellt sind.

	Durchsichtig	Elastisch	Steif	Doppelbrechung	Modellherstellung	Haltbar
Gläser	ja	ja	ja	gering	teuer	ja
Zelluloid	ja	teilweise	ja	mittel	sehr einfach	teilweise
Kunstharze	ja	teilweise	ja	sehr hoch	einfach	nein
Gallerte	ja	teilweise	nein	mittel	nur teilweise	nein
Weichgummi	wenig	ja	nein	hoch	nur teilweise	teilweise

Die wichtigsten Eigenschaften sind noch etwas näher in der folgenden Tabelle dargestellt, dabei ist der Elastizitätsmodul ein Maß für die Steifigkeit, die Elastizitätsgrenze ein Maß für die zulässige Belastung, C die je Spannungseinheit, C' die je Verformungseinheit erreichte optische Wirkung.

	E (kg/mm²)	σ_{el} (kg/mm²)	C $\left(10^{-6}\frac{\text{mm}^2}{\text{kg}}\right)$	C' $=C\cdot E\cdot 10^{-3}$ (10^{-3})	m_{max} $=\dfrac{C\cdot\sigma_{el}}{60}$
Sehr schweres Flintglas . . .	7000	3	— 20	— 150	1,0
Schweres Flintglas	7000	3	+ 15	+ 100	0,7
Gewöhnliches Flintglas . . .	7000	3	30	200	1,5
Plexiglas.	270	2	25	7	0,8
Zelluloid, 50% Kampfer . . .			20	4,5	0,5
25% „ . . .	200—250	1—1,5	120	27	2,5
0% „ . . .			190	43	4,0
Cellon	170	1,3	200	35	4,0
Phenol-Kunstharze	350	1,7	500	170	15
Gummi	0,05	—	20000	1	—
Gelatine 45% Trockensubstanz	0,03	—	70000	2,1	—
10% „	0,0025	—	160000	0,4	—

Die spannungsoptische Kennzahl C ist definiert durch die Gleichung $C = m\lambda/d(\sigma_1-\sigma_2)$, dabei wird im älteren Schrifttum die Relativverzögerung m in Wellenlängen, die Wellenlänge λ in ÅE (10^{-7} mm) die Modelldicke d in mm und die Spannung σ in bar (10^6 dyn/cm²) gemessen. Die Einheit von C in diesen Meßgrößen hat die Dimension 10^{-13} cm²/dyn $\approx 10^{-5}$ mm²/kg und wird als ein „Brewster" bezeichnet. Hier ist statt dessen λ in mμ, d in mm, σ in kg/mm² gemessen, man erhält dann für C den zehnfachen Wert.

Nach S. 67 ist $m = d \cdot K (\sigma_1-\sigma_2)$ also hier (wegen $m = C d (\sigma_1-\sigma_2)/\lambda$) $C = K \cdot \lambda$, mit λ in mμ (C in 10^{-6} mm²/kg).

Faßt man $(\sigma_1 - \sigma_2) \cdot d$ noch zum „Schubfluß" 2 q (kg/mm) zusammen, so ist $C = Z/2$ q einfach die Relativverzögerung in mμ, die infolge eines Schubflusses 2 q $= (\sigma_1 - \sigma_2) \cdot d = 1$ kg/mm auftritt. Die „Dispersion" der genannten Stoffe ist bei elastischen Beanspruchungen gering, d. h. der Wert C bzw. Z ist ziemlich unabhängig von der Wellenlänge. Für sehr hohe Ansprüche muß man jedoch noch angeben, bei welcher Wellenlänge λ der Wert C gemessen wurde.

Die Größe $C' = C \cdot E \cdot 10^{-3}$ („dehnungsoptische Kennzahl") gibt an, welche Relativverzögerung bei einer gegebenen Dehnung, z. B. $1^0/_{00}$, zu erwarten ist. Es ist $Z = m \cdot \lambda = C' \cdot d \cdot \varepsilon$ die Relativverzögerung in mμ, wenn d in mm und die Dehnung ε in $^0/_{00}$ angegeben wird.

Schließlich ergibt sich $m_{max} = \dfrac{C \cdot 10 \cdot \sigma_{el}}{590}$ als die Zahl der erhaltenen Ordnungen bei gelbem Licht in einem 10 mm dicken Modell bei einer Belastung, die für exakte Versuche gerade noch etwa zulässig ist. Von den genannten Stoffen ergeben also eindeutig die Phenolharze die höchste Farbordnung bei geringer allgemeiner Verformung.

Zu den verschiedenen Werkstoffen und ihrer Verwendung seien nun noch folgende Einzelheiten erwähnt.

a) Gläser. Die Gläser bildeten lange Zeit hindurch die einzigen Stoffe für spannungsoptische Versuche, insbesondere bei den älteren, mehr physikalischen Arbeiten. Auch die ersten technischen Versuche (Brückenmodell von MESNAGER 1885) wurden an Glasmodellen durchgeführt. Die wesentliche Eigenschaft der Gläser, nämlich ihre strenge und zeitlich unveränderliche Elastizität bei Zimmertemperatur auch bei höherer Belastung läßt sie auch heute noch für gewisse Präzisionsversuche als unübertroffen erscheinen. Sie sind außerdem unentbehrlich, wenn streng geschliffene Oberflächen vorhanden sein müssen. Die Abmessungen des Modells kann man mit höchster Genauigkeit vermessen. Ein einmal hergestelltes und sorgfältig behandeltes Modell ist jahrelang brauchbar, die Messungen können immer wieder kontrolliert und wiederholt werden. Zwei wesentliche Mängel haften jedoch allen Gläsern an: Wegen ihrer geringen optischen Wirksamkeit erhält man in ihnen ohne Bruchgefahr kaum die leuchtend bunten Farbgleichen der ersten Ordnung und schon gar nicht die Farbgleichen höherer Ordnung, eine punktweise Kompensation ist also erforderlich. Außerdem erfordert schon die Herstellung eines einfachen Modells beträchtlichen Arbeitsaufwand und kann nur von einer wohlausgerüsteten glastechnischen Werkstatt vorgenommen werden. Gekrümmte Kanten sind nur durch kostspieliges Schleifen zu erzeugen; das Bohren von Löchern, das Einschleifen von Kerben bedeutet oft Bruch des Modells, und auch die Bruchgefahr bei der Belastung ist hoch und bedeutet erneute Kosten und Zeitlust. Für technische Messungen ist Glas also trotz seiner günstigen Eigenschaften nicht recht geeignet und wird nur für Sonderzwecke verwendet, insbesondere dann, wenn die äußere Modellform sehr einfach ist (gerader Balken, Quader, Keil usw.). Gegenüber den Herstellungskosten des Modells spielen die Kosten der spannungsfreien Glasherstellung keine erhebliche Rolle, die Herstellungskosten eines etwas weniger einfachen Modelles betragen jedoch meistens mehrere hundert Mark.

Schließlich sei darauf hingewiesen, daß bei höherer Temperatur und hoher Belastung auch Gläser sich nicht mehr elastisch verhalten. Die hierbei auftretenden Kriecherscheinungen sind aber für die gewöhnliche Spannungsoptik unwesentlich.

In der Tabelle ist bei der erwähnten Glassorte „sehr schweres Flintglas" eine negative optische Kennzahl C angegeben. C wird als positiv gerechnet, wenn in einem einfachen einachsigen Zugstab die Lichtgeschwindigkeit der in der Zugrichtung schwingenden Lichtkomponente größer ist als die Geschwindigkeit der querschwingenden Komponente. Negatives C bedeutet entsprechend eine geringere Geschwindigkeit der Längskomponente. Ein spannungsoptisch wirkungsloses Glas $(C = 0)$ wurde ebenfalls schon hergestellt (vgl. S. 171).

b) Zelluloid und Cellon. COKER führte nach anfänglichen Versuchen mit Glas die Modelle aus Zelluloid (Xylonit) in der Spannungsoptik ein, besonders wegen der ganz erheblich leichteren Modellherstellung und wegen seiner höheren optischen Wirksamkeit. Zelluloid besteht aus Nitrozellulose und Kampfer in verschiedenen Verhältnissen. Glasklare Zelluloidplatten sind bis zu höchstens 10 mm Dicke gut durchleuchtbar, 6 mm Platten erwiesen sich als besonders geeignet. Die Bearbeitung durch Sägen, Fräsen, Hobeln, Schneiden oder Feilen ist leicht und bequem, die Modelle sind nicht stoßempfindlich und je nach der Zelluloidsorte auch längere Zeit ohne Randstörungen haltbar. Modelle aus sehr frischen Zelluloidplatten sind jedoch oft nach einigen Tagen am Rand so eigenverspannt, daß sie unbrauchbar werden. Dagegen sind Platten, die schon einige Jahre alt sind, sehr beständig. Vermutlich spielen dabei Verdunstungserscheinungen eine Rolle, denn der Vorgang läßt sich durch Lagerung unter Luftabschluß (unter Öl) etwas bremsen, leider aber nicht ganz verhindern. Geringe Eigenspannungen lassen sich bei Zelluloid durch „Ausheizen", d. h. durch längere Erwärmung auf etwa 50° bis höchstens 70° und langsames Abkühlen oft vermindern oder zum Verschwinden bringen. Das bequemste Verfahren ist, die Modelle zu diesem Zweck auf einer sorgfältig gereinigten Glasplatte liegend in einen wärmeisolierten Kasten zu legen, der durch ein paar eingebaute Glühbirnen mit regulierbarem Vorschaltwiderstand auf die erforderliche Temperatur gebracht wird. Bei großen Originalplatten mit von der Fabrikation her stark eigenverspannten Rändern werden aber diese Ränder besser gleich abgeschnitten und nicht für spannungsoptische Zwecke verwendet. Die unverwendbaren Bereiche erkennt man leicht in der Durchsicht mit weißem polarisiertem Licht. Dabei genügt für diesen einfachen Zweck auch der Blick durch einen vor das Auge gehaltenen Polarisator durch die Platte gegen den blauen Himmel, der namentlich unter etwa 90° gegen die Sonne stark polarisiertes Licht liefert, oder gegen eine spiegelnde Fensterbank, Glasscheibe usw. Völlig unbrauchbar sind die „kaschierten", d. h. aus mehreren Schichten zusammengeklebten Platten. Die in ihnen vorhandenen Verspannungen sind durch kein Mittel wieder zu entfernen. Von den verschiedenen Zelluloidsorten haben sich solche mit mittlerem Kampfergehalt (um 25%) gut bewährt. Die optisch negative Kampfermenge bestimmt den Wert von C wesentlich, wie man aus der Tabelle unmittelbar entnimmt. Die je nach der Modelldicke im Elastischen erreichbaren Farbordnungen reichen bei mittleren Zelluloidsorten im allgemeinen zu einer ersten allgemeinen Beurteilung des Modells in unmittelbarer Ansicht aus, höhere Ansprüche erfordern genauere Vermessung.

Im Gegensatz zu Glas weist nun aber Zelluloid bei höheren Spannungen sowohl „elastische Nachwirkung" wie „plastisches Verhalten" auf. Elastische Nachwirkung ist ein zeitlich veränderlicher Dehnungsvorgang, der nach der Entlastung — ebenfalls im Lauf der Zeit — wieder vollständig verschwindet. Plastische Verformungen nehmen ebenfalls mit der Zeit zu, gehen aber auch nach längerer Entlastung nicht wieder zurück. Verknüpft mit diesen Formänderungen ändern sich auch die optischen Eigenschaften bei höherer Last: Es treten „elastische optische Nachwirkungen" und bleibende optische Wirkungen auf. Die strengen Gesetze des Zusammenhanges zwischen Spannungen, Dehnungen und optischen Wirkungen sind durchaus noch nicht abschließend geklärt, sie hängen sehr stark von der Zusammensetzung des Werkstoffs (Kampfergehalt) und von seiner Vorgeschichte (Alter) ab. Wahrscheinlich gilt im allgemeinen folgende Regel: Mit steigender Last tritt zunächst nur elastische Nachwirkung auf, und zwar ist sie verhältnisgleich zur wirksamen Spannung und nimmt etwa mit dem Logarithmus der Zeit zu [8.25]. Der zeitliche Verlauf wurde von einigen Forschern auch durch eine Kurve $\varepsilon_{\mathrm{Nachw}} = c \sqrt[3]{t}$ dargestellt, wobei c ebenfalls mit der Last wächst [1].

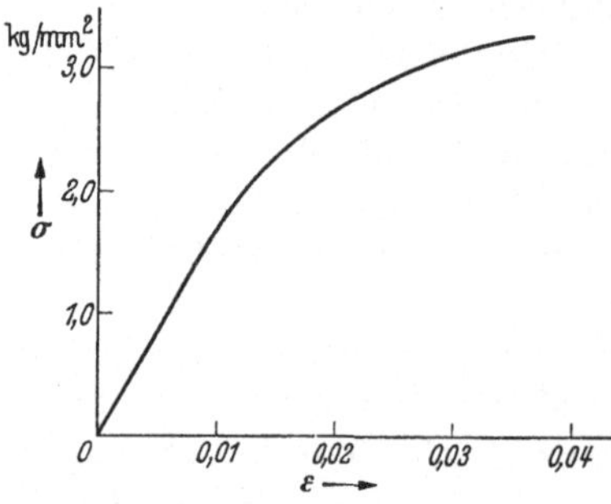

Abb. 118. Spannungs-Dehnungsdiagramm von Zelluloid.

Das optische Verhalten ist sowohl von der Spannung wie von der Dehnung abhängig, es scheint ein Zusammenhang der ·Form $m = a \cdot \sigma + b \cdot \varepsilon$ vorzuliegen. Solange nun die Nachwirkung linear mit der Spannung wächst, heißt das, daß die Gesamtwirkung m zu jeder Zeit ebenfalls verhältnisgleich zur Spannung ist, so daß man ein im ganzen ähnliches Bild der Farbverteilung erhält. Bei Lasten über der eigentlichen Elastizitätsgrenze (bei Zelluloid je nach Zusammensetzung und Alter bis zu etwa 1,5 kg/mm²) treten dann außerdem plastische Verformungen ein, die mit bisher ungeklärten optischen Wirkungen verknüpft sind. Wegen der geringen Bedeutung dieser Erscheinungen für spannungsoptische Zwecke sei wegen näherer Einzelheiten auf das Schrifttum verwiesen [6.10]. Ein typisches kurzzeitig aufgenommenes Spannungs-Dehnungs-Diagramm eines Zelluloidstabes stellt Abb. 118 dar. Man sieht, daß die plastischen Verformungen sehr langsam einsetzen, so daß man bei der Belastung vorsichtig sein muß. In einem Modell erkennt man oft erst nach der Entlastung, daß es an einzelnen Punkten schon überelastisch beansprucht war, sichtbar durch eine bleibende Doppelbrechung nach der Entlastung.

Als Größenordnung für beobachtete elastische Nachwirkungen sei genannt, daß bei einem gewöhnlichen gut brauchbaren Zelluloid mit etwa 25% Kampfer 30 Minuten nach einer Belastung von 1 kg/mm² eine um etwa 12% vergrößerte Dehnung und eine um etwa 4% vergrößerte optische Wirkung beobachtet wurde. Dieselbe Zelluloidsorte wies nach einer Lagerung von einigen Monaten nur noch die Hälfte dieser Nachdehnungs-

[1] FILON u. JESSOP: Phil. Trans. Bd. 223 (1922). — ARAKAWA: Proc. phys. mat. Soc., Japan (3) Bd. 5 (1924).

werte bei der gleichen Belastung auf. Man sollte also möglichst altes, erhärtetes Zelluloid zur Modellherstellung verwenden, es wird von ausgezeichneten Eigenschaften nach mehrjähriger Lagerung berichtet. Beispielsweise zeigen jahrealte Zeichendreiecke aus Zelluloid oft überhaupt keine Randstörung oder Eigenverspannung und verhalten sich bis zu hohen Beanspruchungen hochelastisch.

Die Randverspannung frischer Modelle tritt bei den Kunstharzen noch viel stärker auf und sei mit diesen besprochen; auch für die Herstellung der Zelluloidmodelle gelten die im nächsten Abschnitt genannten Regeln. Ein Vorteil des Zelluloids gegenüber diesen Harzen ist die einfache und zuverlässige Klebbarkeit, etwa für Modellverstärkungen, Röhrenmodelle usw. Eine flüssige Lösung von etwas Zelluloid in Azeton stellt ein ideales Klebemittel dar, um Klebnähte zu erzielen, die bei geeigneter Pressung so fest sind wie der ursprüngliche Werkstoff. Lange gerade Kanten können auch einfach in Azeton eingetaucht und dann zusammengepreßt werden.

Das aus Azetylzellulose hergestellte, schwer entflammbare optisch aktivere Cellon eignet sich sehr gut zur Modellherstellung, wenn man ursprünglich spannungsfreie Tafeln erhält. Die Erweichungstemperatur ist sehr hoch, etwa notwendiges Ausheizen muß bei etwa 130° vorgenommen werden und führt wegen hierbei auftretender Oberflächenverwellung nur teilweise zum Erfolg. Die Haltbarkeit eines guten Cellonmodells ist ausgezeichnet, ein störender Randeffekt wurde auch nach monatelangem Lagern nicht beobachtet.

c) Kunstharze. Die namentlich in den letzten Jahren immer mehr entwickelten und verwendeten Kunstharze stellen in der Spannungsoptik heute den wichtigsten Modellwerkstoff dar. Die überragend hohe optische Wirksamkeit dieser Stoffe machte erst die einfachen Auszählverfahren möglich, die eine ungeheure Beschleunigung der spannungsoptischen Messung bedeutete und auch zu ganz neuen Aufnahmeverfahren führte, man denke etwa an die kinematographische Aufnahme von Stoßvorgängen. Andererseits haften gerade den hochaktiven Kunstharzen Mängel an, die besondere Vorsicht bei der Herstellung und Behandlung der Modelle erfordern.

Die optisch wirksamsten Kunstharze entstehen aus Phenol und Formaldehyd, und zwar zunächst in flüssiger Form, erstarren dann und können durch geeignete Wärmebehandlung noch zu verschiedenen Härtegraden erhärtet werden. Solche Phenolharze sind z. B. Bakelit, Phenolit, Trolon, Dekorit. Die folgenden Ausführungen gelten praktisch für alle Vertreter dieser Gruppe. Am besten eignen sich die glasklaren Sorten, die in Tafeln von einigen Millimeter Stärke geliefert werden (praktisch brauchbar bis zu etwa 10 mm). Die ursprüngliche Härte der Harze ist im allgemeinen gering, sie weisen dabei eine grünliche glasartige Farbe auf. Bei Zimmertemperatur erhärten sie im Laufe von Monaten zu einer etwas mehr gelblichen mittelharten Beschaffenheit. Die gleiche mittlere

Härte läßt sich auch durch Erwärmung in einigen Stunden erzielen. Temperaturen um 100° herum sind hierfür geeignet. Übertriebene Wärmebehandlung führt zwar zu weiterer Erhärtung, jedoch wird das Harz dann gelbrot und verliert seine klare Durchsichtigkeit.

Meistens vorhandene Eigenspannungen, die in 10 mm-Platten oft schon optische Wirkungen von mehreren Ordnungen erzeugen, werden durch eine derartige Erwärmung ebenfalls vermindert oder großenteils beseitigt. Hierzu genügen aber auch Temperaturen von etwa 60 bis 80°. Notwendigenfalls wiederholt man das Ausheizen mehrfach 1 oder 2 Stunden und kühlt langsam ab. Die Erweichung der Platten in der Wärme führt dazu, daß sich etwa darunterliegende Staubteilchen eindrücken, auch können die Platten auf ihrer Unterlage festkleben (als Unterlage hat sich sauberes, hauchdünn gefettetes Glas bewährt). Kleinere Plattenstücke heizt man aus, indem man sie hochkant im Heizkasten stehen läßt. Zu hohe Eigengewichtspressungen führen dabei in der Wärme zu Verformungen und sind daher ebenfalls nicht zweckmäßig.

Das Spannungs-Dehnungs-Diagramm mittelharter Harze ist bei kurzer Belastung zwar bis zu höheren Lasten (2 kg/mm^2) geradlinig, jedoch beginnt bereits bei niedrigeren Lasten eine stark ausgeprägte Zeitwirkung, die besondere Vorsichtsmaßnahmen bei der Auswertung erfordert. Je nach der Härte können Zugspannungen bis etwa 1,5 kg/mm^2 unbedenklich verwendet werden. Die auftretende elastische Nachwirkung ist bis zu diesen Beträgen zwar beträchtlich, aber verhältnisgleich zur Spannung, so daß in jedem Zeitpunkt nach der Belastung ein Verformungszustand vorliegt, der sich lediglich durch einen Gesamtfaktor vom Zustand eines anderen Zeitpunktes unterscheidet. Die beobachteten Zahlenwerte gehen dabei stark auseinander. Je nach dem Härtegrad sind etwa folgende elastische Nachdehnungen zu erwarten:

	nach 15 min.	nach 120 min.
weich	15%	25%
mittel	10%	15%
hart	3%	5%

(gemessen in % der ursprünglichen Dehnung)

Die optische Wirkung läßt sich wie bei Zelluloid durch eine Formel der Gestalt $m = a \cdot \sigma + b \cdot \varepsilon$ darstellen, so daß sich das optische Bild zeitlich immer ähnlich verändert, die Beträge des optischen Nachkriechens wurden mit etwa $^1/_3$ der genannten Dehnungswerte beobachtet. Die Auswertung des Zustandes erfolgt wie in ganz gewöhnlichen elastischen Fällen, nur muß zu jedem Zeitpunkt ein anderer Elastizitätsmodul E und eine andere optische Kennzahl C im gesamten Feld angenommen werden. Hieraus folgt die Notwendigkeit der Zeitbeobachtung bei allen Eichungen und Versuchen mit diesen Stoffen. Wegen ihrer hohen optischen Wirksamkeit ist im allgemeinen eine photographische

Aufnahme des Gesamtbildes der Farbgleichen möglich. Auf diese Zeitbeobachtung bei den Modellaufnahmen und der Werkstoffeichung wird
in den nächsten Abschnitten mehrfach hingewiesen.

Meistens schon nach wenigen Stunden, sicher aber nach wenigen
Tagen, tritt an Modellen aus Kunstharz ein weiterer Effekt auf, dessen
Entstehung noch nicht ganz geklärt ist: An allen freien Rändern beobachtet man eine Doppelbrechung, die so aussieht, als wäre in der äußersten Randzone eine Zugspannung, unmittelbar darunter in einer schmalen
Zone eine kleine Druckspannung wirksam. Wahrscheinlich bewirken
wirklich derartige Spannungen den Effekt (die Spannungen sind auch
durch Aufschneiden feststellbar), jedoch spricht ein wesentlicher Tatbestand gegen die Vollständigkeit dieser Erklärung. In allen derartig
eigenverspannten Körpern müßte nämlich das spannungsoptische Bild
einem im inneren Gleichgewicht befindlichen Spannungszustand entsprechen. Das ist jedoch nicht der Fall. Die Auswertung derartiger
optischer Bilder nach dem üblichen Verfahren ergibt regelmäßig einen
unmöglichen Spannungszustand mit resultierender Kraft. Es liegt also
eine Doppelbrechung vor, die nicht durch gewöhnliche Spannungsoptik,
sondern vermutlich nur durch eine „Mehrphasigkeit" der Stoffe erklärt
werden kann. Kurz angedeutet handelt es sich hierbei um mindestens
zwei Anteile oder Eigenschaften des Stoffes, die sich wie die Bestandteile
einer Legierung mischen oder überlagern [8.14].

Während bei Zelluloid zwei *chemisch* verschiedene Bestandteile vorliegen, die verschiedene optische und mechanische Eigenschaften haben
(Kampfer mit negativer und Nitrozellulose mit positiver spannungsoptischer Kennzahl, wobei der Kampfer leicht flüssig ist), handelt es
sich bei den Kunstharzen um eine Mischung von hochpolymeren und
niedriger polymeren Molekülen. Kunstharze entstehen aus dem flüs-
sigen Zustand durch Polymerisation oder Kondensation, d. h. durch
Aneinanderreihung von Molekülen zu räumlichen Riesenmolekülen, die
sozusagen ineinander verfilzen. Elastizitätsmodul, Härte und Festigkeit
(insbesondere Warmfestigkeit) sowie der Kehrwert der optischen Kennzahl steigen mit wachsender Molekülgröße. Im fertigen Körper sind immer
„härtere" und „weichere" Anteile gemischt vorhanden. Wird nun
etwa durch Oberflächenausdünstung, Erhärtung usw. das Verhältnis der
beiden Anteile verändert, so kann eine Doppelbrechung entstehen, die
nicht den gewöhnlichen spannungsoptischen Gleichungen entspricht und
daher auch nicht in einen Spannungszustand umgerechnet werden darf.
Entsprechend gilt für das Verhalten bei höheren Temperaturen, daß
dabei ein Anteil des Stoffes als erweicht angesehen werden kann, während
der andere seine Steifigkeit beibehält, etwa wie ein mit Wachs gefülltes
elastisches Gitter. Die bei höheren Temperaturen auftretenden Verformungen und Doppelbrechungen erhalten durch diese Vorstellung eine
befriedigende Systematik (vgl. Kap. VII. Abschn. 3 b).

Dieselbe Erscheinung tritt zweifellos auch auf der gesamten Oberfläche der Kunstharzplatten auf, jedoch bleibt sie spannungsoptisch unsichtbar, solange nur die Differenz zweier Lichtgeschwindigkeiten gemessen wird, denn es handelt sich bei einer derartigen Verspannung um eine nach allen Seiten gleichartige Beanspruchung, Verformung und Doppelbrechung.

Schließlich sei darauf hingewiesen, daß jede Bearbeitung der Ränder durch Werkzeuge mit starker Wärmeentwicklung (Bohren, Feilen, Laubsäge, Metallsäge) die Spannungsfreiheit der Ränder beeinträchtigt. Es müssen daher scharfe gekühlte Werkzeuge verwendet werden: Fräsen, Hobeln, Drehen, Sägen mit der Bandsäge sind geeignete Verfahren zur Herstellung einwandfreier Ränder. Feilen soll nur im Notfall und nur mit äußerster Vorsicht (Feilstrich senkrecht zur Modellebene) angewandt werden.

Bei allen Stoffen, die nach einiger Zeit Randwirkungen zeigen, ist bei der Modellherstellung wie folgt vorzugehen:

1. Man bringe den Werkstoff, wenn nötig, durch längeres Heizen auf die erforderliche Härte, bzw. mache ihn durch kürzeres Ausheizen frei von inneren Verspannungen, die äußersten Ränder können hierbei schlecht bleiben.

2. Man bringe die Werkstoffscheibe durch Schnittwerkzeuge in ungefähr die richtige Form, ohne durch zu feste Einspannung (Schraubstock nur mit geeigneter Zwischenlage) neue Verspannungen zu verursachen; dabei lasse man aber an allen Rändern noch etwas Werkstoff stehen, und zwar etwa $^1/_5$ bis $^1/_3$ der Modelldicke.

3. Nur in Notfällen: Noch einmal kurz ausheizen.

4. Man schneide das Modell unmittelbar vor Gebrauch auf seine endgültige Form.

5. Unmittelbar darauf folgt der inzwischen wohlvorbereitete Belastungsversuch. Wenn möglich, sollen nur etwa 1 bis 2 Stunden zwischen 4 und 5 liegen. Die Belastung wird aufgebracht und eine feste Zeit danach (z. B. 60 s) die photographische Aufnahme der Farbgleichen durchgeführt.

(Die Vorschrift gilt mit entsprechender Milderung auch bei Zelluloid, man hat dabei aber auch Zeit zu einer freihändigen Nachzeichnung der Kurven. Es ist in diesem Falle besser, nach der Belastung längere Zeit zu warten.) Bei punktweiser Kompensation, die längere Zeit in Anspruch nimmt, wählt man einen möglichst harten Werkstoff und beginnt einige Zeit nach dem Aufbringen der Last mit der Messung. Soll das Modell länger aufbewahrt werden, so legt man es am besten unter irgendein Öl, der Randeffekt wird dadurch etwas vermindert, vermutlich infolge verminderter Ausdunstung.

Das Kunstharz Plexiglas gehört zur Gruppe der Akrylharze und verhält sich spannungsoptisch anders als die Phenolharze. Seine geringe optische Wirksamkeit stellt es an die Seite der Flintgläser, es ist nicht möglich, höhere Farbgleichen in ihm aufzunehmen. Andererseits ist es auch freier von ursprünglichen Eigenspannungen und längere Zeit unverspannt haltbar. Seine Bearbeitung entspricht der Bearbeitung von Zelluloid und den übrigen Kunstharzen, seine elastische Nachwirkung ist gering (etwa 10% in 12 Stunden).

d) Andere Stoffe. Von den anderen Stoffen hat Gummi gelegentlich Bedeutung, wenn z. B. ein Stoff mit kleinem Elastizitätsmodul mit einem Stoff großer Steifigkeit verbunden untersucht werden soll (vgl. S. 207). Ein langgezogener transparenter Gummistreifen kann auch zur Justierung der Prismen, also lediglich zur Bestimmung einer Richtung verwendet werden.

Gelatine ist bisher nur für physikalische Messungen verwendet worden, hat aber vielleicht für Spannungsverteilungen mit Eigengewichtswirkung eine Bedeutung. Es ist schwierig, ein schlierenfreies größeres Gelatinestück herzustellen.

Schließlich seien noch Flüssigkeiten erwähnt, die als „Werkstoff" für gewisse Spannungsfragen verwendet werden können: Es handelt sich um Flüssigkeiten mit etwas elastischen Eigenschaften, die unter der Wirkung von Schubspannungen (z. B. in Grenzschichten in der Nähe einer Wand) doppelbrechend werden. Geeignet hierfür sind Öle wie Sesamöl und kolloidale Lösungen von Farbstoffen wie Baumwollgelb. (Bemerkungen hierzu vgl. S. 173.)

Im folgenden sind einige Herstellungswerke bzw. Vertriebsstellen von spannungsoptisch wichtigen Werkstoffen genannt:

Glas, spannungsfrei: Schott und Genossen, Jena.

Zelluloid und Cellon: Celluloid-Verkaufsgesellschaft, Berlin W 9, Linkstraße 25.

Plexiglas: Röhm & Haas, A.G., Darmstadt.

Bakelit: Bakelitewerke, Erkner b. Berlin.

Trolon: Venditor Kunststoffverkaufsgesellschaft, Troisdorf, Bezirk Köln.

Dekorit: Dr. F. Raschig, G. m. b. H., Ludwigshafen am Rhein.

3. Aufnahme der Farbgleichen.

Die wichtigste Aufgabe der Spannungsoptik besteht in der Bestimmung des Doppelbrechungswertes in Punkten oder Bereichen des Modells. Dabei können je nach der Höhe dieser Doppelbrechung grundsätzlich verschiedene Verfahren angewendet werden. Bei hochaktiven Werkstoffen wie den Phenolharzen erscheinen bei der Gesamtaufnahme des Modells die Farbgleichen bis zu hoher Ordnung. Sowie insgesamt mehr als etwa 5 Ordnungen auftreten, genügt durchweg die Aufnahme dieser Linien, um die Schubspannungsverteilung im gesamten Modell mit genügender Genauigkeit zu kennen. Der am meisten interessierende Höchstwert, der aus einem solchen Bild leicht auf etwa $^1/_4$ Streifenbreite abgeschätzt werden kann, ist bei fünf Ordnungen mit etwa $\dfrac{1/4}{5} = \dfrac{1}{20}$ $= 5\%$ Genauigkeit bestimmt. Bei Werkstoffen mittlerer Doppelbrechung wie Zelluloid werden oft nur etwa zwei Ordnungen im elastischen Bereich erreicht. Hier ist auch noch die Aufnahme von Farbgleichen möglich, jedoch liegen sie für eine einzige Aufnahme zu weit auseinander. Mehrere Aufnahmen können aber ebenfalls zur Auswertung genügen.

Von den bisher genannten Aufnahmen handelt dieser Abschnitt. Bei insgesamt nur zwei Ordnungen ist oft eine punktweise Kompensation schon empfehlenswert, sie ist notwendig, wenn insgesamt nur eine Ordnung erreicht wird, wie in Plexiglas oder Flintglasmodellen. Aus den Ergebnissen der Kompensationswerte können nachträglich durch Interpolation noch einzelne Schubgleichen bestimmt werden.

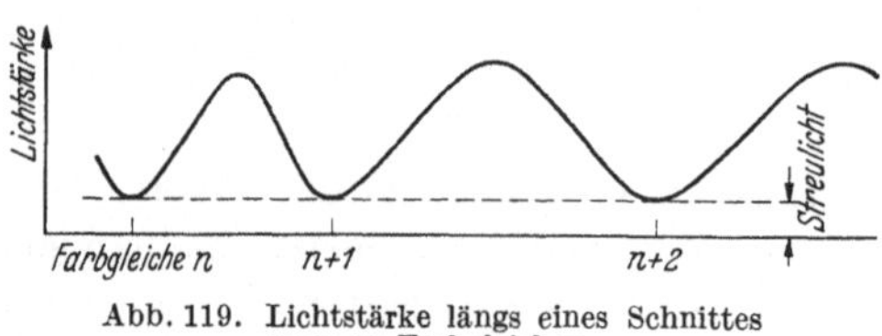

Abb. 119. Lichtstärke längs eines Schnittes quer zu Farbgleichen.

Das durch die Richtungsgleiche ungestörte Bild der Farbgleichen erhält man am besten bei Verwendung zirkularpolarisierten Lichtes. Nur bei Zuständen, die in weiten Bereichen annähernd dieselben Hauptrichtungen haben, z. B. Zug- oder Biegestäben mit Löchern oder flachen Kerben, ist das Bild der reinen Farbgleichen auch mit linear polarisiertem Licht zu erhalten. Man richtet dann das Polarisationskreuz auf etwa $45°$ gegen die vorherrschende Spannungsrichtung. Wenn die Hauptrichtungen überall nicht mehr als $\pm 40°$ von dieser Richtung abweichen, ist keine Richtungsgleiche im Bild.

Es sei also zunächst ein hochaktiver Werkstoff, ein etwa einfarbiges Licht und notwendigenfalls die Verwendung von $\lambda/4$-Blättchen vorausgesetzt, außerdem soll das vorhandene Modell ursprünglich überall spannungsfrei sein, der Belastungszustand soll streng in der Modellebene wirken. Wenn dann außerdem die Kamera weit genug vom Modell entfernt ist, bzw. durch eine entsprechende Linsenanordnung für senkrechte Modelldurchstrahlung gesorgt wurde, so macht eine gewöhnliche photographische Aufnahme des Streifenbildes im allgemeinen keine besondere Schwierigkeit. Ist ein Bereich besonders wichtig, etwa ein Lochrand, Kerbrand usw., so soll er möglichst in Strahlmitte (Bildmitte) gestellt werden, damit er mit den Strahlen abgebildet wird, die am strengsten senkrecht auf dem Modell stehen.

Nach den Gleichungen (28) (S. 58) und (32b) (S. 67) erhält man auf einer Schnittlinie quer zu den einzelnen Farbgleichen eine Lichtstärkenverteilung, die etwa durch Sinuswellen dargestellt werden kann (Abb. 119).

Es leuchtet unmittelbar ein, daß man die Farbgleichen um so schärfer photographisch aufnehmen kann, wenn man durch geeignete Belichtung den Bereich steilster „Gradation" der Platte zu möglichst geringer Lichtstärke verschiebt, d. h. wenn man reichlich belichtet. Andererseits muß trotz reichlicher Belichtungszeit das Minimum der Lichtstärke (das bei unvollkommener Polarisation, vorhandenem Streulicht usw. nicht gleich Null ist) geringer als der „Schwellenwert" der Platte bleiben, damit die Linien wirklich als schwarz erscheinen. Durch Vorversuche muß man für jede neue Einrichtung und Plattensorte erst einmal die günstigste Belichtungszeit ermitteln. Die Platte selbst soll hart arbeiten (Reproduktionsplatten sind in dieser Beziehung brauchbar, jedoch nur blauempfindlich) und muß hart entwickelt werden, die entwickelte Platte soll reichlich geschwärzt sein, aber noch möglichst glasklare schmale Streifen an der Stelle der Farbgleichen aufweisen. Die Belichtungszeit liegt je nach Lichtquelle, Farbfilter, Modellwerkstoff und Plattensorte zwischen kurzen Momentbelichtungen und einigen Minuten. Die Lichtstärke des Objektivs ist unwesentlich, wenn das Objektiv in einem Brennpunkt des Strahlenganges steht, denn es kommt nur auf die Gesamtstärke des vom Objektiv eingefangenen Lichtbündels an. In diesem Falle wird vielmehr die Gesamtgröße des Plattenbildes für die Belichtungszeit wesentlich, da die Lichtmenge je nach der Bildgröße auf eine größere oder kleinere Fläche verteilt wird. Nimmt man dagegen ein Modell in diffusem Licht auf (Anordnung nach Abb. 91 mit einfach davor gestellter Kamera), so gelten die gewöhnlichen Regeln photographischer Lichtstärke und Belichtungszeit. Die besten Aufnahmen erreicht man mit einfarbigen (Dampf-)Lichtquellen auf ortho- oder panchromatischen Platten. Meistens genügt aber auch eine weiße Lichtquelle und die Einschaltung eines strengen Farbfilters. Ein gutes Orange- oder Rotfilter ergibt auf panchromatischen Platten ohne Schwierigkeit etwa 15 klare Streifen. Blau- oder Violettfilterung mit entsprechender Platte kann bei geringer gegebener Relativverzögerung günstiger sein, weil die kürzeren Lichtquellen eine höhere Streifenzahl liefern, jedoch ist der durchgelassene Spektralbereich dieser Filter im allgemeinen so breit, daß höchstens 10 Streifen klar erscheinen. Ein Beispiel hierzu stellt Abb. 186 (S. 200) dar.

Will man für eine bestimmte Laststufe ein dichteres Farbgleichensystem aufnehmen, so kann man die Aufnahme nach einer Drehung des Analysators oder eines $\lambda/4$-Blättchens um 90° wiederholen. Hell und dunkel werden dadurch vertauscht und man erhält als schwarze Linien das System der Farbgleichen, die den Ordnungszahlen $^1/_2$, $^3/_2$, $^5/_2$ usw. entsprechen. Störend wirkt hierbei die leere Umgebung des Modells, die bei dieser Einstellung natürlich hell erscheint.

Wenn sich bei steigender Last nicht die Form, sondern nur die Gesamthöhe des Spannungszustandes ändert, kann man durch Veränderung der

Lasthöhe verschiedene Streifen desselben Gesamtsystems erhalten und auf diese Weise das Gesamtstreifenbild nach Wunsch verdichten.

Bei verwickelteren Zuständen empfiehlt es sich, solche Aufnahmen bei verschiedener Lasthöhe aus einem anderen Grunde vorzunehmen: Wenn es schwierig ist, aus einem Einzelbild mit vielen Linien die Farbordnung der einzelnen Linien zu bestimmen, kann man die Entstehungsgeschichte des Schlußbildes durch Einzelaufnahmen etwa mit den Laststufen $^1/_3\,P$, $^2/_3\,P$ und P oder $^1/_3\,P$, $^1/_2\,P$ und P verfolgen und erhält außerdem noch eine Kontrolle darüber, ob die Bilder mit steigender Last ähnlich und die Farbordnungen verhältnisgleich zur Last sind. Ein weiterer Schritt in dieser Richtung ist die kinematographische Aufnahme des Belastungsvorgangs. Die Großprojektion der einzelnen Kleinbilder kann man schließlich zur Ermittlung der Schlußbildentstehung verwenden.

Da die hochaktiven Werkstoffe durchweg Zeitwirkung aufweisen, ist es notwendig, mit verhältnismäßig kurzen Belichtungszeiten auszukommen. Die größte Genauigkeit erhält man, wenn die Aufnahme grundsätzlich dieselbe Zeit nach dem Aufsetzen der Last (60 s) vorgenommen und grundsätzlich nicht länger als einen Bruchteil dieser Zeit (bis zu 5 s) belichtet wird. Wird die Eichung des Modellwerkstoffs unter denselben Bedingungen vorgenommen, so sind die Ergebnisse am zuverlässigsten auswertbar.

Bei der Verwendung eines Werkstoffs mittlerer Doppelbrechung liefert diese Art der Aufnahme nur dann ein vollständiges Bild, wenn entweder mehrere Laststufen aufgenommen werden und dabei die Gesamtverteilung ähnlich bleibt, oder wenn durch Aufnahmen mit verschiedenen Lichtwellenlängen (z. B. eine bei Natriumlicht und eine bei stark gefiltertem Blaulicht) oder mit parallelen Polarisatoren das Linienbild verdichtet wird.

Bei insgesamt zwei bis drei Farbordnungen bedeutet es einen erheblichen Gewinn an Bildklarheit, wenn man mit weißem Licht arbeitet und die auf S. 63 näher erläuterte Farbreihe zur Messung benutzt. Einzelne der Farben sind so scharf ausgeprägt (insbesondere der erste und zweite Übergang von rot nach blau, das erste und zweite Blau, das zweite Rot), daß sie dem Auge unmittelbar als scharfe Linie erscheinen. Die Aufnahme in natürlichen Farben ist hier das gegebene Hilfsmittel, die Projektion der Aufnahme auf großen Maßstab kann schließlich zur Auswertung dienen.

Bei einer so geringen Ordnungszahl ist es aber oft ebenso zweckmäßig, ganz auf die Photographie zu verzichten und die Farbgleichen zeichnerisch festzulegen. Bei vergrößerter Projektion des Modellbildes auf ein Zeichenblatt lassen sich bei genügender Lichtstärke sehr scharf die Linien des Rot, des Blau und der empfindlichen Farbe nachzeichnen. Es ist auf diese Weise leicht möglich, zwei oder drei Unterteilungen jeder Farbordnung durchzuführen, so daß ein enges und genaues Liniensystem entsteht. Dieses System kann man durch Einschaltung von verschiedenen Lichtfiltern noch etwas verfeinern. Diese Art der Aufnahme hat den weiteren Vorteil, daß Fragen nach der Höhe der Ordnung überhaupt nicht auftreten. Die Nullinie hebt sich als einzige schwarze Linie deutlich aus dem ganzen Bild heraus, ebenso sind Gelb, Rot und Blau erster Ordnung ganz unverkennbar. Da durch die Farbreihenfolge der Sinn des Fortschreitens (steigende oder fallende Ordnung) eindeutig ersichtlich ist, läßt sich jede Ordnung unmittelbar angeben. Erst von etwa der vierten Ordnung ab ist das Bild bei einfarbigem Licht eindeutig schärfer und daher vorzuziehen.

4. Kompensation.

Die Kompensation nach Kap. II, Abschn. 3 mit Hilfe eines Zugstabes geht so vor sich, daß man zunächst die Hauptrichtungen des Meßpunktes bestimmt und den Zugstab in eine dieser Richtungen stellt. Hauptrichtung und Zugstab stehen dabei am besten um 45° gegen die Polarisationsrichtung geneigt in einem linear polarisierten Feld, da diese Einstellung größte Helligkeit gibt. Bei Belastung des Zugstabes kann sich nun die Gesamtwirkung vermindern und schließlich aufheben, oder sie steigt zu höheren Farbordnungen an. Im zweiten Fall muß der Zugstab um 90° um die optische Achse gedreht werden. Besteht der Stab aus dem Werkstoff des Modells, so ist der im Stab der Breite b_S herrschende Spannungsfluß $P_S/b_S = d_S \cdot \sigma_S$ (kg/mm) im Augenblick der Kompensation gleich dem doppelten Schubfluß $2 q_M = d_M \cdot (\sigma_1 - \sigma_2)_M$ im Modell. Die Stabachse liegt dabei immer in Richtung der kleineren Hauptspannung, d. h. in Richtung des kleineren Zuges oder größeren Druckes.

Die Verwendung eines Zugstabes aus Modellwerkstoff hat verschiedene Vorteile: Die Modelldicke fällt heraus, eine Eichung ist nicht erforderlich, das optische Verhalten gegenüber verschiedenen Wellenlängen ist im Modell und im Stab genau dasselbe, etwa auftretende Zeitwirkungen treten in Modell und Stab im gleichen Sinn und bei gleichzeitiger Belastung von Modell und Stab von gleicher Größe auf, sogar plastische Dehnungen können auf diese Art noch vermessen werden. Schließlich sind auch etwa vorhandene Temperatureinflüsse selbsttätig ausgeschlossen, wenn Stab und Modell gleich warm sind. Man hat lediglich die Stabbreite zu messen und die im Kompensationsfall vorhandene Stabkraft abzulesen. Etwa vorhandene Ausmittigkeit der Stabbelastung verbessert man durch Veränderung der Einspannung (meist Bolzen und Loch) mit einfacher spannungsoptischer Kontrolle (empfindliche Farbe) und benutzt möglichst die Stabmitte zur Kompensation. Die schärfste Einstellung auf „Dunkel" erfolgt wie immer durch pendelnde Veränderung der Stabspannung, nur die letzte Bewegung vor dem Stillstand geschehe immer in der gleichen

Richtung, um vorhandenen toten Gang auszuschalten. Kleine Veränderungen der Spannungshöhe beeinflussen die Zeitwirkung nicht fühlbar; für eine sehr sorgfältige Vermessung eines Punktes bringt man also den Stab im Augenblick der Modellbelastung auf den in einem Vorversuch bestimmten ungefähr richtigen Wert und nimmt dann die genaue Einstellung und Ablesung zu beliebiger Zeit vor.

Nur scheinbar nachteilig beim Zugstabkompensator ist, daß man zu jedem Modell einen neuen Zugstab herstellen muß; jeder neue Modellwerkstoff muß ja ohnehin geeicht werden.

Schwierig ist jedoch eine wirklich einwandfreie und genau meßbare Stabbelastung, die Ablesegenauigkeit etwa bei Schraubenfedern ist im allgemeinen gering; sehr nachteilig und wichtig ist ferner, daß sich ein einmal hoch belasteter Stab für weitere Messungen an einem Punkt geringerer Spannung erst wieder „erholen" muß.

Zum Einfluß einer Richtungsabweichung zwischen Zugstab und Hauptspannungsrichtung ist zu bemerken, daß eine strenge Kompensation bei abweichenden Richtungen nicht mehr möglich ist. Die größte „Dunkelheit" weist also immer noch eine gewisse Lichtstärke auf, und zwar um so mehr, je mehr die beiden Richtungen voneinander verschieden sind. Stellt man auf die geringste Helligkeit ein, so erhält man bei Richtungsfehlern bis zu etwa $5°$ eine ungestörte Ablesung, bei Abweichungen über $10°$ ist jedoch diese geringste Helligkeit nicht mehr zu erkennen und keine Messung mehr möglich. Genauer gilt: Bei einer vorhandenen Modellverzögerung m und einer Winkelabweichung ε zwischen Modell und Kompensator liest man einen Kompensatorwert $(m + \delta)$ ab, dabei ist $\delta \approx \varepsilon^2 \dfrac{\sin 4 \pi m}{2 \pi}$, also für kleine m ist $\delta \approx 2 m \varepsilon^2$. Der Fehler δ verschwindet für $m = {}^1/_4$, ${}^1/_2$, ${}^3/_4$ usw.

Die bei vorverspannten Modellen oft notwendige Messung von zwei Zuständen ist auch mit dem Zugstab ausführbar. Man geht dabei am besten so vor, daß man erst einen Zustand bei geringer Last P_1, dann einen bei hoher Last P_2 vermißt und den Unterschied beider Messungen zum Unterschied der Lasten $(P_2 - P_1)$ in Beziehung setzt; eine Vermessung des Nullzustandes ist meistens wegen völlig anderer Vorzeichen und Hauptrichtungen unbequem. Ändert sich aber die Hauptrichtung auch bei Unterschiedsmessungen, so muß dies noch berücksichtigt werden. Man geht so vor, daß man aus den in der Hauptrichtung φ gemessenen Werten bei beiden Laststufen ermittelt:

$$\frac{\sigma_x - \sigma_y}{2} = \frac{\sigma_1 - \sigma_2}{2} \cos 2 \varphi.$$

$$\tau_{xy} = \frac{\sigma_1 - \sigma_2}{2} \sin 2 \varphi.$$

Im Falle veränderlichen Wertes φ ist nicht $(\sigma_1 - \sigma_2)$, wohl aber σ_x, σ_y und τ_{xy} überlagerungsfähig, d. h. es ergibt sich schließlich zum Belastungssprung $(P_2 - P_1)$ ein Wert für die größte Schubspannung

$$\frac{\sigma_1 - \sigma_2}{2}^2 = \tau_{\max}^2 = \left[\left(\frac{\sigma_x - \sigma_y}{2}\right)_2 - \left(\frac{\sigma_x + \sigma_y}{2}\right)_1\right]^2 + \left[\tau_{xy_2} - \tau_{xy_1}\right]^2$$
$$= \left(\frac{\sigma_x - \sigma_y}{2}\right)_{(2-1)}^2 + \tau_{xy(2-1)}^2.$$

Hierzu gehört dann eine wahre Hauptrichtung der aus $(P_2 - P_1)$ stammenden Spannungen gegen die x-Achse nach der Formel

$$\varphi = \frac{1}{2} \operatorname{arc\,tg} \frac{2\,\tau_{xy(2-1)}}{(\sigma_x - \sigma_y)_{(2-1)}}.$$

In Wirklichkeit wird man immer mit dem zur höheren Last gehörigen Richtungswert rechnen dürfen, da hiergegen die ursprünglichen Störungen gering sind. Sind sie es nicht, so wiederholt man besser den ganzen Versuch an einem spannungsfreieren Modell.

Die Verwendung eines Biegestabes zur Kompensation kann eigentlich nur empfohlen werden für Randwerte und einfache Körper, im allgemeinen ist seine Einstellung nicht bequem.

Für die Kompensation mit Quarzkeilen (Babinet) oder Drehplatten (Kalkspat nach BEREK oder Quarz nach EHRINGHAUS) gelten dieselben allgemeinen Bemerkungen wie beim Zugstab. Der Quarzkeil hat den Vorteil, bei seiner Verstellung um 0 herum linear veränderliche Doppelbrechung, d. h. positive und negative Werte zu bewirken, so daß er sich in jeder Hauptrichtung immer zur Kompensation eignet. Für mehr als punktförmige Vermessung ist er jedoch nicht zweckmäßig.

Die Drehplatten verhalten sich dagegen etwa quadratisch, d. h. sie liefern eine ungefähr mit dem Quadrat des Drehwinkels steigende Doppelbrechung, die in beiden Drehrichtungen von 0 aus gleiches Vorzeichen hat. Für kleine Beträge der Relativverzögerung erhält man infolgedessen eine besonders gute Ablesegenauigkeit. Der EHRINGHAUS-Kompensator, auf den sich die folgenden Ausführungen beziehen, ergibt dabei ein Vorzeichen, das einem in Richtung der Drehachse liegenden Zugstab entspricht. Zur Kompensation eines Zugstabes muß man also die Kompensatordrehachse quer zur Zugrichtung legen. Ebenso liegt bei zusammengesetzten Beanspruchungen bei der Kompensation die Drehachse immer in Richtung der kleineren Hauptspannung.

Die Messung geht so vor sich, daß man nach entsprechender Einstellung der Achsenrichtung den Kompensator nach beiden Seiten dreht, bis seine Wirkung die des Modells aufhebt. Der Unterschied der beiden Ablesungen entspricht dem doppelten Drehwinkel vom Nullpunkt aus. Auf diese Weise wird man unabhängig vom Nullpunkt und kann auch Punkte vermessen, die nicht genau in der optischen Achse liegen.

Ehe hierauf noch eingegangen wird, sei eine wesentliche Eigenschaft des Quarzes bemerkt. Die Dispersion des Quarzes ist gering, d. h. der zu einer gegebenen Einstellung des Kompensators gehörige Wert der

Doppelbrechung (in mμ) ist ziemlich unabhängig von der Wellenlänge. Genauer gilt: Die Doppelbrechung ist für die C-Linie, $\lambda = 656$ mμ um etwa 2% geringer als für die F-Linie, $\lambda = 486$ mμ. Daraus folgt, daß die spannungsoptische Wirkung von Zelluloid oder von Glimmerplättchen,

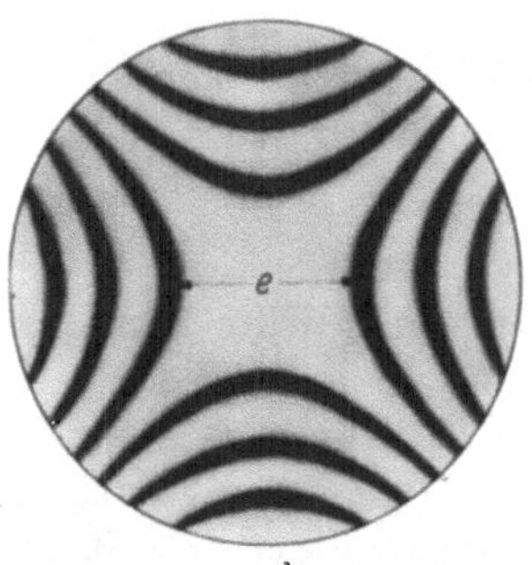

a   b

Abb. 120a u. b. Bilder im EHRINGHAUS-Kompensator in einfarbigem Licht. a) $m = 0$ (oder ganzzahlig). b) Aufspaltung des Nullkreuzes durch zusätzliche Doppelbrechung in zwei Hyperbeläste der Scheitelentfernung e.

die ebenfalls geringe Dispersion aufweisen, mit einem Quarzkompensator unabhängig von der Wellenlänge kompensiert werden kann. Die Kompensation kann bei weißem Licht erfolgen und führt zur gleichzeitigen vollen

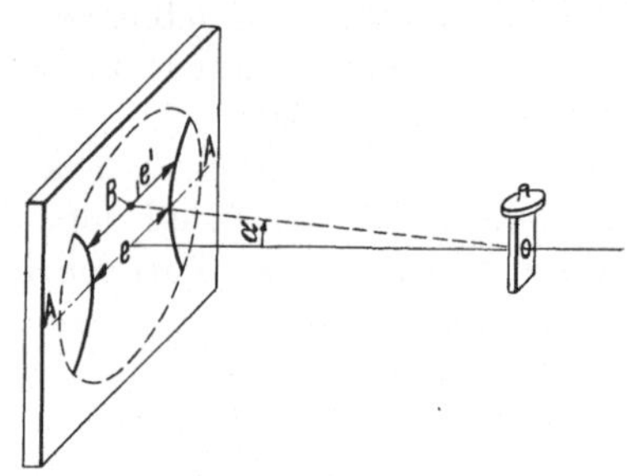

Auslöschung aller Farben. Die Einstellung auf „dunkel" erfolgt wieder am besten pendelnd mit einer letzten kleinen Bewegung von immer derselben Seite zur Ausschaltung des toten Ganges.

Bei der Vermessung eines Feldes ist folgendes zu beachten: Ein Blick durch den Kompensator zwischen gekreuzten Polarisatoren oder die Projektion eines Strahlenbündels durch den Kompensator auf einen

Abb. 121. EHRINGHAUS-Kompensator. Gleiche Kompensation für Punkte der Geraden AA, Fehler für Punkte B, deren Länge durch den Winkel α bestimmt sind.

Schirm ergibt in weißem Licht bei senkrechter Drehachse folgende Bilder (Abb. 120a und b). Bei der Drehung des Kompensators verschiebt sich das ganze Bild wie ein starrer Körper nach rechts oder links. Die Einstellung auf dunkel ist eine Drehung, bis einer der beiden schwarzen Äste die Bildmitte, d. h. das Fadenkreuz oder einen auf dem Modell bezeichneten Punkt überdeckt. Der Unterschied der beiden Einstellungen rechts und links entspricht der Entfernung e der beiden Äste (Abb. 120b). Es leuchtet ein, daß man alle Punkte, die auf einer Geraden AA senkrecht zur Drehachse liegen (Abb. 121), mit demselben Ergebnis vermessen kann wie den Nullpunkt, da für sie lediglich der Nullpunkt verschoben, aber nicht die Größe e verändert wird. Ein neben dieser

Geraden liegender Punkt B (Abb. 121), dessen Lage durch den seitlichen Winkel α gekennzeichnet ist, erfordert jedoch zur Kompensation eine der größeren Strecke e' entsprechende Drehung des Kompensators; der abgelesene Wert ist also zu groß und muß verbessert werden. Es ist oft angenehm, wenn man in einem größeren Feld mit einer Einstellung mehrere Punkte kompensieren kann, ohne jeden einzelnen genau in die Mitte rücken zu müssen, daher lohnt sich die Anlage einer Verbesserungstafel. In Abhängigkeit vom Winkel α wird zu jeder Drehablesung e' die zugehörige Verbesserung $e-e'$ aufgetragen (die anschaulichen Abstände e bedeuten hier die entsprechenden Drehwinkel). Die Werte können versuchsmäßig oder unter der Annahme hyperbelförmiger Äste des Bildes errechnet werden. Der Winkel α ist der wirkliche Neigungswinkel im Kompensator, der aus dem Bild des Schirmes ermittelt werden kann, nachdem mit unbelastetem oder ohne Modell die Nullachse AA bestimmt wurde.

Steht noch eine Linse der Brennweite f zwischen Schirm und Kompensator, so ergibt sich nach Abb. 122 aus der einfachen Linsenformel der Wert

$$\operatorname{tg} \alpha = \frac{h}{l - c\,\dfrac{l-f}{f}}.$$

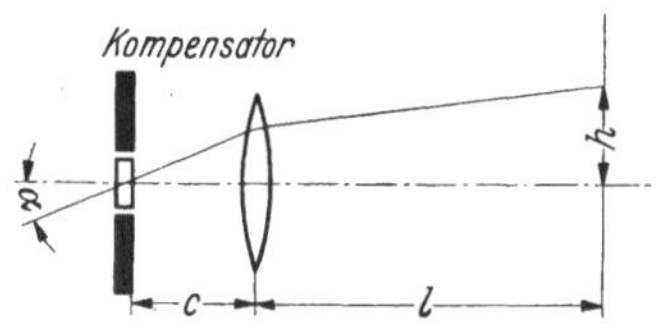

Abb. 122. Korrekturgrößen für Punkte B der Abb. 121.

Sehr bequem ist hierbei die Kompensation auf dem Schirm. Man bildet mit ausreichender Lichtstärke das Modell scharf auf dem Schirm ab und kompensiert einzelne bezeichnete Punkte unmittelbar durch Verdunkelung der Schirmbildpunkte mittels der Kompensatordrehung. Unbequem ist lediglich, daß die verschiedenen Hauptrichtungen immer andere Einstellung der Kompensatordrehachse erfordern, wobei sich gleichzeitig die Nullachse AA dreht. Der Abstand h (Abb. 122) muß senkrecht auf AA gemessen werden, $\operatorname{tg}\alpha$ soll möglichst kleiner bleiben als der Wert $\vartheta/200$, dabei ist ϑ die Drehung der Quarzplatte um ihre Achse in Grad. Zu der nötigenfalls verbesserten Ablesung wird aus einer jedem Gerät beigegebenen Tafel der zugehörige Relativverzögerungsbetrag Z in $m\mu$ entnommen. Man liest diesen Wert z. B. für die D-Linie ($\lambda = 589\ m\mu$) ab, die gleichzeitig auch etwa dem Schwerpunkt des weißen Lichtes entspricht. Für sehr genaue Messungen in einfarbigem Licht ist der entsprechende Wert (für Rot die C-Linie, für Blau die F-Linie) abzulesen.

Bei der Messung in weißem Licht können Fragen nach der kompensierten Ordnung nicht auftreten, da sich die n-te Ordnung im Modell nur mit der n-ten Ordnung des Kompensators aufheben läßt. Im einfarbigen Licht ist es dagegen immer notwendig, die ganze Zahl der Ordnungen vorher oder nachher mit anderen Hilfsmitteln noch zu bestimmen, der Kompensator sagt hierüber nichts aus. Am bequemsten wird es im allgemeinen sein, die Belastung langsam aufzubringen und die Verdunkelungen des Modellpunktes während der Belastungen auszuzählen. Im ganzen Bild läßt sich außerdem die Ordnung meistens ebenfalls von bekannten Randpunkten usw. her abzählen (s. S. 137).

Wenn die Kompensation auf Dunkelheit nur unvollkommen möglich ist, d. h. auch die geringste Lichtstärke noch hoch ist, so ist vielleicht störendes Licht vorhanden (Reflexe in den Linsenfassungen und dergleichen), das man möglichst beseitigen muß. Die Störungsquelle erkennt man am leichtesten, indem man sein Auge an den Ort der nicht gelingenden Kompensation (am Schirm) bringt, und feststellt, woher der Lichteindruck stammt. Mangelhafte Dunkelheit bei der Kompensation kann aber auch durch Störungen im Spannungszustand verursacht sein, und zwar dadurch, daß die hintereinander durchstrahlten Teilchen verschiedene Hauptachsenrichtungen aufweisen, so daß sich die optischen Wirkungen nicht einfach überlagern lassen. Das kann immer dann auftreten, wenn das Modell aus seiner Ebene heraus verbogen, verdreht oder verbeult wird. Wenn hierdurch z. B. nur Biegespannungen auftreten, die zufällig dieselbe Hauptachsenrichtung wie der ursprüngliche ebene Zustand aufweisen, so verläuft die Kompensation ungestört, anderenfalls ist sie unmöglich. Man erkennt solche Zustände in weißem Licht sofort an den unklaren verwaschenen Farben der Schubgleichen. Fehler dieser Art werden am sichersten durch größere Modelldicke vermieden.

5. Bestimmung von m mit Hilfe von $\lambda/4$-Blättchen.

Die auf S. 60 beschriebene Messung von m mit Hilfe von $\lambda/4$-Blättchen und Analysatordrehung hat vor den Drehkompensatoren den Vorteil, daß ein weiter Feldbereich ohne weitere Verbesserungen vermessen werden kann, und daß die Drehung unmittelbar verhältnisgleich zu Z und damit zu $(\sigma_1 - \sigma_2)$ ist. Wird dabei die Drehung beispielsweise auf $1°$ genau bestimmt, so folgt für gelbes Licht hieraus eine Genauigkeit in Z von $\frac{1}{180} \cdot 590 \approx 3$ mμ. Einfarbiges, d. h. wenigstens gefilteres Licht ist dabei unerläßlich für jede genauere Einstellung. Hier sei die Anordnung 67, S. 60 vorausgesetzt, d. h. der Polarisator stehe beispielsweise senkrecht, dahinter (unter $45°$ Hauptachsenneigung) das Modell mit der Verzögerung m, hierauf folge, wieder mit senkrechter Achse, das $\lambda/4$-Blättchen. Der am Ende stehende Analysator wird bis zur Dunkelheit gedreht und sein Drehwinkel φ abgelesen. Ursprünglich gilt: $\varphi = \pi m$, $\operatorname{tg} 2\varphi = \operatorname{tg} 2\pi m$ (für $m > 1$ vgl. S. 60). Mehr als bei der Kompensation können hier aber Fehler auftreten, deren Einfluß genauer abgeschätzt werden muß. Vier Arten von Fehlern sind die wichtigsten:

1. Das Blättchen bewirkt nicht die Verzögerung $\overline{m} = 1/4$, sondern liefert den Verzögerungswert $\overline{m} = 1/4 + \varepsilon$.

2. Das Blättchen steht nicht unter 45° gegen das Modell geneigt, also nicht parallel zum Polarisator, sondern ist um den Winkel $\pm\,\delta_B$ gegen diese Richtung verdreht.

3. Polarisator und Blättchen stehen richtig zueinander, aber die Modellhauptrichtung ist um $\pm\,\delta_M$ gegen die 45°-Neigung verdreht.

4. Modell und Blättchen stehen richtig zueinander, aber der Polarisator ist um $\pm\,\delta_P$ falsch geneigt.

In allen Fällen kann man nun eine strenge Auslöschung des Lichtes mittels Analysatordrehung nicht mehr erzielen. Solange aber die Fehlergrößen ε und δ klein sind, kann man das Minimum der Helligkeit scharf erkennen. Dreht man den Analysator bis zu dieser geringsten Helligkeit, so weicht der Drehbetrag φ vom Sollwert ab.

Im Fall 1 gilt: $\operatorname{tg} 2\,\varphi = (1 + 2\,\pi\,\varepsilon)\operatorname{tg} 2\,\pi\,m$. Wegen der periodischen Veränderlichkeit von $\operatorname{tg} 2\,\varphi$ verschwindet der Fehler also für $m = 0$, $^1/_4$, $^1/_2$ usw., $\varphi = 0°$, 45°, 90° usw., er erreicht einen Höchstwert für $m = ^1/_8$, $^3/_8$ usw., $\varphi = 22{,}5°$, 67,5° usw. Bei Vernachlässigung dieser Verbesserung erhält man z. B. mit $\varepsilon = ^1/_{24}$ einen Fehler für $m = ^1/_8$ von 15%. Es ist also notwendig, den Wert von ε genau zu bestimmen und die angegebene Formel zu verwenden.

Im Fall 2 gilt: Die Ablesung φ ändert sich um denselben Winkel δ_B. Führt man also zwei Messungen bei gleicher Blättchenstellung, aber verschiedenen Lasten aus, so ist der Unterschied der φ-Ablesungen unabhängig von diesem Fehler. Man kann auch so vorgehen, daß man zuerst einen Wert $+\,\varphi_1$ abliest. Dann dreht man das Blättchen um genau 90°. Der Nullpunktsfehler in φ wird dadurch nicht verändert, zur Auslöschung muß man aber den Analysator in entgegengesetzter Richtung drehen, die Ablesung lautet $-\,\varphi_2$. Für $\delta_B = 0$ ist $\varphi_1 = \varphi_2$, bei $\varphi_1 \neq \varphi_2$ bildet man $^1/_2\,(\varphi_1 + \varphi_2)$, so ist dieser Wert ebenfalls unabhängig von δ_B. Genauer gilt, daß neben diesem auf die geschilderte Art beseitigten linearen Fehler noch ein geringer quadratischer Fehler vorhanden ist, und zwar tritt noch ein Fehler von der Größe $f = c_m \cdot 0{,}03\,\delta_B^2$ auf. Dabei ist f die Fehleinstellung des Analysators in Grad, δ_B die Fehleinstellung des Blättchens in Grad und c_m eine Zahl zwischen -1 und $+1$ (sie hängt linear von m ab, verschwindet für $m = \pm\,^1/_4$, $^3/_4$, $^5/_4$ usw. und nimmt den Wert $\pm\,1$ für $m = 0$, $^1/_2$, 1 usw. an).

Im Fall 3 geht der Fehler δ_M nur quadratisch in die Formel ein und wird also nur bei größeren Beträgen von δ_M spürbar. Fehler infolge von δ_M bis zu 5° kann man praktisch vernachlässigen. Genauer gilt: Der entstehende Fehler beträgt $f = 0{,}6\,\delta_M^2$, dabei ist δ_M die Fehleinstellung des Modells in Grad, f der Fehler der Analysatordrehung in $^0/_{00}$.

Im Fall 4 verändert der Wert δ_P das Meßergebnis nicht, er äußert sich lediglich in immer stärkerer Aufhellung des Minimums, so daß für Werte $\delta_P > 10°$ die Kompensation überhaupt nicht mehr möglich ist.

Dieselben Regeln gelten, wenn das $\lambda/4$-Blättchen vor dem Modell steht und der Polarisator gedreht wird. Von der Verwendung zweier $\lambda/4$-Blättchen nach Abb. 68, S. 61 wird abgeraten, da damit nur weitere Fehlerquellen entstehen.

Von den Fehlern sei nun noch einmal abgesehen und die Neigungen der einzelnen Geräte gegen ein festes Achsensystem seien wie folgt bezeichnet: Polarisator α_P, Modellhauptrichtung α_M, $\lambda/4$-Blättchen α_B, Analysator α_A. Im Augenblick der Kompensation ist

$$\alpha_M = \alpha_P \pm 45^\circ, \qquad \alpha_B = \alpha_P \pm 90^\circ, \qquad \alpha_A = \alpha_P \pm 90^\circ \pm \varphi, \qquad \varphi = \pi\, m.$$

Dunkel ist also bei dieser Stellung der Geräte der Punkt des Modells, der die Hauptrichtung α_M und den Doppelbrechungsbetrag m aufweist,

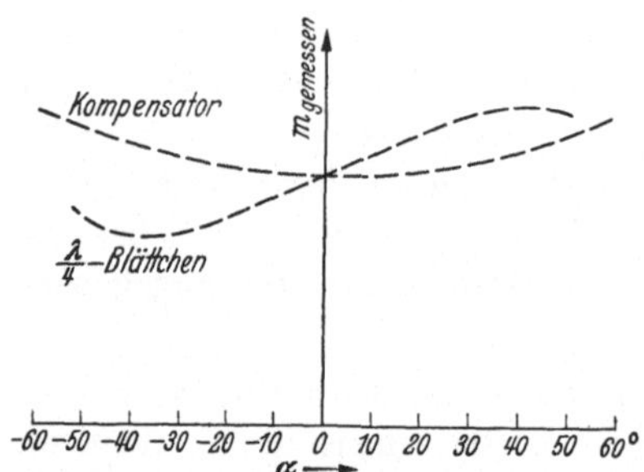

Abb. 123. Fehler der m-Messung infolge eingeschalteten Halbsilberspiegels. α-Neigung der Modellhauptachse gegen die aus Spiegelnormale und Lichtstrahl gebildete Ebene.

d. h. also ein Punkt der Richtungsgleiche α_M und der Schubgleiche m. Hält man nun α_P, α_M und α_B fest und verändert α_A zu einem Wert $\alpha_A = \alpha_P \pm 90^\circ \pm \varphi_1$, so wird ein anderer Punkt des Modells dunkel, der wieder der Richtungsgleiche α_M, aber der Schubgleiche $m_1 = \varphi_1/\pi$ angehört. Mit Änderung von nur α_A werden also nacheinander die Punkte der Richtungsgleiche α_M dunkel, der dunkle Punkt beschreibt mit Drehung des Analysators die gesamte Richtungsgleiche. Hält man umgekehrt den Wert φ fest, etwa indem man α_B und α_A koppelt, und ändert man nun gemeinsam α_P, α_B und α_A um genau gleiche Beträge, so beschreibt der dunkle Punkt die Schubgleiche $m = \varphi/\pi$. Mit einer anderen Einstellung φ_1 erhält man entsprechend eine andere Schubgleiche $m_1 = \varphi_1/\pi$. Dieses Verfahren gerät einwandfrei aber nur bei streng einfarbigem Licht, einem sehr guten $\lambda/4$-Blättchen und bei insgesamt niedriger Ordnung von m im Modell. Sowie einer der obengenannten Fehler vorliegt, wird der Kompensationspunkt nicht völlig dunkel, sondern nur schattig grau. Während die Meßgenauigkeit bei punktweiser Vermessung nach den obigen Regeln noch durchaus annehmbar ist, ist die Aufnahme von Richtungsgleichen und Schubgleichen nach diesem Verfahren nicht mehr möglich.

Eine Bemerkung zu diesem und dem vorigen Abschnitt sei noch bezüglich eines eingeschalteten Spiegels angefügt. Ein schräger Spiegel im Strahlengang, etwa der Halbsilberspiegel $H\,S$ in Abb. 103 und 104 (S. 98) ist für die Messung unwesentlich, solange er außerhalb der Polarisatoren steht. Steht er jedoch im Arbeitsfeld wie in Abb. 104, so bewirkt er durch seine eigene Polarisation eine Veränderung des Lichtes, die die Messung beeinflußt. Als Beispiel sei angegeben, wie sich bei der Anordnung Abb. 104 mit einem unter 45° geneigten Spiegel die Neigung der Hauptrichtung des Meßpunktes auf die Kompensation und auf die m-Messung mit Hilfe des $\lambda/4$-Blättchens auswirkt. Die Messung ist praktisch ungestört, wenn die Hauptrichtung α_M parallel oder senkrecht zu der aus Strahl- und Spiegelnormale gebildeten Ebene steht. Ist α_M veränderlich und steht der Kompensator oder das $\lambda/4$-Blättchen zwischen Spiegel und Analysator, so mißt man scheinbare m-Werte, die beim Kompensator nach beiden Seiten steigen, beim $\lambda/4$-Blättchen nach der einen Seite steigen, nach der anderen fallen (Abb. 123). Die Kompensation bleibt ungestört, wenn der Kompensator zwischen Modell und Spiegel steht, bei dieser Stellung versagt aber das $\lambda/4$-Blättchen vollständig.

6. Bestimmung von m aus dem Farbgleichenbild.

Ist die im Modell erhaltene Ordnung von m hoch (etwa > 5), so erhält man bei Zirkularlicht ein Bild des Modells, dessen hohe Zahl von schwarzen Farbgleichen unmittelbar einen Schluß auf die in jedem Punkt herrschende Doppelbrechung und Schubspannung gestattet. Die einzige Schwierigkeit ist das Auszählen eines Bildes, dessen Entstehungsgeschichte man nicht kennt. Während der Versuchsdurchführung entstehen Zweifel über die Ordnung der Linien nie, man braucht nur an jedem Punkt die während der Belastung durchlaufenden Verdunkelungen abzuzählen, um den schließlich vorhandenen Wert m (oder wenigstens die beiden ganzen Zahlen, zwischen denen er liegt) zu bestimmen.

Im fertigen Bild hat man aber auch durchweg Anhaltspunkte zur Bestimmung der Ordnung der einzelnen Linien. In einfachen Fällen wie in Abb. 159b und 160 (S. 183) ist selbstverständlich, daß die neutrale Faser des ungestört gebogenen äußeren Balkens die Ordnung 0 hat, der sich nach rechts und links die Ordnungen 1, 2, 3 usw. anschließen. Ebenfalls der in der Mitte liegende einzelne Symmetriepunkt muß die Ordnung 0 aufweisen und von ihm aus steigen die Ordnungszahlen gegen den Kerbgrund hin an. Neben den Kerben befinden sich Gegenden, die schon durch die Linienform eine sattelartige Stelle verraten, von der an nach außen die Ordnungen wieder fallen. Außerdem muß die vorspringende Ecke unmittelbar neben der Kerbe ganz außen spannungsfrei sein und ebenfalls die Ordnung 0 aufweisen. Von hier aus steigt die Ordnung am Kerbrand bei der Rundkerbe bis zum Höchstwert in Kerbmitte, bei der Rechteckkerbe bis zum Höchstwert in der einspringenden Ecke und nimmt von da wieder bis zur Kerbmitte ab. Die entsprechende Bezifferung der Ordnungen ist in den Abbildungen eingetragen.

Bei den entsprechenden Kerbzugstäben fehlt die einfache Nullbestimmung durch die neutrale Faser, man kann aber von den Nullstellen unmittelbar neben den Kerben ausgehen. In Abb. 159a, S. 183, dem Zugstab mit Rundkerbe, zählt man beispielsweise von der Nullecke neben der Kerbe aus bis zur Kerbmitte die steigenden Ordnungen 1, 2 usw. bis über 8, der Höchstwert im Kerbgrund (Punkt C) dürfte knapp 9 betragen. Der Stabmittelpunkt A liegt knapp unter 3, der Höchstwert auf der Stabmittelachse (Punkt B) liegt über 3, die Werte kann man nur annähernd zu etwa 2,8 und 3,5 abschätzen. Der mittlere Zug in einiger Entfernung von der Kerbe läßt sich aus dem Bild zu ungefähr 3,0 abschätzen, so daß sich die Spannungserhöhung infolge der Kerbe zu etwa $\frac{9}{3} = 3{,}0$ ergibt. Der Wert der mittleren Gesamtspannung wird natürlich genauer aus der aufgebrachten Last bestimmt oder aber die Belastung wird solange verändert, bis sie genau der Dunkelheit der dritten Ordnung entspricht. Der Randwert im Kerbgrund läßt sich genauer dadurch ermitteln, daß man die Schnittpunkte der verschiedenen Farbgleichen mit der mittleren Geraden $A\,C$ aufträgt, über diesen Schnittpunkten die entsprechenden ganzzahligen m-Werte aufträgt und aus einer Kurve durch diese Punkte den Randwert extrapoliert. Ein Koordinatennetz und eine stärkere Vergrößerung sind hierzu natürlich notwendig.

Auch in verwickelteren Fällen wie in Abb. 163 b, S. 186 kommt man von außen her an viele Punkte unmittelbar heran. Der Verlauf der Linie $m = 2$ zeigt außerdem, daß die drei geschlossenen Kurven in Stabmitte die Ordnung 1 haben müssen. Die kleinen schwarzen Punkte auf der Stabachse sind also 0-Punkte. Die vier kleinen schwarzen Punkte, die jeweils über und unter den Lochmitten liegen, sind dagegen von der Ordnung 1 und demnach nicht singulär. Vom Stabmittelpunkt steigt die Schubspannung bis zu den Lochrändern an und erreicht dort einen Wert über 6, während man von außen her zunächst bis zur Ordnung 7 und dann weitersteigend zu einem Höchstwert im äußeren Lochrand von der Ordnung 12,5 bis 13 gelangt. Die drei kleinen geschlossenen Bogen oben und unten am Lochrand entsprechen den Ordnungen 2, 3 und 2, wobei der mittlere noch einen Höchstwert 4 umschließt, während die beiden anderen je einen Randnullpunkt enthalten. Die höchste Spannungserhöhung infolge der Löcher ergibt sich als Quotient aus den Lochrandwerten 13 und der ungestörten Randspannung, die etwa 8,3 beträgt, zu ungefähr 1,55.

Schwierig ist die Auszählung von Abb. 163 a, S. 186, wenn man nicht das Bild des einfachen Zugstabes mit einem Rundloch bereits kennt. Daß der Stabmittelpunkt kein Nullpunkt ist, sieht man aus seiner Ausdehnung. Außerdem würde man bei dieser Voraussetzung sofort auf Widersprüche geraten, da man andere Linien (die inneren ihn einhüllenden Bogen) ebenfalls als „Nullinien" ansprechen müßte. Auch die vier kleinen geschlossenen Kurven über und unter den Löchern können keine Nullpunkte sein. Man könnte also nirgends mit der Zählung beginnen, wenn man nicht wüßte, daß an jedem Lochrand notwendig 4 Nullpunkte vorhanden sein müssen, denn am seitlichen Lochrand wirkt Zug, während oben und unten Druck herrschen muß. Aus der rechnerisch ermittelten Abb. 137 d, S. 162 folgt dies sofort und auch die Form der Umgebung dieser Nullpunkte. Man sieht, daß Abb. 163 a dieser rechnerischen Aufnahme sehr gut entspricht. Eine kleine Unsicherheit bleibt noch insofern, als die kleinen an diesen Nullpunkten erkenntlichen schwarzen Linien die Ordnung 0 oder schon die Ordnung 1 haben können. Die Bildwiedergabe läßt nicht mehr erkennen, daß man innerhalb dieser kleinen Bogen noch einmal Helligkeit findet, so daß sie tatsächlich die Ordnung 1 haben müssen. Damit ist aber die weitere Auszählung wieder einfach, man braucht nur am Lochrand entlang weiter zu zählen und kommt zu Höchstwerten etwas über 8 am äußeren und am inneren seitlichen Randpunkt. Der Stabmittelpunkt hat also den Wert 3, so daß auf der Stabachse von der Mitte aus die Ordnungen 3, 4, 4, 3 gezählt werden. Der Stab selbst steht unter einer Zugspannung, die etwa 2,5 Ordnungen entspricht. Die höchste Spannungserhöhung infolge der Löcher liegt also bei etwa $8,3/2,5 \approx 3,3$, ein genauerer Wert ist aus diesem Bild nicht zu entnehmen.

Als letztes Beispiel diene Abb. 189, S. 201, in der das Abzählen an sich sehr einfach ist und lediglich eine Unbestimmtheit im Zählbeginn liegt. Nur durch die vorhandene Kenntnis ähnlicher Spannungsverteilungen kann man ermitteln, daß die äußerste dunkle Linie dicht neben dem Rand den Wert 0 haben muß, so daß z. B. dem äußeren Höchstwert (im elliptischen, etwas vom Rand entfernten dunklen Fleck) der Ordnungswert 13 zukommt. Auch unmittelbar unter der Achse werden etwas über 13 Ordnungen erreicht.

Man erkennt aus Abb. 163 a oder 189, daß die Schwierigkeiten des Abzählens erheblich vermindert würden, wenn weitere Aufnahmen etwa bei $^1/_2$ oder $^1/_3$ der Vollast vorlägen. Es erscheint dann nur die Hälfte oder $^1/_3$ aller Streifen, und zwar liegen sie an den Stellen, wo im Vollastbild die Streifen mit den Ordnungen 0, 2, 4, 6 oder mit den Ordnungen 0, 3, 6, 9 usw. auftreten. Durch Kombination zweier solcher Bilder ist die richtige Ordnung mit Sicherheit sofort bestimmbar.

Ist die im Modell erreichte Ordnung nur etwa 2 oder 3, so ist bei Verwendung weißen Lichtes die Bestimmung der Schubspannung nach einer einfachen Farbentabelle (s. S. 63) möglich, die für den betreffenden Werkstoff zunächst nach steigenden Werten $2q = d \cdot (\sigma_1 - \sigma_2)$ aufgenommen werden muß. Die Unterteilung der Farbtöne kann dabei nach Geschmack und Fähigkeit noch erheblich verfeinert werden. Es ist aber zu berücksichtigen, daß mit Art, Alter und Dicke des Werkstoffs, mit der Lichtquelle und dem Projektionsschirm die Farbtöne etwas geändert werden können und man daher namentlich bei Übergangstönen vorsichtig sein muß.

Wenige, wirklich scharf ausgeprägte Farben wie der Rot-Blau-Umschlag lassen sich mit dem „Verfahren der veränderlichen Last" zur punktweisen m-Bestimmung verwenden. Man verändert die Gesamtlasthöhe so lange, bis der beobachtete Punkt genau der empfindlichen Farbe entspricht. Ist der zu dieser Farbe gehörige Doppelbrechungswert ($\sim 580\ \mathrm{m}\mu$) bekannt, so folgt daraus auch der entsprechende Wert in diesem Punkt, wenn die Gesamtlast auf einen anderen Wert erhöht oder erniedrigt wird. Man errechnet sich hiernach schließlich die verschiedenen m-Werte in verschiedenen Punkten für ein und dieselbe Gesamtlast.

Schließlich sei darauf hingewiesen, daß man auch mehrfach versucht hat, die Helligkeit zwischen den dunklen Streifen noch genauer photometrisch zu erfassen, und zwar entweder unmittelbar oder auf der entsprechend geschwärzten photographischen Platte. Die Mühe dieser Vermessung ist groß und scheint in ungünstigem Verhältnis zur erreichbaren Genauigkeit zu stehen, denn der absolute Maßstab hängt von zu vielen veränderlichen Größen ab (so z. B. der elektrischen Spannung an der Lichtquelle, dem Alter der Lichtquelle, der Hauptspannungsrichtung, bei den Platten ferner von der Belichtung, Entwicklung usw.).

7. Umrechnung von m in Spannungen, Eichung der Stoffe.

Die Eichung der Stoffe kann grundsätzlich mit Hilfe eines jeden Spannungszustandes geschehen, bei dem die Spannungsverteilung bekannt ist. Um Fehlerquellen zu vermeiden, wird man im allgemeinen sehr einfache Spannungszustände vorziehen, etwa den reinen Zug oder die reine Biegung. Dabei tritt beim reinen Zug noch die Schwierigkeit der streng mittigen Belastung auf, die sorgfältig berücksichtigt werden muß, bei der Biegung wird der erforderliche Zustand dagegen etwas leichter erzeugt.

Beim Zugstab geht man entweder so vor, daß man einen auf Stabmitte liegenden Punkt mit einem Kristallkompensator oder mit Hilfe eines $\lambda/4$-Blättchens vermißt und dabei den Zusammenhang zwischen Stablast und Meßergebnis aufnimmt, am besten graphisch. Die lineare Beziehung zwischen dem Kraftfluß P/b oder der Spannung $P/b \cdot d$ (kg/mm^2) und dem Verzögerungswert Z (mμ) oder $m = Z/\lambda$ wird zur Bestimmung von $C = \dfrac{Z}{P/b}$ verwendet, wobei man den etwa durch Vorspannung verschobenen Nullpunkt am besten durch Differenzbildung ausschaltet, d. h. man bildet $C = \dfrac{Z_2 - Z_1}{(P_2 - P_1)/b}$. Man verwendet im übrigen einen möglichst dicken Stab, damit die erreichten optischen Wirkungen Z einer möglichst geringen Beanspruchung des Werkstoffs entsprechen, $\sigma = Z/C \cdot d$. Wegen der geringen Dispersion ist diese Kompensation praktisch unabhängig von der verwendeten Lichtfarbe und kann bei weißem Licht vorgenommen werden. Die Messung mit $\lambda/4$-Blättchen führt man mit dem zum Blättchen gehörigen einfarbigen Licht durch. Sind Wellenlänge und Blättchen nicht genau aufeinander abgestimmt, so verwendet man möglichst nur Punkte, deren Ergebnis unabhängig von diesem Fehler bleibt ($m \approx {}^1/_4$, ${}^1/_2$, ${}^3/_4$ usw. $\varphi \approx 45°$, $90°$ usw.). Eine zweite Möglichkeit ist beim Zugstab nur bei geringerer Genauigkeitsforderung zu empfehlen. Man ändert die Last, bis die Stabmitte gerade die empfindliche Farbe anzeigt. Die abgelesene Last entspricht einer Verzögerung $Z \approx 580\,\mathrm{m}\mu$. Durch die Ablesung der doppelten Last beim Erscheinen der zweiten empfindlichen Farbe kann die Meßgenauigkeit noch etwas erhöht werden. Bei Verwendung einfarbigen Lichtes können auch die entsprechenden Verdunkelungen für ganzzahlige Werte von m nach diesem Verfahren verwandt werden. Die Genauigkeit des Verfahrens wächst erheblich mit der Zahl der zur Verfügung stehenden Ordnungen.

Während für Messungen mit Kompensatoren oder $\lambda/4$-Blättchen die Zugstabeichung besonders geeignet ist, verwendet man zur Eichung auf Farbgleichen besser den Biegestab. Mit entsprechenden Einspannungen (z. B. nach Abb. 124) ist die Erzeugung eines bekannten reinen Biegemomentes verhältnismäßig einfach erzielbar. Als Probestab kann jeder rechtkantige Strei-

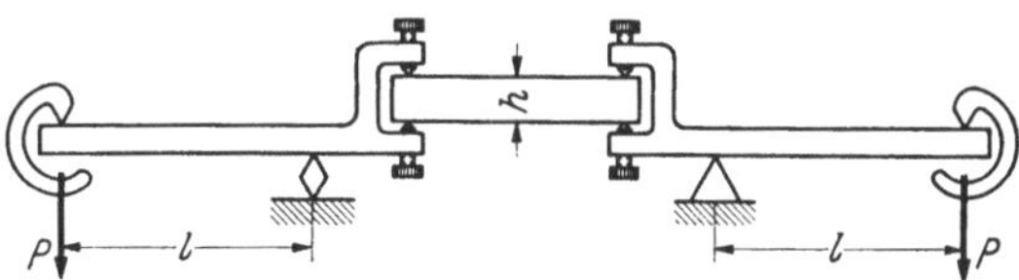

Abb. 124. Anordnung für querkraftfreie reine Biegung.

fen dienen, dies bedeutet gegenüber dem Zugstab eine erhebliche Vereinfachung. Wird die Balkendicke mit d, seine Höhe mit h bezeichnet, und ist y der Abstand einer Faser von der Balkenmitte, so ergibt sich die in ihr wirksame Längsspannung bekanntlich zu

$$\sigma_x = \frac{M \cdot y}{J} = \frac{12 \cdot P \cdot l \cdot y}{d \cdot h^3}.$$

Mißt man also bei Verwendung einfarbigen Lichtes den Abstand zweier benachbarter dunkler Linien zu $\varDelta$ mm, so muß gelten: Eine Farbordnung $m - 1$ entspricht einem Spannungssprung $\sigma_x = \dfrac{12\,P \cdot l \cdot \varDelta}{d\,h^3}$, also ist

$$C = \frac{m \cdot \lambda}{d\,(\sigma_1 - \sigma_2)} = \frac{\lambda\,h^3}{12 \cdot P \cdot l \cdot \varDelta}.$$

Die Meßgenauigkeit wächst auch hier erheblich mit der Zahl der zur Verfügung stehenden Ordnungen. Da die benachbarten Streifen im Balken alle denselben gegenseitigen Abstand haben, teilt man zur genaueren Ermittlung von $\varDelta$ den Abstand zweier weit voneinander liegender Streifen durch die dazwischen liegende Streifenzahl.

Auf eine Eigentümlichkeit des Streifenbildes im gebogenen Balken bei vorhandenem kleinem Schub sei hier besonders aufmerksam gemacht: Die äußeren Streifen erscheinen ungestört, jedoch kann das Bild in unmittelbarer Nähe der neutralen Faser fühlbar gestört werden. Man muß also bei der Biegebelastung entweder für eine schubfreie ungestörte

Balkenmitte sorgen oder die wahre Streifenzahl nach den Bemerkungen S. 175 ermitteln.

Führt man diese Messung auf einem projizierten Schirmbild oder einer Photographie aus, so muß für gleichzeitige gleich große Abbildung eines Maßstabes gesorgt werden, wenn nicht der Abstand der beiden Balkenränder einwandfrei als Maßstab dienen kann. Bei dicken Stäben ist hierbei besonders sorgfältig auf senkrechte Stabdurchstrahlung zu achten, damit nicht Vorder- und Rückseite des Stabes in fühlbar verschiedenem Maßstab im Bild erscheinen. Verwendet man weißes Licht, so führt man die Messung auf dem Schirm wieder mit der empfindlichen Farbe durch, während bei photographischen Aufnahmen die photographisch wirksame Wellenlänge besonders bestimmt werden müßte.

Auf die Bestimmung der Wellenlänge λ kann man aber durchweg verzichten, wenn Eichung und Hauptversuch unter gleichen Bedingungen und mit demselben Licht durchgeführt werden. Es genügt dann die Kenntnis von

$$\frac{1}{K} = \frac{\lambda}{C} = \frac{d\,(\sigma_1 - \sigma_2)}{m} = \frac{12 \cdot P \cdot l \cdot \varDelta}{h^3} \ (\mathrm{kg/mm}),$$

woraus dann in der Modellaufnahme folgt:

$$2\,q = d\,(\sigma_1 - \sigma_2) = m \cdot \frac{1}{K}.$$

Die Werkstoffeichung mittels anderer leicht herstellbarer und leicht berechenbarer Spannungszustände ist zwar ebenfalls möglich, aber im allgemeinen nicht so einfach wie mit dem Biegestab. Es sei lediglich darauf hingewiesen, daß die Umrechnung in manchen Fällen auch im Modell selbst vorgenommen werden kann. Man geht dabei so vor, daß man zunächst einen beliebigen Werkstoffkennwert C oder K und eine beliebige Wellenlänge λ annimmt, die der Wirklichkeit gar nicht zu entsprechen brauchen, man setze z. B. $K = 1$. Die mit dieser Annahme im Modell ermittelte Spannungsverteilung ist schließlich bis auf einen Faktor unbestimmt, der nun noch aus einer bekannten Modellgröße ermittelt werden muß. In vielen Fällen gibt es beispielsweise Querschnitte, in denen die Summe der Normal- oder Schubspannungen einer bekannten äußeren Last gleich sein muß. Manchmal ist auch im Modell selbst ein Modellteil als gerader Biegebalken ausgebildet, dessen Moment bekannt ist, oder die Umgebung einer am Modell angreifenden Einzellast läßt sich unmittelbar rechnerisch erfassen. In all diesen Fällen hat man die Möglichkeit, den in willkürlichem Maßstab aufgenommenen Spannungszustand schließlich mit einem solchen Faktor zu multiplizieren, daß er der vorliegenden Lastbedingung entspricht.

Hat man außerdem den Modellwerkstoff geeicht, so dienen die soeben genannten Beziehungen zur Kontrolle der Meßgenauigkeit, die sich namentlich bei verwickelteren Zuständen immer empfiehlt. Man sollte nur in Notfällen auf diese wertvolle Kontrolle verzichten.

8. Aufnahme der Richtungsgleichen.

Wie man bei der Aufnahme der Farbgleichen die Richtungsgleichen als störend empfindet und durch Einschaltung von $\lambda/4$-Blättchen beseitigt, möchte man auch bei der Aufnahme von Richtungsgleichen möglichst keine Farbgleichen im Bilde haben. Die Richtungsgleichen sind unabhängig von der Wellenlänge, man wird also immer mit weißem Licht arbeiten und schon dadurch die Schärfe der Farbgleichen vermindern. Außerdem hat man durch Wahl des Modellstoffes und der Lasthöhe die Gesamtzahl der erscheinenden Farbgleichen in der Hand und wird also diese Zahl möglichst niedrig halten. Andererseits erhält man, wenn man mit weißem Licht bei Z-Werten wesentlich unter 400 mμ bleibt, in den Gegenden verhältnismäßig geringer Spannungen auch nur geringe Aufhellung, wodurch die Schärfe der Richtungsgleichen ebenfalls beeinträchtigt wird. In manchen Fällen muß man dann vielleicht für verschiedene Gegenden des Modells verschiedene Lasten anwenden. Das ist ohne Einfluß auf die Richtungsgleichen, wenn sich nicht mit zunehmender Last die Form des Modells oder die Art des Kraftangriffs verändert. Werkstoffe geringer optischer Wirkung (Glas oder Plexiglas) sind zur Aufnahme der Richtungsgleichen sehr geeignet, aber auch hochaktive Werkstoffe ergeben bei entsprechend geringer Belastung scharfe und klare Bilder der Linien. Bei diesen geringen Lasten wirken aber etwa schon vorhandene Eigenspannungen (z. B. Randeffekte) besonders störend, so daß auf ursprüngliche Spannungsfreiheit ganz besonderer Wert gelegt werden muß. In dieser Beziehung sind die Werkstoffe geringerer Wirksamkeit günstiger als etwa die Phenolharze.

Die auf einem Schirm entworfenen Bilder von dunklen Richtungsgleichen erscheinen dem Auge um so schärfer, je heller ihre Umgebung ist. Eine besonders starke Lichtquelle, geringe Lichtverluste und keine übertriebene Vergrößerung sind daher sehr empfehlenswert. Es gelingt dann mühelos, die dunkle Mitte der Linien etwa mit einem Bleistift scharf nachzuzeichnen. In Abb. 192b (S. 203) wird deutlich, daß in Bereichen verhältnismäßig geringer Lichtstärke (z. B. im Bereich der roten Farbgleiche) die Richtungsgleiche stark verbreitert erscheint, so daß der Punkt ihrer stärksten Schwärzung nicht scharf bestimmt werden kann.

Photographische Aufnahmen sind ebenfalls möglich, dabei muß aber anders als bei den Farbgleichen verfahren werden. Am besten bleibt man insgesamt auch hier bei möglichst niedriger Farbgleichenzahl. Da die Farbgleichen als möglichst hell empfunden werden sollen, nimmt man ortho- oder panchromatische Platten, arbeitet bei reichlicher Belichtung mit ungefiltertem weißen Licht, so daß nur der tiefste Schatten der Richtungsgleiche glasklar bleibt, entwickelt schließlich hart und kopiert mit möglichst geringer Belichtung.

Bei der Bestimmung der Hauptrichtung in einzelnen Punkten erhält man die sichersten Ergebnisse mit pendelnder Einstellung der gekreuzten

Polarisatoren auf geringste Helligkeit, wobei vorher der Punkt durch entsprechende Last auf möglichst hohe Helligkeit gebracht wurde. Pendelnde Einstellung ist in Gegenden sehr geringer Spannung und Helligkeit auch das beste Mittel, um an sich schwache Neigungsgleichen aus der Bewegung heraus dem Auge deutlich zu machen.

Die Aufnahme der Richtungsgleichen kann mißlingen, wenn Biege- oder Verdrillspannungen die Ebenheit des Zustandes stören. Schädliche Einflüsse dieser Art müssen unbedingt ausgeschaltet werden.

Für die weitere Auswertung der Linien (zur Konstruktion der Haupt- linien) genügt meistens ein Winkelabstand von 10° zwischen den einzelnen Richtungsgleichen. Für genauere Messungen sind manchmal 7,5°, gelegentlich sogar 5° Abstand erforderlich. Allgemeine Übersichtsbilder guter Genauigkeit erhält man aber auch schon mit 15° Abstand.

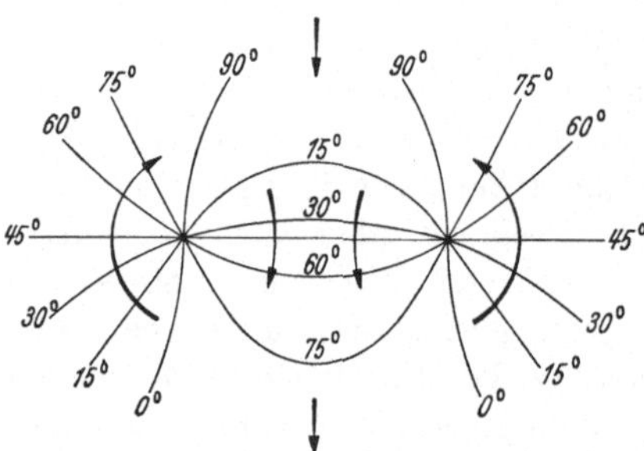

Abb. 125. Beispiel des Richtungsgleichenverlaufs bei zwei benachbarten schubfreien Punkten.

Die Umgebung eines singu- lären schubfreien Punktes erfor- dert besondere Sorgfalt. Der Punkt ergibt sich als Schnittpunkt aller Richtungsgleichen, seine La- ge wird durch Mittelbildung vieler Linien meistens sehr scharf be- stimmt. Gewöhnlich ist es dann auch möglich, die Richtung β der Richtungsgleiche φ gegen eine feste Achse durch diesen Punkt zu messen. Liegt dicht in der Nähe ein zweiter solcher Punkt, so erhält man Richtungsgleichenfelder etwa nach Abb. 125. Man kann dann manchmal nur aus der Umgebung den näheren Aufbau des singulären Bereiches ermitteln. Die Beobach- tung des Fortschreitesinnes, in Abb. 125 durch Pfeile angedeutet, ist hierbei zur Klärung wesentlich. Man legt sich von solchen Punkten zweckmäßig Sonderskizzen an.

9. Zeichnung der Hauptlinien.

a) Allgemeines Feld. Die Aufnahme der Richtungsgleichen oder die Hauptrichtungsaufnahme in den Punkten eines Netzes liefert die Grund- lage zur Zeichnung der Hauptlinien. Zunächst wird man immer einzelne kleine Linienelemente in der bestimmten Richtung zeichnen und dann in diese Elemente die eigentlichen Linien hinein schmiegen. Ist das Elementenfeld überall sehr eng, d. h. hat man sehr viele Richtungs- gleichen — etwa alle 5° — aufgenommen, so besteht weiter keine Schwierig- keit und das Netz der Hauptlinien entwickelt sich ziemlich zwangsläufig. Bei etwas weiteren Abständen der Richtungsgleichen ist aber ein syste- matisches Vorgehen unerläßlich, wenn die Genauigkeit schließlich befriedigen soll. Bei gegebenen Richtungsgleichen φ, $\varphi_2 = \varphi_1 + \varepsilon$, $\varphi_3 = \varphi_2 + \varepsilon$ usw. schätzt man zu diesem Zweck zunächst dazwischenliegende Linien $\varphi_{01} = \varphi_1 - \dfrac{\varepsilon}{2}$, $\varphi_{12} = \varphi_1 + \dfrac{\varepsilon}{2} = \dfrac{\varphi_1 + \varphi_2}{2}$, $\varphi_{23} = \dfrac{\varphi_2 + \varphi_3}{2}$ usw. ab, sie liegen in der Mitte zwischen den aufgenommenen Linien. Nun zeichnet man kleine geradlinige Elemente der Richtung φ_1, und zwar führt man die Elemente von φ_{01} bis φ_{12} durch, ebenso zeichnet man Linienelemente der Richtung φ_2 von φ_{12} bis φ_{23} usw. Dabei gibt man sich zunächst einen ungefähren Elementenabstand (Hauptlinienabstand) vor und zeichnet nur in den Anschlußpunkten in φ_{12}, φ_{23} usw. die nächstfolgenden Elemente an (Abb. 126). Man überzeugt sich durch eine überschlägliche Skizze vorher vom ungefähren Verlauf der Hauptlinien und beginnt dort mit der Zeichnung, wo die Linien möglichst

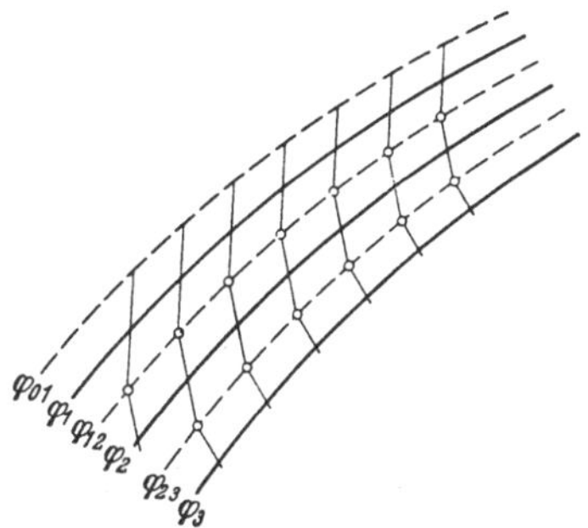

Abb. 126. Konstruktion der Hauptlinien aus den Richtungsgleichen.

weit auseinander liegen. Die wirklichen Hauptlinien ergeben sich aus den gebrochenen Linienzügen als Kurven, die diese Linienzüge in den Punkten φ_1, φ_2 usw. berühren (Abb. 127). Das Verfahren wird zweimal durchgeführt, wobei einmal die Elemente der Richtungen φ_1, φ_2, φ_3 usw., das andere Mal Elemente in den hierzu senkrechten Richtungen $\varphi_1 \pm 90°$, $\varphi_2 \pm 90°$ usw. gezeichnet werden. Die beiden entstehenden Linienscharen entsprechen den Hauptspannungen σ_1 und σ_2.

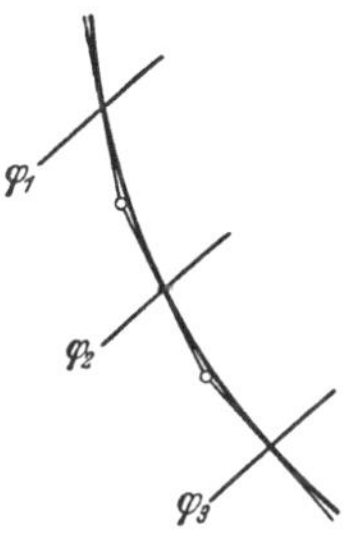

Abb. 127. Hauptlinien im Tangentenpolygon.

In vielen Fällen genügt auch folgendes einfachere Verfahren. Man zeichnet genau wie eben beschrieben Linienelemente in der Richtung φ_1 von φ_{01} bis φ_{12} usw., aber zunächst wahllos in beliebigem, ziemlich geringem gegenseitigen Abstand. Das auf diese Weise erzeugte Feld kleiner gerader Elemente füllt die ganze Ebene überall. Man zeichnet nun einfach mit freier Hand Bleistiftlinien, die sich dem Elementenfeld tangential einfügen, und zwar wieder von den Bereichen weiten Linienabstandes zu engeren Bereichen fortschreitend. Die entstehenden Bilder sind ziemlich unabhängig vom Beobachter, wenn die Sprünge in φ etwa 10° oder weniger betragen. Am bequemsten zeichnet man die geraden Linienelemente auf durchsichtigem Papier, dem man das Bild der Richtungsgleichen hinterlegt. Auf der Rückseite dieses Papiers entwirft man dann spiegelbildlich die freihändigen Hauptlinien. Die Reinzeichnung, bei der man die gegenseitigen Abstände noch etwa ausgleicht, erfolgt schließlich mit Durchsicht auf dieses Blatt auf einem zweiten durchsichtigen Papier. Den Maßstab bei allen diesen Zeichnungen wähle man so groß wie möglich.

Während und nach der Zeichnung hat man einfache Kontrollen der Zeichensauberkeit durch freien Augenschein: Überall müssen die beiden Linienscharen sich rechtwinklig kreuzen, überall am freien Rand steht eine von beiden Linien senkrecht auf diesem Rand. Bei symmetrischen Zuständen bringt man zuerst die Richtungsgleichen, schließlich die Hauptlinien der beiden Hälften durch Papierfaltung zur Deckung und stellt etwa vorhandene Verschiedenheiten fest. Manchmal kann man hieraus das Bild noch etwas verbessern, manchmal war aber auch das Modell wirklich unsymmetrisch und erfordert eine genauere Justierung der Lager oder der Belastung.

In Bereichen sehr eng liegender Richtungsgleichen, also sehr starker Krümmung der Hauptlinien, ist eine besonders sorgfältige Aufnahme der Richtungsgleichen erforderlich, sie erscheinen auch in diesen Gegenden besonders scharf. Die schärfste Hauptlinienkrümmung tritt in der unmittelbaren Umgebung der singulären Punkte auf, hierüber wird im folgenden noch berichtet.

Auf eine andere Art der Zeichnung von Hauptlinienelementen sei aber noch hingewiesen, die bei einer Einrichtung mit drehbarem Modell durchgeführt werden kann (Einrichtung des spannungsoptischen Laboratoriums der T.-H. München, Hersteller Leitz, Wetzlar). Die Linienelemente müssen überall die Neigung des zugehörigen Wertes φ haben, man benötigt also gewöhnlich einen Verstellwinkel mit Gradteilung und muß außerdem darauf achten, in welchem Drehsinn die Winkelteilung des Polarisators und des Verstellwinkels zueinander laufen. Hält man dagegen die Polarisationsrichtung immer fest, z. B. waagerecht und senkrecht, und dreht das Modell, so ist jede erscheinende Richtungsgleiche mit waagerechten und senkrechten Linienelementen zu versehen. Mit dem sich drehenden Modell dreht sich auch sein Bild, ein etwa vorgesehenes Zeichenblatt auf dem Projektionsschirm muß also ebenfalls so nachgedreht werden, daß die einmal gezeichneten Umrisse immer wieder mit dem Bild zur Deckung kommen. Man kann sich schließlich die Zeichnung der Richtungsgleichen ganz ersparen und in den dunkel erscheinenden Stellen unmittelbar im Projektionsbild die geraden Richtungselemente einzeichnen. Diese Elemente haben immer dieselbe Richtung, man kann eine Zeichenvorrichtung fest mit dem Gerät verbinden, etwa in Form eines rechteckigen Rahmens, dessen Kanten parallel zu den Polarisationsrichtungen liegen. Für größere, nicht drehbare Modelle kann die Einrichtung natürlich nicht verwendet werden.

b) Umgebung von schubfreien Punkten (vgl. Kap. I, Abschn. 6 und Kap. III, Abschn. 4). Die folgenden Ausführungen gelten sowohl für die Umgebung eines schubfreien Punktes im Feldinneren als auch am freien Rand, bei dem immer nur die eine Hälfte des Gesamtsystems wirklich vorhanden ist. Die Konstruktion wird jedoch dadurch nicht beeinflußt, da ja ohnehin durch jeden Strahl durch den Punkt zwei genau gleiche Feldhälften entstehen müssen.

Wenn über nähere Einzelheiten der schubfreien Punkte nichts bekannt wäre, könnte man ihre Umgebung genau wie das übrige Feld behandeln. Man zeichnet also zunächst in bestimmten Winkelsprüngen φ die verschiedenen Richtungsgleichen, die alle durch den im folgenden kurz mit Q bezeichneten Punkt gehen. Für die unmittelbare Umgebung von Q kann man dabei die Richtungsgleichen durch ihre Tangenten ersetzen, man erhält also ein Geradenbüschel, wobei zu jedem Richtungswert φ eine Geradenneigung $\beta = \text{arc tg}\, y/x = \text{arc tg}\, \zeta$ gehört. Zeichnet man, wie unter a) beschrieben, in jedem Sektor φ entsprechende Linienelemente der Neigung φ ein, so folgt daraus die Form des Hauptlinienfeldes auf die übliche Weise.

Nun wurde aber bereits festgestellt, daß zur Kennzeichnung der Umgebung eines Punktes Q die Kenntnis von 4 Größen c_1, c_2, c_3, c_4 [Gleichung (17), S. 32] ausreicht, und daß die Anzahl der zur Bestimmung der Hauptrichtungen notwendigen Größen sich sogar auf zwei vermindert, wenn eine singuläre Gerade durch Q bekannt ist. Diese singuläre Gerade zeichnet sich dadurch aus, daß ihre Neigung β gerade gleich der Hauptrichtung φ ist. In einem am freien Rand liegenden Punkt Q ist die Randtangente selbst stets eine solche singuläre Gerade, da eine Hauptrichtung gleich der Randrichtung ist, ebenso muß bei jedem auf der Symmetrieachse eines symmetrischen Zustandes liegenden Punkt eben diese Symmetrieachse eine singuläre Gerade durch Q sein. Nur bei singulären Punkten mitten im Feld ist es notwendig, sich zunächst eine singuläre Gerade zu suchen. Probieren führt am schnellsten zum Ziel. Man ändert die Polarisationsrichtung φ so lange, bis die zugehörige Richtungsgleiche eine Tangentenrichtung $\beta = \varphi$ oder $\beta = \varphi + 90°$ aufweist. Die Tangente ist dann die gesuchte Gerade. Das Ergebnis ist immer eindeutig und scharf bei offenen Punkten, es kann bei geschlossenen Punkten unsicher sein.

Wenn nun eine singuläre Gerade unmittelbar oder durch dieses Probieren bekannt ist, so zähle man zur weiteren Konstruktion von ihrer Richtung aus die Winkel $\overline{\varphi}$ und $\overline{\beta} = \text{arc tg}\, \overline{\zeta}$. Die nunmehr mögliche allgemeine Darstellung $\text{tg}\, 2\,\overline{\varphi} = \dfrac{\overline{\zeta}}{a/2 + b\,\overline{\zeta}}$ [Gleichung (19c) S. 33] bedeutet demnach, daß man nur noch zwei Zahlenwerte $\overline{\varphi}_1$ und $\overline{\varphi}_2$ mit den zugehörigen Werten $\overline{\zeta}_1$ und $\overline{\zeta}_2$ zu bestimmen braucht, um a und b und damit die Form des Feldes (etwa nach Abb. 39 und 40, S. 35—38) vollständig zu kennen. Beispielsweise genügen folgende zwei Werte für $\overline{\varphi}$:

$$\overline{\varphi}_1 = + 22{,}5° \qquad 1 = \frac{\overline{\zeta}_1}{a/2 + b\,\overline{\zeta}_1},$$

$$\overline{\varphi}_2 = -22{,}5^\circ \qquad -1 = \frac{\overline{\zeta}_2}{a/2 + b\,\overline{\zeta}_2},$$

also

$$\overline{\zeta}_1 = \frac{a}{2} + b\,\overline{\zeta}_1 \qquad a = 2\,\overline{\zeta}_1\,(1-b),$$

$$-\overline{\zeta}_2 = \frac{a}{2} + b\,\overline{\zeta}_2 \qquad a = -2\,\overline{\zeta}_2\,(1+b).$$

Hieraus:

$$b = \frac{\overline{\zeta}_1 + \overline{\zeta}_2}{\overline{\zeta}_1 - \overline{\zeta}_2}, \qquad \frac{a}{2} = \frac{-\,\overline{\zeta}_1\,\overline{\zeta}_2}{\overline{\zeta}_1 - \overline{\zeta}_2}\,.$$

Zur Kontrolle kann man noch einstellen:

$$\overline{\varphi}_3 = \pm\,45^\circ, \qquad \infty = \frac{\overline{\zeta}_3}{a/2 + b\,\overline{\zeta}_3}, \qquad \frac{a}{2} = -b\,\overline{\zeta}_3\,.$$

(Im Symmetriefalle gilt $\overline{\zeta}_2 = -\overline{\zeta}_1$, $b = 0$, $a = \overline{\zeta}_1$, $\overline{\zeta}_3 = \infty$.)

Wenn diese Kontrolle versagt, ist durch die Aufnahme weiterer Winkel (etwa $\overline{\varphi} = 15$, 30 und 35°) der Gesamtzusammenhang zwischen $\overline{\varphi}$ und $\overline{\beta}$ aufzunehmen, und zwar am besten graphisch in einem Diagramm, in dem über $\overline{\zeta}$ der Wert $2\,\overline{\zeta}/\mathrm{tg}\,2\,\overline{\varphi}$ aufgetragen wird. Wegen des Zusammenhangs $2\,\overline{\zeta}/\mathrm{tg}\,2\,\overline{\varphi} = a + 2\,b\,\overline{\zeta}$ muß sich eine ausgleichende Gerade durch die Punkte legen lassen, die für $\overline{\zeta} = 0$ den Wert a und deren Neigung den Wert $2\,b$ ergibt (selbstverständlich sind für kleine Werte $\overline{\varphi}$ und $\overline{\zeta}$ keine genauen Punkte dieser Geraden zu erhalten). Schnittpunkte der Gerade mit der Parabel $2\,\overline{\zeta}/\mathrm{tg}\,2\,\overline{\varphi} = \left(1 - \overline{\zeta}^2\right)$ ergeben die $\overline{\zeta}$- bzw. $\overline{\varphi}$-Werte etwa vorhandener weiterer singulärer Geraden.

Ist die Richtung der ursprünglichen singulären Geraden unsicher (insbesondere für $a \approx 1$), so versucht man es entweder mit einer anderen Geraden oder nimmt mit mehreren Einstellungen den Zusammenhang zwischen φ und β wie in Abb. 40, S. 38 auf.

10. Folgerungen aus den Linienfeldern.

Aus den allgemeinen Differentialgleichungen der Hauptlinien wurden bereits auf S. 29 drei einfache Folgerungen gezogen, die hier noch einmal erwähnt seien:

1. In kleinem Abstand Δs_2 von einem freien Rand ergibt sich eine senkrecht zum Rand gerichtete Spannung σ_2 nach der Formel $\sigma_2 = \dfrac{\sigma_1}{\varrho_1}\,\Delta s_2$, dabei ist σ_1 am Rand wegen $\sigma_2 = 0$ spannungsoptisch bekannt und $1/\varrho_1$ die Randkrümmung. σ_1 und σ_2 haben bei konkavem Rand gleiches, bei konvexem Rand entgegengesetztes Vorzeichen.

2. Die Randlängsspannung erreicht einen Höchstwert oder Kleinstwert in einem Punkt, in dem die auf dem Rand senkrechte Hauptlinie ungekrümmt auf den Rand stößt ($\varrho_2 = \infty$), gleichzeitig muß also die

Richtungsgleiche ebenfalls senkrecht auf dem Rand stehen, denn jedes gerade Stück einer Hauptlinie muß gleichzeitig ein gerades Stück einer Richtungsgleiche sein (zuverlässiger und deutlicher ergibt sich meistens der Extremwert der Randlängsspannung unmittelbar aus dem Farbgleichenbild, in dem dann kleine geschlossene Kurven etwa nach Art der Abb. 128 auftreten).

Abb. 128. Farbgleichen in der Umgebung eines Randhöchstwertes.

3. Am freien Rand gilt für die Randspannung der Kontinuitätssatz, d. h. die Spannung wächst oder sinkt verhältnisgleich zum Kehrwert des gegenseitigen Abstandes zwischen benachbarten Hauptlinien, d. h. zwischen Rand und Nachbarlinie.

Aus 1 und 2 folgt außerdem:

4. Die senkrecht zum Rand gerichtete Normalspannung σ_2 bleibt in der Nähe des freien Randes auf einer s_2-Linie gleich Null, wenn diese s_2-Linie den Ort von Wendepunkten der s_2-Linie darstellt (Abb. 129). Auch bei nur angenäherter Erfüllung dieser Bedingung bleibt σ_2 jedenfalls sehr klein.

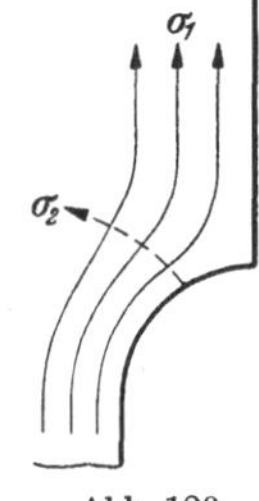

Abb. 129. Verschwindende zweite Hauptspannung im Bereich der Wendepunkte der σ_1-Hauptlinien.

Im Feldinneren gilt:

5. Höchstwerte oder Kleinstwerte einer Normalspannung σ_2 werden erreicht, wenn die Hauptlinie s_1 keine Krümmung hat, d. h. im allgemeinen, wenn sie einen Wendepunkt aufweist. An der gleichen Stelle fällt dann die Richtungsgleiche auf ein kurzes Stück mit der s_1-Linie zusammen, sie steht also ebenfalls senkrecht auf der s_2-Linie.

11. Die Messung der Dickenänderung des Modells.

Die Messung der Dickenänderung mit Hilfe von zwei gegenüberliegenden Abgreifstiften, deren gegenseitige Bewegung auf ein Meßgerät übertragen wird, kann aus zwei Gründen besondere Schwierigkeit bieten. Erstens ist bei größeren Modellen eine weit offene Zange notwendig, die um das Modell herum zu den inneren Modellpunkten greifen kann, zweitens kann sich bei der Belastung das Modell auch ein wenig aus seiner ursprünglichen Ebene heraus bewegen oder sich etwas schräg stellen. Aus dem ersten Grunde muß man entweder eine sehr feste steife Zange bauen — dann ist aber die aus dem zweiten Grunde erwünschte Beweglichkeit des Gerätes nicht zu erreichen — oder man baut die Zange sehr leicht, so kann man wegen der langen Hebelarme keinen Mechanismus mit Reibung mehr bedienen. Ist das zu vermessende Modell klein und dick, so fallen diese Schwierigkeiten fort.

Der mechanisch-optische Dickenänderungsmesser von COKER [0.08, 28, 6.07] besteht aus einem sehr steifen Bügel, der auf einem besonderen

Gestell beweglich einstellbar befestigt ist. Der Bügel trägt an einem Ende eine feste Spitze, am anderen ist eine zweite bewegliche Fühlspitze vorgesehen. Bei der Modelldickenänderung wird diese in einer zylindrischen Führung verschiebliche Fühlnadel im Bügel bewegt und dreht einen am Bügel drehbar gelagerten kleinen Spiegel. COKER empfiehlt ein Verfahren, bei dem der Dickenverlauf des Modells längs einer Geraden erst im unbelasteten, dann im belasteten Zustand aufgenommen wird. Dies geschieht, indem durch die Drehbewegung des Spiegels ein Lichtstrahl ausgelenkt wird, der einen feinen photographischen Strich auf einer Trommel mit lichtempfindlichem Papier aufzeichnet. Die Trommelbewegung ist mit der Modellbewegung gekoppelt, so daß jedem Punkt auf dem Papier ein bestimmter bekannter Modellpunkt entspricht. Zeichnet man beide Versuche auf denselben Papierstreifen mit zweimal wiederholter gleicher Trommelbewegung, so ist der Abstand zweier übereinander liegender Kurvenpunkte unmittelbar ein Maß für die Dickenveränderung, d. h. für die Spannungssumme S. Das Gerät ist teuer und umständlich und setzt großes Experimentiergeschick voraus. COKER gibt an, daß er an seinen Zelluloidmodellen eine Meßgenauigkeit von etwa 3 % erreicht habe.

Fehler treten auf, sowie sich das Modell etwas neigt oder aus seiner Ebene bewegt, denn der schwere Bügel wird dieser Bewegung nicht ohne weiteres folgen. Da sich außerdem das Modell auch bei der Belastung in seiner Ebene verschiebt, ist bei zweimaligem Befahren einer Geraden nicht gesichert, daß man beide Male genau dieselben Punkte überstreicht. Bei nicht ganz ebenem Modell entstehen hieraus weitere Schwierigkeiten.

Baut man dagegen nur einen leichten frei aufgehängten Bügel, der etwa auftretenden Bewegungen folgt, so kann die Betätigung von geführten Stiften oder drehbar gelagerten Teilen leicht zu einer fühlbaren Durchbiegung der Bügelarme führen, so daß man besser auf solche Betätigung verzichtet. Das auf dieser Grundlage von VOSE [5.24] entwickelte Gerät besteht aus zwei langen leichten Armen, die etwa in der Mitte durch ein Kreuzfedergelenk verbunden sind. Am einen Ende der Arme stehen sich zwei Fühlstifte gegenüber, die als einstellbare Schrauben während des Versuches fest mit den Armen verbunden sind und die Dickenänderung unmittelbar auf die Arme übertragen. Um das Kreuzfedergelenk als Drehpunkt bewegen sich die anderen Enden der Arme entsprechend. Beide tragen je eine kleine Glasplatte, von denen die eine durch drei Stellschrauben zunächst parallel zur anderen eingestellt wird. Bei der Durchleuchtung der Platten mit streng einfarbigem Licht entstehen zwischen ihnen Interferenzstreifen, die sich entsprechend der Abstandsänderung der beiden Platten verschieben und abgezählt werden. Das ganze Gerät ist im Federgelenk (Schwerpunkt) mit einem Faden aufgehängt und kann kleinen Verschiebungen des Modells folgen, ohne daß dadurch die Messung beeinflußt würde. Eine kleine Neigung des Gesamtgeräts bleibt in den Interferenzstreifen unbemerkt, wenn der Lichtstrahl die Glasplatten senkrecht trifft (vgl. S. 153). Das Vorzeichen der Bewegung bleibt unsicher und muß nach jeder Neueinstellung der Glasplatten neu bestimmt werden. Je nach der gegenseitigen Plattenneigung wandern die Streifen bei der Bewegung nach der einen oder anderen Seite. Das Gerät ist bei einer Gesamtlänge von etwa 25 cm (12 cm Hebelarm) leicht und stabil, es läßt sich bei etwa 10 mm dicken Modellen leicht aufsetzen und bei Quecksilberdampflicht gut ablesen.

Zwei Verbesserungen haben sich noch bewährt. Statt der parallelen Glasplatten nimmt man besser ein kleines Prisma und ein Schwarzglas nach Abb. 130, dabei fallen alle störenden Interferenzen infolge der verschiedenen Oberflächen fort. Man kann außerdem die Wirkung kleiner Modellkippungen noch ausschalten, die bei manchen Modellen unvermeidlich sind. Sind die Fühlstifte etwa stumpfe Spitzen, die auf dem Modell gleiten können, so entsteht bei einer kleinen Kippung α eine scheinbare Dickenvergrößerung Δ im Modell nach der Gleichung

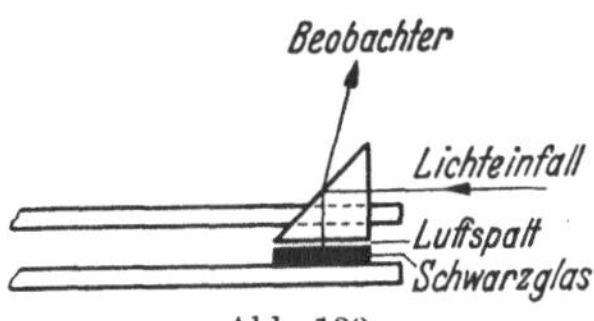

Abb. 130.
Anordnung zur Beobachtung von
Interferenzstreifen.

$$(d + \Delta) = \frac{d}{\cos \alpha} \approx d\left(1 + \frac{\alpha^2}{2}\right), \qquad \frac{\Delta}{d} \approx \frac{\alpha^2}{2}$$

(Abb. 131a). Da die zu messenden Gesamtdehnungen bei einem verspannten Zelluloidmodell von 10 mm Dicke in der Gegend vom $^1/_{1000}$ liegen, ergibt schon ein Winkel $\alpha = 1°$ einen Meßfehler von über 10%. Sind die Spitzen durch größere feste Kugeln vom Radius r ersetzt, die auf dem Modell abgleiten, so ist der Fehler noch größer (Abb. 131b). Es gilt

$$\frac{\Delta}{d} \approx \frac{\alpha^2}{2}\left(1 + 2\frac{r}{d}\right).$$

Sind dagegen die Spitzen gelenkig nach Abb. 131c angebracht, so ergibt sich bei einer Kippung um α eine scheinbare Verringerung der Modelldicke um

$$\frac{\Delta}{d} \approx \frac{\alpha^2}{2}\left(1 + \frac{d}{2l}\right),$$

statt dessen können auch elastische Spitzen nach Abb. 131d verwendet werden, deren Endpunkte sich auf Kreisen mit dem Radius $l \cdot {}^5/_6$ bewegen. Die elastische Spitze hat den weiteren Vorteil, daß sie mit ihrer elastischen Rückfederung das Gerät gegen Auslenkungen stabilisiert. Eine Kombination von fester Kugel einerseits und beweglicher Spitze andererseits (Abb. 131e, wobei das Modell auf der Kugel nicht gleitet, sondern rollt) ergibt eine gegenseitige Aufhebung der Einflüsse, wenn man wählt

$$r = d\left(1 + \frac{d}{l}\right).$$

Die Messungen sind dann tatsächlich gegen kleine Schrägneigungen des

Modells oder der Zange unempfindlich. Bei größerer Zangenlänge müssen die Messungen in schwingungsfreien Räumen vorgenommen werden.

Die Messung der Dickenänderung in einem größeren Modellbereich gleichzeitig kann interferenzoptisch mit Hilfe einer zweiten plangeschliffenen Scheibe erfolgen. TESAR [2.19] empfiehlt hierbei, je drei bekannte Randpunkte als Grundpunkte einer Ebene festzulegen und die Höhe der Modelloberfläche über dieser Ebene in Lichtwellenlängen auszuzählen. Nach einer Vermessung beider Modelloberflächen ist damit die Dickenänderung des Modells überall bekannt. Man zählt dabei die Zahl der Streifen zwischen den Grundpunkten und den Meßpunkten. Die Bruchteile zwischen den ganzen Streifen und den steigenden oder fallenden Richtungssinn bestimmt man dadurch, daß man den Strahl neigt und dadurch den Lichtweg im Spalt verlängert. Liegt etwa der Modellpunkt P zwischen den Streifen K und $(K+1)$ bei $(K+\varepsilon)$ Wellenlängen vor der Prüfglasscheibe und der

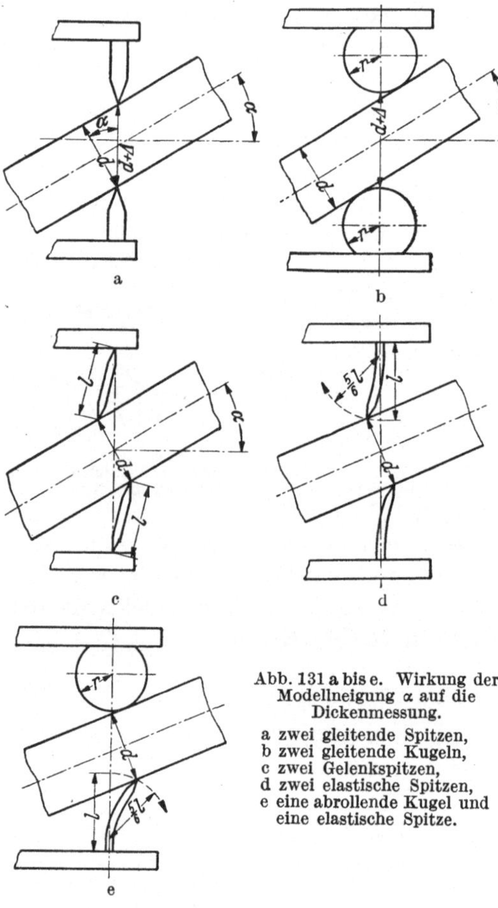

Abb. 131 a bis e. Wirkung der Modellneigung α auf die Dickenmessung.

a zwei gleitende Spitzen,
b zwei gleitende Kugeln,
c zwei Gelenkspitzen,
d zwei elastische Spitzen,
e eine abrollende Kugel und eine elastische Spitze.

Strahl wird gedreht, bis der Streifen $(K+1)$ durch P geht, so ist dazu eine Strahlneigung α erforderlich (Abb. 132) nach der Gleichung

$$\cos \alpha = \frac{K+\varepsilon}{K+1} \approx 1 - \frac{\alpha^2}{2}.$$

Ist ein Neigungswinkel β erforderlich, um den Streifen $(K+1)$ an den Punkt zu bringen, durch den ursprünglich der Streifen K ging, so gilt entsprechend

$$1 - \frac{\beta^2}{2} \approx \frac{K+1}{K}.$$

Daraus folgt

$$\frac{K+\varepsilon}{K} \approx \frac{2-\alpha^2}{2-\beta^2} \qquad \frac{\varepsilon}{K} \approx \frac{\beta^2-\alpha^2}{2}, \qquad \varepsilon \approx 1 - \frac{\alpha^2}{\beta^2}.$$

Der Punkt P liege zwischen k und $(k+1)$ bei $(k+\delta)$ Wellenlängen über einem Punkt der angenommenen Grundfläche, so wird nach der Auszählung von k der Wert $\delta = 1 - \varepsilon = \alpha^2/\beta^2$ aus zwei solchen Neigungen α und β bestimmt, gleichzeitig folgt der Sinn wachsender Werte k, weil bei der Neigung der Lichtweg nur größer werden kann. Die genau senkrechte Nulleinstellung muß vorher ermittelt oder durch zwei Neigungen in entgegengesetzter Richtung eliminiert werden.

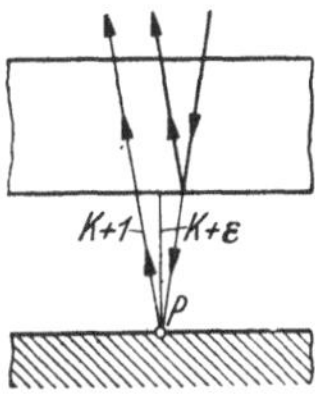

Abb. 132. Messung einer Luftspaltdicke mittels Interferenz bei Strahlneigung.

Nach FROCHT [3.09] wird die absolut ebene Planplatte auf das ebenfalls absolut ebene, waagerecht liegende Modell nach seiner Belastung einfach aufgelegt und ausbalanziert, dann wird senkrecht von oben photographiert. Bei einem symmetrischen Modell und mit großer Geduld wurden auf diese Weise sehr schöne Aufnahmen der Linien gleicher Dicke erreicht. Bei unsymmetrischen Modellen dürfte das Verfahren versagen.

12. Die Vermessung des Feldes $S = (\sigma_1 + \sigma_2)$ mit gegebenen Randwerten.

a) Will man ein ebenes elektrisches Potentialfeld mit gegebenen Randwerten vermessen, so ist lediglich die Herstellung eben dieser Randwerte schwierig. In einem elektrolytischen Trog kann man beispielsweise eine größere Anzahl von leitenden Polklötzen eintauchen, die über stromführende Drähte mit zwischengeschalteten verstellbaren Widerständen an einen Rheostaten angeschlossen sind. Man verändert die Widerstände so lange, bis die vorgeschriebenen Spannungsrandwerte längs einer gegebenen Randlinie erreicht sind. Infolge der gegenseitigen Beeinflussung der Randspannung gehört allerdings viel Geschick und Erfahrung dazu, um die richtige Einstellung der Widerstände und der Polstandorte auszuprobieren. Besser ist nach einem Vorschlag von TANK die Verwendung einer Feldbegrenzung aus Isolierstoff mit einer eingebrannten schlecht leitenden Oberfläche (Graphit-Wasserglas-Paste), die die Randwerte zwischen einzelnen über Widerstände unter Spannung gesetzten Punkten linear ausgleicht [5.13, 7.21, 8.04]. Die Herstellung des elektrischen Gleichnisses für Randsingularitäten (Einzellasten) ist so schwierig, daß man diese Punkte meistens besser mit einem kleinen Umgebungsbereich herausnimmt. Längs dieses Hilfsrandstückes werden dann theoretisch ermittelte Randwerte eingestellt (vgl. S. 199). Die Aufgabe der Spannungsmessung im Feld wird am bequemsten mit Hilfe eines Telephons in Brückenschaltung mit Wechselstrom gelöst. Eine Telephonzuleitung

wird an eine bekannte Spannung gelegt, die andere wird mit einem Taststift im Feld umhergefahren, bis kein Strom mehr durch das Telephon
fließt. Man nimmt auf diese Weise alle Punkte einer Potentiallinie auf,
wobei man zweckmäßig über einen Storchschnabel gleichzeitig den Ort
des Taststiftes mechanisch auf eine Zeichnung überträgt.

b) Zur Vermessung einer gespannten Haut mit gegebenen Höhen
längs einer Randlinie kann man entweder den abgewickelten Rand aus
einem dünnen Blech ausschneiden und eine Seifenhaut (Seife mit viel
Glyzerin) darüber ziehen, oder man stellt sich erst ein festes Modell des
Randes aus Holz etwa nach Abb. 133 mit einem passenden Gegenstück
her, so daß man eine Gummihaut dazwischen klemmen kann. Zur Vermessung der kurzlebigen Seifenhaut wird
z. B. nach FÖPPL die Haut leicht mit
Lykopodium bestäubt und dann stereo-
photographisch aufgenommen[1]. Die eigentliche Vermessung erfolgt in den beiden Platten im Stereokomparator. Man
kann aber auch die Seifenhaut mit einem

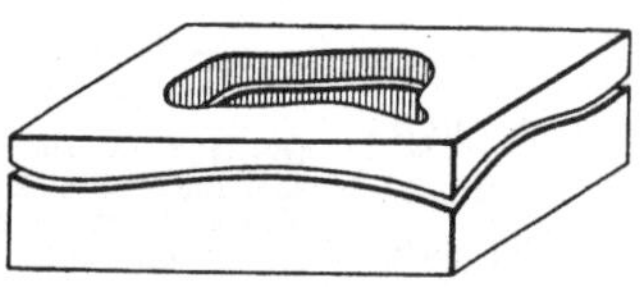

Abb. 133. Rahmen mit vorgegebenen
Randwerten zum Spannen einer Haut.

Taststift vermessen, wenn man dabei
die sorgfältig gereinigte Stiftspitze und ihr Spiegelbild in der Haut
beobachtet und den Stift immer nur eben bis zur Berührung bewegt.

Weniger umständlich ist die Höhenvermessung an einer Gummihaut.
Damit die Haut hierbei der Forderung gleichförmiger Spannung nach
allen Seiten entspricht, wird sie zunächst auf einem großen Rahmen allseitig gleichmäßig sehr stark gedehnt, etwa mit Kontrolle durch ein
vorher aufgezeichnetes Quadratnetz. Die Vermessung erfolgt wieder
unmittelbar mit einem Höhentaststift, man kann aber auch mit entsprechenden Vorsichtsmaßnahmen einen Wachs- oder Gipsabguß der
Hautform herstellen und dann seine Höhenschichten aufnehmen. Die
Durchsenkung der Haut unter dem Gußgewicht muß dabei durch entsprechende Flüssigkeitsfüllung auf der anderen Hautseite aufgehoben
werden. In der Nähe von Einzellastsingularitäten erscheinen hohe Rand-
wertspitzen, so daß beim Versuch der Hauteinspannung hier starke
zusätzliche Hautspannungen auftreten würden, die nach Voraussetzung
nicht vorhanden sein dürfen. Diese Singularitäten muß man also wie im
Fall des elektrischen Potentials durch ein Hilfsrandstück umgehen und
herausnehmen.

13. Das Verfahren von NEUBER.

Die graphische Bestimmung der S-Gleichen aus ihren Richtungs-
elementen beruht auf folgenden Zusammenhängen. In einem Punkt

---

[1] THIEL, A.: Photogrammetrisches Verfahren zur versuchsmäßigen Lösung
von Torsionsaufgaben. Ing.-Arch. Bd. 5 (1934) S. 417—429; vgl. auch QUEST, H.:
Ing.-Arch. Bd. 4 (1933) S. 510—520.

seien außer dem Hauptliniensystem (Linien 1 und 2) gegeben: 1. Die Linie, auf der die Hauptspannungssumme S konstant ist (S-Gleiche). 2. Die Linie, auf der die Hauptspannungsdifferenz ($\sigma_1 - \sigma_2 = T$) konstant ist (T-Gleiche, Farbgleiche). 3. Die Linie, auf der die Hauptspannungsneigung φ konstant ist (Richtungsgleiche), und zwar sollen diese drei Linien die Winkel α, β und γ gegen die Hauptrichtung 1 bilden, sie sollen mit 3, 5 und 7 bezeichnet werden (Abb. 134). Außerdem seien noch die auf 3, 5 und 7 senkrechten Linien 4, 6 und 8 eingeführt. Längs der Linie 3 ändert sich S nicht, während senkrecht hierzu, in Richtung 4, die größte Änderung von S, gegeben durch $\partial S/\partial s_4$ stattfindet. Ebenso verschwinden $\partial T/\partial s_5$ und $\partial \varphi/\partial s_7$, während die größten Änderungen von T und φ durch $\partial T/\partial s_6$ und $\partial \varphi/\partial s_8$ gegeben werden. Schreibt man die Gleichgewichtsbedingungen (15d) S. 29 in der Form

$$(15\,\mathrm{e}) \quad \begin{cases} \dfrac{\partial S}{\partial s_1} + \dfrac{\partial T}{\partial s_1} + 2\,T\,\dfrac{\partial \varphi}{\partial s_2} = 0, \\[2mm] \dfrac{\partial S}{\partial s_2} - \dfrac{\partial T}{\partial s_2} + 2\,T\,\dfrac{\partial \varphi}{\partial s_1} = 0, \end{cases}$$

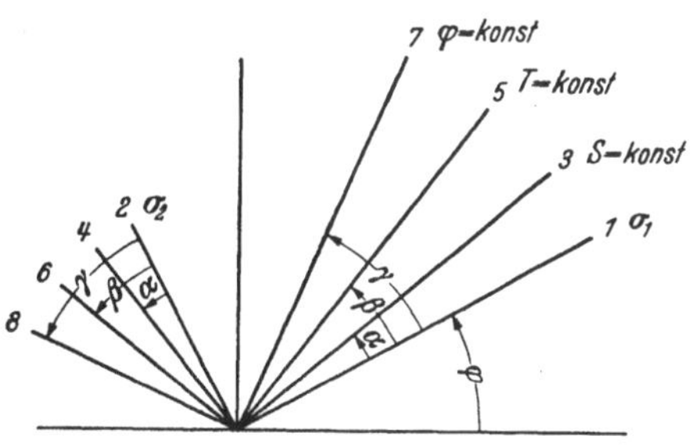

Abb. 134. Bezeichnung der Linienlemente des Verfahrens von Neuber.

so lassen sich alle auftretenden Differentialquotienten durch die soeben angegebenen größten Änderungen („Gradienten") der einzelnen Größen ausdrücken, und zwar ist

$$\frac{\partial S}{\partial s_1} = -\frac{\partial S}{\partial s_4}\sin\alpha, \qquad \frac{\partial T}{\partial s_1} = -\frac{\partial T}{\partial s_6}\sin\beta, \qquad \frac{\partial \varphi}{\partial s_1} = -\frac{\partial \varphi}{\partial s_8}\sin\gamma,$$

$$\frac{\partial S}{\partial s_2} = \frac{\partial S}{\partial s_4}\cos\alpha, \qquad \frac{\partial T}{\partial s_2} = \frac{\partial T}{\partial s_6}\cos\beta, \qquad \frac{\partial \varphi}{\partial s_2} = \frac{\partial \varphi}{\partial s_8}\cos\gamma.$$

Aus den Gleichungen wird dann

$$(15\,\mathrm{f}) \quad \begin{cases} \dfrac{\partial S}{\partial s_4}\sin\alpha = -\dfrac{\partial T}{\partial s_6}\sin\beta + 2\,T\,\dfrac{\partial \varphi}{\partial s_8}\cos\gamma, \\[3mm] \dfrac{\partial S}{\partial s_4}\cos\alpha = \dfrac{\partial T}{\partial s_6}\cos\beta + 2\,T\,\dfrac{\partial \varphi}{\partial s_8}\sin\gamma. \end{cases}$$

Hieraus folgt sofort durch Division der Wert

$$(34) \qquad \operatorname{tg}\alpha = \frac{-\dfrac{\partial T}{\partial s_6}\sin\beta + 2\,T\,\dfrac{\partial \varphi}{\partial s_8}\cos\gamma}{\dfrac{\partial T}{\partial s_6}\cos\beta + 2\,T\,\dfrac{\partial \varphi}{\partial s_8}\sin\gamma}.$$

Spannungsoptisch lassen sich β und γ als Neigungen der Farbgleichen und Richtungsgleichen gegen die Hauptlinie 1 messen, die Größen $\partial T/\partial s_6$ und $\partial \varphi/\partial s_8$ sind angenähert aus dem gegenseitigen Abstand b

zweier benachbarter Schubgleichen, bzw. dem Abstand c zweier Richtungsgleichen zu ermitteln, es gilt

$$\frac{\partial T}{\partial s_6} \approx \frac{\Delta T}{b}, \qquad \frac{\partial \varphi}{\partial s_8} \approx \frac{\Delta \varphi}{c},$$

wobei $\Delta T = \Delta\,(\sigma_1 - \sigma_2)$ und $\Delta \varphi$ den Spannungssprung bzw. den Winkelsprung zwischen den benachbarten Linien bedeuten. Man kann hieraus tg α errechnen und ein Linienelement in der Richtung α gegen die Hauptlinie 1 einzeichnen. NEUBER gab auch eine graphische Lösung an [3.15, 4.22, 5.06]: Nach Abb. 135 a zeichne man um den interessierenden Punkt P (Schnittpunkt einer Farbgleiche und einer Richtungsgleiche) einen Kreis mit dem Radius c (d. h. mit einem Radius, der dem mittleren Abstand der beiden benachbarten Richtungsgleichen entspricht). Man ermittle ebenso den mittleren Abstand b der beiden benachbarten Farbgleichen. Man zeichne die Tangenten an die Hauptlinien, die Farbgleiche und die Richtungsgleiche durch den Punkt P, und zwar an die Linie 1 nur in Richtung *steigender* s_1 (positiv), an die Linie 2 nur in Richtung *fallender* s_2 (negativ), an die Farb- und Richtungsgleiche nur zur *Rechten* des steigenden Sinnes von T und φ. Die

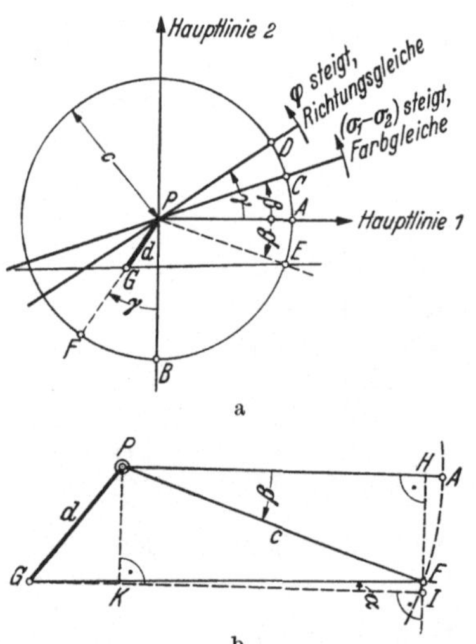

Abb. 135 a u. b. Konstruktion der S-Gleichenrichtung nach NEUBER (vgl. Text). a Konstruktionsgrößen, b Teilausschnitt zum Beweis.

Schnittpunkte dieser Tangentenarme mit dem Kreis seien mit A, B, C und D bezeichnet. Nun trage man die Bogen $AE = -AC$ und $BF = -AD$ auf dem Kreise ab (beide sind immer *entgegengesetzt* zu AC und AD zu zeichnen!). Schließlich trage man auf der Geraden PF eine Strecke $d = 2\,\dfrac{T\,\Delta \varphi}{\Delta T} \cdot b$ bis zum Punkte G ab. Dabei ist $T/\Delta T$ im allgemeinen eine ganze Zahl, da die Farbgleichen bei einfarbigem Licht eine ganzzahlige Reihe von Schubsprüngen ΔT bilden, während $\Delta \varphi$ im Bogenmaß zu rechnen ist. [Am einfachsten ermittelt man d aus einer graphischen Darstellung, in der man für gegebene Werte $\Delta \varphi$ (etwa $5° = 0{,}087$ oder $10° = 0{,}174$) d als Ordinate über b als Abszisse für verschiedene ganze Zahlen aufträgt.]

Die Verbindungslinie GE ist dann parallel zu der durch P gehenden S-Gleiche. Zum Beweis sind noch einmal die Punkte $PAEG$ herausgezeichnet (Abb. 135 b), außerdem sind noch drei Lote gefällt, und zwar EH senkrecht auf PA, GI senkrecht auf EH, PK senkrecht auf GI. Es ist $\operatorname{tg}\,\alpha = EI/GI$. Nun ist $EI = HI - HE = PK - HE = d \cdot \cos\gamma - c \cdot \sin\beta$, ebenso ergibt sich $GI = GK + KI = GK + PA = c\,\cos\beta + d\,\sin\gamma$, also ist

$$\operatorname{tg}\alpha = \frac{-c\sin\beta + 2\,\dfrac{T}{\varDelta T}\,\varDelta\varphi \cdot b \cdot \cos\gamma}{c\cos\beta + 2\,\dfrac{T}{\varDelta T}\,\varDelta\varphi\,b \cdot \sin\gamma} = \frac{-\dfrac{\varDelta T}{b}\sin\beta + 2\,T\,\dfrac{\varDelta\varphi}{c}\cos\gamma}{\dfrac{\varDelta T}{b}\cos\beta + 2\,T\,\dfrac{\varDelta\varphi}{c}\sin\gamma}\,.$$

Das ist aber genau Gleichung (34) für $\operatorname{tg}\alpha$, wenn die angegebenen Näherungswerte für die Differentialquotienten eingesetzt werden.

Schließlich kann man noch $\partial S/\partial s_4 = \varDelta(\sigma_1 + \sigma_2)/a$ ermitteln, wenn man etwa setzt $\varDelta(\sigma_1 + \sigma_2) = \varDelta(\sigma_1 - \sigma_2) = \varDelta T$ und wenn a die zu diesem Sprung gehörige Strecke auf der Linie 4 darstellt. Aus Gleichung (15f) folgt durch quadrieren und addieren:

$$\left(\frac{\partial S}{\partial s_4}\right)^2 = \left(\frac{\partial T}{\partial s_6}\right)^2 + \left(2\,T\,\frac{\partial\varphi}{\partial s_8}\right)^2 + 4\,\frac{\partial T}{\partial s_6}\cdot T\cdot\frac{\partial\varphi}{\partial s_8}\,(\sin\gamma\cos\beta \cdot \cos\gamma\,\sin\beta),$$

oder mit den angenommenen Sprüngen und Strecken:

$$\left(\frac{\varDelta T}{a}\right)^2 = \left(\frac{\varDelta T}{b}\right)^2 + \left(2\,T\,\frac{\varDelta\varphi}{c}\right)^2 + 4\,\frac{\varDelta T \cdot T \cdot \varDelta\varphi}{b\cdot c}\sin(\gamma - \beta),$$

$$\frac{b^2\,c^2}{a^2} = c^2 + \left(\frac{2\,T\,b\,\varDelta\varphi}{\varDelta T}\right)^2 + 2\,c\cdot\left(\frac{2\,T\,b\,\varDelta\varphi}{\varDelta T}\right)\sin(\gamma - \beta).$$

Aus den bekannten Größen des Dreiecks GEP folgt

$$GE^2 = c^2 + d^2 + 2\,cd\sin(\gamma - \beta), \quad \text{also ist } \frac{1}{a} = \frac{GE}{b\,c}\,.$$

Aus genügend vielen Linienelementen dieser Art lassen sich dann die S-Gleichen und die auf ihnen senkrechten Linien ermitteln, wobei die in Kap. IV, Abschn. 2 ausführlich besprochenen Eigenschaften des S-Gleichennetzes (Quadratnetz) zur Kontrolle und Verbesserung dienen können. Zeichnet man die S-Gleichen für eine Reihe von S-Werten, die gerade den ganzzahligen Sprüngen $\varDelta(\sigma_1 - \sigma_2)$ der Schubgleichen entsprechen, so enden am freien Rand mit $S = T$ die S-Gleichen immer mit der entsprechenden Schubgleiche. Wenn der Rand als Linie 1 bezeichnet wird, ist wegen $S = T$ auch $\partial S/\partial s_1 = \partial T/\partial s_1$. Die erste Gleichgewichtsbedingung [Gleichung (15e)] lautet also am freien Rand

$$\frac{\partial S}{\partial s_1} + T\,\frac{\partial\varphi}{\partial s_2} = 0, \quad \text{d. h. } -\frac{\partial S}{\partial s_4}\sin\alpha = -\frac{\partial T}{\partial s_6}\sin\beta = -T\,\frac{\partial\varphi}{\partial s_8}\cos\gamma$$

und für die Neigung α der S-Gleichen gegen den Rand ergibt sich

$$\operatorname{tg}\alpha = \frac{-\dfrac{\partial T}{\partial s_6}\sin\beta + 2\,\dfrac{\partial T}{\partial s_6}\sin\beta}{\dfrac{\partial T}{\partial s_6}\cos\beta + 2\,\dfrac{\partial T}{\partial s_6}\sin\beta\,\operatorname{tg}\gamma} = \frac{\sin\beta}{\cos\beta + 2\sin\beta\,\operatorname{tg}\gamma}\,.$$

Für den *geraden* freien Rand ist außerdem die Randhauptlinie 1 gleichzeitig Richtungsgleiche, es ist $\gamma = 0$ und $\operatorname{tg}\alpha = \operatorname{tg}\beta$, d. h. die S-Gleiche läuft unter derselben Richtung wie die Farbgleiche in den geraden freien Rand ein.

Schließlich sei erwähnt, daß auch das Netz der S-Gleichen und der zu ihr senkrechten Kurven singuläre Punkte (Sattelpunkte der S-Fläche) aufweisen können. Aus den Eigenschaften der Potentiale (vgl. S. 76) folgt sofort anschaulich, daß sich in einem Sattelpunkt stets zwei senkrecht aufeinander stehende Gerade schneiden müssen, in denen S konstant ist, die also selbst S-Gleichen sind. Diese Geraden sind demnach Asymptoten, denen sich die übrigen S-Gleichen hyperbolisch einschmiegen. Im übrigen ist in einem solchen Sattelpunkt mit unbestimmten α

$$\frac{\partial S}{\partial s_1} = \frac{\partial S}{\partial s_2} = \frac{\partial S}{\partial s_4} = 0,$$

also

$$\frac{\partial T}{\partial s_6} \sin \beta = 2\, T \frac{\partial \gamma}{\partial s_8} \cos \gamma, \qquad \frac{\partial T}{\partial s_6} \cos \beta = -2\, T \frac{\partial \gamma}{\partial s_8} \sin \gamma,$$

woraus folgt: $\operatorname{tg} \beta = -1/\operatorname{tg}\gamma$, d. h. $\gamma = \beta \pm 90°$, die Farbgleiche und die Richtungsgleiche stehen im Sattelpunkt der S-Fläche senkrecht aufeinander (ein Beispiel eines solchen Punktes findet sich in Abb. 174 b, S. 193). Umgekehrt bedeutet $\gamma = \beta \pm 90°$ nicht notwendig einen Sattelpunkt für S, es muß lediglich sein

$$\alpha = -\beta, \frac{\partial S}{\partial s_4} = \frac{\partial T}{\partial s_6} \pm 2\, T \frac{\partial \varphi}{\partial s_8}.$$

14. Die Integration längs der Hauptlinien.

Die auf die Hauptlinien bezogenen Gleichgewichtsbedingungen schreibt man für praktische Integrationszwecke in der Differenzenform

$$\Delta\sigma_1 = -\,(\sigma_1 - \sigma_2)\,\frac{\Delta s_1 \Delta \varphi}{\Delta s_2},$$

$$\Delta\sigma_2 = -\,(\sigma_1 - \sigma_2)\,\frac{\Delta s_2 \Delta \varphi}{\Delta s_1} \qquad \text{(vgl. Gleichung 15 c, S. 29).}$$

Man geht dabei im allgemeinen so vor, daß man z. B. in σ_1 auf der Hauptlinie s_1 um Elemente Δs_1 fortschreitet, deren Längen sich aus der aufgenommenen Reihe der Neigungsgleichen, d. h. aus dem Wert $\Delta \varphi$ ergeben, wie in Abb. 80, S. 80 angedeutet wurde (Schritte von A nach B oder von A nach C). Bei sehr flachen Schnitten ist es dagegen besser, um feste kleine Beträge Δs_1 fortzuschreiten und das Verhältnis $\Delta\varphi/\Delta s_2$ aus der in s_2-Richtung gemessenen gegenseitigen Entfernung zweier benachbarter Richtungsgleichen zu entnehmen.

Beim Beginn an einem Punkt des freien Randes sei σ_2 die zum Rand senkrechte Spannung. Am Rand selbst ist $\sigma_2 = 0$ und $\sigma_1 = (\sigma_1 - \sigma_2)$ wird aus der Farbgleiche entnommen. Beim Fortschreiten auf der s_2-Linie senkrecht zum Rand um Δs_2 ist zunächst $\sigma_2 = \frac{\sigma_1}{\varrho_1} \Delta s_2$, dabei ist ϱ_1 der Randkrümmungsradius und das Vorzeichen von σ_2 nach S. 29 gegeben. Man schreitet dann auf der s_2-Linie von Richtungsgleiche zu Richtungsgleiche fort, wobei zweckmäßig ein fester Sprung $\varDelta\varphi$ (5° = 0,087) zwischen den Richtungsgleichen d. h. den Meßpunkten, eingehalten wird. Das Verhältnis $\varDelta s_2/\varDelta s_1$ entnimmt man als tg γ der Zeichnung, wobei γ der Winkel zwischen den Tangenten an die Hauptlinie und an die Richtungsgleiche ist. Am Rand ist das Vorzeichen von σ_2 selbstverständlich; weiter innen gelten Regeln, die sich aus den Gleichungen (15) S. 28 ergeben und die in Abb. 136 noch einmal dargestellt sind.

An jedem erreichten Punkt kennt man $(\sigma_1 - \sigma_2)$ und σ_2, also den gesamten Zustand. Man kann also an jedem beliebigen Punkt die Fortschreiterichtung ändern und nun σ_1 auf einer s_1-Linie fortschreitend weiter bestimmen. Zur Kontrolle kann man schließlich auf beliebigem Wege zu einem anderen freien oder bekannten Randpunkt vordringen, wobei die senkrecht zum Rand wirksame Spannung verschwinden oder einer bekannten Spannung entsprechen muß. Im allgemeinen wird das nicht genau stimmen und man wird von dem erreichten Randpunkt aus die Ergebnisse noch etwas verbessern.

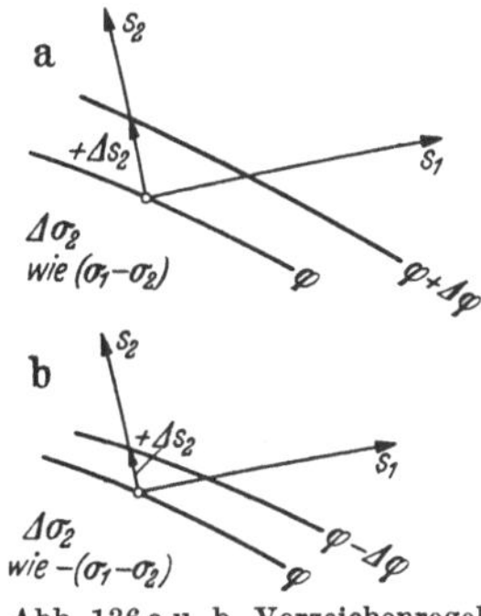

Abb. 136 a u. b. Vorzeichenregel bei der Integration längs der Hauptlinien.

Die zweite beschriebene Art des Fortschreitens ist von besonderer Bedeutung in Symmetrieschnitten, in denen die Symmetrieachse eine gerade Hauptlinie und gleichzeitig Richtungsgleiche $\varphi = \varphi_0$ ist. Beim Fortschreiten auf einer solchen geraden Hauptlinie kann man also senkrecht zu dieser mit s_1 bezeichneten Linie die Größe $\varDelta s_2$ bis zur Nachbarrichtungsgleichen $\varphi = \varphi_0 + \varDelta\varphi$ messen (genauer ermittelt man $\varDelta s_2$ als Mittel zwischen den beiden Entfernungen von den Nachbarlinien $\varphi_0 + \varDelta\varphi$ und $\varphi_0 - \varDelta\varphi$). Es ergibt sich daraus $\varDelta\sigma_1 = (\sigma_1 - \sigma_2) \cdot \varDelta s_1 \cdot \dfrac{\varDelta\varphi}{\varDelta s_2}$ für beliebige kleine Schritte $\varDelta s_1$. Das Verfahren ist z. B. im Stabquerschnitt zwischen zwei Kerben oder in gelochten Stäben sehr gut verwendbar, es gilt ebenso in der mittleren Stablängsachse bei mittiger Belastung.

Gelegentlich scheint es sich zu empfehlen, sowohl dieses Verfahren und das NEUBERsche Verfahren zu verwenden und die Ergebnisse gegenseitig zu kontrollieren. In manchen Teilen eines Modells kann das eine, in den anderen Teilen das andere Verfahren günstiger sein. Beispielsweise versagt die Integration längs der Hauptlinien in der Umgebung von schubfreien Punkten, während diese Punkte im S-Feld glatt überbrückt werden. Eine Möglichkeit, einen singulären Punkt in einem Spannungszustand A lediglich mittels der Hauptlinienintegration zu vermessen, beruht in der Überlagerung eines zweiten Spannungszustandes B, wobei weder im Zustand $(A + B)$ noch im Zustand B der Punkt singulär sein soll. Der allseitige Spannungswert im singulären Punkt im Zustand A folgt aus der Differenz der zu vermessenden Zustände $(A + B)$ und B.

15. Anbohrverfahren.

Nach den Gleichungen und Bemerkungen S. 82 lassen sich die Spannungen σ_1 und σ_2 an einem Punkt aus den Spannungsrandwerten an einem kreisrunden Loch ermitteln. Gerade diese Randwerte liegen nun aber an einem Ort mit starkem Spannungsgefälle (vgl. etwa Abb. 84). Außerdem ist der Rand selbst leicht durch Eigenspannungen gestört.

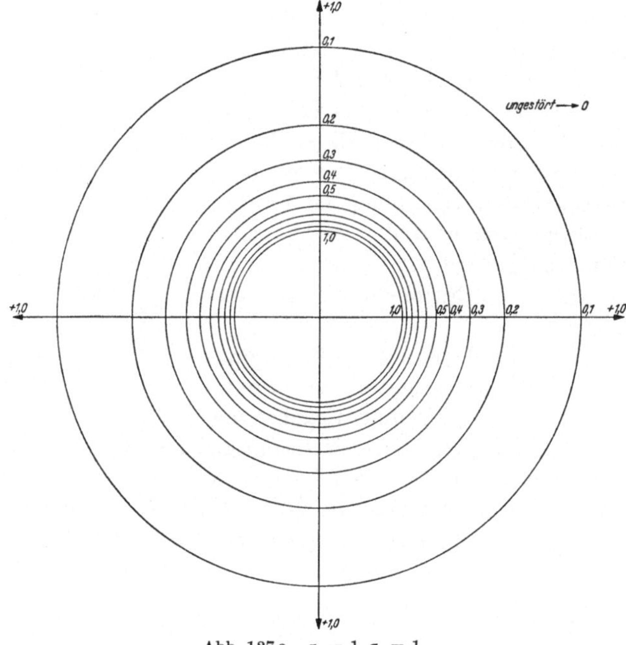

Abb. 137a. $\sigma_1 = 1$ $\sigma_2 = 1$.

Abb. 137a bis g. Linien gleicher Schubspannung $\tau_{max} = \dfrac{\sigma_1 - \sigma_2}{2}$ in der Umgebung eines runden Loches.

Es ist daher oft meßtechnisch angenehmer, statt dessen einige Hauptschubwerte in der Umgebung der Löcher zu vermessen. Um einen Eindruck von den in der Umgebung eines Loches auftretenden Farbgleichen zu geben, ist in Abb. 137 eine Reihe von Schubgleichenbildern in der Umgebung eines Loches mit dem Radius a zusammengestellt, von denen jedes einem anderen Verhältnis σ_2/σ_1 entspricht. Bis auf einen Maßstabsfaktor (die Werte in den Bildern sind alle für $\sigma_1 = 1$ errechnet) muß jedes überhaupt auftretende Bild in diese Reihe gehören. Aus dem Gesamtbild läßt sich also von vornherein das Verhältnis σ_2/σ_1 abschätzen und das

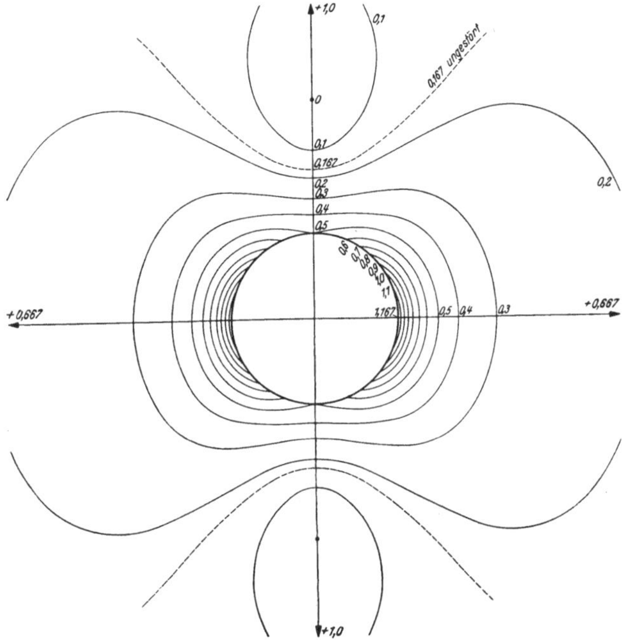

Abb. 137b. $\sigma_1 = 1$ $\sigma_2 = 0{,}667$.

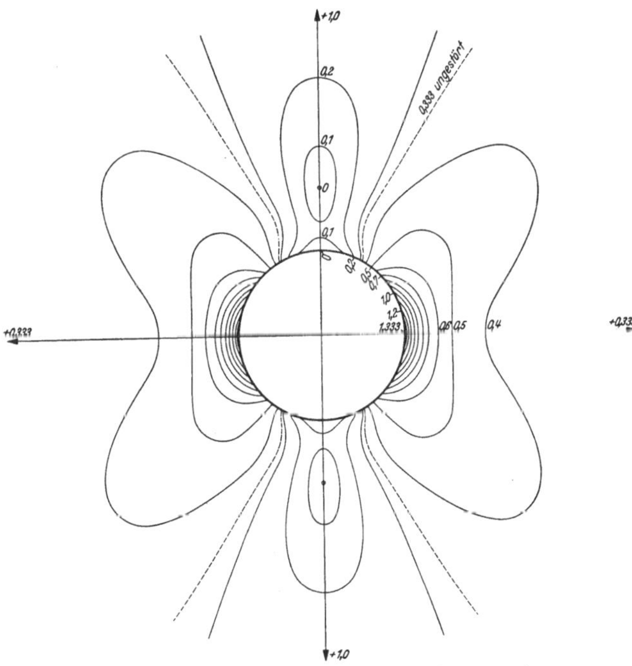

Abb. 137c. $\sigma_1 = 1$ $\sigma_2 = 0{,}333$.

162

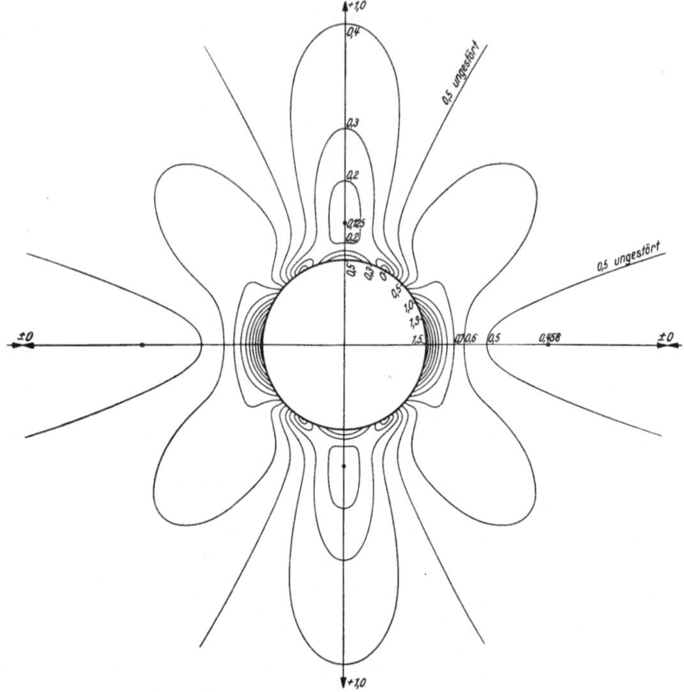

Abb. 137 d. $\sigma_1 = 1$ $\sigma_2 = 0$.

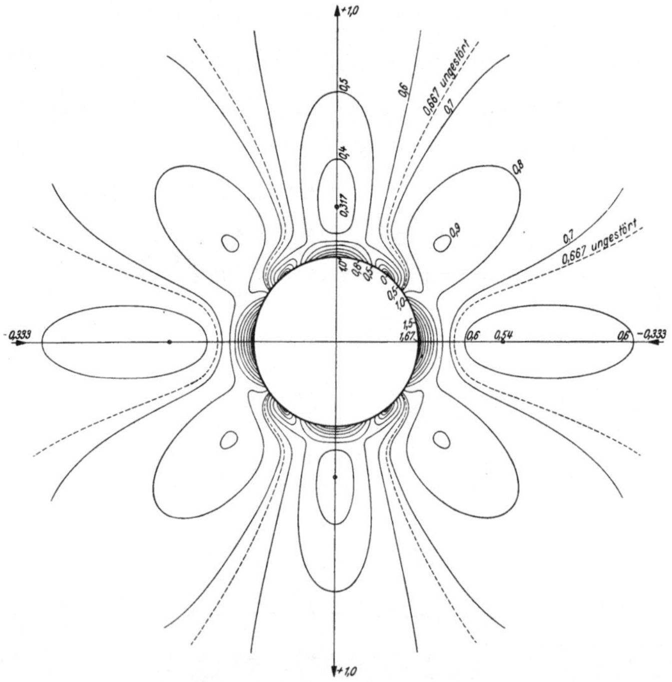

Abb. 137 e. $\sigma_1 = 1$ $\sigma_2 = -0,333$.

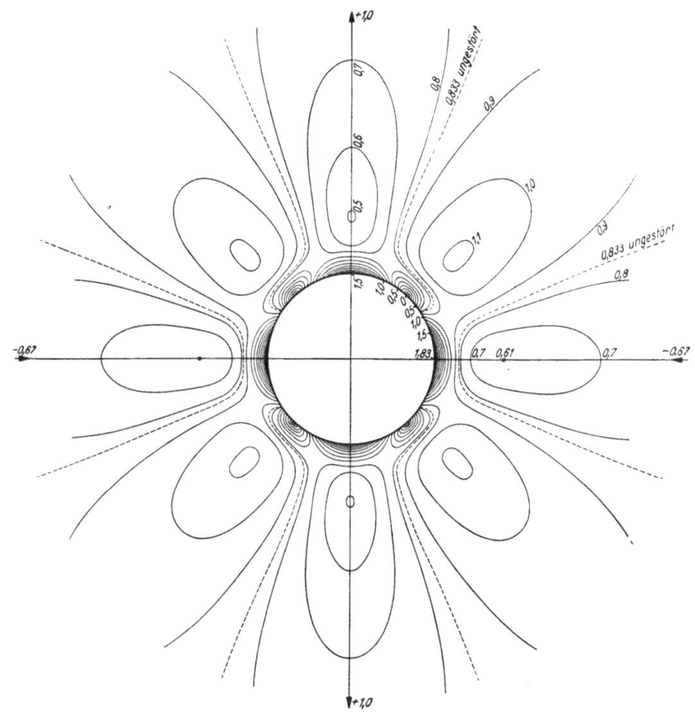

Abb. 137 f. $\sigma_1 = 1$ $\sigma_2 = -0,667$.

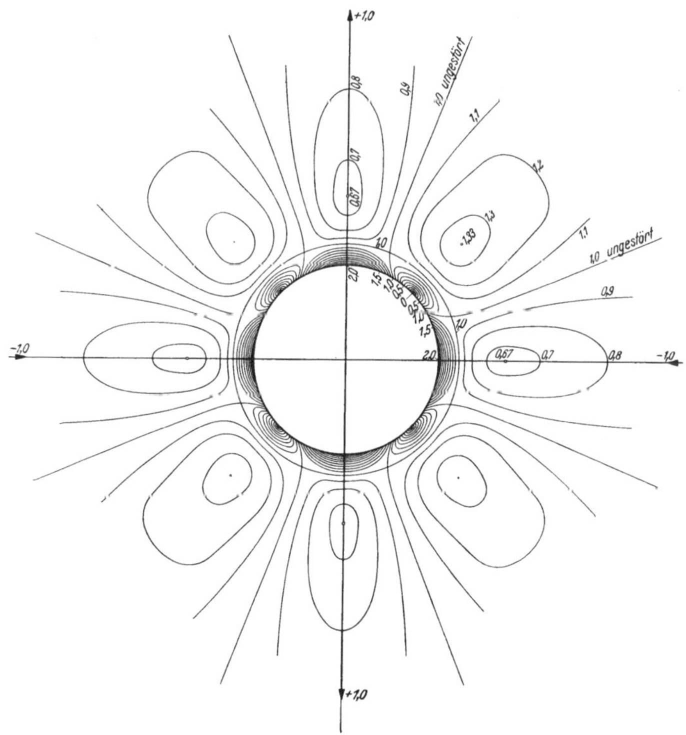

Abb. 137 g. $\sigma_1 = 1$ $\sigma_2 = -1$.

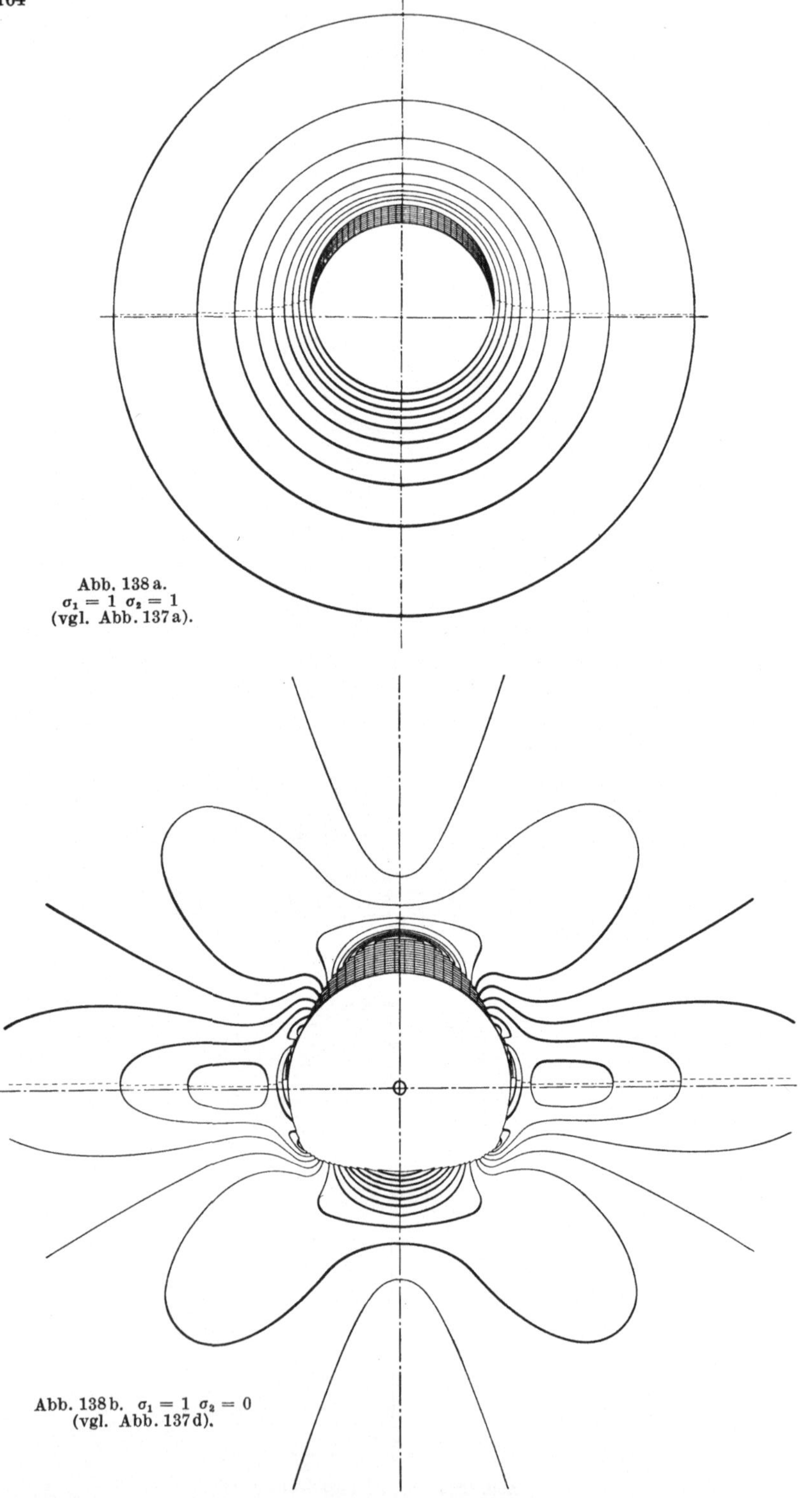

Abb. 138a.
$\sigma_1 = 1$ $\sigma_2 = 1$
(vgl. Abb. 137a).

Abb. 138b. $\sigma_1 = 1$ $\sigma_2 = 0$
(vgl. Abb. 137d).

Hauptrichtungskreuz festlegen. In Abb. 138 wurde versucht, ein perspektivisches Bild des „Hauptschubberges" zu geben, das bei der Betrachtung von vorne oben erhalten wird. Dicke schwarze Kanten sind hierbei nicht Schatten, sondern die von vorn sichtbaren senkrechten Wände der einzelnen Schichten. Im Innern ist der Berg durch das runde

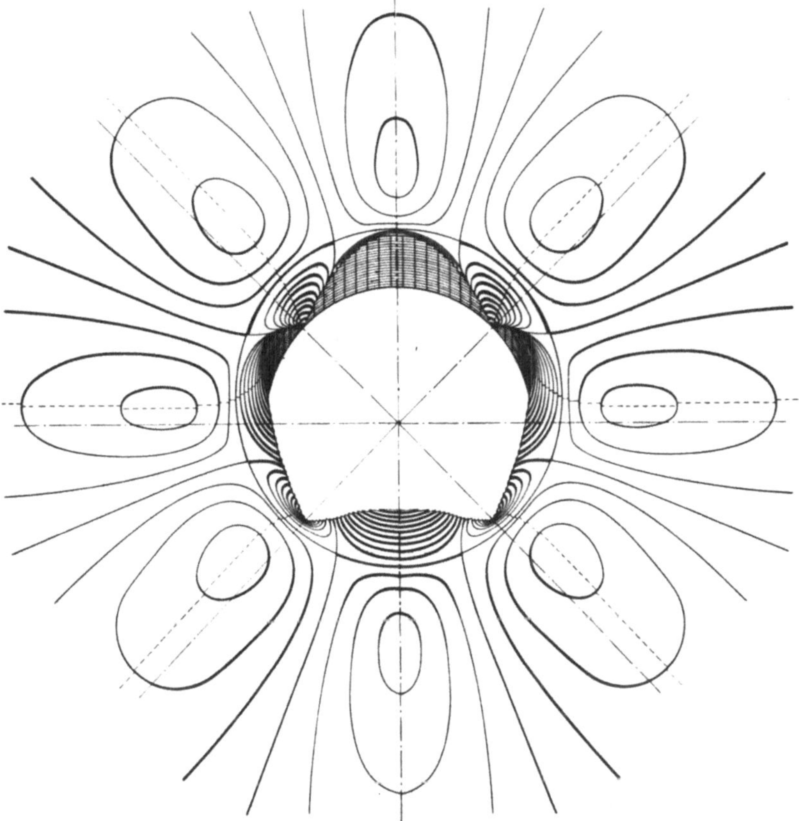

Abb. 138c. $\sigma_1 = 1$ $\sigma_2 = -1$ (vgl. Abb. 137g).

Abb. 138a bis c. Perspektivische Darstellung des Hauptschubberges über der Ebene in der Umgebung eines runden Loches.

Loch begrenzt, man sieht in Abb. 138b gegen eine, in 138c gegen drei senkrechte Berginnenränder. In Abb. 138b wurde die Längszugachse quer gelegt, um die seitlich der Zugrichtung entstehenden Spannungsberge sichtbar zu machen, in 138c werden die vier Nullpunkte (am Fuß der amphitheaterähnlichen Treppen) und die vier Spannungsgipfel am Lochrand deutlich. Auf der Hauptachse selbst läßt sich der Verlauf des Hauptschubwertes leicht angeben, und zwar sei der an jedem

Ort wirksame Hauptspannungsunterschied mit $(\sigma_I - \sigma_{II})$ bezeichnet. Es gilt auf der in Richtung 1 liegenden Achse:

$$(\sigma_I - \sigma_{II})_1 = \sigma_1 \left(1 - 3\,\frac{a^2}{r^2} + 3\,\frac{a^4}{r^4}\right) + \sigma_2 \left(-1 + \frac{a^2}{r^2} - 3\,\frac{a^4}{r^4}\right)$$

und ebenso auf der Achse in Richtung 2:

$$(\sigma_I - \sigma_{II})_2 = \sigma_1 \left(-1 + \frac{a^2}{r^2} - 3\,\frac{a^4}{r^4}\right) + \sigma_2 \left(1 - 3\,\frac{a^2}{r^2} + 3\,\frac{a^4}{r^4}\right).$$

Durch Differentiation ergibt sich, daß für Werte σ_2/σ_1 zwischen -1 und $+0{,}6$ auf der Achse 1 ein Minimum von $(\sigma_I - \sigma_{II})$ vorhanden ist, es liegt bei $\dfrac{r^2}{a^2} = \dfrac{6\,(1 - \sigma_2/\sigma_1)}{3 - \sigma_2/\sigma_1}$.

Bildet man noch

$$(\sigma_I - \sigma_{II})_1 + (\sigma_I - \sigma_{II})_2 = U = (\sigma_1 + \sigma_2) \cdot 2\,\frac{a^2}{r^2},$$

$$(\sigma_I - \sigma_{II})_1 - (\sigma_I - \sigma_{II})_2 = V = (\sigma_1 - \sigma_2) \cdot 2 \cdot \left(1 - 2\,\frac{a^2}{r^2} + 3\,\frac{a^4}{r^4}\right),$$

so folgen zwei besonders einfache Bestimmungsgleichungen für σ_1 und σ_2. Die zweite dieser Gleichungen liefert einen immer an derselben Stelle liegenden Kleinstwert

$$V_{\min} = \frac{4}{3}\,(\sigma_1 - \sigma_2) \text{ bei } r = 1{,}73\,a,$$

der besonders gut vermeßbar ist und sozusagen einen Ersatz für die infolge des Bohrlochs nicht mehr meßbare Farbgleiche des ursprünglichen Feldes bietet.

Es ist immer empfehlenswert, mehr als zwei Punkte zu vermessen, um die durch die Randeffekte und die Veränderlichkeit des ursprünglichen Spannungszustandes auftretenden Störungen zu eliminieren.

16. Abschätzende Verfahren.

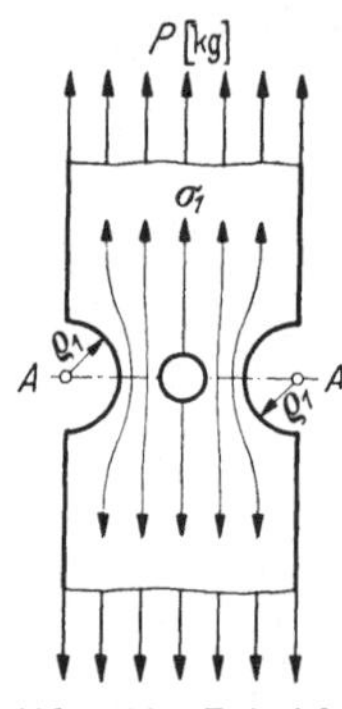

Abb. 139. Beispiel eines Symmetrieschnittes (AA) zur Abschätzung.

In einfachen Symmetrieschnitten kann man folgende Überlegung anstellen. In einem Schnitt AA (Abb. 139) eines Zugstabes werden Normalspannungen σ_1 übertragen, die insgesamt der Gesamtlängskraft P des Stabes entsprechen müssen. Spannungsoptisch leicht meßbar sind die Werte der Hauptspannungsdifferenz $(\sigma_1 - \sigma_2)$ in diesem Schnitt. Auch die Richtungsgleichen in der Umgebung dieses Schnittes sind leicht zu ermitteln.

Man trägt nun zunächst die Kurve $(\sigma_1 - \sigma_2)$ über dem Querschnitt auf und bildet ihren Inhalt $\sum (\sigma_1 - \sigma_2)\,df$, dabei ist df das Flächenelement des Querschnittes. Da die Größe $\sum \sigma_1\,pf = P$ bekannt ist, folgt hieraus auch der Wert von $\sum \sigma_2\,df = P - \sum (\sigma_1 - \sigma_2)\,df$. Für den Verlauf von σ_2 über den Querschnitt bestehen nun folgende Bestimmungsstücke: Am freien Rand ist $\sigma_2 = 0$. Unmittelbar neben dem Rand ergibt sich

σ_2 aus der Gleichung $\sigma_2 = \dfrac{\sigma_1}{\varrho_1}\,\varDelta s_2$ nach S. 29. Außerdem ist noch die Lage von Minimum- oder Maximumstellen von σ_2 bekannt, sie liegen dort, wo die Richtungsgleiche senkrecht auf dem Querschnitt steht (z. B. im mittleren Symmetrieschnitt, manchmal außerdem auch seitlich), schließlich muß auch noch der Gesamtinhalt der Kurve einen gegebenen Wert annehmen. Dadurch ist ihr Gesamtverlauf mit geringen Fehlern abschätzbar. Man zeichnet sie ebenfalls über dem Querschnitt auf. Der Wert von σ_1 folgt sofort als Summe der beiden Kurven $\sigma_1 = (\sigma_1 - \sigma_2) + \sigma_2$. Über das Vorzeichen können im allgemeinen keine Zweifel bestehen, da es am Rand eindeutig gegeben ist und sich ein etwa vorhandener Vorzeichenwechsel durch eine Nullstelle bemerkbar macht.

VII. Dynamische und räumliche Probleme, Strömungsdoppelbrechung.

1. Zeitlich unveränderliche Zustände infolge von dynamischen Kräften.

Körper, die schnell umhergeschleudert werden, stehen unter der Wirkung der Fliehkräfte. Bei Körpern, die klein sind im Verhältnis zu ihrem Bahnradius, verhalten sich die innerhalb des Körpers etwa gleich großen und gleich gerichteten Massenkräfte wie Schwerewirkungen, sie können also auch wie diese behandelt werden. Modelle aus Gelatine ergeben schon unter der Wirkung ihres Eigengewichtes beträchtliche optische Wirkungen dieser Art. Bei verhältnismäßig größeren Körpern oder wenn feste Werkstoffe für das Modell verwendet werden sollen, ist aber die Beobachtung wirklich bewegter Körper notwendig. Versuche an Balken in einer umlaufenden Trommel mit einer optischen Einrichtung zur Beobachtung eines stillstehenden Bildes beschreiben BUCKY, SOLAKIAN und BALDIN [5.04], und zwar wurde eine stroboskopische Einrichtung nach Abschn. 2b verwendet[1].

2. Zeitlich veränderliche Zustände.

Bei zeitlich veränderlichen Zuständen sind drei Arten zu unterscheiden: a) Zustände, die sich in fester Gestalt durch den Körper bewegen; hierhin gehören die Spannungszustände vor der Schneide von Messern, Hobeln usw., b) Zustände, die sich schwingend verändern, d. h. sich immer nach einer gewissen Zeit (Periode) wiederholen, c) Zustände, deren Höhe und Gestalt sich nicht regelmäßig wiederholten. In jedem der drei Fälle ist eine andere Aufnahmetechnik nötig.

a) Die vor der Schneide eines Werkzeugs im Werkstück auftretenden Zustände sind zeitlich ziemlich unveränderlich, wenn sich nicht Schwingungserscheinungen überlagern. Hält man das Werkzeug fest und bewegt

---

[1] Während der Drucklegung erschien eine Arbeit von HETÉNYI [Jur. appl. Physiol. Bd. 10 (1939) S. 295] über rotierende Scheiben, deren Zustand nach S. 172 „eingefroren" wurde.

das Werkstück, so bleibt der Spannungszustand räumlich vor der Schneide stehen und kann wie ein ruhender Zustand beobachtet werden. Die Zustände beim Abdrehen einer Zelluloidscheibe usw. lassen sich also unmittelbar in der gewohnten Art spannungsoptisch aufnehmen. Hält man Werkzeug und Werkstück an und drückt sie nur gegeneinander, so entsteht ein ganz ähnlicher Zustand. Auf diese Art nahm COKER einige „Schnittvorgänge" auf (Abb. 188, S. 201).

b) Bei periodisch wiederkehrenden Zuständen sind stroboskopische Einrichtungen immer besonders zweckmäßig. Elektrisch oder mechanisch gesteuerte kurzzeitige Beleuchtungen lassen von dem gesamten Schwingungszustand immer nur eine bestimmte Phase sichtbar werden. Die schnelle Folge der immer gleichen Bilder erweckt im Auge oder der photographischen Kamera den Eindruck eines ruhenden Zustandes, der auf die übliche Art vermessen wird. Aufnahmen dieser Art, bei denen eine Kerrzelle die Beleuchtung regelte und bei denen punktweise interferometrische Messungen vorgenommen wurden, hat MEYER [6.15] ausführlich beschrieben. Die von MEYER verwendeten (im wesentlichen elektrotechnischen) Geräte sind kostspielig und die Messungen stellten zeitlich und physisch erhebliche Anforderungen an den Beobachter.

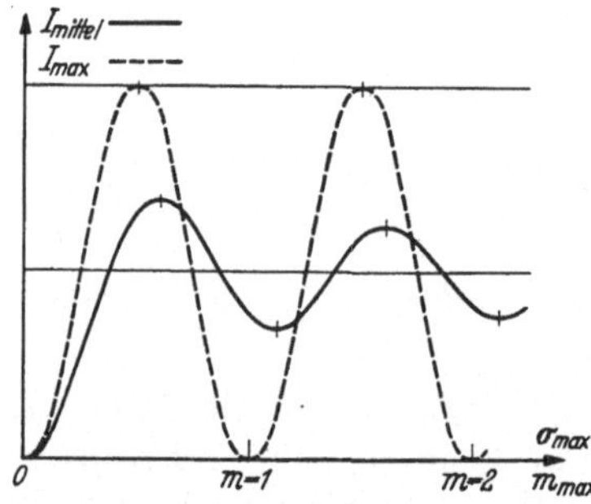

Abb. 140. Durchgelassene Lichtstärke eines schwingenden Körpers zwischen gekreuzten Polarisatoren. Mittelwert I_{mittel} und Endwert I_{max} der Lichtstärke in Abhängigkeit von der höchsten optischen Wirkung m_{max}.

Eine Anregung zu einer ganz anderen Art der Auswertung periodischer Vorgänge gaben COOKSON und OSTERBERG [6.05]. Man kann sich überlegen, welcher „zeitliche Mittelwert" der an einem Punkt empfundenen Lichtstärke herauskommt, wenn die Lichtstärke zwischen 0 und einem bestimmten äußersten Wert schwankt, wobei eine sinusförmige zeitliche Veränderung des Zustandes vorausgesetzt wird. Durch die mit $\sin^2 (\sigma_1 - \sigma_2)$ veränderlichen Lichtstärken des spannungsoptischen Bildes ergibt sich zwischen der Höchstspannung σ_{max} und der daraus folgenden mittleren Lichtstärke I_{mittel} ein Zusammenhang nach Abb. 140. Bei hochfrequenten Vorgängen wird diese mittlere Lichtstärke unmittelbar vom Auge oder einer photographischen Platte empfunden und kann zur Ermittlung des Spannungshöchstwertes verwendet werden. Die Überlagerung mehrerer Farben in weißem Licht ergibt dabei verwickeltere Farberscheinungen, bis sich bei höheren Spannungen ein gleichförmiges Grau im Mittel ausbildet.

c) Bei zeitlich wiederkehrenden Zuständen kann, in allgemeineren Fällen muß der gesamte zeitliche Verlauf des Zustandes verfolgt werden.

Das geeignete Mittel sind Filmaufnahmen mit entsprechender Bildfrequenz. Die ersten Aufnahmen dieser Art führte TUZI [23] mit einer üblichen Bildfrequenz (16 Bilder/s) durch. Für schnell verlaufende Vorgänge sind viel höhere Frequenzen erforderlich, es gelangen inzwischen Aufnahmen bis zu einer Frequenz von 4000 Bildern/s. Auf diese Art wurde z. B. der Spannungszustand in der Umgebung der Kontaktstelle bei einem Schneidenschlag gegen eine gerade Kante vermessen (THOUVENIN [5.22]). Auf die erforderlichen Sondergeräte, die auch eine erhebliche Lichtstärke erfordern, sei hier nicht näher eingegangen.

In einfachen Fällen kann man aber auch mit einfachen Mitteln wesentliche Ergebnisse erzielen, so immer dann, wenn man sich auf die Vermessung eines wichtigen Schnittes beschränkt. Am Beispiel eines geraden,

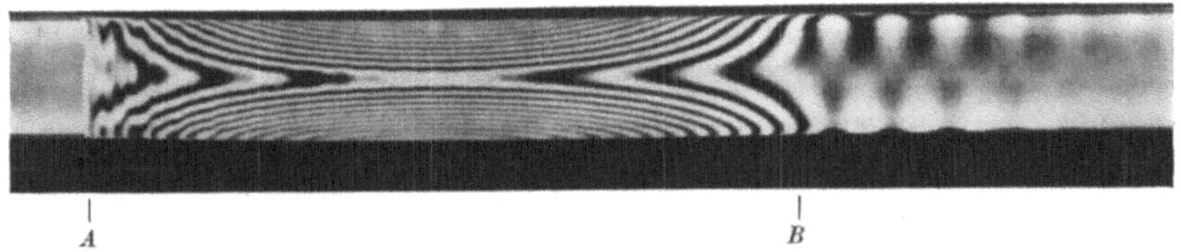

Abb. 141. Zeitlicher Verlauf des Bildes eines senkrechten Spaltes 15 mm neben der Mitte eines waagerechten Balkens bei einem Hammerschlag. Zeitmarken je $^1/_{1200}$ s, Phenolitbalken 120 × 23 × 6 mm, Hammer 1,6 kg, Fallhöhe 3,5 cm, 1 Streifen = 0,28 kg/mm², Berührungsdauer $A\,B \sim 1/240$ s.

durch einen Schlag gebogenen Balkens sei das Verfahren kurz näher erläutert. Aus dem waagerechten Balken wird ein interessierender senkrechter Querschnitt durch einen senkrechten Schlitz ausgeblendet und als schmaler Strich abgebildet. Durch eine Zylinderlinse wird dabei für hohe Lichtstärke gesorgt. Wird der Balken gebogen, so erscheinen die Schnittpunkte der einzelnen Farbgleichen mit dem senkrechten Schnitt als dunkle Punkte in dem Schlitz. Zieht man nun einen lichtempfindlichen Streifen waagerecht über das Bild des Schlitzes, während der Spannungszustand sich verändert, so photographiert man nebeneinander die zeitlich aufeinander folgenden Bilder des Querschnittes. Höchstspannung, Periode und Abklingen des zeitlich veränderlichen Zustandes ergeben sich aus einem derartigen Bild, dem lediglich noch Zeitmarken hinzugefügt werden müssen. Abb. 141 (nach [6.24]) stellt ein Beispiel einer solchen Aufnahme dar. Man sieht, daß während der Schlagberührung ein Höchstwert von $m = 12$ am Rand erreicht wird, daß in jedem Augenblick ein Zustand mit Schub vorlag (Höchstwert in Balkenmitte etwa $m = 3,5$), daß die Gesamtberührung vom Zeitpunkt A bis zum Zeitpunkt B dauerte und daß sich freie Schwingungen anschließen.

3. Räumliche Zustände.

a) Ebener Zustand in einem Teil eines insgesamt räumlichen Zustandes. Sowie in einem räumlichen Gebilde einzelne ebene und in ihrer Ebene beanspruchte Teile vorhanden sind, lassen sich diese Teile in der gewohnten Art spannungsoptisch untersuchen. Beispielsweise kann in einem räumlichen Gelenkfachwerk aus durchsichtigem Stoff jeder einzelne Stab durchleuchtet und seine mittlere Längsspannung spannungsoptisch ermittelt werden. Diese Art der Spannungsmessung ist ähnlich genau wie eine Dehnungsmessung und ist erheblich schneller durchzuführen, wenn man ein entsprechend gebautes tragbares Gerät mit eingebautem Kompensator oder $\lambda/4$-Blättchen verwendet. Auch der dünne gerade Steg eines Flanschträgers enthält bei Biegung einen ebenen Zustand, der genau wie jedes andere ebene Blech vermessen werden kann. Ebenso steht der Flansch eines solchen Trägers unter einer ebenen Beanspruchung, wenn er dünn und breit ist. In beiden Fällen muß man von dem Störungsbereich absehen, der an der Verbindungsstelle von Flansch und Steg auftritt.

In den Schalenbauteilen von röhrenförmigen Gebilden (Eisenbahnwagen, Flugzeugrumpf) können ebenfalls teilweise ebene Zustände vorhanden sein, insbesondere in rechtwinkligen Röhren bei Biegung um eine Hauptachse und bei der Schubbeanspruchung durch Verdrillung. Sowie hierbei auch Schalenbiegung auftritt, ist die Messung nicht mehr zuverlässig, denn die Biegespannungen bleiben nur dann spannungsoptisch im Mittel unwirksam, wenn sie parallel zu den übrigen wirksamen Spannungen sind. Selbst in ovalen oder runden Röhren kann man jedes einzelne Schalenelement als annähernd eben betrachten und vermessen, solange die Krümmung gering und die Mittelfläche der Schale nicht auf Biegung beansprucht ist. Bei den Röhren ist es oft erforderlich, den Strahlengang zu spiegeln, da die Rückwand im allgemeinen nicht gerade da durchlöchert ist, wo man die Vorderwand durchleuchtet. Mit Polarisationsfiltern lassen sich aber auch Anordnungen treffen, bei denen man die Röhre von hinten durchleuchtet oder eine Lichtquelle ins Innere der Röhre bringt, ein Filter innen an der Schale vorsieht und von außen durch einen Analysator beobachtet. Die folgenden Oberflächenverfahren erfordern dagegen immer einen gespiegelten Strahlengang.

Bei Bauwerken oder räumlichen Maschinenteilen kann man die Spannungen bzw. Verformungen ihrer Oberfläche infolge einer Belastung dadurch vermessen, daß man durch eine geeignete Verbindung die Oberflächenverformung auf eine durchsichtige Platte überträgt und nun diese Platte spannungsoptisch untersucht. Beispielsweise kann man in einigen nebeneinander liegenden Oberflächenpunkten eines Bauwerkes kleine steife Stahlstifte einmauern, die eine kleine Glasplatte tragen und diese Platte wie die Oberfläche verformen. Kennt man dagegen von vornherein die Hauptachsen des Oberflächenzustandes und beschränkt man sich auf die Längsdehnung in einer Richtung, so genügt auch eine Befestigung eines Streifens auf zwei Stiften. Wird die Platte rückseitig versilbert oder ein Spiegel dahinter geschoben, so läßt sich ihre Verformung und die daraus folgende Doppelbrechung z. B. durch Kompensation messen. Die Kenntnis des Elastizitätsmoduls des verwendeten Glases und des Bauwerks ist außerdem notwendig, denn die Spannung im Bauwerk (mit dem Elastizitätsmodul E_B) folgt aus der gemessenen Glasspannung σ_G zu

$$\sigma_B = \sigma_G \cdot \frac{E_B}{E_G},$$

unter der Voraussetzung, daß die Verbindung zwischen Glas und Bauwerk völlig steif ist und daß der Zustand im Bauwerk durch das Glas nicht wesentlich verändert wurde.

Man sieht außerdem, daß es hier auch auf die Dicke des Glases ankommt, denn die optische Wirkung im Glase ist bei gegebener äußerer Dehnung verhältnisgleich zur Dicke (nur bei gegebener äußerer *Kraft* ist die Dicke unwesentlich). Diese Tatsache wird noch wichtiger beim Oberflächenlackverfahren, in dem die Glasplatte durch einen optisch aktiven dicken Lacküberzug auf dem Bauwerk (Maschinenteil) ersetzt wird [0.18, 7.14]. Als Spiegel dient hierbei die vorher polierte Metalloberfläche des untersuchten Teiles. Da die Dicke einer Lackschicht nicht beliebig erhöht werden kann, da außerdem die Dicke in jedem Meßpunkt genau bekannt sein muß, Eigenspannungen auftreten usw., sind bisher kaum Messungen nach diesem Verfahren vorgenommen worden.

b) Räumlicher Zustand, zweidimensional untersucht. Wenn es gelingt, aus einem räumlichen Zustand einzelne Elemente allein zu durchleuchten und wenn man diese Durchleuchtung in einer der drei räumlichen Hauptachsen vornimmt, so erhält man wieder die gewöhnliche zweidimensionale Spannungsoptik und die Wirkung der in der Strahlrichtung vorhandenen dritten Hauptspannung fällt heraus. FAVRE wies darauf hin [0,14], daß man in einen optisch inaktiven Glaskörper (Glas mit $C = 0$, s. S. 117) kleine Elemente eines aktiven Glases einschmelzen könne. Bei der Gesamtdurchleuchtung sieht man dann lediglich die Wirkung dieser kleinen einzelnen Elemente und kann damit den Spannungszustand in diesen einzelnen Punkten feststellen. Die technischen Schwierigkeiten dieses Verfahrens sind offensichtlich.

Ein Vorschlag ganz anderer Art wurde von SOLAKIAN [6,21] und von OPPEL [6,17] gemacht. Ihr „Erstarrungsverfahren" beruht auf folgender Eigenschaft der Phenolkunstharze: Erwärmt man diese Kunstharze, so „erweichen" sie, ohne aber einen gewissen „elastischen Anteil" (vgl. S. 123) zu verlieren. Unter kleinen Kräften erhält man in der Wärme große Verformungen und hohe optische Wirkungen. Kühlt man nun den Harzkörper unter festgehaltenen Verformungen ab, so erstarrt er wieder und behält dabei seine Doppelbrechungseigenschaften. Schließlich kann man die Lasten in der Kälte wieder entfernen, wobei nur eine sehr geringe Rückverformung (entsprechend dem höheren Elastizitätsmodul) und eine sehr geringe Rückverminderung des optischen Gesamteffektes auftritt. Man hat also schließlich einen Körper ohne Spannungen, der sich optisch wie der belastete Körper verhält. Es ist nun mit entsprechender Vorsicht möglich, diesen Körper in Einzelteile (Scheiben) zu zerlegen, ohne daß sich die optischen Eigenschaften der Elemente wesentlich verändern; in den einzelnen Teilscheiben ist also ebenfalls immer noch der unter der Belastung entstandene optische Zustand vorhanden. Die spannungsoptische Vermessung dieser Scheiben führt schließlich zur Ermittlung des Spannungszustandes in einer Ebene des ursprünglich räumlichen Modells. Als Beispiel führte OPPEL die Vermessung eines vierkantigen Blockes unter einem Kugeldruck durch, und zwar ermittelte er die Spannungen in senkrechten und waagerechten Schnitten. Die Ergebnisse stimmten annähernd mit der theoretischen Lösung überein.

Grundsätzliche Versuche hierzu führte HETÉNYI [8.14] durch. Er stellte fest, daß gerade bei hohen Temperaturen die Kunstharze elastisch werden, d. h. das Gerippe des hochpolymeren Anteils (vgl. S. 123) nimmt kurz nach der Belastung eine rückfedernde Verformung an, wenn die weichere Masse dazwischenliegender kleinerer Moleküle in der Wärme (90—120°) quasi flüssig geworden ist. Der E-Modul in der Wärme ist nur $^1/_{600}$ des E-Moduls bei Zimmertemperatur, entsprechend geht nach der Verformung und nach dem „Einfrieren" des Zustandes unter der Last schließlich bei der kalten Entlastung die Verformung nur um $^1/_{600}$ der Gesamtverformung zurück. Ebenso ist in der Wärme die spannungsoptische Kennzahl 25mal so groß wie in der Kälte, die Entlastung nach dem Einfrieren ergibt also einen Rückgang der optischen Wirkung um rd. $^1/_{25}$. Schließlich veränderte ein vorsichtiges Zersägen tatsächlich die entstehenden Bilder nicht.

Gegenüber diesem Verfahren haben die „Eintauchverfahren" keinerlei Bedeutung. Es ist zwar durch Eintauchen in eine Flüssigkeit mit gleichem Brechungsindex möglich, auch ein räumliches — etwa rotationssymmetrisches — Modell mit ungebrochenen Strahlen zu durchleuchten. Da aber auf jeden Strahl alle hintereinander liegenden und hintereinander durchstrahlten Teilchen ihre Wirkung ausüben und man schließlich nur die Summe aller Wirkungen sieht, läßt sich hieraus praktisch nichts unmittelbar entnehmen. Nur in einfachsten Fällen kann es schließlich möglich sein, die gemessenen Summenwerte zur Ermittlung der Spannungen an einzelnen Punkten umzurechnen.

c) Räumlicher Zustand, dreidimensional untersucht. Eine Arbeit von HILTSCHER [8.15] erörtert die Möglichkeiten, Richtung und Größe aller drei Hauptspannungen aus einer räumlichen Durchleuchtung eines Elementes mit konvergentem Licht zu ermitteln. Mit Hilfe der Theorie der dreiachsigen Kristalloptik gelingt es, aus den Interferenzbildern der durchleuchteten Elemente in verschiedenen Richtungen sowohl die Hauptrichtungen wie die Größen und das Vorzeichen der drei Hauptspannungsdifferenzen $(\sigma_1-\sigma_2)$, $(\sigma_2-\sigma_3)$ und $(\sigma_3-\sigma_1)$ zu ermitteln. Kennt man also eine einzige Hauptspannung, so folgt hieraus die Größe der beiden anderen.

Die Gleichungen für diese dreidimensionale Spannungsoptik bedürfen noch eingehender Untersuchung, und es ist möglich, daß hiermit noch einfachere Verfahren entwickelt werden können. Augenblicklich ist dieses Verfahren noch nicht recht über den Laboratoriumsstandpunkt herausgekommen und man wird — trotz des vielversprechenden Beginnes durch HILTSCHER — noch einige Zeit bis zu seiner praktischen Verwendbarkeit warten müssen.

4. Strömungsdoppelbrechung.

Eine Reihe von Flüssigkeiten weist die Erscheinung auf, daß sie unter der Wirkung von Schubspannungen doppelbrechend werden. Diese Schubspannungen können nur bestehen, solange sich die Flüssigkeit in Bewegung befindet. Sie klingen ab, sowie die Flüssigkeit zur Ruhe kommt. Beispielsweise ist in Strömungen in der Nähe einer Wand die auftretende Schubspannung unmittelbar verhältnisgleich zur Änderung der Geschwindigkeit v in der Richtung y quer zur Geschwindigkeit, d. h. quer zur Wand. Bei einer Querdurchleuchtung einer solchen Strömung kann man den Geschwindigkeitsgradienten $\partial v / \partial y$ unmittelbar als Doppelbrechungswert messen und daraus die Geschwindigkeitsverteilung durch Integration ermitteln. Sowohl reine Flüssigkeiten wie kolloidale Lösungen ergeben diese Doppelbrechung. Wegen weiterer Einzelheiten muß auf das Schrifttum verwiesen werden [8, 2.02, 3.19, 4.26, 6.13, 6.19, 7.17].

VIII. Anwendungen.

1. Gerade Stäbe.

a) Reiner Zug oder Druck. Die spannungsoptische Untersuchung eines einfachen geraden Zug- oder Druckstabes als Modellversuch zeigt schnell und übersichtlich, ob die gewählte Stabform und Belastung (Einspannung) wirklich einen ausreichenden Bereich gleichförmiger Beanspruchung liefert. Versuche zu diesem Zweck sind öfter durchgeführt worden (vgl. z. B. [28]), insbesondere zur Beurteilung kurzer Zugstäbe, bei denen der Übergang zum Einspannkopf erheblichen Einfluß auf die Verwendbarkeit hat. Die Beurteilung erfolgt am schnellsten, indem man das Modell entweder bis zur empfindlichen Farbe oder bis zu einer genügend hohen Ordnung der Schubgleichen zieht und in einem unter 45° gegen die Stabachse linear polarisierten Feld beobachtet. Eine Neigungsgleiche tritt dann nicht auf, es ist kein Zirkularlicht notwendig. Auch die Aufnahme der Neigungsgleichen um 0° herum kann zur Beurteilung des gleichförmig beanspruchten Bereiches dienen.

Der Zugstab wird außerdem für Eichzwecke spannungsoptischer Werkstoffe verwendet. Der Stab muß entweder einen längeren Bereich gleichförmiger Spannung enthalten oder es wird in einem schwach keiligen Stab gleichzeitig eine ganze Reihe von Spannungen und Farben erzeugt.

Eine technische Anwendung des einfachen Druckstabes zur Spannungsmessung beschrieb TOURNIAIRE [45], hierbei wird eine zu messende Drahtspannung als Druck auf ein Glasprisma übertragen, dessen Doppelbrechung ermittelt wird.

b) Reine Biegung. Ein reines, konstantes Biegemoment in einem geraden Stab wird am einfachsten durch je ein Kräftepaar an beiden Seiten erzeugt (Abb. 142, vgl. Abb. 124). Das Mittelstück zwischen den inneren Lasten erfährt dann keine Querkraft und in allen Querschnitten herrscht dieselbe Spannungsverteilung. Bei elastischem Verhalten sind dann nur Längsspannungen im Balkenmittelteil wirksam, die Spannungs-

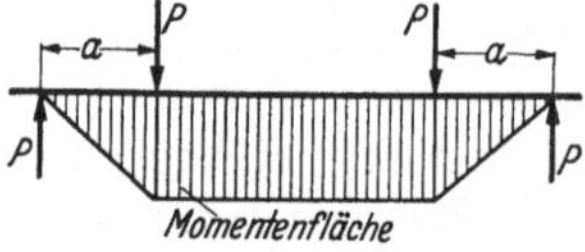

Abb. 142. Momentenfläche eines Balkens zwischen vier symmetrischen gleichen Lasten.

verteilung ist linear, die Balkenmittellinie (neutrale Faser) ist spannungsfrei. Im spannungsoptischen Bild ist also von der Mitte her nach beiden Seiten eine steigende Farbenreihe zu erwarten, die Mittelfaser bleibt zwischen gekreuzten Polarisatoren immer dunkel. Die Zug- und Druckseite sind in der Farbe nicht unterschieden, das Bild ist symmetrisch zur Mittellinie. In hochaktiven Werkstoffen und bei einfarbigem Licht

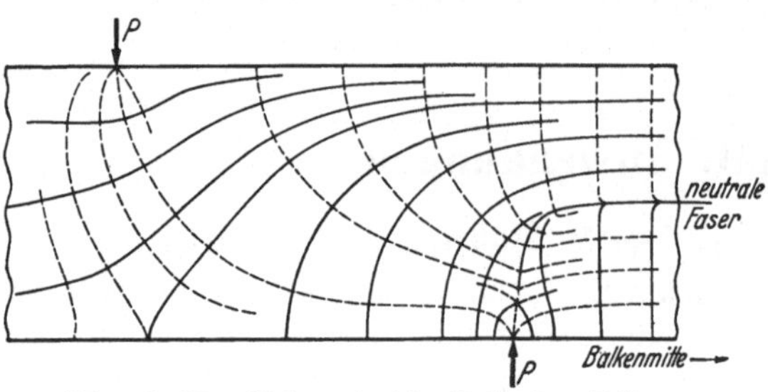

Abb. 143. Hauptlinienverlauf im Ende eines Balkens nach Abb. 142.

erscheint eine Reihe von dunklen Streifen parallel zur Mittelfaser, wegen des linearen Zusammenhangs zwischen Spannungen und Relativverzögerung ist der gegenseitige Streifenabstand konstant über die gesamte Balkenbreite. Die Verwendbarkeit dieses Tatbestandes zur Eichung wurde bereits ausführlich erörtert (vgl. S. 141). Daß die beiden Seiten des Balkens verschiedene Vorzeichen in der optischen Wirkung aufweisen, sieht man z. B. mittels des Zugstabkompensators sofort. Die Beobachtung, Kompensation oder Aufnahme kann in linear polarisiertem Licht erfolgen, dessen Polarisationsebene um 45° gegen die Balkenachse geneigt ist. Stimmt dagegen die Polarisationsebene mit der Balkenachse überein, so muß der ganze Balken dunkel erscheinen. Bei Ausführung des Versuches stellt man oft fest, daß diese Erwartung nicht zutrifft, vielmehr erscheint bei dieser Einstellung der Polarisatoren der ganze Balken dunkler als die neutrale Mittelfaser, die ursprünglich (bei Polarisation unter 45°) vollständig dunkel erschien. Zum näheren Verständnis dieser Erscheinung betrachtet man am besten den Bereich in der Nähe des Lastangriffs. Abb. 143 stellt die Hauptlinien dieses Bereiches dar. Man sieht, daß diese Hauptlinien im gleichförmig gebogenen Balkenmittelteil zu zwei Linienscharen gehören, deren Zusammenhang in Abb. 144 noch einmal skizziert ist. Die neutrale Faser stellt also eine linienförmige Singularität dar, auf der alle Hauptlinien einen scharfen Knick um 90° erfahren. Die Vorstellung wird noch etwas deutlicher, wenn durch kleine Abweichungen von der streng er-

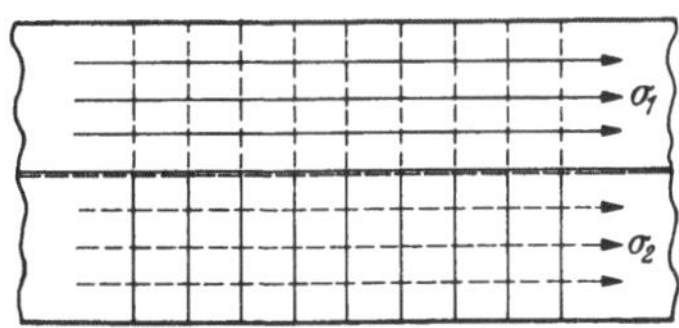

Abb. 144. Zusammengehörigkeit der Hauptlinien beim Balken mit reiner Biegung.

forderlichen Symmetrie in der Belastung die Schärfe des Knickes etwas vermindert wird, d. h. wenn eine kleine Querkraft vorhanden ist. In starker Vergrößerung zeigt dann die unmittelbare Umgebung der Mittelfaser etwa das Bild der Abb. 145. Am Ort der mittleren Faser sind also die beiden sich senkrecht kreuzenden Hauptlinienscharen um $\pm\,45°$ gegen die Stabachse geneigt. In diesem Zustand ist die neutrale Faser zwar längsspannungsfrei, er-

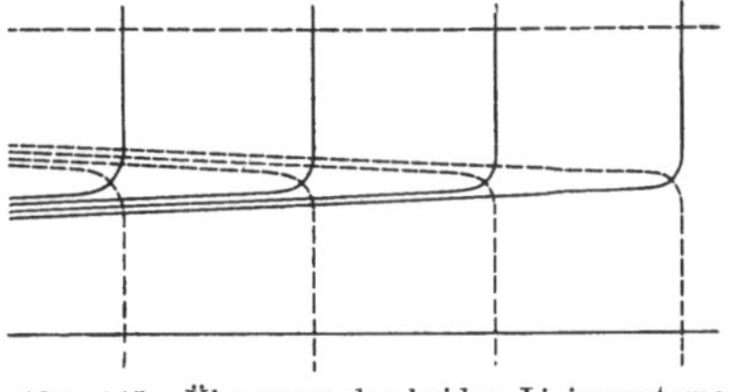

Abb. 145. Übergang der beiden Liniensysteme in Abb. 144 bei kleiner Querkraft.

fährt aber einen kleinen Schub. Die hieraus folgende kleine optische Wirkung wird sichtbar, wenn die Polarisatoren parallel zur Balkenachse stehen, sie tritt nicht in Erscheinung, wenn die Hauptrichtung der Spannungen (45°) mit der Polarisationsrichtung übereinstimmt. Eine tiefdunkle Mittellinie bei einer Polarisation unter 45° ist also kein Beweis für eine erreichte „reine" Biegung, die dunkle Linie kann auch die Richtungsgleiche für die Richtung $\varphi = 45°$ sein. Eine Kontrolle, ob wirklich reine Biegung vorliegt, erfolgt vielmehr besser in Zirkularlicht. Bei mangelhafter Schubfreiheit erscheint dann die Mittellinie etwas grau. Bei hochaktiven Werkstoffen und insgesamt hoher Ordnungszahl hebt sie sich aus der Reihe gleichmäßiger Streifen als unscharf oder verwaschen heraus oder fehlt sogar ganz. Die genauere Berechnung der Hauptschubgrößen in einem Biegebalken

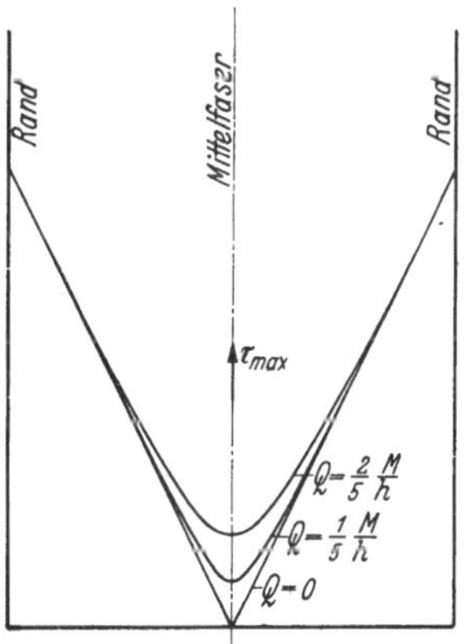

Abb. 146. Verlauf der Hauptschubspannungen über den Balkenquerschnitt der Höhe h bei kleiner Querkraft Q und dem Biegemoment M.

mit sehr kleinem Schub ergibt im Querschnitt eine Hauptschubverteilung nach Abb. 146. Auf der Mittelachse ist

$$\sigma_x = \sigma_y = 0 \qquad \tau_{xy} = \tau_{\max} = Q \cdot \frac{3}{2\,d\,h}.$$

Nach außen schließt sich der Bereich mit linear wachsendem σ_x und parabolisch fallendem τ_{xy} an, wobei der Einfluß von τ_{xy} bei kleinem Q sehr schnell verschwindet. Eine Farbenaufnahme eines Zelluloidstabes in Zirkularlicht zeigt Abb. 147.

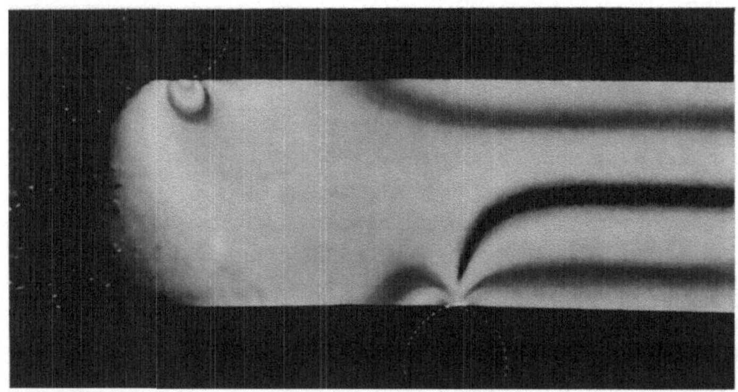

Abb. 147. Farbgleichen in einem Zelluloidstab zwischen vier Lasten nach Abb. 142 und 143.

An jedem Ende des Balkens zwischen vier Lasten tritt ein Bereich linear veränderlichen Momentes (konstanter Querkraft) auf. Auch wenn

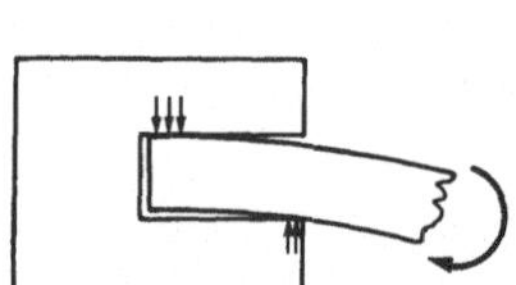

Abb. 148. Endeinspannung eines Balkens, die zwei Einzellasten entspricht.

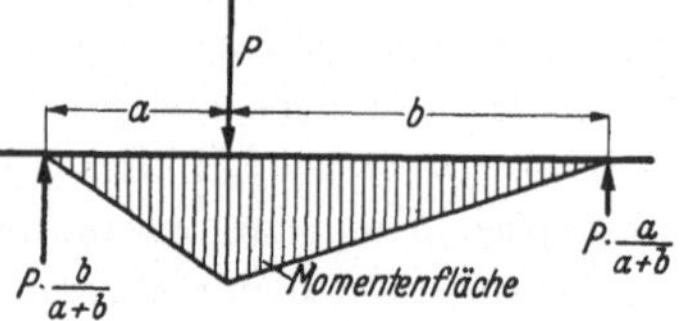

Abb. 149. Momentenfläche eines Balkens mit Einzellast auf zwei Stützen.

statt der Kräftepaare eine gewöhnliche Einspannung das Moment in den Balken einleitet, ist die Spannungsverteilung ähnlich (Abb. 148). Die Erscheinungen in diesem Bereich sind dieselben wie in einem Balken auf zwei Stützen mit einer Einzellast.

c) Biegung mit Querkraft. Der zweifache gestützte Balken mit einer Einzellast, d. h. mit linear veränderlichem Moment (Abb. 149) zeigt spannungsoptisch außerhalb der örtlichen Störungsgebiete an den Lastangriffsstellen hyperbolische Farbgleichen, weist am Rand die Farbfolge einer linear veränderlichen Randspannung und im Inneren ein System von Neigungsgleichen und Hauptlinien dar, die im nächsten Abschnitt noch näher behandelt werden. In der Nähe der Lasten sind die Richtungen der Hauptspannungen von Ort zu Ort stark veränderlich, das Bild der Hauptlinien vermittelt einen anschaulichen Begriff des „Kraftflusses" zwischen den Einzellasten (Abb. 150).

Bei symmetrischer Belastung (Abb. 151) tritt eine Singularität in Balkenmitte immer auf, wenn der Abstand der Stützen nicht klein gegenüber der Balkenhöhe ist, sie ist der zusammengeschrumpfte Rest

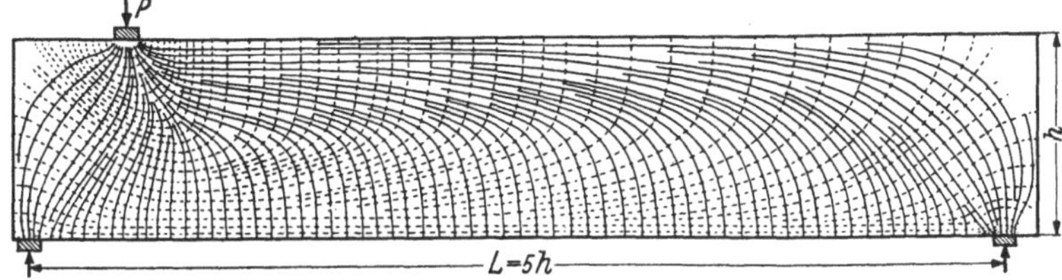

Abb. 150. Hauptlinien in einem Balken mit Einzellast auf zwei Stützen.

der schubfreien Mittellinie im Fall der reinen Biegung. Die längsspannungsfreie neutrale Mittelfaser ist nicht schubfrei und erscheint

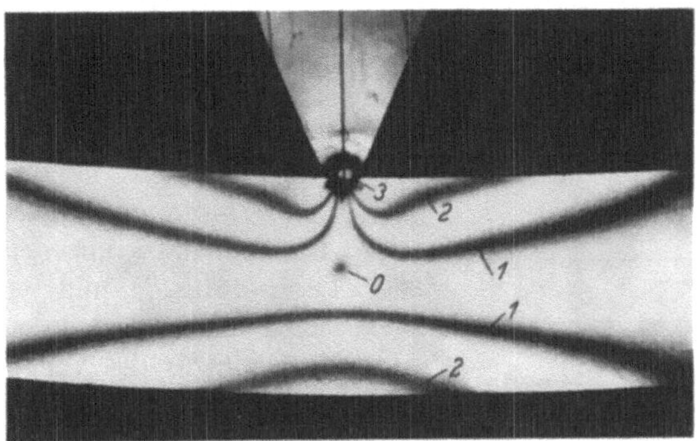

Abb. 151. Farbgleichen in einem Zelluloidbalken auf zwei Stützen mit Mitteleinzellast (h = 15 mm, Spannweite 90 mm, P = 22 kg).

daher nicht dunkel, wie in Abb. 146 bereits gezeigt wurde. Rücken die beiden Stützen sehr dicht zusammen, so wird der Bereich linearer Spannungsverteilung ganz von den Störungswirkungen der Einzellasten überdeckt (vgl. Abschn. 7, S. 199).

Läßt man eine weitere Querkraft am Balken angreifen, so erreicht man bei geeigneter Anordnung, daß ein momentenfreier Querschnitt im Balken auftritt (Abb. 152 und 153).

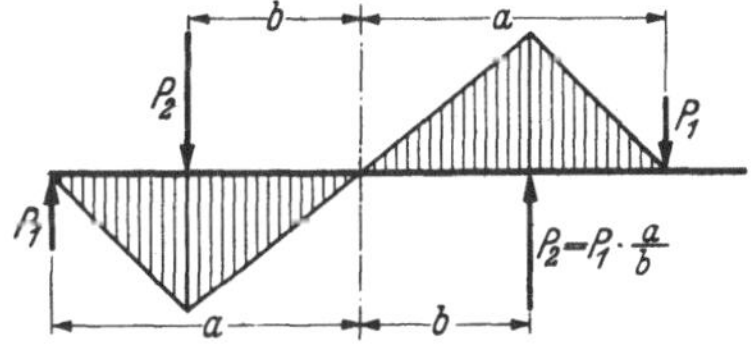

Abb. 152. Momentenfläche mit Nullpunkt eines Balkens zwischen vier Lasten.

Der Spannungszustand in der Umgebung dieses wichtigen Schnittes muß nun unabhängig von allen gewählten Abmessungen, Abständen und Kräften immer dasselbe Bild aufweisen, sämtliche Spannungen verändern sich lediglich mit einem Gesamtfaktor, nämlich der wirksamen Querkraft Q. Da die Momentennullpunkte für

Mesmer, Spannungsoptik. 12

die Beurteilung spannungsoptischer Bilder von Rahmenwerken von
großer Bedeutung sind, wird ihnen der folgende Abschnitt gewidmet.

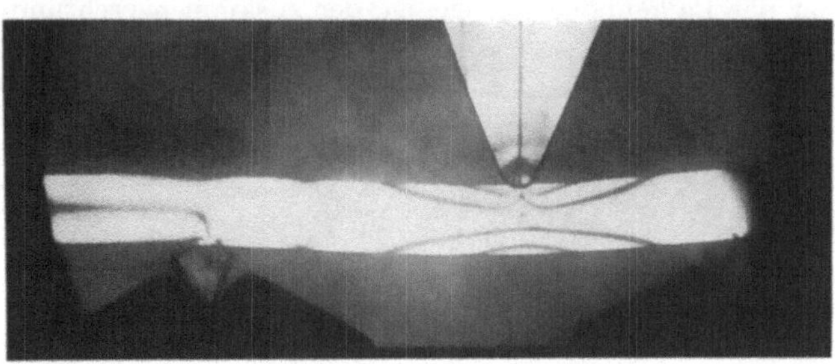

Abb. 153. Farbgleichen in einem Zelluloidbalken zwischen drei Lagern mit einer Last. $h =$ [6 mm,
Abstand der sichtbaren Lager 50 mm, drittes Lager 35 mm weiter links, $P = 8,3$ kg 20 mm vom
rechten Lager. Momentennullpunkt 20,5 mm links von der Last.

d) Momentennullpunkte in Balken mit Rechteckquerschnitt. In vielen
statisch unbestimmten Aufgaben, insbesondere bei Rahmen mit steifen
Ecken, reicht die Kenntnis der Lage von Momentennullpunkten in den
Stäben aus, um eine erheblich vereinfachte statische Rechnung durchzuführen; wesentlich ist dieser Vorteil vor allem bei Aufgaben mit
vielen unbestimmten Größen. Ein wei-
terer Fortschritt ist mit der Ermittlung
der Längskräfte P und Querkräfte Q
in diesen Punkten verbunden, aber auch
nur die Kenntnis des Verhältnisses P/Q
kann oft schon wesentlich für eine Aufgabe sein. Es wird sich im folgenden
zeigen, daß der Wert P/Q die einzige

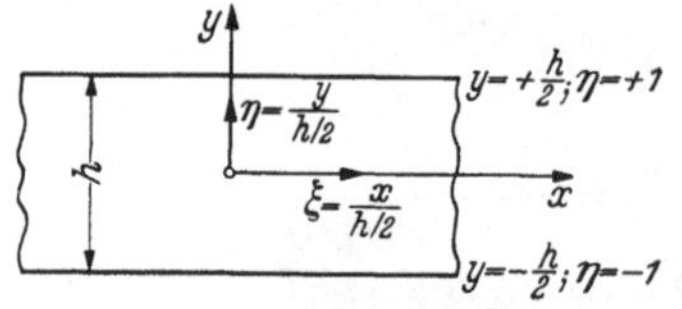

Abb. 154. Koordinaten in der Umgebung
eines Momentennullpunktes.

Größe ist, von der das geometrische Bild der Spannungsverteilung
in rechteckigen Balken in der Nähe eines Momentennullpunktes abhängt. Die absolute Größe aller Spannungen wächst bei konstantem
P/Q verhältnisgleich zu Q, alle auftretenden Spannungen seien daher
als Vielfache des Spannungswertes $s = Q/d\,h$ (mittlere Schubspannung
im Balken der Höhe h und der Dicke d ausgedrückt. Mit den Bezeichnungen der Abb. 154 gelten folgende Zusammenhänge: Infolge der Längs-
kraft P wirkt überall eine Längsspannung $\sigma_x = \dfrac{P}{d \cdot h} = \dfrac{P}{Q} \cdot s$. Infolge der
Querkraft Q wirkt eine Schubspannung, die parabolisch über den Quer-
schnitt verteilt ist, es ist

$$\tau_{xy} = \frac{Q}{d \cdot h}\left(\frac{3}{2} - \frac{6\,y^2}{h^2}\right) = \frac{3}{2}\,s\,(1 - \eta^2).$$

Schließlich ergibt das aus der Querkraft folgende Moment eine linear
verteilte Längsspannung

$$\sigma_x = M \cdot \frac{y}{J} = Q \cdot x \cdot \frac{12\,y}{d\,h^3} = \frac{Q}{d \cdot h} \cdot \frac{x}{h} \cdot \frac{12\,y}{h} = s \cdot 3\,\xi\,\eta.$$

Der Gesamtzustand lautet also

$$\sigma_x = s\left(3\,\zeta\,\eta + \frac{P}{Q}\right) \qquad \sigma_y = 0 \qquad \tau_{xy} = s\cdot\frac{3}{2}\,(1-\eta^2).$$

Für die Hauptspannungen und ihre Richtungen folgt daraus

$$\left(\frac{\sigma_1-\sigma_2}{2}\right)^2 = \frac{s^2}{4}\left[\left(3\,\xi\,\eta + \frac{P}{Q}\right)^2 + 9\,(1-\eta^2)^2\right],$$

$$\mathrm{tg}\,2\,\varphi = \frac{3\,(1-\eta^2)}{3\,\xi\,\eta + \dfrac{P}{Q}}\,.$$

Tatsächlich tritt also nur der Wert P/Q als wesentliche Lastgröße in der Gesamtverteilung der Spannungen auf.

Die spannungsoptische Untersuchung des vorliegenden Zustandes erfolgt z. B. in einem Modell nach Abb. 155 (vgl. [8.05]), darin ergeben die Kräfte AA einen Wert $P/Q = 0$, die Kräfte BB einen Wert $P/Q = 1$ usw. Es folgen daraus Bilder, wie sie für die Werte $P/Q = 0$, $P/Q = 0{,}3$ und $P/Q = 3{,}0$ in Abb. 156a bis f wiedergegeben werden, eine photographische Farbgleichenaufnahme stellt Abb. 156g dar.

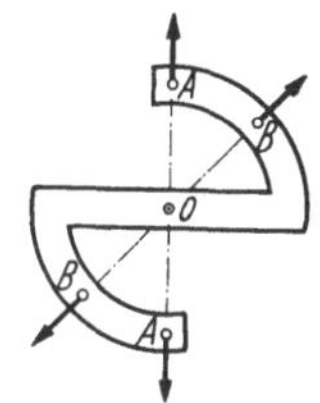

Abb. 155. Modell zur Herstellung eines Momentennullpunktes in 0 mit verschiedenen Werten P/Q. (AA für $P/Q = 0$, BB für $P/Q = 1$.)

Wichtig für die Auswertung sind folgende Tatsachen: Im Balkenmittelpunkt $\xi = \eta = 0$ herrscht eine Hauptrichtung φ_0 nach der Gleichung $\mathrm{tg}\,2\,\varphi_0 = \dfrac{3}{P/Q}$. Die Richtungsgleiche durch den Mittelpunkt mit diesem φ-Wert nach der Gleichung $\dfrac{3}{P/Q} = \dfrac{3\,(1-\eta^2)}{3\,\xi\,\eta + \dfrac{P}{Q}}$

besteht also aus einem Ast $\eta = 0$ (Balkenlängsachse) und einem Ast $\dfrac{\xi}{\eta} = -\dfrac{P/Q}{3}$, der ebenfalls geradlinig ist und den Rand $(\eta = \pm 1)$ in den Punkten $\xi = \pm\dfrac{P/Q}{3}$ schneidet. In denselben Randpunkten ist $(\sigma_1-\sigma_2) = 0$, es sind singuläre Randpunkte. Aus der Lage dieser Punkte und dem meßbaren Hauptrichtungswert φ_0 ergibt sich also unmittelbar der Wert P/Q.

Die absolute Größe von P und Q, d. h. den Wert $s = Q/d\,h$ ermittelt man schließlich für kleine P/Q entweder aus $(\sigma_1-\sigma_2)$-Werten von Randpunkten, die etwas vom Nullpunkt entfernt sind, bei denen also in der Randspannungsgleichung $(\sigma_1-\sigma_2)_{\mathrm{Rand}} = s\left(3\,\xi + \dfrac{P}{Q}\right)$ der Wert ξ möglichst groß gegen P/Q ist, oder aus der Vermessung des Mittelpunktes mit $\left(\dfrac{\sigma_1-\sigma_2}{2}\right)_0^2 = \dfrac{s^2}{4}\left[\left(\dfrac{P}{Q}\right)^2 + 9\right]$. Bei großen Werten P/Q vermißt man besser die unmittelbar neben dem Mittelpunkt liegenden Randpunkte $\xi = 0$; $\eta = \pm 1$, dort ist $(\sigma_1-\sigma_2) = P/d\cdot h$.

12*

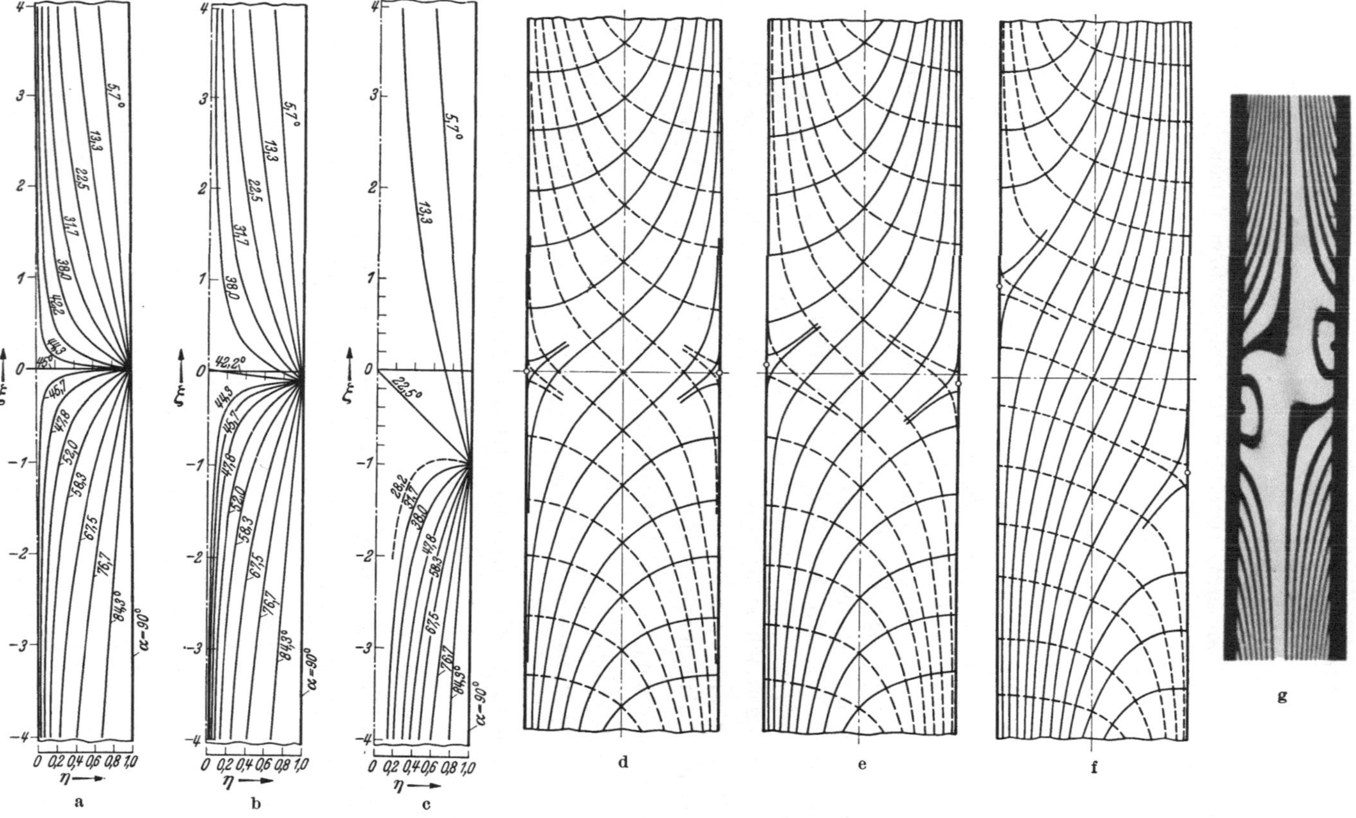

Abb. 156a bis g. Spannungszustand in der Umgebung eines Momentennullpunktes im rechteckigen Balken.
a) Richtungsgleichen $P/Q = 0$; b) $P/Q = 0{,}3$; c) $P/Q = 3{,}0$; d) Hauptlinien $P/Q = 0$; e) $P/Q = 0{,}3$; f) $P/Q = 3{,}0$. (P = Zug, Q oben nach rechts, unten nach links gerichtet.) g) Farbgleichen für $P/Q = 2{,}5$. (P = Zug, Q oben nach links gerichtet.)

e) Momentennullpunkte in Flanschträgern. Hier sei eine Bemerkung über ein nur teilweise ebenes Problem eingeschaltet, nämlich die Spannungen im Steg eines Profils mit einem oder zwei Flanschen. Ist der Steg dünn, so herrscht in ihm ein praktisch ebener Zustand, der auch spannungsoptisch untersucht werden kann. Eine Abschätzung von P/Q und der absoluten Größe von P und Q läßt sich auch hier

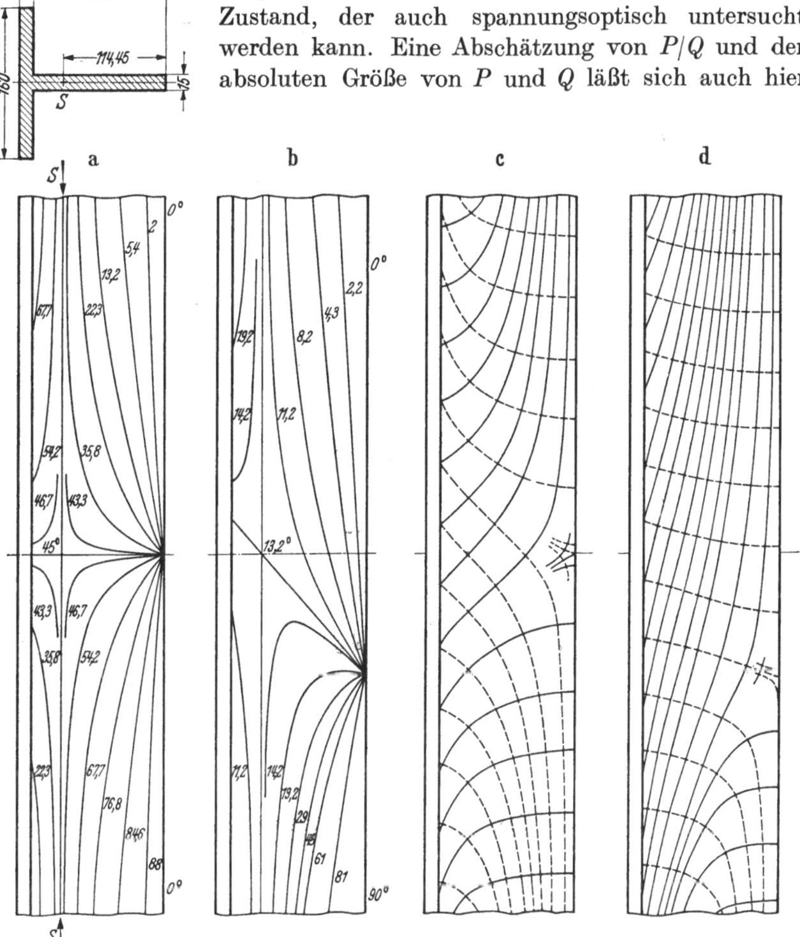

Abb. 157 a bis d. Spannungszustand in der Umgebung eines Momentennullpunktes im Steg eines Profils.
a) Richtungsgleichen $P/Q = 0$; b) $P/Q = 6{,}0$; c) Hauptlinien $P/Q = 0$; d) $P/Q = 6{,}0$.

in der Umgebung des Momentennullpunktes ermitteln, wenn man die auftretenden Kurven für das vorliegende Profil aus einfachen Rechnungen bestimmt und zeichnerisch zum Vergleich mit den Aufnahmen darstellt (Abb. 157a—d). Man kann dabei so vorgehen, daß man einen rechteckigen Ersatzquerschnitt bestimmt, der in der Umgebung seines Schwerpunktes genau dieselben Spannungen, Richtungsgleichen, Hauptlinien usw. aufweist wie der Steg des eigentlich vorliegenden Trägers. Zweckmäßig wählt man den Ersatzbalken von der Dicke d des ursprünglichen Steges und gibt ihm die richtige Ersatzhöhe. Diese Ersatzhöhe h' muß so gewählt werden, daß das statische Moment der auf der einen Seite des Schwerpunktes liegenden Querschnitthälfte $\left(= \dfrac{h'}{4} \cdot d \cdot \dfrac{h'}{2} = \dfrac{1}{8} \cdot d \cdot h'^2 \right)$ gleich ist dem statischen Moment der einen Seite des ursprünglichen Querschnitts (d. h. also z. B. des oberen Flansches und des oberhalb des Schwerpunktes liegenden Stegteiles). Nach dieser Bestimmung von h' belastet man diesen Ersatzbalken mit einer Längskraft $P' = PF'/F = Ph'd/F$ ($F =$ ursprüngliche Querschnittsfläche) und einer Querkraft $Q' = QJ'/J$ ($J =$ ursprüngliches Flächenträgheitsmoment). Alle Spannungen im Mittelteil dieses Balkens entsprechen dann dem ursprünglichen Stegzustand. Insbesondere ist also $\dfrac{P'}{Q'} = \dfrac{PF'J}{QFJ'}$. Zwei Kurvenscharen für einen T-Träger (etwa $\perp$ 16 DIN 1024) sind in Abb. 157 mitgeteilt. Hier ist $P' = 0{,}75\,P$, $Q' = 1{,}34\,Q$, $P'/Q' = 0{,}56\,P/Q$. Abmessungen des Ersatzbalkens: $b = 15$ mm, $h' = 229$ mm.

2. Gerade Stäbe mit Kerben, Löchern und Querschnittsübergängen.

Die bei geraden Prüfstäben möglichst vermiedenen Störungen in der Nähe der Einspannköpfe usw. sind bei den technischen Stabformen oft aus konstruktiven Gründen notwendig, ihrer näheren Untersuchung wurde daher eine große Zahl spannungsoptischer Versuche gewidmet. Die im Schrifttum bisher veröffentlichten „Kerbfaktoren" wurden zum größten Teil spannungsoptisch gewonnen, sie sind insbesondere für Dauerfestigkeitsfragen von höchster Bedeutung. Eine kleine Auswahl von behandelten Formen ist im folgenden zusammengestellt.

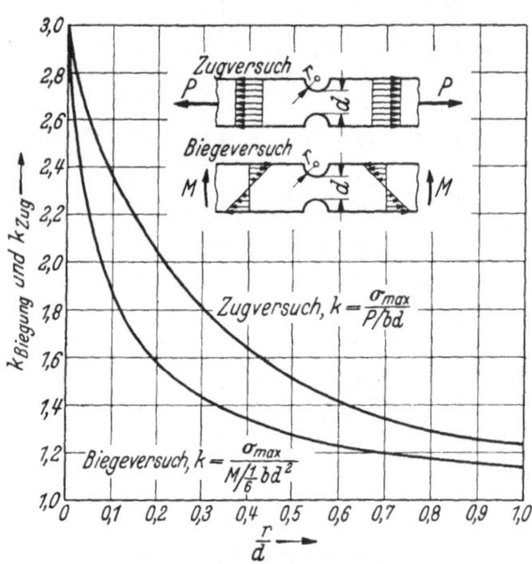

Abb. 158. Höchstspannung im Kerbgrund, bezogen auf die (hypothetische) Randspannung ohne Kerbwirkung im kleinsten Querschnitt.

a) Seitliche Rundkerben. Der ebene Zustand zwischen zwei Rundkerben entspricht nur annähernd dem an sich wichtigeren Problem des Rundstabes mit umlaufender Rundkerbe. Immerhin liefern die Ergebnisse Anhaltspunkte auch für die Beurteilung des räumlichen Falles, wenn man z. B. die ermittelte Spannungsverteilung im Mittelschnitt bei Zug als Querschnittsbild des gezogenen Rundstabes auffaßt und entsprechend umrechnet. Bei Biegung ist dagegen keine Ähnlichkeit zwischen dem ebenen und dem räumlichen Problem zu erwarten. Im ebenen Fall erhält man sowohl bei Zug wie bei Biegung eine Spannungserhöhung infolge der Kerbe, die im Kerbgrund ihren höchsten Wert erreicht. Die größte Spannung im Kerbgrund, verglichen mit der (theoretischen) Spannung im kleinsten Querschnitt (allgemeine Zugspannung oder Randspannung bei Biegung), ergibt sich aus diesen Versuchen (insbesondere der Arbeit [5.08]) in Abhängigkeit von r/h (Kerb-radius/Balkenhöhe) nach Abb. 158. Beispiele solcher Aufnahmen in Zirkularlicht zeigen die Abb. 159a u. b.

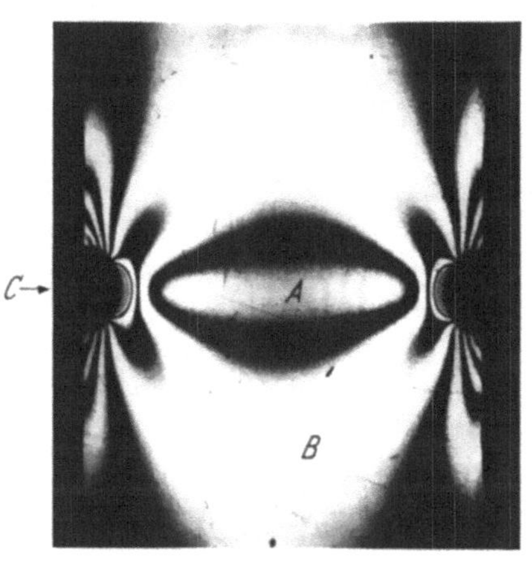

Abb. 159a und b. Gerader Stab mit Rundkerben $r = 0{,}1\,b$.
a) Zug, $m_{\text{ungest.}} \sim 3$, $m_{\text{Kerbgrd}} \sim 9$, $k \sim 9/3 = 3$;
b) Biegung $m_{\text{ungest.}} \sim 7$, $m_{\text{Kerbgrd}} \sim 21$, $k \sim 21/7 = 3$.
(k bezogen auf ungekerbten Querschnitt.)

Man kann in den mitgeteilten Aufnahmen die Spannungserhöhung im Kerbgrund durch Auszählen der Farbgleichen ungefähr feststellen (vgl. S. 137). Im Fall der Biegung liegt der ungestörte Rand etwa beim Streifen 7, während die höchste Streifenzahl im Kerbgrund 21 beträgt. Der Kerbfaktor, bezogen auf den *ungekerbten* Querschnitt, ist also 3,0. Ebenso ergibt sich für den Zugstab ein Kerbfaktor von etwa $9/3 = 3{,}0$. In solchen Aufgaben ist die Aufnahme von Richtungsgleichen und Hauptlinien durchweg von geringerer Wichtigkeit und viele Verfasser beschränken sich auf die Feststellung des Kerbfaktors, jedoch kann manchmal (z. B. im Falle der „Entlastungskerben" nach THUM) die Aufnahme der Hauptlinien weiteren Aufschluß über die Zweckmäßigkeit der gewählten Form geben.

Abb. 160. Gerader Stab mit Rechteckkerben bei Biegung. Infolge örtlicher Eckstörung Kerbfaktor nicht richtig auszählbar.

b) Seitliche scharfe Kerben. Die Spannungserhöhung in Stäben mit scharfen Kerben ist bekanntlich eine der wichtigsten Erscheinungen bei Fragen der Dauerfestigkeit. Die Spannungshöhe, d. h. die Bruchgefahr nimmt mit abnehmendem Kerbgrundradius stark zu. Die Schärfe der Kerbe und damit die Höhe der auftretenden Spannung sind durch die Schärfe der Werkzeuge und durch den Kristallaufbau der Werkstoffe begrenzt, so daß Versuche etwa in Glasmodellen mit scharfen Kerben nur teilweise auf Ausführungen in Stahl usw. übertragen werden können. Eine Aufnahme eines Biegestabes mit Rechteckkerben stellt Abb. 160 dar, es ergibt sich ein Kerbfaktor von etwa 3,5. Hier sei auch auf die Arbeit [2.17] hingewiesen.

c) Stab mit Mittelloch. Der Stab mit Mittelloch stellt das klassische

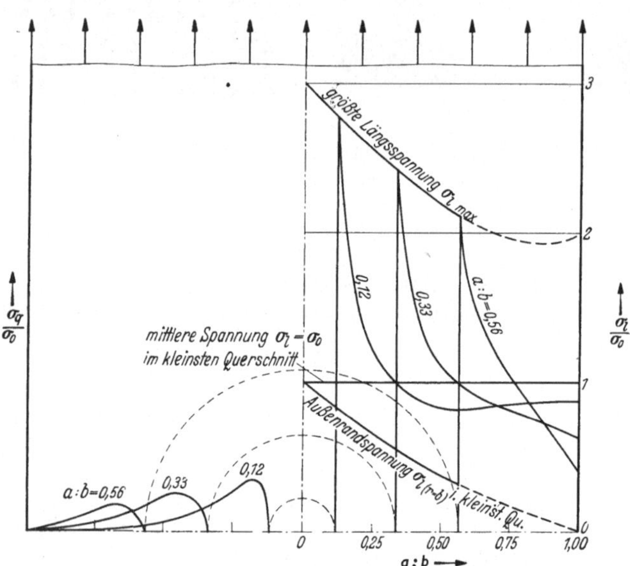

Abb. 161. Spannungen im Zugstab mit Mittelloch, bezogen auf die mittlere Spannung im kleinsten Querschnitt. Rechts: Längsspannungen σ_1 (Höchstwert am Lochrand) und Außenrandspannung σ_1 im kleinsten Querschnitt. Links: Querspannung σ_q im kleinsten Querschnitt. (a = Lochdurchmesser, b = Stabbreite.)

Beispiel einer theoretisch erfaßbaren ungleichförmigen Spannungsverteilung dar, die Untersuchung dieses Falles wird daher häufig zur
Prüfung neuer Meßverfahren usw. verwendet. Die theoretische Lösung
ist allerdings nur im Fall des sehr kleinen Loches in sehr breitem Stab
einfach, bei verhältnismäßig größeren Löchern ist die zahlenmäßige
Lösung nur angenähert möglich.
Auf die grundlegende Arbeit von
KIRSCH[1] sei besonders hingewiesen.
Spannungsoptische Untersuchungen
des Zugstabes mit Mittelloch finden
sich vielfach im Schrifttum [0.20,
3.14, 4.37, 5.08, 7.20], besonders die
Arbeit von HENNIG [3.12] enthält
eine ausführliche Behandlung des
Falles. Das wichtigste Ergebnis
stellt Abb. 161 dar, in der lediglich
das gestrichelte Kurvenende bei
$a/b = 1{,}0$ bei HENNIG anders gezeichnet ist. Abb. 166 gibt einen
Eindruck von den spannungsoptisch
auftretenden Erscheinungen; die
wichtigsten Formeln hierzu wurden
auf S. 82 und 162 mitgeteilt, dort
finden sich auch Bemerkungen über
das Rundloch im Schubblech. Beispiele für Biegung sind in den
Arbeiten [0.27] und [8.29] behandelt.

d) Stäbe mit mehreren Löchern.
Sind mehrere Rundlöcher nahe beieinander vorhanden, so beeinflussen
sich ihre Wirkungen in einer theoretisch nicht mehr einfach erfaßbaren

Abb. 162. Farbgleichen im Zugstab
mit Mittelloch, $a = 0{,}53\ b$.

Weise. Spannungsoptische Bilder von Stäben mit mehreren Löchern
lieferten die auftretenden Werte der Spannungserhöhung. Beispiele
sind in Abb. 163a und b wiedergegeben (vgl. S. 137 und 162).

Wird der Stab verbreitert und die Zahl der Löcher erhöht, so entstehen
ausgedehnte und verwickelte Spannungsfelder, wie sie z. B. SIEBEL und
KOPF [4.28] untersucht haben. Die Verfasser gingen dabei so vor, daß
sie spannungsoptisch nur die Hauptrichtungen aufnahmen, während
die Spannungshöhe durch Dehnungsmessungen in den so gefundenen
Richtungen bestimmt wurde.

---

[1] Z. VDI 1898.

e) Stäbe mit veränderlicher Breite. Die in der Technik auftretenden Probleme an Stäben mit veränderlichem Querschnitt beziehen sich in vielen Fällen auf runde Wellen mit veränderlichem Durchmesser, aber auch ebene Probleme treten auf: Stumpfschweißung von Blechen, Mauern mit Gesimse, eingespannte Balken usw. Die in der ebenen Spannungsoptik ermittelten Ergebnisse dürfen wie bei den Kerben nur bei

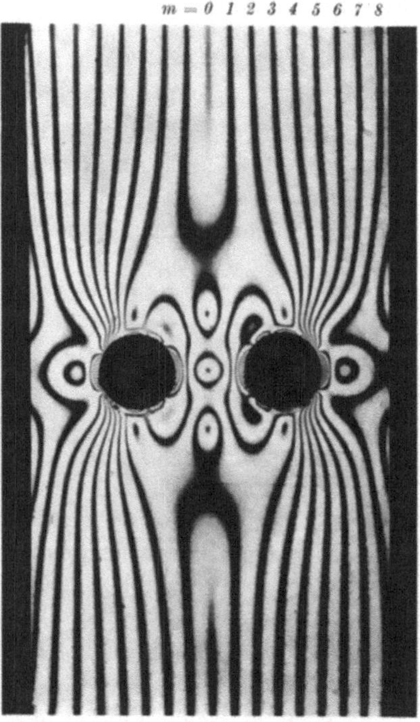

a   b

Abb. 163a und b. Farbgleichen im geraden Zugstab mit zwei Löchern $a = 2\,r = 0{,}2\,b$.
a) Zug $m_{\text{ungest.}} \sim 2{,}5$, $m_{\text{max}} \sim 8$, $k \sim 3{,}3$;
b) Biegung $m_{\text{ungest. Rd.}} \sim 8{,}3$, $m_{\text{max}} \sim 13$, $k \sim 1{,}55$.

Längsbeanspruchung und auch dann nur mit großem Vorbehalt auf die Spannungen in rotationssymmetrischen Wellen übertragen werden.

Ein einfaches Beispiel eines eckigen Vorsprungs bei Biegung zeigt Abb. 164, die wesentliche Spannungserhöhung tritt hier wie immer an der einspringenden Ecke auf. Abb. 164 ist im übrigen ein Beispiel für einen Biegestab mit geringem Schub nach Abb. 146, S. 175. Aus den damaligen Bemerkungen folgt, daß hier eine Gesamtstreifenzahl von etwa 8 bis zum Rand anzunehmen ist, obgleich infolge der Störung in der Mitte nur 6—7 Streifen gezählt werden. Die richtige Streifenlage ist am Rand der Abbildung angedeutet. Die seitliche Verschiebung der Mittelstörung beweist außerdem eine kleine unbeabsichtigte Längskraft im Versuch. Für die Beurteilung der Randkerben sind die Mittelstörungen ohne Belang. Ähnliche Verhältnisse liegen bei Stumpfschweißungen vor (Abb. 165).

Eine eigenartige Anwendung erfuhr ein Modell dieser Art durch Biot und Smits [3.05]. Ein Stab nach Abb. 166 ergibt eine ähnliche

Abb. 164. Farbgleichen im geraden Stab mit rechteckiger Verbreiterung bei Biegung mit kleiner Querkraft. Oben: Lage der Streifen für $Q = 0$.

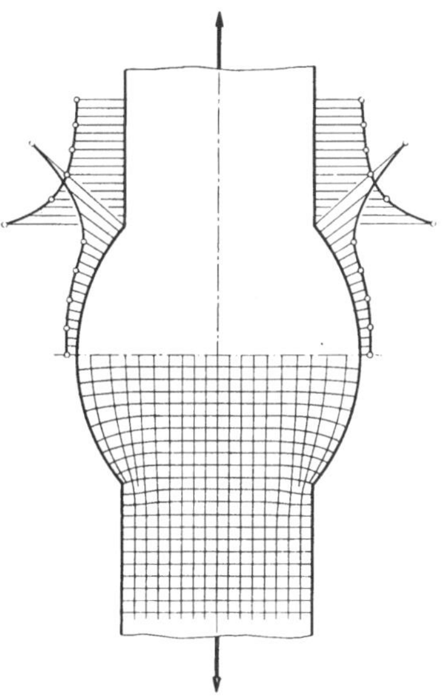

Abb. 165. Randspannungen (oben) und Hauptlinien (unten) im Modell einer Schweißverbindung unter Zugwirkung.

Spannungsverteilung in den vorstehenden Dreiecken, als wenn nur das Dreieck zusammenschrumpfen und sich dadurch gegen das unbelastete Stabmittelstück verspannen würde. Dies ist aber die Spannungsverteilung in einem Betondreieck (Staumauerquerschnitt), das mit dem Boden fest verbunden ist und das im Laufe der Zeit noch schrumpft.

Abb. 167 zeigt den verwickelten Verlauf der Hauptlinien bei einem eingespannten Balken mit veränderlicher Breite unter der Wirkung einer Querkraft.

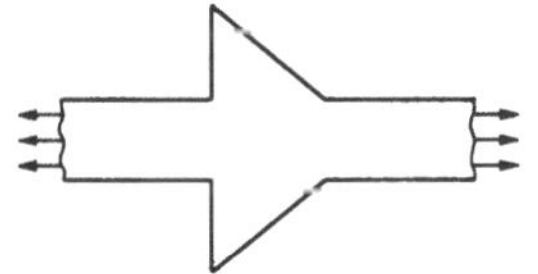

Abb. 166. Stab mit Dreieckvorsprung unter Zug (dreieckiger Mauerquerschnitt bei Schrumpfung).

Die bei diesen Stabquerschnittsübergängen auftretenden hohen Spannungen vermindern sich durch geeignete Wahl der Übergangskurve, die am besten ganz ohne scharfe Ecke gut gerundet zu verlaufen hat. Versuche über die Wirkung solcher Übergänge sind vielfach durchgeführt worden [0.21, 0.23, 4.01, 4.38, 5.08, 7.20]; die „günstigste" Übergangskurve mit der Eigenschaft, überhaupt keine Spannungserhöhung zu geben, wurde versuchsmäßig von Baud und Tank [3.01] ermittelt, sie sieht dem Profil des frei ausströmenden Wasserstrahls ähnlich.

3. Keilförmige Stäbe.

Bei keilförmigen Stäben liegen theoretisch besonders einfache Spannungsverhältnisse vor, wenn nur eine Einzelkraft durch den Schnittpunkt der beiden Begrenzungslinien wirksam ist. Der Keilstab kann dann als Teil einer Halbebene nach Abb. 168 aufgefaßt werden und weist streng denselben Spannungszustand wie der entsprechende Keil in dieser Ebene auf (vgl. Abschn. 7, S. 195), insbesondere ergeben sich die Farbgleichen als Kreise, die die Randgerade AB im Lastangriffspunkt berühren. Die Randgerade AB steht dabei senkrecht auf der Einzellast. Den Radius R dieser Kreise errechnet man zu $R = P/2\pi d\,\tau_{\max}$, dabei ist P die Last, d die Modelldicke und $\tau_{\max}$ die auf der Farbgleiche wirksame Hauptschubspannung. Eine Reihe linear steigender τ-Werte, d. h. einer Schar schwarzer Schubgleichen im spannungsoptischen Bild entspricht also eine Schar von Kreisen, deren Durchmesser verhältnisgleich zur Reihe 1, $^1/_2$, $^1/_3$ usw. sind. Eine Aufnahme eines solchen Keiles stellt Abb. 169 dar, die Kreisschar ist klar erkenntlich. Das Bild ist gleichzeitig ein schönes Beispiel des bekannten St. Venantschen

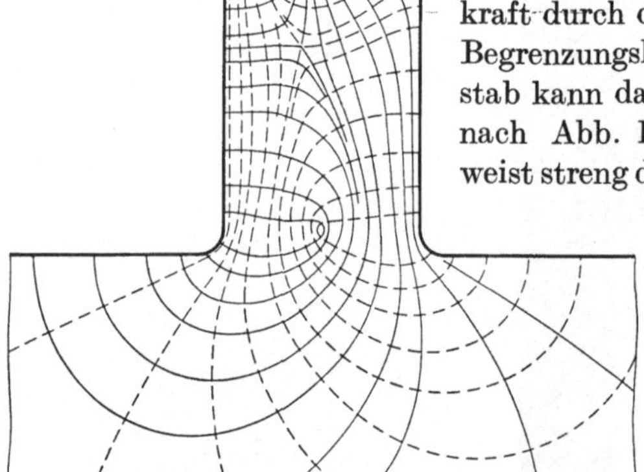
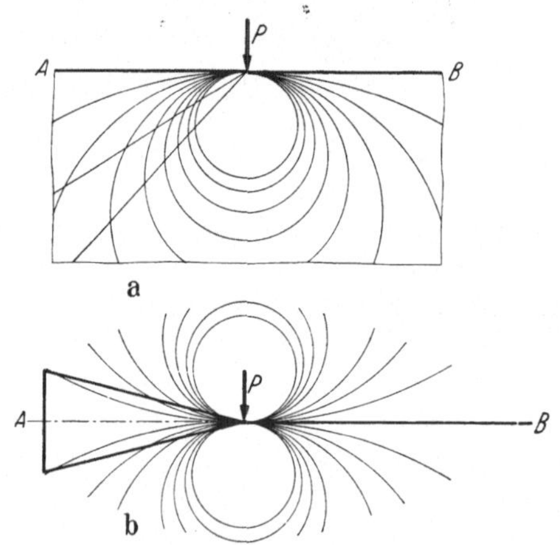

Abb. 167. Hauptlinien im eingespannten Balken veränderlichen Querschnitts unter einer Einzelquerkraft Q.

Abb. 168 a und b. Farbgleichen in der Halbebene unter einer Einzellast, gleichzeitig Farbgleichen in keilförmigen Stäben bei Einzelkraftwirkung an ihrer Spitze.

Prinzips: In einiger Entfernung von der Lastangriffsstelle ist der Spannungszustand unabhängig von örtlichen Störungen streng so, wie

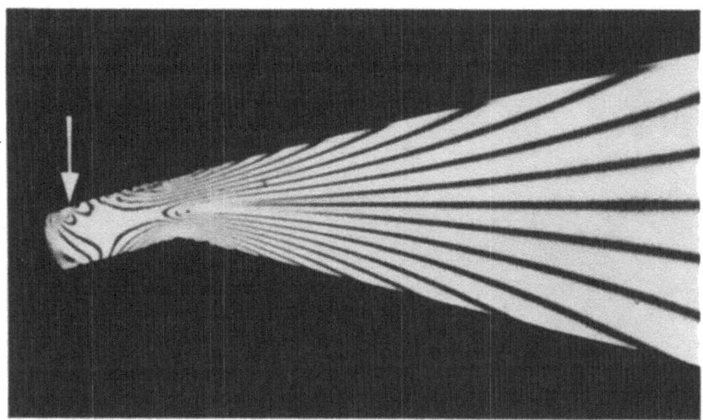

Abb. 169. Farbgleichen in einem keilförmigen Stab. Vgl. Abb. 168b.

er auch bei strenger Erfüllung der bei der Rechnung vorausgesetzten Randbedingungen sein würde, nur die Lage und Größe der Kraftresultierenden sind im äußeren Teil des Balkens für die Spannungsverteilung wesentlich.

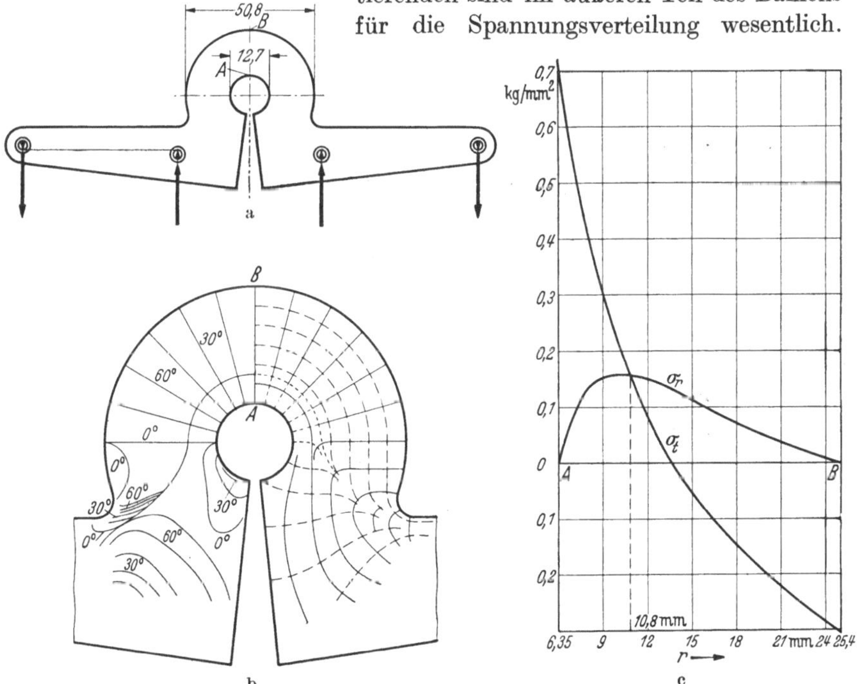

Abb. 170a bis c. Geschlitzter Kreisring unter gleichförmiger Biegung. a) Belastungsanordnung. b) Links: Richtungsgleichen; rechts: Hauptlinien. c) Verteilung der Längsspannungen (Tangentialspannung) σ_t und Querspannungen (Radialspannungen) σ_r im Schnitt AB.

4. Krumme Stäbe.

Die für Festigkeitsfragen wichtigste Eigenschaft der krummen Stäbe,
nämlich die starke Spannungserhöhung am inneren Rand bei Biegung,

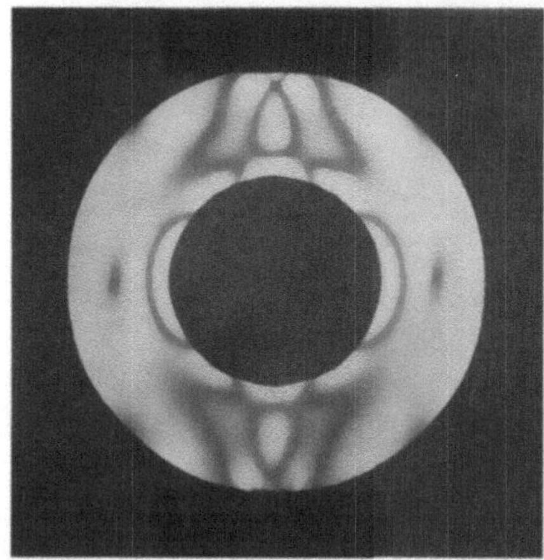

ist spannungsoptisch mehrfach
untersucht worden, im folgenden seien nur ein paar einfache
Fälle gezeigt: Der geschlitzte
Kreisring unter der Wirkung
eines reinen Momentes (Abbildung 170), sowie der statisch
unbestimmte geschlossene
Kreisring unter der Wirkung
von zwei gegenüberliegenden
entgegengesetzt gleichen Kräften (Abb. 171). Der geschlossene Kreisring zwischen zwei
äußeren Lasten ist gleichzeitig
ein Beispiel für einen mehrfach zusammenhängenden Bereich, bei dem die Spannungsverteilung vom Werkstoff un-

Abb. 171. Farbgleichen im Kreisring (Zelluloidmodell)
zwischen zwei Stempeln. Singuläre Punkte wie in
Abb. 172.

abhängig ist, wenn die Lasten auf jedem Rand für sich im Gleichgewicht
stehen. Bei COKER [28, vgl. 22] findet sich das entsprechende Beispiel

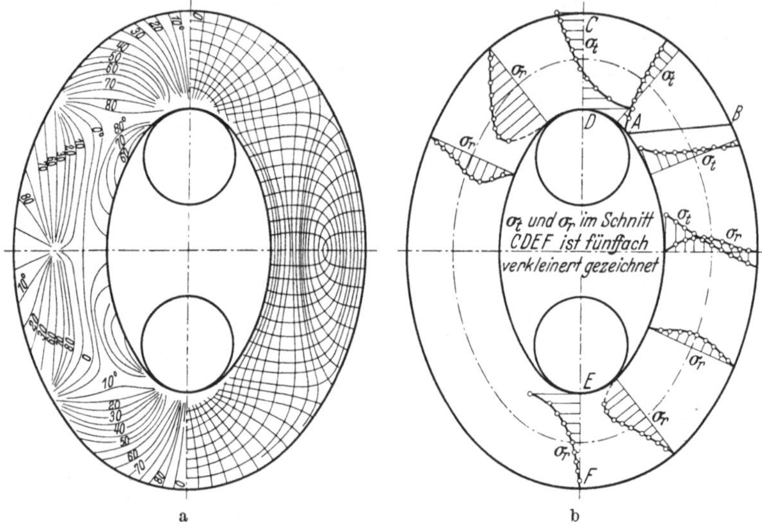

a   b

Abb. 172a und b. Elliptisches Kettenglied unter der Wirkung zweier Innenkräfte. a) Links:
Richtungsgleichen; rechts: Hauptlinien. b) Längsspannungen (Tangentialspannungen) σ_t und Querspannungen (Radialspannungen) σ_r in einigen Schnitten. Kleinste Spannungen im Schnitt AB.

eines elliptischen Ringes   mit   zwei   entgegengesetzten   Innenkräften
(Kettenglied) (Abb. 172).

Den Fall des an beiden Enden elastisch eingespannten Kreisbogenstückes unter der Wirkung einer gleichförmig verteilten äußeren Last (Flüssigkeitsdruck) untersuchte Oberti [5.15, 6.16, 8.27] als Ersatzmodell für eine gewölbte Talsperre. Oberti ging dabei von der

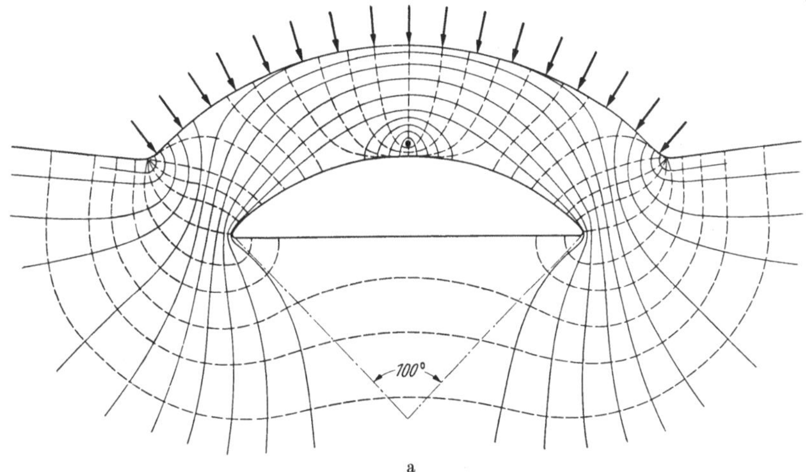

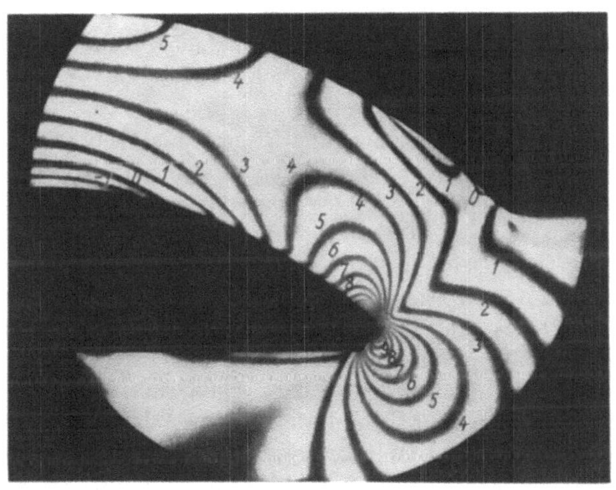

Abb. 173a und b. Modell eines waagerechten Schnittes einer beiderseits eingemauerten gebogenen Staumauer unter der Wirkung äußeren Wasserdrucks. a) Hauptlinien; b) Farbgleichen.

Vorstellung einer Mauer gleicher Dicke und konstanten einseitigen Wasserdruckes aus. Ein waagerechter Schnitt durch diesen ebenen Verformungszustand wird durch den genannten Spannungszustand annähernd dargestellt. Die Aufnahme eines Modelles ist in Abb. 173 wiedergegeben.

5. Stabecken.

Bei scharf gebogenen Stäben, d. h. Stabecken, überlagert sich die Wirkung einspringender Ecken und gekrümmter Stabmittelachse zu einer hohen Spannungskonzentration in der Ecke. Die systematischen Stabeckenuntersuchungen von WIDDERN [0.31], KURZHALS [1.13] und KETTENACKER [2.12] (Abb. 174), sind inzwischen durch eine Reihe von anderen Arbeiten ergänzt worden ([4.32, 7.11, 8.26]), dabei wurden abgeschrägte Ecken wie in Schweißverbindungen [3.06, 3.07, 4.16, 7.11], kurbelwellenähnliche Ecken ([4.32]) usw. untersucht.

6. Rahmen.

Die aus Stäben und Gelenken oder Ecken zusammengesetzten Rahmen bilden eine besonders wichtige Gruppe spannungsoptischer Anwendungen. Bei statischen Berechnungen von Rahmengebilden sind die elastischen Steifigkeiten der Ecken meistens unsicher und werden daher oft entweder ganz vernachlässigt (Gelenkfachwerk) oder als unendlich steif betrachtet; das rechnerische Ergebnis ist natürlich in beiden Fällen nur angenähert richtig. Die spannungsoptische Vermessung eines wirklichkeitsgetreuen Modells kann in solchen Fällen einen guten Ersatz oder eine wertvolle Ergänzung der Rechnung darstellen. Dabei können in unmittelbarer Nähe der Knotenpunkte bei entsprechender Modellausbildung die auftretenden höchsten Randspannungen bestimmt werden, oder man beschränkt sich wie bei der Rechnung auf die Bestimmung der Gesamtkräfte und -Momente in den einzelnen Stäben.

Bei der Beurteilung der Längs- und Biegespannungen ist die Kenntnis der Momentennullpunkte von entscheidender Bedeutung, ihre Eigentümlichkeiten sind in Abschn. 1d (S. 178) näher dargestellt. Schon die Kenntnis ihrer Lage ist ein erheblicher Gewinn, wenn man etwa in Systemen höherer Unbestimmtheit die Spannungen rechnerisch ermitteln will. Wegen der spannungsoptisch unmittelbar ersichtlichen Lagebestimmung der Punkte bedeutet eine Kombination von Spannungsoptik und Rechnung in solchen Fällen eine erhebliche Verkürzung der Arbeitszeit. Aus der Form des spannungsoptischen Bildes ergibt sich außerdem das Verhältnis zwischen Längskraft P und Querkraft Q. Die Absolutwerte von P und Q schließlich bestimmt man entweder durch Randspannungsmessung in einiger Entfernung vom Momentennullpunkt, d. h. an einer Stelle mit möglichst hohen Biegespannungen, oder am Rand unmittelbar neben dem Nullpunkt (vgl. S. 179). Die Schubkraft Q läßt sich außerdem immer aus der spannungsoptischen Vermessung von τ_{max} und der Hauptneigung in einem beliebigen Balkenquerschnitt ermitteln, denn nach Gleichung (6b), S. 15 ist $\tau_{xy} = \tau_{max} \cdot \sin 2\varphi$ überall spannungsoptisch bestimmbar und Q kann als die Summe aller Schubspannungen über einem Querschnitt errechnet werden, es ist $Q = \int \tau_{xy}\, df$. Die Messung

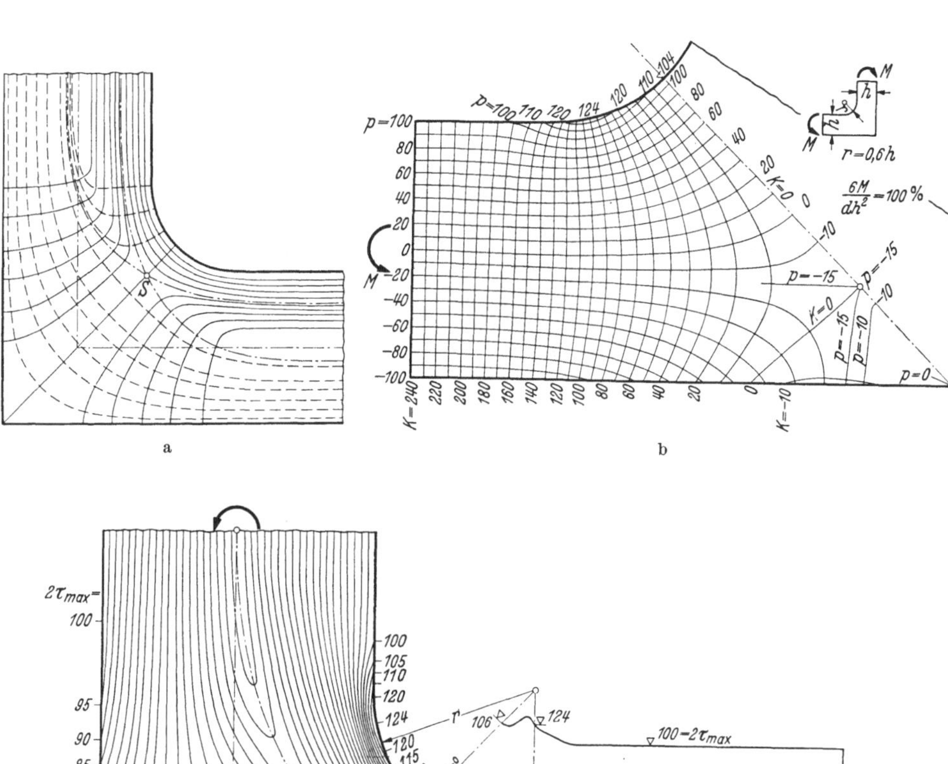

Abb. 174a bis c. Spannungszustand in einer Stabecke unter der Wirkung eines reinen Momentes.
a) Hauptlinien; b) Linien gleicher Hauptspannungssumme $S = p = \sigma_1 + \sigma_2$. K ergänzt die p-Linien
zum quadratischen Potentialnetz. c) Links: Linien gleicher Werte $\sigma_1 - \sigma_2 = 2\,\tau_{max}$,
rechts: Verteilung der Schubspannung am Rand und in einzelnen Schnitten.

Mesmer, Spannungsoptik. 13

gelingt am saubersten in unmittelbarer Nähe des Momentennullpunktes, da in ihm (namentlich für kleine P) $\varphi \approx 45°$, d. h. $\tau_{\max}$ annähernd gleich τ_{xy} ist.

Abb. 175. Farbgleichen im quadratischen Rahmen (Phenolitemodell) unter der Wirkung zweier Einzellasten.

Die spannungsoptische Vermessung einfacher ebener Modelle liegt besonders nahe bei Rahmenwerken, die im wesentlichen aus einer ebenen

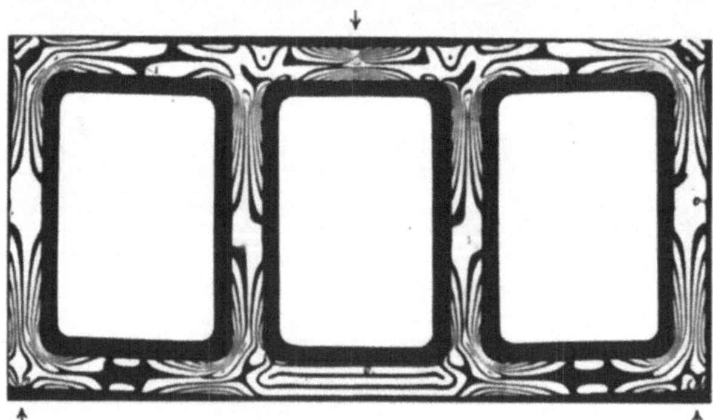

Abb. 176. Farbgleichen in einem zweifach gestützten Rahmen unter einer Einzellast. Momentennullpunkte in den Pfosten und äußeren Teilen der waagerechten Stäbe.

Wand bestehen, z. B. beim Vierendeelträger. Aufnahmen dieser Art sind bei BAES veröffentlicht ([6.02, 7.01]). Beispiele einfacherer Rahmen sind in Abb. 175 und 176 mitgeteilt.

Die nähere Untersuchung der Nullpunkte hat keine Bedeutung
mehr, wenn die Längsspannungsverteilung nicht mehr linear ist, also z. B.
dann, wenn die Balkenhöhe vergleichbar wird mit der Balkenlänge oder
bei gekrümmten Balken. In diesen Fällen muß man sich auf die Bestimmung der Nullpunktslage beschränken oder eben den vollständigen
Spannungszustand ermitteln.

7. Einzellasten.

Der theoretisch einfach zu behandelnde Fall einer Einzellast, die
senkrecht auf dem freien geraden Rand einer großen ebenen Platte
(„unendlichen Halbebene") angreift, hat praktisch geringe Bedeutung
in unmittelbarer Lastnähe, denn die in Abb. 177 dargestellte Anordnung
ist in Wirklichkeit nur mit einer über einen endlichen Bereich verteilten
Last herstellbar. Aber auch dann gilt die theoretische Lösung in einiger
Entfernung von der Last. Sie lautet:

$$\sigma_x = \frac{-y\,x^2}{(x^2+y^2)^2}\cdot\frac{2\,P}{\pi\,d},$$

$$\sigma_y = \frac{-y^3}{(x^2+y^2)^2}\cdot\frac{2\,P}{\pi\,d},$$

$$\tau_{xy} = \frac{-x\,y^2}{(x^2+y^2)^2}\cdot\frac{2\,P}{\pi\,d}.$$

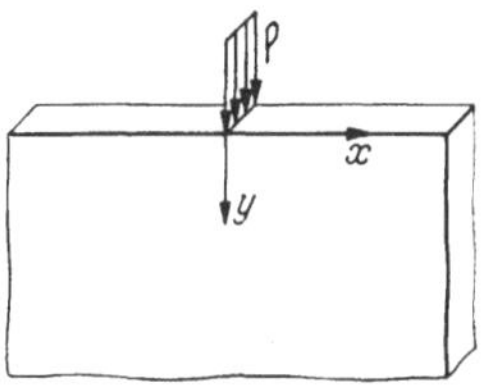

Abb. 177. Koordinaten unter
einer Einzellast am Rand einer
Halbebene.

Daraus folgen noch die Größen

$$\sigma_1 = \frac{-y}{(x^2+y^2)}\cdot\frac{2\,P}{\pi\,d}, \qquad \sigma_2 = 0,$$

$$S = \sigma_1 + \sigma_2 = \sigma_1 - \sigma_2 = 2\,\tau_{\max} = \frac{-y}{x^2+y^2}\cdot\frac{2\,P}{\pi\,d}, \quad \operatorname{tg}2\varphi = \frac{2\,x\,y}{x^2-y^2}, \quad \operatorname{tg}\varphi = \frac{y}{x}.$$

Die Schubgleichen und die S-Gleichen haben die Gleichungen

$$\frac{y}{x^2+y^2}\cdot\frac{P}{\pi\,d} = \text{const}$$

oder

$$x^2 + y^2 = y\cdot\frac{P}{\pi\cdot d\cdot\text{const}} = y\cdot D.$$

Dies ist die Gleichung eines Kreises vom Durchmesser D, der die x-Achse
im Nullpunkt berührt. Die Richtungsgleichen sind Radien durch den
Nullpunkt, die Hauptspannungen haben überall die Richtungen wie
Radien und Kreise um den Nullpunkt, diese sind also auch Hauptlinien
(Abb. 178). Es handelt sich demnach um einen strahligen Spannungszustand, bei dem außerdem die Tangentialspannungen (Ringspannungen)
verschwinden. Man kann ohne Veränderung des Zustandes die Ebene
längs jedes Radius aufschneiden und Keilstäbe daraus herstellen, wie sie
in Abschn. 3 bereits gezeigt wurden. Die Gleichungen gelten ebenso

bei den Anordnungen nach Abb. 179a und b, jedoch nicht bei der Einzellast in der ringsum geschlossenen Ebene, bei der das Ergebnis von der
Querdehnungszahl abhängen muß (vgl. S. 42).

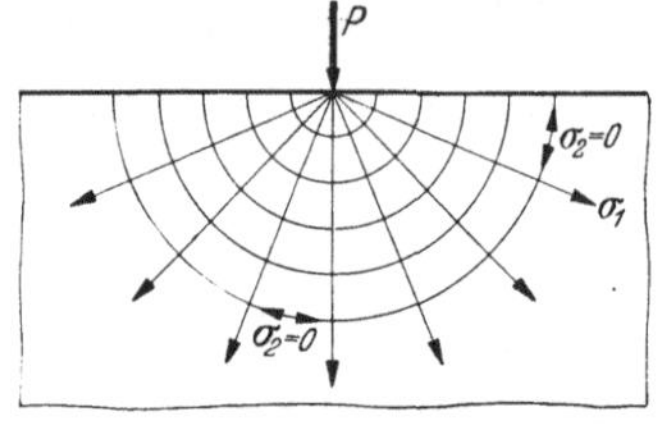

Abb. 178. Hauptlinien unter einer Einzellast
nach Abb. 177.

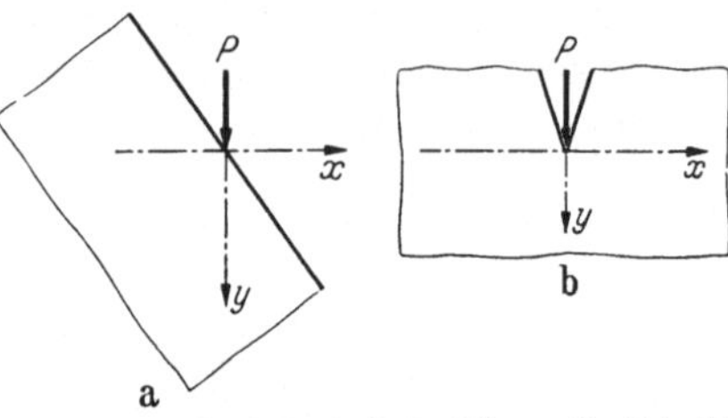

Abb. 179a und b. Gültigkeit der Lösung für Abb. 177
und 178 bei anderen Randbedingungen.

In unmittelbarer Nähe des Lastangriffs muß wegen der begrenzten
Elastizität jedes Werkstoffes ein anderer Zustand herrschen. Nimmt
man eine gleichförmig über eine Strecke der
Länge 2b verteilte Last $P = 2\,b\,p$ an (Abb. 180),
so folgt ein Spannungszustand nach den
Gleichungen:

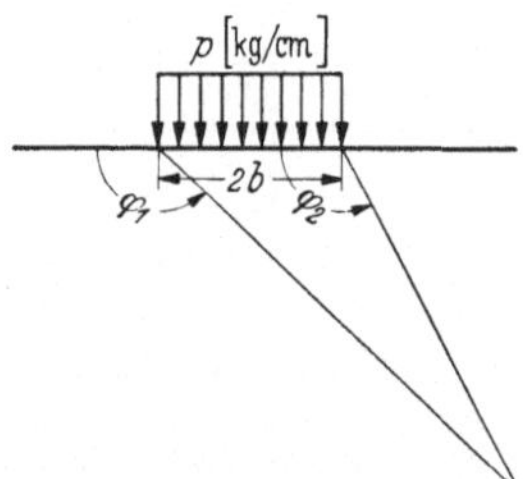

Abb. 180. Koordinatenwinkel φ
für die Spannungen in einer
Halbebene unter einer über die
Strecke 2b gleichförmig
verteilten Last.

$$\frac{\sigma_x - \sigma_y}{2} = \frac{-p}{2\,\pi}\,(\sin 2\,\varphi_1 - \sin 2\,\varphi_2),$$

$$\frac{\sigma_x + \sigma_y}{2} = -\frac{p}{\pi}\,(\varphi_1 - \varphi_2) = \frac{\sigma_1 + \sigma_2}{2},$$

$$\tau_{xy} = \frac{p}{2\,\pi}\,(\cos 2\,\varphi_1 - \cos 2\,\varphi_2),$$

$$\frac{\sigma_1 - \sigma_2}{2} = \frac{p}{\pi}\,\sin(\varphi_1 - \varphi_2).$$

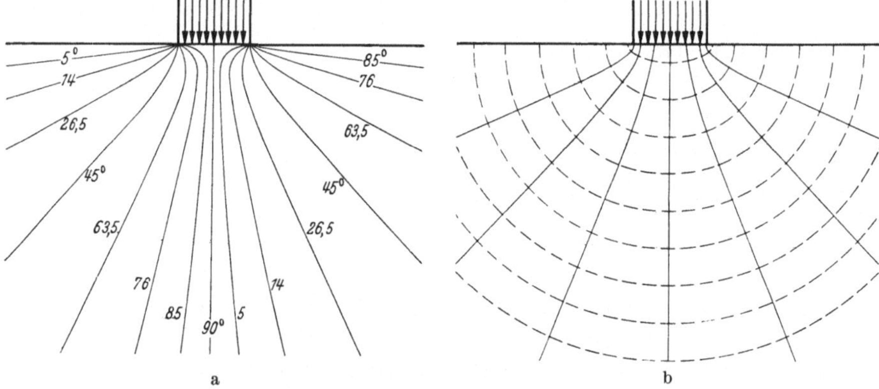

Abb. 181a und b. Spannungszustand in einer Halbebene unter gleichförmig über eine Strecke verteilten Last. a) Richtungsgleichen (Hyperbeln). b) Hauptlinien (konfokale Ellipsen und Hyperbeln).

Hieraus folgen die S-Gleichen als Kreise durch die Enden der Laststrecke, die Richtungsgleichen als Hyperbeln durch diese Lastenden

(Abb. 181a) und die Hauptlinien als konfokale Ellipsen und Hyperbeln mit den Lastenden als Brennpunkten (Abb. 181b). Man sieht die Ähnlichkeit dieser Kurven mit Abb. 178 in größerer Entfernung von der Last unmittelbar.

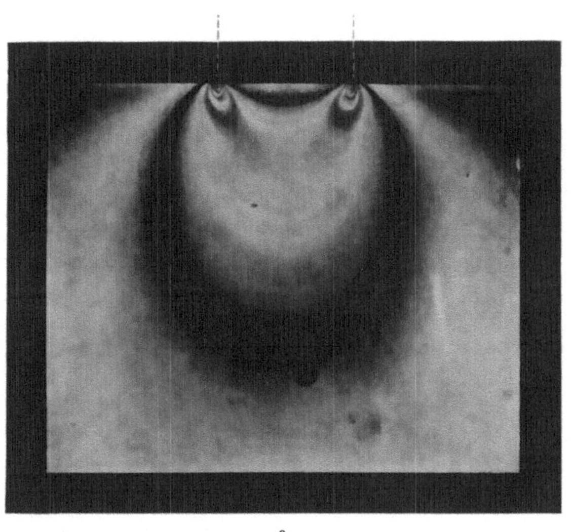

a

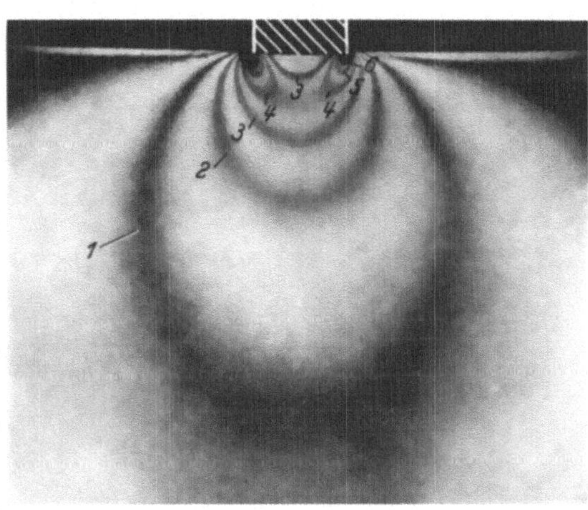

b

Abb. 182a und b. Farbgleichen in einer Halbebene unter einem starren Stempel der angedeuteten Breite. a) Farbenaufnahme mit Cellonmodell. b) Zelluloidaufnahme.

In Wirklichkeit liegt auch dieser Zustand kaum jemals vor, da eine Last gewöhnlich durchaus nicht gleichförmig über eine endliche Strecke verteilt ist. Entweder benutzt man einen harten rechtkantigen Stempel zur Lastübertragung, so entsteht ein Zustand nach Abb. 182a und b, oder man verwendet einen abgerundeten Stempel, dann ähnelt die Lastverteilung dem Zustand der Abb. 183, d. h. dem Problem des Kontaktdruckes zwischen zwei Kreiszylinderflächen. Bei abgerundeten Stempeln

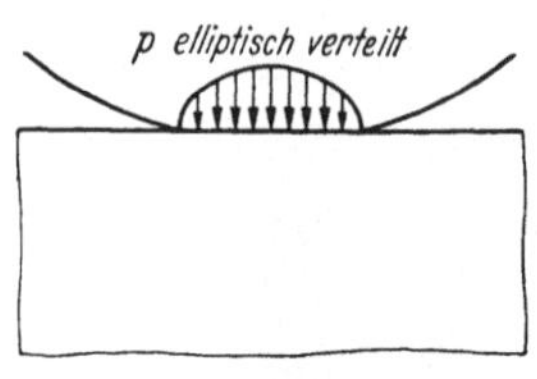

Abb. 183. Kontaktdruck zweier Zylinder.

ist zu berücksichtigen, daß die Kontaktfläche sich mit steigender Last verbreitert, so daß die Spannungsverteilung bei steigender Last nicht geometrisch ähnlich bleibt. Da die Breite der Kontaktfläche außerdem auch vom Elastizitätsmodul des verwendeten Werkstoffes abhängt, ist bei beabsichtigter Übertragung der Ergebnisse mit besonderer Sorgfalt auf die im Verhältnis gleiche Kontaktbreite zu achten.

Beispiele zur Einzellastwirkung sind schon in anderen Abbildungen enthalten (z. B. Abb. 147), denn in unmittelbarer Nähe der Last sind

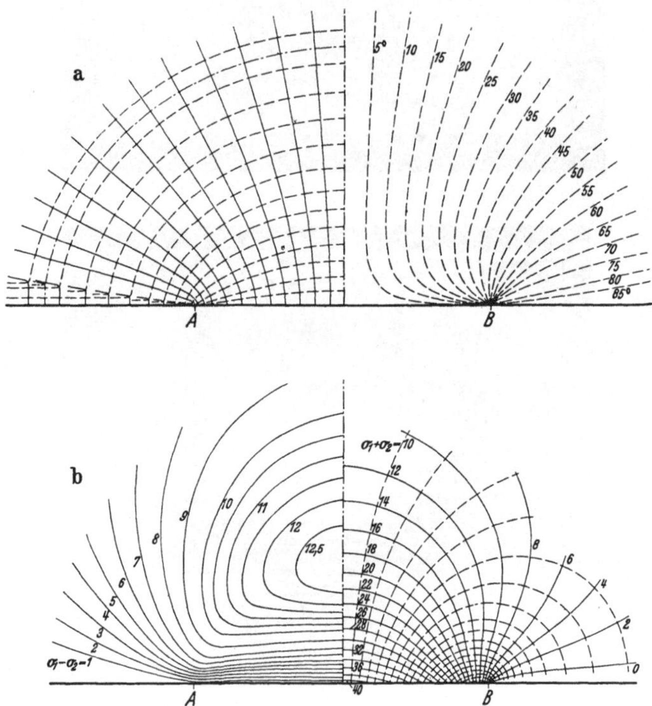

Abb. 184a und b. Spannungszustand beim Kontaktdruck zweier Zylinder mit der Berührungsfläche AB. a) Links: Hauptlinien (strichpunktierter Ort der Wendpunkte der hyperbolischen Hauptlinien), rechts: Richtungsgleichen. b) Links: Schubgleichen (vgl. Abb. 189b); rechts: S-Gleichen.

immer die Einzellastwirkungen bei weitem wesentlicher als der im übrigen schon vorhandene Zustand.

Das Zylinderkontaktproblem ist von RAYNFELD [4.24] und von LÖFFLER [8.22] behandelt worden. Die Ergebnisse von LÖFFLER an geschliffenen Glasmodellen stimmen besonders gut mit der Theorie überein (Abb. 184).

Zwei gegenüberliegende Einzellasten an einem Balken endlicher Höhe überlagern ihre einzelnen Wirkungen zu einem Bild wie in Abb. 185

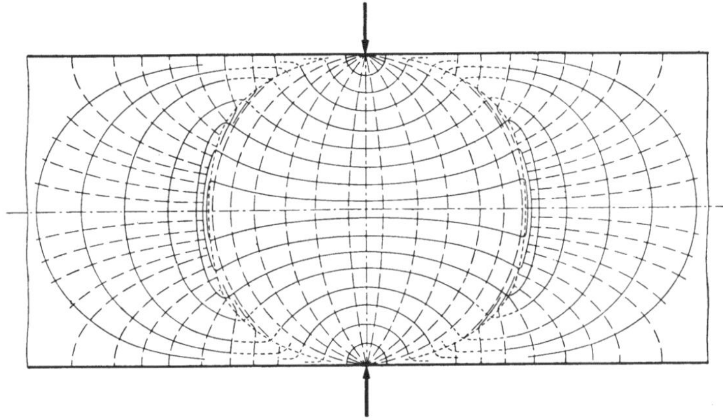

Abb. 185. Hauptlinien im Balken zwischen zwei Einzellasten.

und 186. Auch durch die Nähe gegenüberliegender freier Ränder wie in Abb. 187 wird der Spannungszustand stark beeinflußt, so daß die Verteilung nach den Gleichungen S. 195 nur in nächster Stempelnähe gültig ist. Ebenso sind die Gleichungen nur angenähert verwendbar bei der Behandlung von Schneidvorgängen, die von COKER [28] näher behandelt wurden (Abb. 188).

Es empfiehlt sich, die Ergebnisse dieser Rechnungen und Versuche zu berücksichtigen, wenn die Randwerte einer Haut oder eines elektrischen Potentials nach Kap. IV, Abschn. 2 und Kap. VI, Abschn. 12 hergestellt werden sollen. Die auftretenden Spitzen infolge einer konzentrierten Last sind bei solchen Randwertaufgaben praktisch nicht zu verwirklichen, man kann aber eine kleine Umgebung des Lastangriffs durch einen Hilfsschnitt ausschließen und an diesem Schnitt die Randwerte nach den Gleichungen S. 195 anbringen. Die wichtigen Randwerte der Hauptspannungssumme sind danach auf Kreisen durch die Endpunkte der Laststrecke konstant, werden also am bequemsten mittels eines Hilfsschnittes in Kreisform in das Spannungsfeld eingeführt. In einiger Entfernung von dem konzentrierten Lastangriff ist dieses Vorgehen auch bei nicht gleichförmig verteilter Last in guter Annäherung berechtigt.

8. Technische Formen.

Die folgende Übersicht soll einen Eindruck von verschiedenen Anwendungen des spannungsoptischen Verfahrens vermitteln. Wegen näherer Einzelheiten sei auf das angegebene Schrifttum verwiesen.

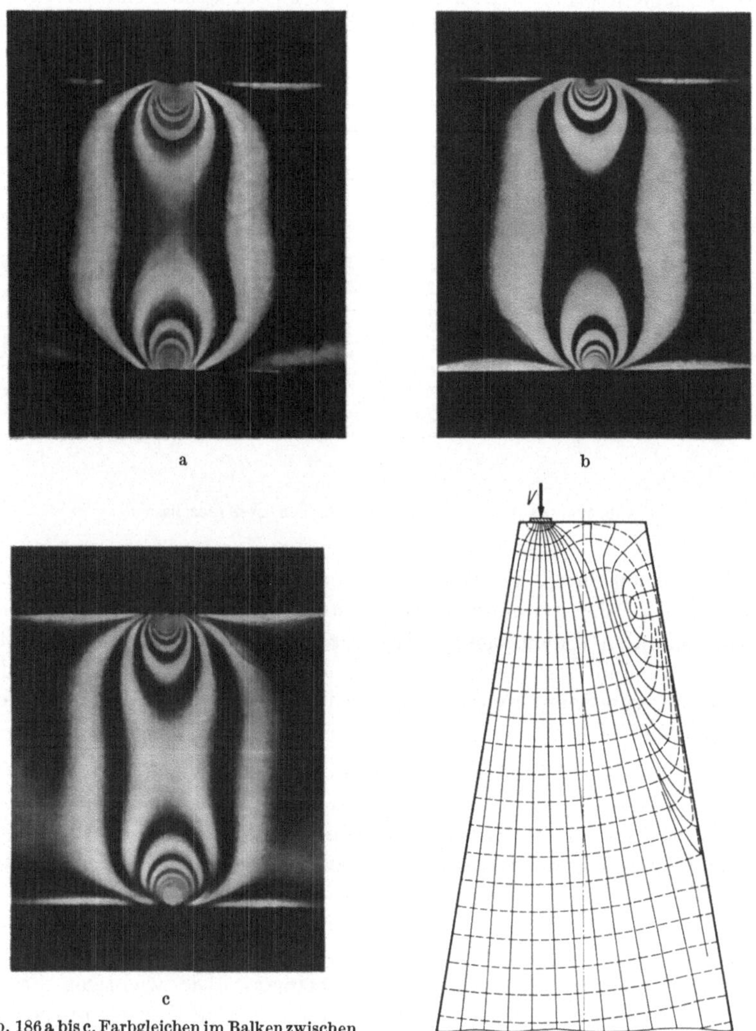

Abb. 186 a bis c. Farbgleichen im Balken zwischen zwei Einzellasten (Dekoritmodell). a) Farbaufnahme in zirkularem Licht. b) Aufnahme des Zustandes *a* mit Orangefilter; c) Aufnahme des Zustandes *a* mit Blaufilter (vgl. S. 127).

Abb. 187. Hauptlinien in einem stumpfen Keil unter einer senkrechten Einzellast V.

a) Radscheibe, Walze. Die volle Radscheibe auf ebener Unterlage enthält unter der Wirkung eines Achsdruckes einen Spannungszustand,

der ähnlich wie im Balken zwischen zwei Einzellasten ist, Abb. 189 (vgl.
Abb. 184 und 186). Zwei Gebiete örtlicher Einzellastwirkungen sind

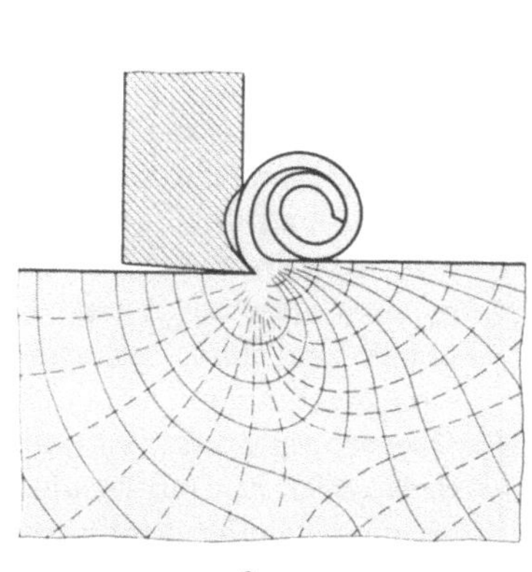

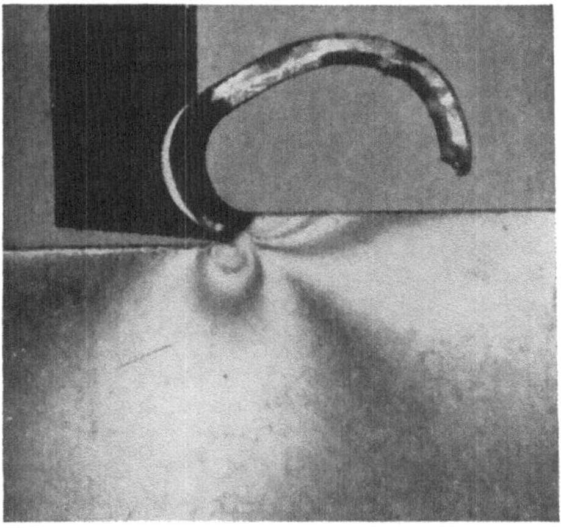

a   b

Abb. 188 a und b. Spannungszustand im Modell eines Werkstücks vor einer Schneide
(Zelluloidmodell) a) Hauptlinien; b) Farbgleichen.

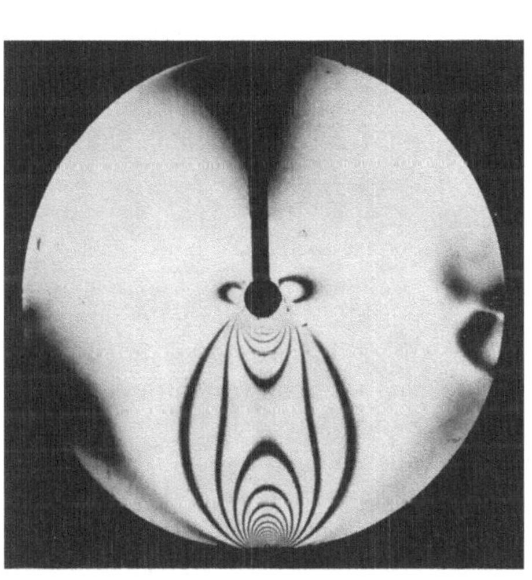

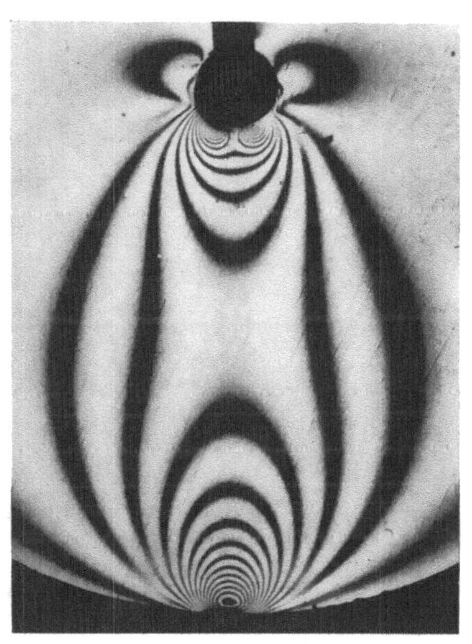

a   b

Abb. 189 a und b. Farbgleichen in einer Radscheibe bei senkrechter Achsenbelastung und ebener
Unterstützung. Schubhöchstwert innerhalb der Scheibe (vgl. Abb. 184 b).

durch ein Übergangsgebiet verbunden, die wesentlichen Spannungen
sind auf einen Raum beschränkt, der etwa einem Kreis mit dem halben

Durchmesser entspricht. Man beachte, daß der Höchstwert der Schubspannung nicht am Rand, sondern im Innern der Scheibe auftritt
(vgl. Abb. 184 b). Ähnlich sieht auch das Spannungsbild der Walze
zwischen zwei Einzellasten aus; die strenge theoretische Lösung dieses Problems ist ebenfalls bekannt und kann zur Kontrolle verwandt werden ([28] oder TESAR, Génie Civil, Juni 1931).

b) Augenstäbe. Die Er-
gebnisse an Augenstäben mit Bolzenbelastung hängen strenggenommen von der Querdehnungszahl ab (vgl. S. 42). Der Einfluß ist aber gering gegenüber Einflüssen der Form und des Bolzen-
spiels, durch die der gesamte Spannungsverlauf wesent-
lich verändert werden kann. Um die Unsicherheiten des Spieles auszuschalten, wurden die Versuche vielfach mit reinen Einzellasten an-
statt mit eingepaßten Bolzen ausgeführt (Abb. 190).

**c) T-förmige Teile, Schwal-
benschwänze.** Die Span-
nungen in einem T-förmigen Profil untersuchte SUPPER im Modell einer Schiene

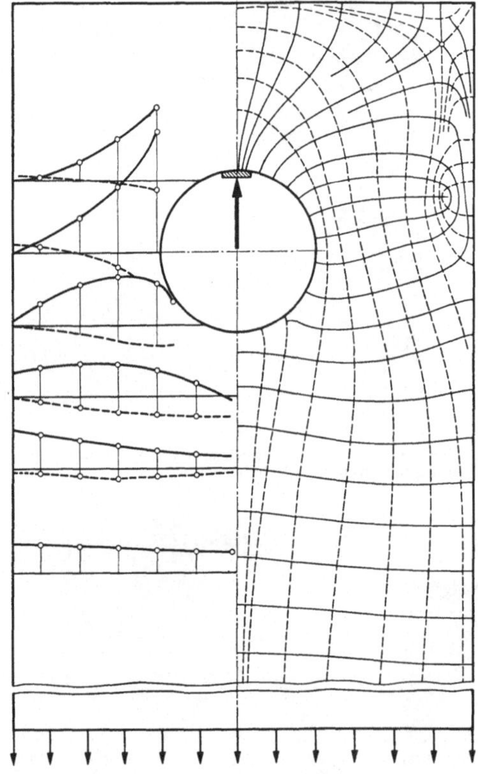

Abb. 190. Spannungszustand in einem Augenstab bei
Einzelkraftbelastung. Links: Längsspannungen (ausge-
zogen) und Querspannungen (gestrichelt) in einzelnen
Schnitten. Rechts: Hauptlinien.

[7.20], die Spannungen in Polbefestigungen wurden von BIRNBAUM
[30] und von BAUD [4.01] ausführlich behandelt (Abb. 191).

d) Verzahnungen. Bei der Messung der Spannungen in Zähnen beim
Eingriff hat man Einzelzähne oder ganze Randsegmente mit Einzel-
kräften oder durch einen zweiten Zahn belastet. Die Ergebnisse [1.03,
1.04, 4.01, 6.03, 6.11] gaben wertvolle Aufschlüsse über die Höchst-
beanspruchung im Zahngrund und die hohen Spannungen in der Nähe
des Lastangriffs, die den Spannungen nach Abschn. 7 ähnlich sind.

Ähnlich liegen die Fragen der Schraubenverbindungen [2.10, 6.11],
jedoch liegen hier in Wirklichkeit rotationssymmetrische Probleme vor
und die Ergebnisse der ebenen Spannungsoptik dürfen nur mit großer
Vorsicht übertragen werden. Auch Fragen der Ganghinterdrehung zur

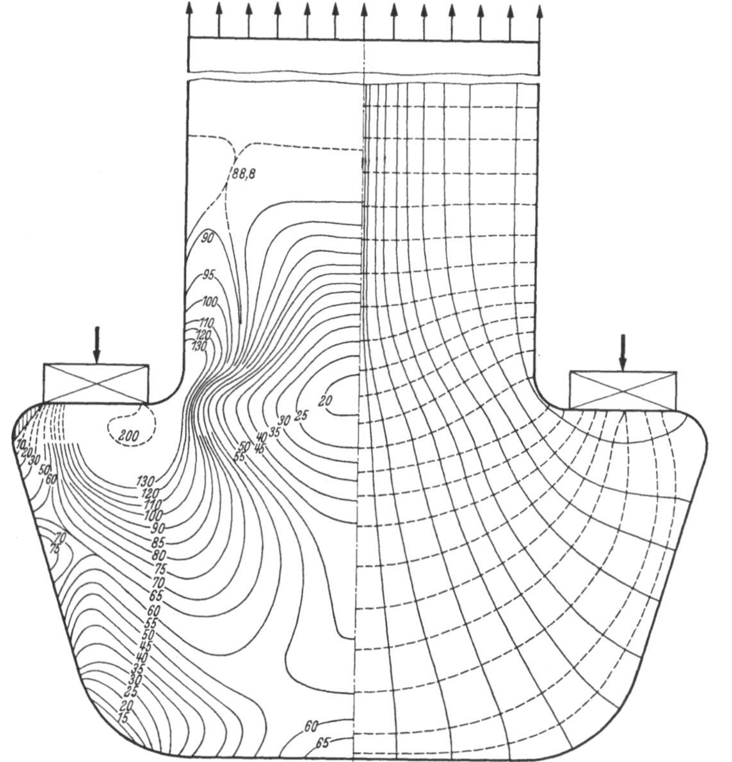

Abb. 191. Richtungsgleichen und Hauptlinien in einer Polbefestigung.

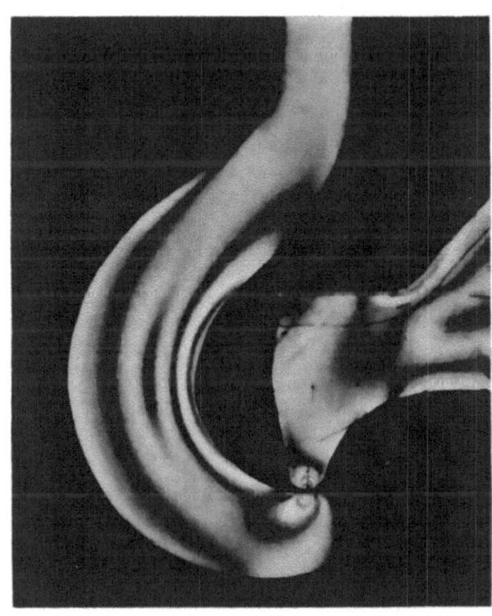

a

b

Abb. 192 a und b. Farbgleichen in einem Lasthaken (Zelluloidmodell). a) Aufnahme in zirkularpolarisiertem Licht; b) Aufnahme in linearpolarisiertem Licht mit einer um 5° oben nach links geneigten Polarisationsrichtung. Schwarze Richtungsgleiche.

elastischen Muttersicherung und zur gleichförmigeren Kraftübertragung sind mit solcher Vorsicht zu behandeln.

e) Lasthaken. Die Kombination von Augenstab, gebogenem Balken und Einzellast ergibt das Bild des Lasthakens, das in der bunten Wiedergabe Abb. 192 beigefügt ist. Die Farbaufnahme zeigt auch den Eindruck, den man von einer Richtungsgleichen hat, wenn sie eine Farbgleiche kreuzt. Die geringe Gesamtlichtstärke etwa in der roten Farbgleiche läßt die Schwärzung der Neigungsgleiche stark verbreitert erscheinen, so daß die Bestimmung ihres „Schwerpunktes" sehr erschwert wird.

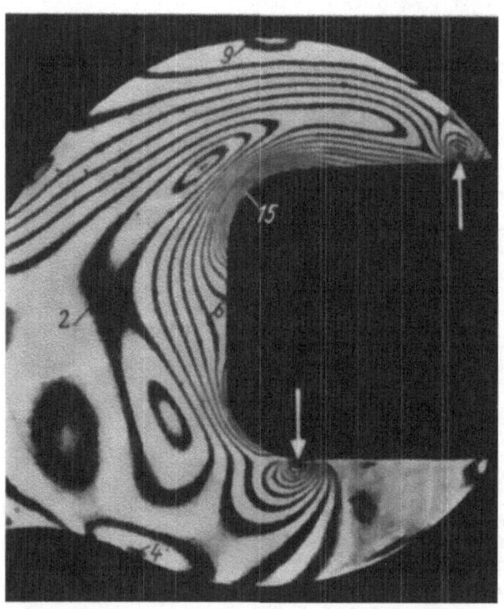

Abb. 193.
Farbgleichen in einem Schraubenschlüsselmodell.

f) Schraubenschlüssel. Die Aufnahme eines Schraubenschlüsselmodells Abb. 193 zeigt die hohe Beanspruchung im Grunde der Schlüsselklaue. Die Abbildung stammt aus einer längeren Untersuchung über die Zweckmäßigkeit verschiedener Schlüsselformen [7.07].

g) Flugzeugbeschlag. Das Beispiel Abb. 194 zeigt den Hauptlinienverlauf in einem Flugzeugbeschlag, bei dem die Abmessungen nicht mehr die Vorstellung des dünnen langen Balkens erlauben. Gerade im Flugzeugbau ist äußerste Gewichtsersparnis, d. h. günstigster Kraftfluß in derartigen Teilen von so erheblicher Bedeutung, daß die spannungsoptische Modelluntersuchung wertvolle Anregungen vermittelt.

h) Blöcke mit Zwischenschichten. Tesar [7.22] wandte das spannungsoptische Verfahren auf eine Säule aus einzelnen Glasblöcken an, die durch weiche Schichten (Papierstreifen) voneinander getrennt waren. Die ermittelten Spannungen entsprachen dem Zustand in einer Mauer aus festen Steinblöcken mit weichen Zwischenfugen, sie ergaben sich als linear verteilt, wie man es nach der Lehre vom dicken Pfeiler zu erwarten hat.

i) Tunnel mit Innendruck. Bei den Versuchen von Soehrens und Cass [6.20] an einem Doppeltunnel mit Innendruck ist interessant, daß der hydraulische Tunnelinnendruck auch im ebenen Modell hydraulisch erzeugt wurde.

k) Speichenräder. Sowohl die Schrumpfspannungen an der Achse wie die Spannungen bei Radbelastung am Reifen waren Gegenstand von

Modellversuchen. Versuche von COKER und LEVI [4.09] zeigten, daß bei Zahnrädern die gefährlichsten Schrumpfspannungen in Zahnmitte, nicht in der Lücke, auftreten, die Versuche von COKER und SALVADORI [5.05] behandeln die Veränderung der Spannungen in den Reifen von Lokomotivrädern, wenn die relative Lage der Speichen gegen den Lastpunkt (Schiene) sich verändert.

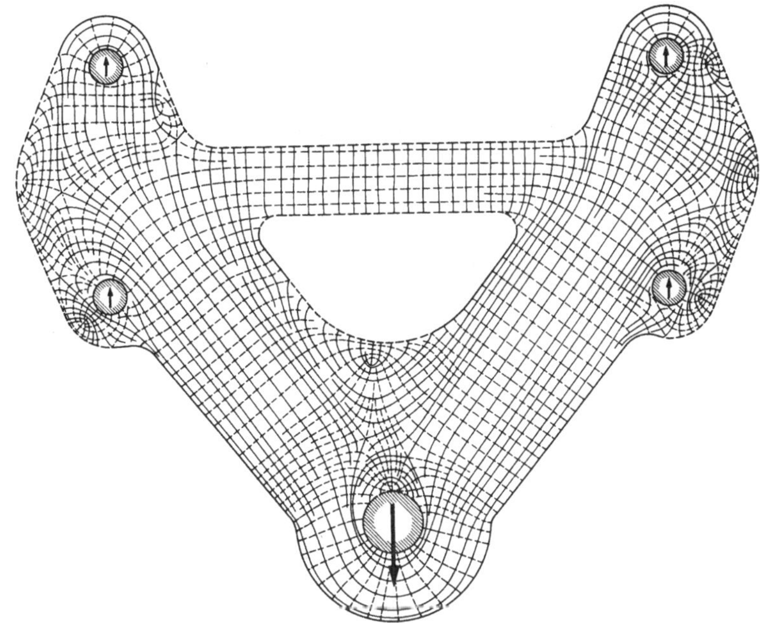

Abb. 194. Hauptlinien im Modell eines Flugzeugbeschlages.

l) Scheiben mit Ausschnitten. Scheiben mit Ausschnitten liegen beispielsweise bei Brücken, Eisenbahnwagen und Flugzeugrümpfen vor. Im allgemeinen sind die Spannungszustände in diesen Bauteilen äußerst verwickelt und es treten durchweg eine Reihe von Singularitäten im Hauptlinienbild auf. Das bedeutet, daß man etwa mit punktweiser Vermessung der Zustände keinen vollständigen Überblick über den Spannungszustand erhalten kann, wenn man nicht eine Unmenge von Punkten vermißt. Die Spannungsoptik kann hier besonders viel Arbeit ersparen, auch schon dann, wenn man sie etwa nur zur Bestimmung der Hauptrichtungen benutzt und dann in diesen Richtungen mit Dehnungsmessern weiter arbeitet. Die optische Messung der Hauptspannungsdifferenz stellt dann schließlich noch eine bequeme Kontrolle dar.

Bei diesen Aufgaben kann es sich als notwendig erweisen, daß der Einfluß anderer Flächen (Gehbahn, Fußboden, Dach) auch im Modell berücksichtigt werden muß. Es entstehen dann räumliche Modelle, deren

Untersuchung die Anwendung des Spiegelverfahrens (Kap. V, Abschn. 5)
erfordert. Im Beispiel Abb. 195 ist der Einfluß dieser weiteren Flächen
ganz vernachlässigt, in wirklichen Eisenbahnwagen usw. werden also

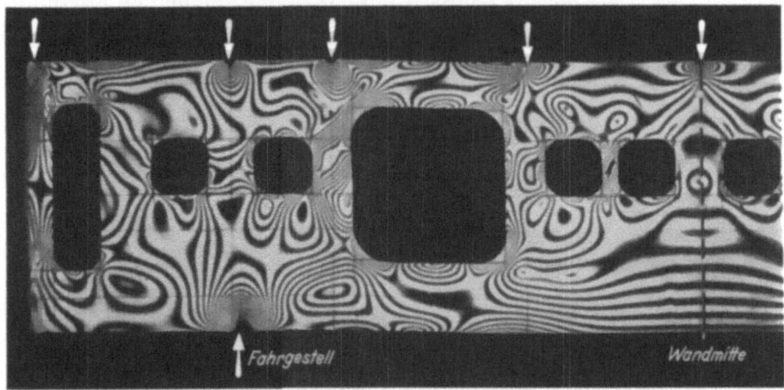

Abb. 195. Farbgleichen im Phenolitemodell einer Eisenbahnwagenwand
unter der Wirkung von Einzellasten.

schon aus diesem Grunde andere Spannungszustände herrschen. Besser ist
der Zusammenbau eines ähnlichen Modells, bei dem die Lasten wirklich

Abb. 196. Räumliches Modell eines Eisenbahnwagens aus Zelluloid.

am Fußboden bzw. an den Querträgern angreifen. Abb. 196 zeigt ein Bei-
spiel eines Wagenmodells aus Zelluloid mit vier Lasten auf zwei Stützen
(Fahrgestell), bei dem auch Brüstungsleisten und Pfostenversteifungen
(Flansche) aufgeklebt sind. Die Flanschenunterbrechung an den Fenster-

pfosten befindet sich an der Stelle des Momentennullpunktes und hat daher keinen Einfluß auf den Gesamtzustand, sie ist zweckmäßig für die ungestörte Querschnittsvermessung.

9. Verschiedene Werkstoffe.

Die Kombination verschiedener Werkstoffe in einem Konstruktionselement kann gelegentlich unmittelbare Anwendung der Spannungsoptik erlauben: Spannungen in Drahtglas infolge von Lasten, Wärmedehnungen oder Verrosten lassen sich unmittelbar durch die auftretende Doppelbrechung abschätzen [4.23]. Aber auch die Spannungsverteilung etwa in Beton mit Eisenbewehrung läßt sich in spannungsoptischen Modellen nachahmen, wenn im Modell die entsprechenden Elastizitätsverhältnisse erreicht werden können. Die Elastizitätsmoduln von Beton und Eisen verhalten sich etwa wie die Moduln von Bakelit und Magnesium, ein Bakelitmodell mit Magnesiumdrahtbewehrung wäre also für diese Aufgabe verwendbar. Sollen die Schrumpfspannungen in bewehrtem Beton abgeschätzt werden, so kann man ein Modell bauen, bei dem die Wärmedehnungen des Bakelits beim Abkühlen eine Verspannung gegen

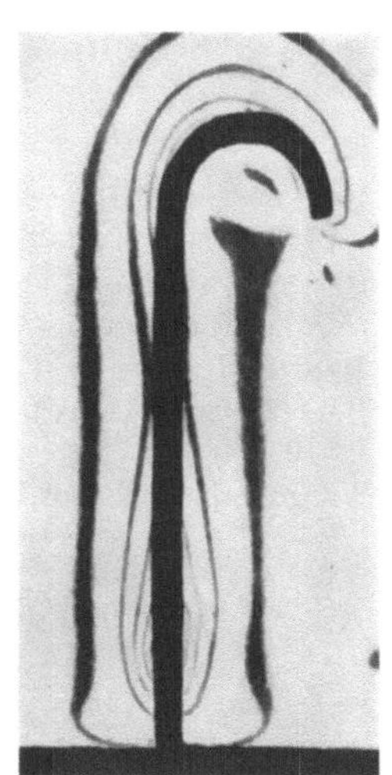

Abb. 197. Farbgleichen in einem Bakelitmodell, das sich beim Abkühlen gegen einen eingelegten Aluminiumdraht verspannte (Abschätzung der Schrumpfspannungen im Beton).

eine eingelegte Drahtbewehrung (etwa aus Aluminium) infolge der verschiedenen Wärmedehnungszahlen erzeugen (Abb. 97) [3.02]. Schließlich sei auf eine Arbeit von THIBODEAU [8.34] hingewiesen, der die Spannungen in einer weichen Gummiplatte mit einem kreisrunden Einschluß aus Hartgummi vermessen hat.

Bemerkungen zu den Abbildungen.

Es stellten freundlich zur Verfügung:

Herr J. P. DEN HARTOG (Harvard University, Cambridge, Mass.) Abb. 159, 160, 163, 164, 169, 189;

Herr R. V. BAUD (Eidg. Materialprüfungsanstalt, Zürich) Abb. 117 (vgl. [7.21]);

Herr R. EHRINGHAUS (Firma Winkel-Zeiss, Göttingen) Abb. 109, 112, 113, 116;

Herr H. L. SUPPER (Colombes, Seine) Abb. 162 (vgl. [7.20]);

Herr Z. Tuzi (Tokyo) Abb. 107 (vgl. [7.23]), 141 (vgl. [6.24]), 175 (vgl. [3.16), 195 (vgl. [27]).

Waggonfabrik Talbot, Aachen, Abb. 196.

Es wurden entnommen:

Abb.	93b	der Arbeit	7.08	Abb. 173	der Arbeit	6.16
,,	110	,, ,,	6.07	,, 174	,, ,,	0.31
,,	114	,, ,,	0.31	,, 176	,, ,,	8.13
,,	150	,, ,,	6.23	,, 184	,, ,,	8.22
,,	155	,, ,,	8.05	,, 187	,, ,,	26
,,	156g	,, ,,	8.05	,, 188	,, ,,	28
,,	158	,, ,,	5.08	,, 190	,, ,,	3.18
,,	161	,, ,,	3.12	,, 191	,, ,,	4.01
,,	165	,, ,,	1.05	,, 193	,, ,,	7.07
,,	167	,, ,,	0.21	,, 194	,, ,,	4.32
,,	170	,, ,,	28	,, 197	,, ,,	3.02
,,	172	,, ,,	28			

Schrifttum.

a) Einige ältere Arbeiten.

1. SEEBECK, A.: Einige neue Versuche und Beobachtungen über Spiegelung und Brechung des Lichtes. Schweigers J. Bd. 7 (1813) S. 259—298, 382—384; Bd. 12 (1814) S. 1—16.
2. BREWSTER, D.: On the communication of the structure of doubly refracting crystals to glass and other substances by mechanical compression and dilatation. Phil. Trans. roy. Soc. Lond. 1816, S. 156—178.
3. FRESNEL, A.: Note sur la double réfraction du verre comprimé. Ann. Chem. Phys. (2) Bd. 20 (1822) S. 376—383.
4. — Über die Doppelbrechung des zusammengedrückten Glases. Ann. Phys., Lpz. (2) Bd. 19 (1830) S. 539—545.
5. NEUMANN, F. E.: Über die Gesetze der Doppelbrechung des Lichtes in komprimierten oder ungleichförmig erwärmten unkrystallinischen Körpern. Abh. kgl. Akad. Wiss. Berlin 1841, S. 1—254.
6. MAXWELL, J. C.: On the equilibrium of elastic solids. Trans. roy. Soc., Edinburgh Bd. 20 (1853) S. 87—120.
7. WERTHEIM, G.: Mémoire sur la double réfraction temporairement produite dans les corps isotropes, et sur la rélation entre l'élasticité mécanique et l'élasticité optique. Ann. Chem. Phys. (3) Bd. 40 (1854) S. 156—221.
8. MAXWELL, J. C.: Über Doppelbrechung in einer bewegten zähen Flüssigkeit. Ann. Phys., Lpz. (2) Bd. 151 (1874) S. 154.
9. KÖNIG, W.: Doppelbrechung in transversal schwingenden Glasplatten. Ann. Phys., Lpz. (4) Bd. 4 (1901) S. 1—40.
10. MESNAGER, A.: Contribution a l'étude de la déformation élastique des solides. Ann. Ponts Chauss. Bd. 4 (1901) S. 128—190. — Int. Congr. ess. Matér. Budapest (1901).
11. KÖNIG, W.: Einige Bemerkungen über die Beziehungen zwischen künstlicher Doppelbrechung und Elastizität. BOLTZMANN-Festschr. Leipzig 1904, S. 832 bis 838.
12. FILON, L. N. G.: On the dispersion in artifical double refraction. Phil. Trans. roy. Soc. Lond. A Bd. 207 (1907) S. 263—306.
13. HÖNIGSBERG, O.: Über unmittelbare Beobachtung der Spannungsverteilung und Sichtbarmachung der neutralen Schichte an beanspruchten Körpern. Z. öst. Ing.- u. Archit.-Ver. Bd. 56 (1907) S. 165—173.
14. COKER, E. G.: The optical determination of stress. Phil. Mag. (6) Bd. 20 (1910) S. 740—751.
15. MESNAGER, A.: Détermination complète sur un modèle reduit des tensions qui se produiront dans un ouvre. Utilisation de la double réfraction accidentelle du verre. Ann. Ponts Chauss. Bd. 16 (1913) S. 133—186.
16. COKER, E. G.: Photoelasticity for engineers. Gen. Electr. Rev. Bd. 23 (1920) S. 870—877, 966—973; Bd. 24 (1921) S. 82—88, 222—226, 455—466.
17. HEYMANS, P.: La photoélasticimétrie, exposé de ses principes, de ses méthode et de quelques unes de ses applications d'après les travaux originaux de COKER, FILON et MESNAGER. Bull. Soc. belg. Ingng. Int. Bd. 2 (1921) S. 99—214.
18. FILON, L. N. G.: On the graphical determination of stress from photoelastic observations. Engineering Bd. 116 (1923) S. 511—512.

19. Delanghe, M. G.: La photoélasticimétrie, ses applications et ses méthodes. Génie civ. Bd. 91 (1927) S. 243—249, 271—275, 297—304.

20. Favre, H.: Méthode purement optique de détermination des tensions intérieures se produisant dans les constructions. Schweiz. Bauztg. Bd. 90 (1927) S. 291 bis 294, 307—310.

21. Tuzi, Z.: A new material for the study of photoelasticity. Sci. Pap. Inst. phys. chem. Res., Tokio Bd. 7 (1927) S. 79—96.

22. Mesmer, G.: Spannungsoptische Untersuchung von ebenen Spannungszuständen. Z. VDI Bd. 72 (1928) S. 951—959.

23. Tuzi, Z.: Photographic and cinematographic study of photoelasticity. Sci. Pap. Inst. phys. chem. Res., Tokio Bd. 8 (1928) S. 247—267.

24. Wächtler, M.: Die Anwendung der akzidentellen Doppelbrechung zum Studium der Spannungsverteilung in beanspruchten Körpern. Phys. Z. Bd. 29 (1928) S. 497—534.

25. Baud, R. V.: Further development of photoelasticity. J. opt. Soc. Amer. Bd. 18 (1929) S. 422—437.

26. Favre, H.: Sur une nouvelle méthode optique de détermination des tensions intérieurs. Rev. opt. Bd. 8 (1929) S. 193—213, 241—261, 289—307.

27. Tuzi, Z.: Photoelastic study of stress distributions in the side framing of steel car. Sci. Pap. Inst. phys. chem. Res., Tokio Bd. 12 (1929) S. 37—68.

b) Zusammenfassung bis 1930.

28. Coker, E. G. u. L. N. G. Filon: A treatise on photoelasticity. Cambridge 1931, Univ. Press. 720 S. mit umfassendem Schrifttumsverzeichnis bis 1930.

c) Arbeiten bis 1929, die nicht im Coker-Filon genannt werden.

29. Baud, R. V.: A simple optical arrangement for photoelastic-experiments. Instruments 1928, S. 305—309.

30. Birnbaum, W.: Optische Untersuchung des Spannungszustandes in Maschinenteilen mit scharfen und abgerundeten Ecken. Z. techn. Phys. Bd. 5 (1924) S. 143—149.

31. Föppl, L.: Untersuchung ebener Spannungszustände mit Hilfe der Doppelbrechung. Abh. bayr. Akad. Wiss. 1928, S. 247—265.

32. Friedel, G.: Sur un procédé de mesure des biréfringences. Bull. Soc. franç. Miner. Bd. 16 (1893) S. 19—33.

33. — Sur la biréfringence du diamant. Bull. Soc. franç. Miner. Bd. 47 (1924) S. 60—94.

34. Frost u. Richards: Eye-bolt stresses as determined by photoelastictests. J. Soc. automot. Engrs. Bd. 17 (1925) S. 213.

35. Hönigsberg, O.: Verfahren zum Sichtbarmachen der neutralen Schichte. Z. VDI Bd. 48 (1904) S. 867—869.

36. — Vereinfachtes Verfahren zur Sichtbarmachung der neutralen Schichte. Z. öst. Ing.- u. Archit.-Ver. Bd. 57 (1905) S. 578—579.

37. — Bericht über Sichtbarmachung der Spannungen in geraden und krummen Stäben. Z. VDI Bd. 51 (1907) S. 710—712.

38. Kimball, A. L.: Stress determination by means of the Coker photoelastic method. Gen. electr. Rev. Bd. 24 (1921) S. 73—78.

39. — Photoelasticity and its application to gear wheels. Amer. Mach., N.Y. Bd. 63 (1925) S. 51—54.

40. Mesnager, A.: La déformation des solides. Congr. int. ess. Matér. de Constr. 1900. — Congr. int. Physique 1900.

41. Tesar, V.: Arbeiten 1925 und 1928 in „Technický obzor" und 1928 bis 1932 in „Technický slovník naučný".

42. TARDY, H. L.: Méthode pratique d'examen et de mesure de la biréfringence des verres optiques. Rev. Opt. Bd. 8 (1929) S. 59.

43. TIMOSHENKO, S. u. R. V. BAUD: The strength of gear teeth. Mech. Engng. Bd. 48 (1926) S. 1105—1109.

44. — u. DIETZ: Stress concentration produced by holes and fillets. Trans. Amer. Soc. mech. Engrs. Bd. 46 (1925) S. 199—237.

45. TOURNIAIRE: Teusiomètre. Rev. Opt. Bd. 7 (1928) S. 79.

d) Schrifttum 1930—1938.

1930.

0.01 ARMBRUSTER, E.: Der Einfluß der Oberflächenbeschaffenheit auf den Schwingungsverlauf und die Schwingungsfestigkeit. Diss. München.

0.02 BAES, L.: Résistance des matériaux et élements de la théorie de l'élasticité et de la plasticité des corps solides. Brüssel, Bd. 1, S. 401—448.

0.03 BAUD, R. V.: Photoelasticity. Electr. J. Bd. 27, S. 57, 179, 303, 365.

0.04 — Photoelasticity and its application in design. Machine design Bd. 2, Heft 11, S. 29—31; Heft 12, S. 27—30.

0.05 — u. W. D. WRIGHT: The analysis of the colors observed in photoelastic experiments. J. opt. Soc. Amer. Bd. 20, S. 381—395.

0.06 BELL, G.: Theorie und Versuche über einige Fälle von Spannungsverteilung in ringförmigen Körpern. Z. angew. Math. Mech. Bd. 10, S. 52—72.

0.07 BUICH, R.: El método fotoelástico para la determinación del régimen de tensiones en los casos de resistencia plana. Ingenieria, Bd. 674, S. 502—524.

0.08 COKER, E. G.: Lateral extensometers. Engineering Bd. 129, S. 465—467.

0.09 — u. R. LEVI: Contact-pressures and stress distributions in cams, rollers and wheels. Proc. Instn. Mech. Engrs., Lond. Bd. 119, S. 693—730.

0.10 — — On St. Venant's priciple of equipollent loads in cases of plane stress. Proc. 3rd int. Congr. appl. Mech. Bd. 2, S. 171—175.

0.11 — u. G. P. COLEMAN: Stress distributions in notched beams and their applications. Trans. Instn. naval Archit. Bd. 72, S. 141—153.

0.12 DERKSEN, J. C., J. R. KATZ, K. HESS u. C. TROGUS: Über die Struktur des Celluloids. Die Änderung der optischen Anisotropie bei der Dehnung von Camphercelluloid mit verschiedenem Gehalt an Campher. Z. phys. Chem. Abt. A Bd. 149, S. 371—381.

0.13 FABRY, C.: Sur une nouvelle méthode pour l'étude expérimentale des tensions élastiques. C. R. Acad. Sci., Paris Bd. 190, S. 457—460.

0.14 FAVRE, H.: Sur une méthode optique de détermination des tensions intérieures dans les solides à trois dimensions. C. R. Acad. Sci., Paris Bd. 190, S. 1182—1184.

0.15 FÖPPL, L.: Über singuläre Punkte 1. Ordnung des ebenen Spannungszustandes. Mitt. mech. techn. Labor. München Heft 34, S. 1—3.

0.16 MESMER, G.: Spannungsoptische Untersuchungen und Fließversuche unter konzentriertem Druck. Techn. Mech. Thermodyn. Bd. 1, S. 85—100, 106 bis 112.

0.17 — Spannungsoptische Untersuchungen der Spannungszustände in Seitenwänden von Eisenbahnwagen. Z. VDI Bd. 74, S. 284—286 (Ref. über [27]).

0.18 MESNAGER, A.: Mesure expérimentelle des efforts intérieurs dans les solides et résultats. Rev. Opt. Bd. 9, S. 241—246.

0.19 — Sur la détermination optique des tensions intérieures dans les solides à trois dimensions. C. R. Acad. Sci., Paris Bd. 190, S. 1249—1250.

0.20 NADAI, A., R. V. BAUD u. A. M. WAHL: Stess distribution and plastic flow in an elastic plate with a circular hole. Mech. Engng. Bd. 52, S. 187—192.

0.21 MÜLLER, J.: Étude de trois profils de murs encastrés sollicités à la compression et à la flexion. Rev. Opt. Bd. 9, S. 439—469.

0.22 TANK, F., H. FAVRE u. H. JENNY-DÜRST: Aus dem Laboratorium für photoelastische Untersuchungen an der E.T.H. Zürich. Bautechn. Bd. 8, S. 719 bis 723.

0.23 — u. J. MÜLLER: Spannungsoptische Untersuchung eines kurzen, auf Biegung beanspruchten Stabes. Denkschr. 50 Jahre E.T.H. Zürich.

0.24 THOMAS u. HOERSCH: Stresses due to the pressure of one elastic solid upon another. Engng. exper. Stat. Univ. Ill. Bull. 212.

0.25 TUZI, Z.: Photography and cinematography of photoelasticity. Proc. 3rd int. Congr. appl. Mech. Bd. 2, S. 176—180.

0.26 — The effect of a circular hole in the uniform shear field and the stresses of stiff frames. Int. Congr. Met. Struct., Lüttich.

0.27 — Effect of a circular hole on the stress distribution in a beam under uniform bending moment. Phil. Mag. (7) Bd. 9, S. 210—224.

0.28 VILLEY, J.: Dispositif a miroir concave unique pour l'observation des lignes isoclines. Rev. Opt. Bd. 9, S. 83.

0.29 VOLTERRA, E.: La fotoelasticità e le sue applicazioni. Ingegnere, Rom Bd. 4, S. 516—531, 816—827.

0.30 WÄCHTLER, M.: Über die Untersuchung ebener Spannungszustände mit Hilfe von polarisiertem Licht. Z. VDI Bd. 74, S. 545—546.

0.31 WIDDERN, H. v.: Polarisationsoptische Spannungsmessungen an Stabecken. Mitt. mech.-techn. Labor. München Heft 34, S. 4—16.

1931.

1.01 BAUD, R. V.: On the determination of principal stresses from crossed Nicol observations. J. Franklin Inst. Bd. 211, S. 457—474.

1.02 — Contribution to study of effect of elliptical polarization upon energy transmission. J. opt. Soc. Amer. Bd. 21, S. 119—123.

1.03 — Contact stresses in gears. Mech. Engng. Bd. 53, S. 667—674.

1.04 — u. E. HALL: Stress cycles in gear teeth. Mech. Engng. Bd. 53, S. 207—210.

1.05 COKER, E. G. u. R. LEVI: The stress distributions in fusion joints. Proc. Instn. mech. Engrs., Lond. Bd. 120, S. 569—602.

1.06 FILON, L. N. G. u. F. C. HARRIS: On the photoelastic dispersion of vitreous silica. Proc. roy. Soc., Lond. A Bd. 130, S. 410—431.

1.07 FÖPPL, L.: Der singuläre Punkt 2. Ordnung. Mitt. mech.-techn. Labor. München Heft 35, S. 1—3.

1.08 FROCHT, M. M.: Recent advances in photoelasticity. Trans. Amer. Soc. mech. Engrs. Bd. 53, APM 53—11, S. 135—153.

1.09 FROST, T. H. u. K. F. WHITCOMB: The stresses in rotating discs. Trans. Amer. Soc. mech. Engrs. Bd. 53, APM 53—1, S. 1—11.

1.10 HARRIS, F. C.: The production of residual double refraction by pressure in certain glasses at atmospheric temperature. Phil. Mag. (7) Bd. 11, S. 745—748.

1.11 DEN HARTOG, J. P.: Experimentelle Lösung des ebenen Spannungsproblems. Z. angew. Math. Mech. Bd. 11, S. 156.

1.12 KUNO, J.: The law of photoelastic extinction. Phil. Mag. (7) Bd. 12, S. 503 bis 511.

1.13 KURZHALS, H.: Polarisationsoptische Untersuchungen an rechtwinkeligen, auf Biegung beanspruchten Stabecken. Mitt. mech.-techn. Labor. München Heft 35, S. 14—26.

1.14 TUZI, Z.: Optical stress analysis. Engineering Bd. 131, S. 116—117, 193—196.

1.15 — On the stress distribution of an angle plate. Sci. Pap. Inst. phys. chem. Res., Tokio Bd. 16, S. 140—146.

1932.

2.01 BAUD, R. V.: Technische Methoden photoelastischer Forschung. Schweiz. Bauztg. Bd. 100, S. 1—4, 15—20.

2.02 BOEDER, P.: Über Strömungsdoppelbrechung. Z. Phys. Bd. 75, S. 258—281.

2.03 DANUSSO, A.: La fotoelasticità. Rend. Sem. mat. Milano Bd. 6, S. 203—215.

2.04 EDMONDS, R. H. G. u. B. T. McMINN: Celluloid as a medium for photoelastic investigation. Trans. Amer. Soc. mech. Engrs. Bd. 54, APM 54—8, S. 77—82.

2.05 ESCHER, J. u. DESRIVIERES: Un dispositiv d'étude des biréfringences de verres industriels. Rev. Opt. Bd. 11, S. 215—221.

2.06 FAVRE, H.: La determinations optique des tensions interieures. Rev. Opt. Bd. 11, S. 1—21.

2.07 FÖPPL, L.: Fortschritte auf dem Gebiete der spannungsoptischen Untersuchung der Konstruktionen. Z. VDI Bd. 76, S. 505—508.

2.08 FROCHT, M. M.: Kinematography in photoelasticity. Trans. Amer. Soc. mech. Engrs. Bd. 54, APM 54—9, S. 83—96.

2.09 GÜNTHER, N.: Untersuchung der Wirkung mechanischer und elektrischer Kraftfelder auf die Doppelbrechung des Quarzes. Ann. Phys., Lpz. (5) Bd. 13, S. 783—801.

2.10 HALL, S.: Determination of stress concentration in screw threads by the photoelastic method. Engng. exper. Stat. Univ. Ill. Bull. 245.

2.11 HOLLISTER, S. C.: Stress distribution in fillet welds subjected to transverse stress. J. West. Soc. Engrs.

2.12 KETTENACKER, L.: Polarisationsoptische Untersuchungen an unsymmetrischen Stabecken sowie an Doppelhaken. Forsch. Ing.-Wes. Bd. 3, S. 71—78.

2.13 KUNO, J.: Application of the law of photoelastic extinction to some problems. Phil. Mag. (7) Bd. 13, S. 810—824.

2.14 MABBOUX, G.: Applications de la photoélasticimétrie a l'étude des ouvrages en béton. Rev. Opt. Bd. 11, S. 501—507.

2.15 OBERTI, G.: La fotoelasticità. Rend. Sem. mat. Milano Bd. 6, S. 217—251.

2.16 SOLAKIAN, A. G.: New developments in photoelasticity. J. opt. Soc. Amer. Bd. 22, S. 293—306.

2.17 — u. G. B. KARELITZ: Photoelastic study of shearing stresses in keys and keyways. Trans. Amer. Soc. mech. Engrs. Bd. 54, APM 54—10, S. 97—123.

2.18 TESAR, V.: Détermination expérimentale des tensions dans les extrémités des pièces prismatiques munies d'une semi-articulation. Int. Vereinigung Brücken- u. Hochbau, Abh. Bd. 1, S. 497—505.

2.19 — Méthode purement optique pour déterminer les déformations d'épaisseurs des modèles. Rev. opt. Bd. 11, S. 97—104.

2.20 — Fotoelasticimetrie. Ottův slovník naučný, S. 630.

2.21 TIMOSHENKO, S. u. B. F. LANGER: Stresses in railroad tracks. Trans. Amer. Soc. mech. Engrs. Bd. 54, APM 54—26, S. 277—302.

2.22 VREEDENBURGH, C. G. J.: De inrichting van het laboratorium voor photoelastisch spanningsonderzoek der Technische Hoogeschool te Bandoeng en

2.23 de aldaar gevolgde werkwijze. Ingenieur, Haag Nr. 29. LE TENSIONOSCOPE: Rev. Opt. Bd. 11, S. 29—30.

1933.

3.01 BAUD, R. V. u. F. TANK: Über Profile konstanter Randspannung an Zug- und Biegestäben. Helv. phys. Acta Bd. 6, S. 493—495.

3.02 BEYER, A. H. u. A. G. SOLAKIAN: Photoelastic analysis of stresses in composite materials. Proc. Amer. Soc. civ. Engrs. Bd. 59, S. 1121—1132 [auch: Trans. Amer. Soc. civ. Engrs. Bd. 99 (1934) S. 1196—1212].

3.03 BIEZENO, C. W. u. J. J. KOCH: Über einige Beispiele zur elektrischen Spannungsbestimmung. Ing.-Arch. Bd. 4, S. 384—393.

3.04 BIOT, M. A.: Contribution à la technique photoélastique. Ann. Soc. Sci. Bruxelles Bd. 53, S. 13—15.

3.05 — u. H. SMITS: Étude photoélastique des tensions de contraction dans un barrage. Bull. techn. Union Ingrs. Louvain Nr. 4.

3.06 COKER, F. G., R. LEVI u. R. RUSSELL: The stresses in fusion joints. Proc. Instn. mech. Engrs., Lond. Bd. 124, S. 601—643.

3.07 — u. R. RUSSELL: Stress distributions in fusion joints of plates connected at right angles. Inst. naval Arch. Bd. 5, S. 1—8.

3.08 COYNE: Influence de la température interne et déformation des barrages-poids. Proc. 1. Congr. Grandes Barrages Bd. 2, S. 63—98.

3.09 FROCHT, M. M.: On the application of interference fringes to stress analysis. J. Franklin Inst. Bd. 216, S. 73—89.

3.10 McGIVERN, J. C. u. H. L. SUPPER: Complément à la théorie de la photo-élasticité. Génie civ. Bd. 103, S. 495—498.

3.11 GORANSON, R. W. u. L. H. ADAMS: A method for the precise measurement of optical path-difference, especially in stressed glass. J. Franklin Inst. Bd. 216, S. 475—504.

3.12 HENNIG, A.: Polarisationsoptische Spannungsuntersuchungen am gelochten Zugstab und am Nietloch. Forsch. Ing.-Wes. Bd. 4, S. 53—63.

3.13 KUNO, J.: The relation between strain and photoelastic effect in phenolite. Phil. Mag. (7) Bd. 16, S. 353—362.

3.14 NAKAGAWA, Y.: Über die Spannungsverteilung in einer Platte mit schmalem Loch. Mem. Ryojun. Coll. Engng. Bd. 6, S. 35—48.

3.15 NEUBER, A.: New method of deriving stresses graphically from photoelastic observations. Proc. roy. Soc., Lond. A Bd. 141, S. 314—324.

3.16 NISIDA, M.: On the physical properties of the photoelastic material phenolite. Sci. Pap. Inst. phys. chem. Res., Tokio Bd. 22, S. 269—283.

3.17 RAJNFELD, S.: Beiträge zur Kenntnis einiger ebener Spannungszustände. Helv. phys. Acta Bd. 6, S. 249—250.

3.18 — Studi di alcuni problemi elastici a due dimensioni. Energia elettr. Bd. 10, S. 724—745.

3.19 SADRON, CH.: Sur une nouvelle méthode optique d'exploration d'un champ de vitesses bidimensionel. C. R. Acad. Sci., Paris Bd. 197, S. 1293—1296.

3.20 TESAR, V.: Zusammenwirkung von Niet- und Schweißverbindungen. Int. Vereinigung Brücken- u. Hochbau, Schlußber. 1. Kongr. S. 333—336.

3.21 — La photoélasticimétrie et ses applications dans la construction aéronautique. Sci. aérienne Bd. 2, S. 372—394.

3.22 TUZI, Z.: On the high-speed kinematography of photoelasticity. Bull. Inst. phys. chem. Res., Tokio Bd. 12, S. 57—70, 909—918.

3.23 YASA, K., S. FUKUI u. T. ONISHI: Optisches Kriechen beim Photoelastizitäts-experiment. J. Soc. mech. Engrs. Jap. Bd. 36, S. 447—452.

1934.

4.01 BAUD, R. V.: Beiträge zur Kenntnis der Spannungsverteilung in prismatischen und keilförmigen Konstruktionselementen mit Querschnittsübergängen. Diss. Zürich, Ber. 83 d. Eidg. Mat.-Prüf.-Anst.

4.02 — Fillet profils for constant stress. Product Engng. Bd. 60, S. 133—134.

4.03 — Avoiding stress concentration by using less material. Product Engng. Bd. 60, S. 170—172.

4.04 BAY, H.: Die Dreigelenkbogenscheibe. Berlin: Ernst & Sohn.

4.05 BIOT, M.: Propriété générale des tensions thermiques en régime stationnaire dans les corps cylindriques. Ann. Soc. Sci. Bruxelles Bd. 54, S. 14—18.

4.06 BRAHTZ, J. A. H.: Photoelastic apparatus at the Calif. Institute of Technology. Rev. sci. Instrum. Bd. 5, S. 80—83.

4.07 CARLETON, R. B.: Suitability of materials for photoelastic investigations. Rev. sci. Instrum. Bd. 5, S. 30—32.

4.08 CHAPMAN, E.: Welded Joints. J. Amer. Weld. Soc. Bd. 13, Heft 2, S. 10—14.

4.09 COKER, E. G. u. R. LEVI: Force fits and shrinkage fits in crank webs and locomotive driving wheels. Proc. Instn. mech. Engrs., Lond. Bd. 127, S. 249 bis 275.

4.10 FAVRE, H.: Les méthodes de la photoélasticité. Génie civ. Bd. 104, S. 63—64.

4.11 FÖPPL, L.: Spannungsmessung mit Hilfe der optischen Doppelbrechung. Z. techn. Phys. Bd. 15, S. 430—436.

4.12 McGIVERN, J. G. u. H. L. SUPPER: A membrane analogy supplementing photoelasticity. Trans. Amer. Soc. mech. Engrs. Bd. 56, APM 56—9, S. 601 bis 605. — J. Franklin Inst. Bd. 217, S. 491—504.

4.13 GOETZ, A.: A modified optical arrangement for photoelastic measurements. Rev. sci. Instrum. Bd. 5, S. 84.

4.14 McGREGOR, C. W.: Concerning the distribution of stress in a laterally compressed strip. Physics Bd. 5, S. 140—145.

4.15 HAUPT, W. H.: A photoelastic method of stress evaluation in structures involving two parallel systems of plane stress. Phys. Rev. Bd. 45, S. 122.

4.16 HOLLISTER, S. C. u. R. H. WOOD: Shear distribution at junction of beam weld to column. J. Amer. Weld. Soc. Bd. 13, Heft 3, S. 13—16.

4.17 KISIMOTO, S.: Der Einfluß der Querschnittsänderung des stark gekrümmten Stabes auf die Spannungsverteilung. Mem. Ryojun. Coll. Engng. Inonye. Comm. S. 221—226.

4.18 LEHR, E.: Spannungsverteilung in Konstruktionselementen. Berlin: VDI-Verlag.

4.19 MEYER, H.: Spannungsoptische Untersuchungen ebener Schwingungszustände. Helv. phys. Acta Bd. 7, S. 651—652.

4.20 MINDLIN, R. D.: A reflection polariscope for photoelastic analysis. Rev. sci. Instrum. Bd. 5.

4.21 NADAI, A. u. M. W. McGREGOR: Concerning the effect of notches and laws of similitude in material testing. Proc. Amer. Soc. Test. Mater. Bd. 34, S. 216—228.

4.22 NEUBER, H. P.: Exact construction of the $(\sigma_2 + \sigma_1)$-network from photoelastic observations. Trans. Amer. Soc. mech. Engrs. Bd. 56, APM 56—17, S. 733—737.

4.23 PRESTON, F. W.: Stresses in wire glass arising from the wire. J. Amer. ceram. Soc. Bd. 17, S. 310—311.

4.24 RAJNFELD, S.: Die spannungsoptische Untersuchung der Berührung zweier Kreiszylinder. Schweiz. Bauztg. Bd. 104, S. 96—98.

4.25 — Festigkeitsuntersuchung durchlochter Laschen. Schweiz. Bauztg. Bd. 104, S. 299—300.

4.26 SADRON, C. L. u. E. D. ALCOCK: An optical method for measuring the distribution of velocity. Guggenh. aeron. Labor. Pasadena, Nr. 44.

4.27 SALVADORI, M.: Alcune ricerche fotoelastiche nel laboratorio delle University College di Londra. Ann. Lav. Pubbl. Bd. 72, S. 10—12.

4.28 SIEBEL, E. u. E. KOPF: Beanspruchung in gelochten Platten. Forsch. Ing.-Wes. Bd. 5, Forsch.-Heft 369.

4.29 SOLAKIAN, A. G.: Stresses in transverse fillet welds by photoelastic method. J. Amer. Weld. Soc. Bd. 13, Heft 2, S. 22—29.

4.30 SUQUET, M.: Recherches photo-élasticimétriques sur les dalles nervurées. Ann. Ponts Chauss. (Mem.) Bd. 104, S. 34—49.

4.31 TANK, F.: Die Tätigkeit des photoelastischen Laboratoriums der Eidg. Techn. Hochschule Zürich. Schweiz. Bauztg. Bd. 104, S. 45—48.

4.32 Tesar, V.: Utilité pratique de la photoélasticimétrie dans les constructions aéronautiques. Techn. aéron. Bd. 25, S. 159—176, 213—225.

4.33 Thibodeau u. McPherson: Photoelastic properties of soft vulcanised rubber. J. Res. Nat. Bur. Stand. Bd. 13, S. 887—896.

4.34 Thum, A. u. Wunderlich: Die polarisationsoptische Untersuchung des Spannungsverlaufes in Konstruktionselementen. Arch. techn. Messen T. 99 bis 101.

4.35 Tuzi, Z. u. M. Nisida: On the study of stress due to impact by photoelasticity. Bull. Inst. phys. chem. Res., Tokio Bd. 13, S. 148—162.

4.36 Vasarhelyi, D.: Détermination de la réaction du terrain par expérience photoélasticimétrique. Trav. Arch. Constr. Bd. 18, S. 491—492.

4.37 Wahl, A. M. u. R. Beeuwkes: Stress concentration produced by holes and notches. Trans. Amer. Soc. mech. Engrs. Bd. 56, APM 56—11, S. 617—625.

4.38 Weibel, E. E.: Studies in photoelastic stress determination. Trans. Amer. Soc. mech. Engrs. Bd. 56, APM 56—13, S. 637—658.

1935.

5.01 Biot, M. A.: Distributed gravity and temperature loading in two dimensional elasticity replaced by boundary pressures and dislocations. J. appl. Mech. Bd. 2, A 41—45.

5.02 Brahtz, J. A. H.: The stress function and photoelasticity application to dams. Proc. Amer. Soc. civ. Engrs. Bd. 61, S. 983—1020.

5.03 Bruninghaus, L.: Étude de quelques régimes vibratoires du quartz oscillant. J. Phys. Radium (7) Bd. 6, S. 159—167.

5.04 Bucky, B., A. G. Solakian u. L. S. Baldin: Centrifugal method of testing models. Civ. Engng., Lond. Bd. 5, S. 287—290.

5.05 Coker, E. G. u. M. Salvadori: Stress waves in the tyres of locomotives. Proc. Inst. mech. Engrs. Bd. 128, S. 493—512.

5.06 Föppl, L. u. H. Neuber: Festigkeitslehre mittels Spannungsoptik. München: Oldenbourg.

5.07 Frenkel, P.: Photoélasticimétrie et ses applications aux constructions civiles. Trav. Arch. Constr. Bd. 19, S. 33—38, 149—155, 182—187.

5.08 Frocht, M. M.: Factors of stress concentration photoelastic determined. J. appl. Mech. Bd. 2, A 67—68.

5.09 Iona, A.: La foto-elasticità e sua applicazione allo studio della strutture iperstatiche. Aerotecnica Bd. 15, S. 180—193.

5.10 Keprt: Une méthode subjective pour des mesures photoélastiques. Čas. mat. fys.

5.11 Kuno, J.: Practical methods of determining the coefficient of photoelastic extinction. Phil. Mag. (7) Bd. 19, S. 457—466.

5.12 Mesmer, G.: Das spannungsoptische Verfahren. Meßtechn. Bd. 11, S. 217 bis 221, 238—241.

5.13 Meyer, H. u. F. Tank: Über ein verbessertes elektrisches Verfahren zur Auswertung der Gleichung $\Delta \varphi = 0$ und seine Anwendung bei photoelastischen Untersuchungen. Helv. phys. Acta Bd. 8, S. 315—316.

5.14 Oberti, G.: Indagini sperimentali sulle construzioni con l'uso dei modelli. Mailand: Hoepli 1935.

5.15 — Studi sperimentali delle azioni termiche in strutture con particolare siferimento alle dighe ad arco. Acta Pontif. Acad. Sci. Naval. Lyncaei Bd. 88, S. 183—193.

5.16 Peterson, R. E. u. R. M. Wahl: Fatigue of shafts at fitted members, with a related photoelastic analysis. J. appl. Mech. Bd. 2, A 1—11.

5.17 SALVADORI, M.: Sulle tensioni interne nelle ruote motrici delle locomotive. Ric. Ingegn. Bd. 3, S. 113—118.

5.18 SMITS, H. G.: Photoelastic determination of shrinkage stresses. Proc. Amer. Soc. civ. Engr. Bd. 61, S. 597—604 [auch Trans. Amer. Soc. civ. Engrs. Bd. 101 (1936) S. 927—944].

5.19 SOLAKIAN, A. G.: A new photoelastic material. Mech. Engng. Bd. 57, S. 767—772.

5.20 SOUILLOT, H.: La photoélasticimétrie, méthode G. MABBOUX dans l'étude des déformations des ouvrages en béton armé. Trav. Arch. Constr. Bd. 19, S. 157—159.

5.21 STRANG, M. K.: Polarisationsoptische Spannungsmessungen an einem Gelenkquader. Diss. Stuttgart.

5.22 THOUVENIN, J.: Application de la photoélasticité a l'étude des percussions. C. R. Acad. Sci., Paris Bd. 201, S. 769—771.

5.23 TUZI, Z. u. M. NISIDA: Photoelastic study of stresses due to impact. Sci. Pap. Inst. phys. chem. Res., Tokio Bd. 26, S. 277—309.

5.24 VOSE, R. W.: An application of interferometer strain gage in photoelasticity. J. appl. Mech. Bd. 2, A 99—102.

5.25 WEIBEL, E. E.: Application of soap film studies to photoelastic stress determination. Int. Vereinigung Brücken- u. Hochbau Bd. 3, S. 421—436.

1936.

6.01 ALEXANDER, N.: Photoelasticity. Rhode Isl. State Coll, Kingstone.

6.02 BAES, L.: La poutre Vierendeel. Ossature mét. Bd. 5, S. 447—477.

6.03 BLACK, P. H.: An investigation of relative stresses in solide spur gears by the photoelastic method. Engng. exper. Stat. Univ. Ill. Bull. 288.

6.04 BRAHTZ, J. H. A.: Photoelastic determination of stress. Proc. Amer. Soc. civ. Engrs. Bd. 62, S. 1171—1182. — Trans. Amer. Soc. civ. Engrs. Bd. 101, S. 1240—1301.

6.05 COOKSON, J. W. u. H. OSTERBERG: A formula for the birefrigence of vibrating media. Physics Bd. 7, S. 166.

6.06 EICHHORN, K.: Spannungsoptische Untersuchungen der piezoelektrisch erzwungenen Biegeschwingungen von Quarzstäben. Z. techn. Phys. Bd. 17, S. 276—279.

6.07 FILON, L. N. G.: A manual of photoelasticity for engineers. Cambridge, Univ. Press.

6.08 FROCHT, M. M.: Photoelastic studies in stress concentration. Mech. Engng. Bd. 58, S. 485—489.

6.09 — The behaviour of a brittle material at failure. J. appl. Mech. Bd. 3, A 99 bis 103.

6.10 HARRIS, F. C. u. B. R. SETH: The variation of double refraction in celluloid with the amount of permanent stretch. Proc. phys. Soc., Lond. Bd. 48, S. 477—487.

6.11 JEHLE, H.: Polarisationsoptische Spannungsuntersuchungen an einer Schraubenverbindung und an einzelnen Gewindezähnen. Forsch. Ing.-Wes. Bd. 7, S. 19—30.

6.12 MALGINOW u. POTROWSKI: Untersuchungen der Spannungsverteilung in einem Zweischichtensystem auf optischem Wege. Z. techn. Phys., Leningrad Bd. 6, S. 1093—1098.

6.13 MAMUL: Die Verwendung der doppelten Strahlenbrechung zur Untersuchung von Strömungen bei Flüssigkeiten. Z. techn. Phys., Leningrad Bd. 6, S. 2016 bis 2028.

6.14 MESMER, G.: Anwendung des spannungsoptischen Verfahrens im Luftfahrzeugbau. Jb. Lilienthal-Ges. S. 147—153.

6.15 MEYER, H.: Spannungsoptische Untersuchungen ebener Schwingungsvorgänge. Ing.-Arch. Bd. 7, S. 273—293.

6.16 OBERTI, G.: Studi sul comportamento statico di archi circulari considerati come elementi di dighe a volta. Energia elettr. Bd. 13, S. 578—584.

6.17 OPPEL, G.: Polarisationsoptische Untersuchung räumlicher Spannungs- und Dehnungszustände. Forsch. Ing.-Wes. Bd. 7, S. 240—248.

6.18 PETERSON, R. E. u. A. M. WAHL: Two- and threedimensional cases of stress concentration and comparison with fatigue tests. J. appl. Mech. Bd. 3, A 15—22.

6.19 SADRON, C.: Sur la biréfringence par déformation mécanique de quelques liquides purs. C. R. Acad. Sci. Paris Bd. 202, S. 404—406.

6.20 SOEHRENS, J. E., C. T. CASS u. J. E. SOWER: Photoelastic analysis of twin concrete conduit bull lake dam outlet works. Eliminating local stress concentration in photoelastic model. Civ. Engng., Lond. Bd. 6, S. 594—595.

6.21 SOLAKIAN, A. G.: On the hydrodynamic analogy of torsion. J. appl. Mech. Bd. 3, A 31.

6.22 TANK, F.: Eine neue Methode der interferometrischen Spannungsmessung. Helv. phys. Acta Bd. 9, S. 611—616.

6.23 TESAR, V.: Étude expérimentale des contraintes produites dans une poutre par des charges concentrées. Int. Vereinigung Brücken- u. Hochbau Bd. 4, S. 543 bis 570.

6.24 TUZI, Z. u. M. NISIDA: Photoelastic study of stresses due to impact. Phil. Mag. (7) Bd. 21, S. 448—473.

6.25 YASSIN, I. B.: Photoelastic stress analysis in monocoque construction. J. aeron. Sci. Bd. 3, S. 310—312.

1937.

7.01 BAES, L.: La poutre sans diagonales à assemblages rigides (poutre Vierendeel). Trav. Arch. Constr. Bd. 21, S. 383—398, 432—445, 479—487. — Ossature mét. Bd. 6, S. 125—152, 427—443.

7.02 — L'arc élastique parfaitement encastré à ses deux extrémités. Techn. d. Trav. Bd. 13, S. 442.

7.03 BAUD, V.: Zur Ermittlung der im Steg von Eisenbahnschienen winkelrecht zur Längsrichtung wirkenden Oberflächenspannungen. Org. Fortschr. Eisenbahnw. Bd. 92, S. 213—222.

7.04 BLOM, A. V.: Der spannungsoptische Koeffizient als Materialkonstante. Kolloid-Z. Bd. 80, S. 212—215.

7.05 ETEBAR, A.: Beitrag zur experimentellen Statik mit Hilfe der photoelastischen Methode. Diss. Braunschweig.

7.06 FÖPPL, L.: Neue Erfolge in der Spannungsoptik. Z. VDI Bd. 81, S. 137—141.

7.07 GUBRYNOWICZ, Z.: Mésures des efforts resultants dans les clefs. Sprawozdania Inst. Bd. 10, S. 23—30.

7.08 HAASE, M.: Filterpolarisatoren und ihre Anwendungsgebiete. Glastechn. Ber. Bd. 15, S. 295—299.

7.09 KUNO, J.: Effect of the age of phenolite on the coefficient of photoelastic extinction. Phil. Mag. (7) Bd. 23, S. 63—64.

7.10 LEE, G. H.: The theory of the photoelastic effect. Diss. Cornell University.

7.11 MATTHEW, T. U.: Stress distribution in irregular sections using photoelastic models. J. roy. techn. Coll., Glasgow Bd. 4, S. 121—134.

7.12 MINDLIN, R. D.: Analysis of doubly refracting materials with circularly and elliptically polarized light. J. opt. Soc. Amer. Bd. 27, S. 258.

7.13 — Distortion of photoelastic fringe pattern in an optically unbelanced polariscope. J. appl. Mech. Bd. 4, A 170—172.

7.14 OPPEL, G.: Das polarisationsoptische Schichtverfahren zur Messung der Oberflächenspannung am beanspruchten Bauteil ohne Modell. Z. VDI Bd. 81, S. 803—804.

7.15 — Spannungsoptische Verfahren. Prüfen u. Messen, S. 150—155.

7.16 RYAN, J.: Photoelastic analysis of T-trail stresses. J. Franklin Inst. Bd. 233, S. 715—730.

7.17 SADRON, C.: Sur les propriétés dynamo-optiques des liquides purs et des solution colloidales. Schweiz. Arch. angew. Wiss. Techn. Bd. 3, S. 8—21.

7.18 SALVADORI, M.: Recenti progressi della tecnica fotoelastica. Ann. Lav. Pubbl. Bd. 75, S. 90—110.

7.19 SOLAKIAN, A. G.: Stress optically less sensitive materials in photoelasticity. Mech. Engng. Bd. 59, S. 423—424.

7.20 SUPPER, H. L.: Photoélasticimétrie et apsidométrie. Science aérienne. Bd. 6, S. 81—94. Publ. sci. techn. Minist. air. Heft 106.

7.21 TANK, F., R. V. BAUD u. F. SCHILTKNECHT: Die neuen Einrichtungen des photoelastischen Laboratoriums der Eidg. Techn. Hochschule und der Eidg. Material-Prüf. Anst. Zürich. Schweiz. Bauztg. Bd. 109, S. 249—252.

7.22 TESAR, V.: Compte rendu de l'étude des procédés photoélasticimétriques et leur application aux barrages voutes. Ann. Ponts Chauss. Bd. 107, S. 627 bis 662.

7.23 TUZI, Z. u. M. NISIDA: On a new apparatus for photoelasticity-stress-type quarter wave plate of a large field. Sci. Pap. Inst. phys. chem. Res., Tokio Bd. 31, S. 99—107.

1938.

8.01 BAUD, R. V.: Entwicklung und heutiger Stand der Photoelastizität und der Photoplastizität im Rahmen der Gesamtexperimentalelastizität. Schweizer Arch. angew. Wiss. Techn. Bd. 4, S. 1—15, 45—53.

8.02 — Aus dem photoelastischen Institut. Neue Zürcher Ztg., 9. Febr.

8.03 — Zur Ermittlung des günstigsten Schienenprofils. 4. int. Schienentagg. Düsseldorf.

8.04 — u. F. TANK: Ermittlung von zweidimensionalen Potentialfeldern bei beliebigen Randbedingungen. Schweiz. Bauztg. Bd. 111, S. 176—177.

8.05 BLANJEAN, L. u. F. TEMMERMAN: Application de la photoélasticimétrie à l'étude de la région voisine du point d'inflexion dans une pièce prismatique droite en flexion plane composée. Génie civ. Bd. 113, S. 188—189. — Ossature mét. Bd. 7, S. 132—137.

8.06 BOLLENRATH, F.: Zur Spannungsermittlung in elektrischen Widerstandsschweißverbindungen an dünnen Blechen. Jb. dtsch. Luftf.-Forschg. Bd. 1, S. 537—541.

8.07 FERRETTI, B.: Su di un metodo ottico per la determinazione di tensioni elastiche variabili nel tempo. Nuovo Cim. Bd. 15, S. 77—87.

8.08 FÖPPL, L.: Spannungsoptik als Hilfsmittel der Gestaltungslehre. Z. VDI Bd. 82, S. 1119—1120.

8.09 — Die Spannungsoptik im Dienste des Bauingenieurs. Bauingenieur Bd. 19, S. 341—345.

8.10 — Arbeiten aus dem Mech. Techn. Labor. d. T. H. München. Forsch. Ing.-Wes. Bd. 9, S. 209—211.

8.11 — Grundlagen der Spannungsoptik. Ergebn. d. techn. Röntgenkde. Bd. 6, S. 81—104.

8.12 FROCHT, M. M.: A rapid method for the determination of principal stresses across sections of symmetry from photoelastic data. J. appl. Mech. Bd. 5, A 24—28.

8.13 Frocht, M. M. u. M. M. Leven: Photoelastic analysis of Vierendeel trusses. Civ. Engng., Lond. Bd. 8, S. 686—688.

8.14 Hetényi, M.: The fundamentals of threedimensional photoelasticity. J. appl. Mech. Bd. 5, A 149—155.

8.15 Hiltscher, R.: Polarisationsoptische Untersuchung des räumlichen Spannungszustandes im konvergenten Licht. Forsch. Ing.-Wes. Bd. 9, S. 91—103.

8.16 Horger, O. J.: Photoelastic analysis practically applied to design problems. J. appl. Phys. Bd. 9, S. 457—465.

8.17 Kuske, A.: Das Kunstharz Phenolformaldehyd in der Spannungsoptik. Forsch. Ing.-Wes. Bd. 9, S. 139—149.

8.18 — Neue Beobachtungs- und Aufnahmeverfahren in der ebenen Spannungsoptik. Z. VDI Bd. 82, S. 1437—1438.

8.19 — Berechnung von Fehlern infolge von Vorspannungen in der Spannungsoptik. Z. VDI Bd. 82, S. 1455—1458.

8.20 Laurent, P. u. A. Popoff: La photoélasticité. Rev. Métall. Bd. 35, S. 363 bis 378, 407—424, 448—474.

8.21 Lee, G. H. u. C. W. Armstrong: Effect of temperature on physical and optical properties of photoelastic materials. J. appl. Mech. Bd. 5, A 11—12.

8.22 Löffler, J.: Die Spannungsverteilung in der Berührungsfläche gedrückter Zylinder auf Grund spannungsoptischer Messungen. Diss. Dresden.

8.23 Malavard, L.: L'analogie électrique comme méthode auxiliaire de la photoélasticité. C. R. Acad. sci., Paris Bd. 206, S. 38—39.

8.24 Mueller, H.: Determination of elasto-optical constants with supersonic waves. Z. Kristallogr. Bd. 99, S. 122—141.

8.25 Mussmann, H.: Die elastische Nachwirkung und ihr Zusammenhang mit der optischen Nachwirkung. Ann. Phys., Lpz. Bd. 31, S. 121—144.

8.26 Nikolaeva, M. V. u. D. I. Alexandrov: Die Untersuchung des Spannungszustandes in Rahmenknotenpunkten mittels eines optischen Verfahrens. Ann. Inst. Ing. Bât., Leningrad Bd. 5, S. 48—63.

8.27 Oberti, G.: Ricerche sul comportamento statico di archi a spessore variabile, considerati come elementi di dighe a volta. Energia elettr. Bd. 15, S. 523—528.

8.28 Rust, T. H.: Specification and design of steel gusset plates. Proc. Amer. Soc. civ. Engrs. Bd. 64, S. 1829—1845.

8.29 Ryan, J. J. u. L. J. Fischer: Photoelastic analysis of stress concentration for beams in pure bending with a central hole. J. Franklin Inst. Bd. 225, S. 513—526.

8.30 Schwarz, M. v.: Zur Geschichte der polarisationsoptischen Spannungsmessung. Ergebn. d. techn. Röntgenkde. Bd. 6, S. 74—80.

8.31 Tehenkow u. Ozerov: The basic principles of photoelasticity. Trans. Centr. Aero. Hyd. Inst. Bd. 270, S. 1—130.

8.32 Tesar, V.: Les progrès récents et les applications de la photoélasticimétrie. Techn. mod. Bd. 30, S. 259—265.

8.33 — Recherches expérimentals des systemes d'armatures rationelles. Recherches photoélasticimétriques. Int. Vereinigung Brücken- u. Hochbau, Schlußber. 2. Kongr., S. 448—454, 571—575.

8.34 Thibodeau, W. E. u. L. A. Wood: Photoelastic determination of stresses around a circular inclusion in rubber. J. Res. Nat. Bur. Stand. Bd. 20, S. 393—409.

8.35 Tölke, F.: Hoffnungsvolle Ausblicke für die spannungsoptische Untersuchung von Talsperren. Bauingenieur Bd. 19, S. 345—348.

8.36 Wessman, H. E.: New universal straining frame aids photoelastic research. Civ. Engng., Lond. Bd. 8, S. 614.

Sachliches Verzeichnis
der im Schrifttum genannten Arbeiten.

Zusammenfassende Arbeiten: 1, 2, 3, 4, 5, 6, 7, 10, 11, 14, 15, 16, 17, 19, 22, 24, 28, 40, 0.22, 0.29, 0.30, 2.01, 2.06, 4.11, 4.18, 4.31, 4.34, 5.06, 5.07, 5.09, 5.12, 6.07, 7.06, 7.15, 7.18, 7.20, 8.01, 8.09, 8.10, 8.11, 8.16, 8.20, 8.30, 8.31 8.32.

Geräte: 29, 45, 2.05, 2.06, 2.23, 7.11, 7.21.

Geräte mit Spiegelung: 0.28, 2.14, 4.13, 4.20, 4.38, 5.20.

Filterpolarisatoren: 7.08, 7.23, 8.18.

Interferometer: 20, 26, 0.14, 2.06, 4.31.

Querdehnungsmesser: 0.08, 5.24.

Interferenzoptische Dickenmessung: 3.09, 4.38.

Stoffe, Eigenschaften und Eichung: 21, 0.12, 1.06, 2.04, 2.09, 3.13, 3.16, 4.07, 4.33, 4.38, 5.11, 5.19, 6.09, 7.04, 7.09, 7.19, 8.21, 8.24.

Kriechen, plastisches Verhalten: 1.10, 3.13, 3.16, 3.23, 4.38, 6.10, 8.14, 8.17, 8.25.

Lichtanalyse: 12, 0.05, 1.02, 1.12, 7.12, 7.13.

Kompensation mit $\lambda/4$ Blättchen: 32, 42, 3.11.

Auswertung, optisch: 20, 26, 0.13, 2.19, 6.22.

Auswertung, Integration: 18, 31, 1.01.

Auswertung, Seifenhaut: 1.11, 3.10, 4.12, 4.38, 5.25, 7.20.

Auswertung, elektrisch: 3.03, 5.13, 8.04, 8.23.

Auswertung nach Neuber: 3.15, 4.22.

Abschätzung: 8.12.

Singuläre Punkte: 33, 0.15, 1.07.

2 Modelle hintereinander: 4.15, 6.12.

Oberflächenmessung (Lack oder Hilfsstab): 0.19, 2.14, 4.32, 7.14.

Räumliche Probleme: 0.14, 6.17, 6.21, 8.14, 8.15.

Dynamische Probleme: 9, 23, 0.25, 1.09, 2.08, 3.22, 4.19, 4.35, 5.03, 5.04, 5.22, 5.23, 6.05, 6.06, 6.15, 6.24.

Strömungsdoppelbrechung: 8, 2.02, 3.19, 4.26, 6.13, 6.19, 7.17.

Wärmespannungen: 4.05, 5.01.

Anwendungen.

Gerader Stab, Zug und Biegung mit und ohne Loch: 25, 44, 0.20, 0.27, 2.18, 3.12, 3.14, 3.16, 4.32, 5.08, 6.23, 8.29.

Kerben, Nuten: 44, 0.11, 2.17, 4.21, 4.37, 5.08, 5.16, 6.18, 7.23.

Querschnittsübergänge (vgl. Schweißverbindungen): 0.21, 3.01, 4.01, 4.02, 4.03, 4.38, 5.25, 6.08, 8.08.

Eingespannte Träger: 0.21, 0.23, 3.18, 7.02, 7.22.

Krumme Stäbe, Ringe: 13, 35, 36, 37, 0.06, 4.04, 4.17.

Stabecken (vgl. Schweißverbindungen): 30, 0.31, 1.13, 1.15, 2.12, 4.32, 7.11, 8.26.

Momentennullpunkte: 2.22, 7.01, 7.05, 8.05.

Rahmen: 3.16, 6.02, 7.01, 8.13, 8.33.
Schweißverbindungen: 1.05, 2.11, 3.06, 3.07, 4.08, 4.16, 4.29, 7.11, 8.06, 828.
Kontaktdruck: 0.09, 0.16, 0.24, 2.18, 3.18, 4.14, 4.24, 4.36, 5.21, 5.25, 6.23, 8.22.
Rundlöcher im Feld: 0.26, 4.28, 6.14.
Augenstäbe: 34, 3.12, 3.18, 4.25, 4.32.
Polfüße: 4.01, 7.16.
Verzahnungen, Gewinde: 39, 43, 1.03, 1.04, 2.10, 4.01, 6.03, 6.11.
Schraubenschlüssel: 7.07.
T- oder Schienenprofile: 7.03, 7.16, 7.20, 8.03.
Staumauer: 3.05, 3.08, 5.02, 5.15, 5.18, 6.16, 7.22, 8.27, 8.35.
Speichenräder: 4.09, 4.27, 5.05, 5.17.
Scheiben mit Ausschnitten: 27, 0.17, 3.21, 6.25.
Stege und Flanschen: 3.20, 4.30, 8.33.
Zusammengesetzte Stoffe: 3.02, 4.23, 8.34.

Mechanische Schwingungen. Von Professor **J. P. Den Hartog,** Cambridge, Mass. Deutsche Bearbeitung von Dr. **Gustav Mesmer,** Aachen. Mit 274 Abbildungen. XII, 343 Seiten. 1936.   RM 28.—; gebunden RM 29.60

Mechanik der elastischen Körper. Bearbeitet von G. Angenheister, A. Busemann, O. Föppl, J. W. Geckeler, A. Nádai, F. Pfeiffer, Th. Pöschl, P. Riekert, E. Trefftz. Redigiert von **R. Grammel.** (Handbuch der Physik, Band VI.) Mit 290 Abbildungen. XII, 632 Seiten. 1928.   RM 50.40; gebunden RM 52.74

Grundlagen der Mechanik. Mechanik der Punkte und starren Körper. Bearbeitet von H. Alt, C. B. Biezeno, E. Fues, R. Grammel, O. Halpern, G. Hamel, L. Nordheim, Th. Pöschl, M. Winkelmann. Redigiert von **R. Grammel.** (Handbuch der Physik, Band V.) Mit 256 Abbildungen. XIV, 623 Seiten. 1927.   RM 46.44; gebunden RM 48.60

Elementare Festigkeitslehre. Zum Gebrauche bei Vorlesungen und zum Selbststudium. Von Professor Dr.-Ing. **Theodor Pöschl** VDI, Karlsruhe. (Lehrbuch der technischen Mechanik, Band II.) Mit 156 Textabbildungen. VI, 218 Seiten. 1936.   RM 12.60; gebunden RM 14.25

Festigkeitslehre. Von Professor **George Fillmore Swain,** New York. Autorisierte Übersetzung von Dr.-Ing. A. Mehmel, Hannover. Mit 463 Textabbildungen. XVIII, 630 Seiten. 1928.   Gebunden RM 30.60

Festigkeitslehre. Von Professor **S. Timoshenko** und **I. M. Lessells.** Ins Deutsche übertragen von Ingenieur Dr. I. Malkin. Mit 391 Abbildungen im Text. XVIII, 484 Seiten. 1928.   Gebunden RM 25.20

Kerbspannungslehre. Grundlagen für genaue Spannungsrechnung. Von **H. Neuber.** Mit 106 Abbildungen im Text und auf einer Tafel. VII, 160 Seiten. 1937.   RM 15.—

Technische Statik. Ein Lehrbuch zur Einführung ins technische Denken. Von Professor Dipl.-Ing. D. Dr. phil. **Wilhelm Schlink,** Darmstadt Unter Mitarbeit von Dipl.-Ing. Heinrich Dietz, Darmstadt. Mit 463 Abbildungen im Text. IX, 386 Seiten. 1939.   RM 27.60; gebunden RM 29.40